공원관리
가이드북

공원관리 운영을 위한 핸드북

公園管理ガイドブック

공원관리 가이드북
공원관리 운영을 위한 핸드북

초판 1쇄 펴낸날 2021년 8월 31일

지은이 일반재단법인 공원재단(일본)
엮은이 재단법인 서울그린트러스트
옮긴이 김선희, 김진성, 박미호, 신근혜, 온수진, 이재효
펴낸이 지영선
펴낸곳 재단법인 서울그린트러스트
주소 서울특별시 성동구 서울숲길 53(심오피스), 3층
전화 02-498-7432 | **팩스** 02-498-7430 | **전자우편** hello@greentrust.or.kr
홈페이지 www.greentrust.or.kr

자문 히라타 후지오(平田 富士男)
검수 박미호, 신근혜, 이병희, 이우향
감수 김원주, 이강오
교정 이현호

출판 도서출판 한숲
신고일 2013년 11월 5일 | **신고번호** 제2014-000232호
주소 서울특별시 서초구 방배로 143, 2층
전화 02-521-4626 | **팩스** 02-521-4627 | **전자우편** klam@chol.com
출력·인쇄 한결그래픽스

제작후원 (주)예건

ISBN 979-11-87511-30-4 93520

* 파본은 교환하여 드립니다.

값 19,800원

공원관리 가이드북

공원관리 운영을 위한 핸드북

지은이
일반재단법인 공원재단(일본)

엮은이
재단법인 서울그린트러스트

옮긴이
김선희, 김진성, 박미호, 신근혜, 온수진, 이재효

서울그린트러스트
SEOUL GREEN TRUST

『공원관리 가이드북』 발간에 부쳐

　재단법인 서울그린트러스트가 공원관리에 관한 종합지침서인『공원관리 가이드북』을 출판하게 된 것을 매우 기쁘게 생각합니다. 이웃 일본에서 출간된 같은 제목의 책을 번역해 출판하는 것이지만, 수십 년에 걸친 일본 공원관리의 현장 경험이 녹아든 알찬 책이기에 더욱 그렇습니다.

　도시화한 현대사회에서 공원과 녹지의 필요성과 역할은 점점 더 중요해지고 있습니다. 근래 서울을 비롯한 전국에 도시공원이 늘어나는 것은 반가운 일입니다. 이제 공원의 조성뿐 아니라, 그것을 어떻게 적절하게 효율적으로 관리하고 운영할 것인가 하는 것이 중요한 과제로 떠오르고 있습니다.

　『공원관리 가이드북』은 나무와 시설 등 공원이라는 공간과 재산의 유지ㆍ관리와 함께, 다양한 프로그램 등 공원의 효율적인 활용을 또 하나의 중요한 축으로 다루고 있습니다. 식물과 시설의 관리·청소에서부터, 사고방지 및 방범·방재 등 안전대책, 운동시설·매점 등 시설의 운영, 각종 행사와 프로그램, 그리고 자원봉사 등 시민참여에 이르기까지 종합적·체계적으로 다루고 있습니다. 일본에도 부분적인 내용을 다룬 책들은 있지만, 이렇게 모든 분야를 망라한 책은 유일한 것으로 알고 있습니다. 공원관리에 관한 이렇다 할 지침 자료가 없는 우리에게 좋은 안내서가 되리라 기대합니다.

　공원 대부분이 지자체 등 공공기관에 의해 조성되고 또한 관리되는 상황에서, 서울그린트러스트는 서울의 대표적인 공원이라 할 서울숲을 민간단체로서는 최초로 2016년 이후 서울특별시로부터 위탁받아 관리ㆍ운영해 왔습니다. 2003년부터 '지정관리자제도'를 도입해 도시공원 등 공공시설의 민간운영을 확대함으로써 운영의 효율화·다양화를 이뤄 온 일본의 경험이 우리에게도 참고가 되리라 생각합니다.

　지난 수십 년의 경험이 축적된『공원관리 가이드북』의 한국어 번역 출판을 허락해 주신 일본 공원재단과 미노모 도시타로(養茂 寿太郎) 이사장님께 감사의 인사를 전합니다.

재단법인 서울그린트러스트 이사장 지영선

한국어판 출판에 즈음하여

공원재단은 도시공원 관리운영의 매니지먼트에서 일본 최초이며, 또한 최전선(最前線)의 조직입니다. 공원재단은 재단법인 서울그린트러스트로부터 공원재단이 편집하고 발행한『공원관리 가이드북(公園管理 ガイドブック)』을 한국어로 직역해서 출판하고 싶다는 제의를 받았습니다.『공원관리 가이드북』은 1985년 공원재단의 전신인 공원녹지관리재단 시대에 최초로 출간된 후, 2005년에 개정판을 내었습니다. 따라서 이번에 번역된 가이드북은 세 번째 책이 됩니다. 36년 전 최초의 것과 비교하면, 목차 구성에 있어 큰 차이가 있습니다. 공원관리운영의 진화는 여기에 있다고 생각합니다. 재단이 출범한 이후부터 실무를 경험하면서 연구를 축적해, 당시 건설성(현 국토교통성)의 위탁에 의해 실시한「공원관리 기준조사」를 바탕으로 출판한 경위가 있습니다.

도시공원에 관해서는「도시공원법」에 근거한 공공물 관리를 시작으로, 재산관리와 유지관리에 그치지 않고 그 운영에 중점을 두는 '공간 및 시설의 관리'와 '공원 프로그램 제공'을 두 축으로 한 관리운영의 시대를 오랫동안 걸어왔습니다. 일본의 도시공원 정비 및 관리운영을 지금까지 되돌아보면 곧 150년의 역사가 됩니다. 그중 가장 많은 공원이 정비된 것은 1972년의「도시공원 등 정비 5개년 계획」이후입니다. 이에 따라 정비된 공원도 50년을 맞이하게 된 지금은 시설의 노후화와 함께 나무들의 성장이 현저해졌습니다. 공원은 기후와 풍토의 영향을 크게 받습니다. 몬순아시아(monsoon Asia) 지역에 속한 한국과 일본 두 나라는 지식과 경험을 공유하고, 또한 인적 교류를 더하여 공원 매니지먼트의 미래를 함께 개척하는 책무가 있다고 생각합니다. 본 서적의 출판이 그 큰 초석이 될 것을 기원하며, 한국어판 출판을 축하드립니다.

일반재단법인 공원재단 이사장 미노모 도시타로

목차

제1장 공원관리의 목적

제2장 유지관리

제3장 운영관리

제4장 법령관리

제5장 공원관리와 안전대책

제6장 공원관리의 시민참여·협동

제7장 공원매니지먼트

부록

제1장
공원관리의 목적

1. 공원관리의 의의

1-1. 공원관리란

도시공원은 도시환경의 개선, 방재, 양호한 경관의 형성에 기여하는 동시에 다양한 레크리에이션과 커뮤니티 활동의 장이 되는 등, 도시생활에 없어서는 안 되는 갖가지 기능과 역할을 담당하는 사회자본이며, 정부 또는 지방자치단체에 의해 도시계획시설 등으로서 계획적으로 정비되어 「도시공원법」에 근거한 공용개시 공고에 따라 설치한 것이다. (「도시공원법」제2조의2)

도시공원은 공원에 요구되는 다양한 기능·역할과 이용대상 및 유치권역에 따라 주구기간공원(住区基幹公園), 도시기간공원, 대규모 공원, 국영공원, 특수공원, 완충녹지 등으로 분류한다. 현재 전국에 약 10만5천 곳이 설치되어, 그 면적은 약 12만2천 헥타르(ha)에 이른다.[1]

이러한 도시공원은 정비하는 것만으로는 그 기능을 충족할 수 없다. 공원을 구성하는 각종 시설과 구조물의 물적 조건을 정비하여 안전하고 쾌적한 상태를 유지하고, 계획에 의도한 대로 시설을 운영하는 동시에 공원의 존재가치를 충분히 실현하여, 이용자가 즐거워하고 이용자가 주도적으로 활용할 수 있는 공간 확보와 기회 제공을 지속적이고 창조적으로 실현해야 한다. 바꿔 말하자면, 공원공간·시설유지·보존과 공원의 원활한 이용을 촉진하도록 운영하는 것이 중요하다. 본 가이드북에서는 도시공원에 관련된 이러한 일련의 행위를 '공원관리'라고 한다.

종래의 공원관리는 「도시공원법」에서 말하는 '공원관리자'*가 주체가 되어 행하는 것이라는 인식이 있었으나, 지금은 시민의 관점에서 효과적이고 효율적인 공원관리를 목표로 시민참여에 적극적으로 힘쓰는 한편, 지정관리제도**의 도입을 꾀하는 등 자원봉사·NPO법인·민간기업을 비롯한 다양한 주체와 공원관리자의 연계가 요구된다.

「도시공원법」 규정에 따른 공원관리자*

「도시공원법」 제2조의3에 '도시공원'의 관리는 "지방자치단체가 설치하는 도시공원은 해당 지방자치단체가, 국가가 설치하는 도시공원은 국토교통대신이 행한다."라고 규정되어 있으며, 이 규정에 따라 도시공원을 관리하는 지방자치단체 또는 국토교통대신은 법률 제5조 제1항에서 '공원관리자'라고 한다.

「지방자치법」 규정에 따른 지정관리자**

「지방자치법」 제244조의2에는 "보통지방자치단체(普通地方公共団体)는 공공시설의 설치목적을 효과적으로 달성하기 위하여 필요하다고 인정하는 경우에는 조례가 정하는 바에 따라 법인, 기타 단체로서 해당 보통지방자치단체가 지정하는 것(이하 '지정관리자'라 한다)에 해당 공공시설의 관리를 실시하게 할 수 있다."라고 규정되어 있다. '공원관리자'인 지방자치단체는 점용허가와 감독처분등의 공권력 행사에 관련된 사항을 제외하고, 도시공원 '지정관리자'에게 관리를 맡기는 것이 가능하다.

1-2. 도시공원 관리의 관점

도시공원은 「도시공원법」에 근거해서 공공재로 설치한 것이며, 공원 안에 설치할 수 있는 '공원시설'은 법에 규정되어 있을 것, 이러한 것들은 보존의무가 있을 것, 광범위하게 일반의 이용에 제공될 것 등의 기본적인 특성을 가지고 있다.

이러한 공원관리를 정확하고 유연하게 실시하기 위해서는 공원관리의 목적을 정확히 파악하는 일이 중요하다. 여기에서는 도시공원이 가진 특성에 기초하여, 공원관리의 의의와 목적하는 바를 알아보기 위해 공원관리가 어떠한 입장에서 이루어지는가를 여러 관점에서 정리해 본다.

(1) 공공시설로서의 관리

공공시설이란, 지방자치단체가 주민의 복지를 증진하는 목적으로 그 이용에 이바지하기 위한 시설을 설치한 것

(「지방자치법」 제244조 제1항)이다. 지방자치단체는 정당한 이유가 없는 한 주민이 공공시설을 이용하는 것을 거부할 수 없고(동법 제244조 제2항), 주민이 공공시설을 이용함에 있어 부당한 차별적 취급을 해서는 안 된다(동법 제244조 제3항). 아울러 공공시설은 단순히 재산적 가치에 그치지 않고 주민이용을 위해 관리해야 한다. 지방자치단체는 공공시설을 설치하고 그것을 폐지할 때까지 공공시설을 주민이용을 위해 제공하고, 가능한 한 설치목적을 모두 달성하도록 필요한 행정조치를 해야 한다. 도시공원은 대중에게 정당하게 이용을 제공하고, 복지증진을 도모하는 공적 시설로서 관리되는 것이다.

공공시설과 유사한 용어로서 '공공건축물'이 있다. 공공건축물의 설치 또는 관리의 하자로 인해 타인에게 손해를 끼쳤을 때는 자치단체에 손해배상의 책임이 발생한다(「국가배상법」 제2조). 도시공원도 공공건축물이다. 다양한 이용에 제공되는 도시공원에 대해 본래 대비해야 하는 안전성 확보는 관리상 큰 과제라 할 수 있다.

(2) 「도시공원법」에 근거한 법적관리

「도시공원법」에는 도시공원의 설치 및 관리에 관한 기준 등을 정해서, 도시공원의 건전한 발달을 꾀하고, 공공의 복지증진에 투자하는 것(「도시공원법」 제1조)이 「도시공원법」의 목적으로 정의되어 있다. 「도시공원법」은 제2차 세계대전 후 행정의 변혁 및 「국유재산법」 개정과 더불어 지반국유공원(地盤国有公園)[2]에 대한 토지문제를 어떤 형태로든 반납해야 하는 필요성이 대두하면서 제정되었다. 또 전후에 지방자치단체의 재정난으로 인해 충분한 공원관리가 이루어지지 않았고, 공원의 효용과 관계없는 공작물·시설 및 기타 건물의 설치가 늘어나기도 했다. 여론도 공원보다는 학교용지로 전용을 요구함에 따라 공원을 축소 또는 폐지하라는 목소리가 있었다. 이러한 문제를 해결하는 한편, 보다 좋은 도시공원을 설치하고 관리하기 위해 단독 법으로서 「도시공원법」을 제정하게 되었다. 이 법에 규정된 내용은 총체적으로 도시공원의 보존이라는 면에 중점을 두었다.

「도시공원법」은 시대 흐름에 걸맞게 보다 유연한 정비와 관리가 이루어질 수 있도록 다양한 개정을 거쳐 왔으나, 도시공원의 보존은 이전과 다름없이 관리의 중요한 과제이다.

「도시공원법」에 따른 관리항목

- 제3자에 의한 공원시설의 설치 또는 관리에 관한 사무(신청서 수리, 심사, 허가, 지도감독)
- 겸용공작물에 대해서 협의, 연락조정
- 도시공원의 점용에 관한 사무(신청서 수리, 심사, 허가, 지도감독)
- 행위의 금지(국영공원에 대한 규정. 지방자치단체에서는 조례에 규정함)
- 행위의 허가(국영공원에 대한 규정. 지방자치단체에서는 조례에 규정함)
- 감독처분(명령, 청문, 손실보상의 협의, 재결 신청)
- 비용부담의 결정(국영공원 관리비의 납부, 겸용공작물 관리비의 협의, 원인자부담의 결정, 부대공사를 요하는 비용부담 및 의무이행을 위한 비용부담의 결정)
- 도시공원의 보존(폐지의 결정)
- 도시공원대장의 정비, 열람
- 필요한 사항에 관한 조례의 제정
- 사용료의 징수, 감면(국영공원에 관한 규정. 지방자치단체에서는 조례에 규정함)
- 입체도시공원과 일체적인 구조로 되어 있는 건물 소유자와의 협정 체결, 공원보전 입체구역에 대한 행위제한
- 위반자 등에 대한 감독처분
- 도시공원의 설치·변동·해지 보고 및 자료의 제출
- 사권(私權)[3]의 제한
- 공원예정지의 관리
- 처분에 대한 불복의견 수리, 결정
- 벌칙을 근거로 한 처분

(3) 재산으로서의 관리

국가가 설치하는 도시공원은 「국유재산법」으로, 지방자치단체가 설치하는 도시공원은 「지방자치법」 및 「지방재산법」을 근거로 하여 공공재산으로서 적정하게 관리를 하여야 한다.

(4) 도시공원 기능의 충실 및 증진을 위한 관리

도시 속에서 녹지와 오픈스페이스를 확보하고 있는 도시공원은 건강과 레크리에이션, 정신적 만족, 경관, 환경보전, 방재 등 다양한 기능을 갖추고 있다. 도시공원은 정비뿐만 아니라 적절한 관리를 통해서 그 기능을 발휘해 간다. 도시공원의 설치목적, 필요한 기능과 역할을 명확하게 함으로써 관리의 목적이나 방법도 명확해진다.

도시공원에서 공원녹지의 기능은 일반적으로 존재효과와 이용효과로 구분할 수 있다.

존재효과를 발휘하기 위한 공원관리는 공원 및 주요한 구성요소인 녹지와 오픈스페이스의 확보, 양호한 환경보전이 중요하다. 한편, 이용효과는 자유시간의 증대, 생활의식의 다양화와 개성화 등으로 그 중요성이 보다 커지고 있다. 특히 어린이의 놀이, 환경학습, 스포츠 활동 및 건강, 커뮤니티 활동 등에 대한 수요를 적극적으로 반영하여 단순히 장소의 제공이나 시설의 이용촉진뿐만 아니라 프로그램의 제공과 행사 시행 등 공원이용을 통해 이러한 활동의 진흥과 육성을 꾀하는 것도 공원관리에서 중요한 부분이 되고 있다.

표 1-1-1. 도시공원 녹지의 기능

구분		내용
존재효과	도시환경 개선	• 기온, 일사, 온도, 기류 등 기상 조절 • 소음진동의 방지 • 대기정화 • 녹음 제공
	자연환경보전 기능	• 야생 동식물의 서식환경 보전 • 생태계 보전
	방재 기능	• 연소방지 등 방화 기능 • 빗물 침투에 의한 홍수조절 기능 • 재해 시 피난장소, 피난로, 재해복구 거점의 역할
	경관형성 기능	• 여유 있고 정감 있는 아름다운 도시경관의 형성 • 지역 특색이 있는 경관형성
	경제 기능	• 관광 진흥에 기여
이용효과	레크리에이션 이용 기능	• 놀이, 스포츠, 건강증진, 산책, 휴양
	문화 활동의 장으로서 기능	• 회화, 사진, 음악, 다도, 꽃꽂이 등의 활동
	커뮤니티 활동의 장으로서 기능	• 시민축제, 교류, 친목 행사 등

공원관리는 지금까지 공원 내부의 기능 유지를 위한 관리에서 한층 나아가, 공원 밖의 환경이나 지역을 위한 관리도 요구되고 있다. 예를 들면, 공원을 포함한 지역과 일체된 관리영역 매니지먼트나 지역의 자연자원이나 역사문화 자원을 공원에서 보전하고 계승하는 매니지먼트가 중요하게 되었다. 또한, 공원에서 어린이의 놀이나 자연관찰, 마을숲(里山)[4] 관리 등 다양한 활동을 하는 단체도 증가하고 있다. 어린이부터 고령자까지 각 연령층이 방문하는 공원은 커뮤니티 거점으로서 각종 활동을 지원하는 역할을 하며, 지역 사람들이 교류하는 장소다. 이제는 공원관리가 공원에서 지역으로 확대되는 것이 필요한 시점이다.

(5) 효과적이고 효율적인 공원관리의 실시

공원관리를 실시할 때 다음과 같은 요인이 관리비를 증가시키는 경향이 있다.

- 도시공원의 정비 확대와 동반된 관리면적의 확대
- 공원시설의 다양화
- 공원규모의 확대 및 관리의 복잡화
- 관리 수준의 향상 요구

그러나 최근에는 지방자치단체의 재정이 어려워 공원관리에 관한 예산도 감축되고 있기 때문에, 행정서비스로서 공원관리 업무의 실시라는 관점에서는 다음과 같은 점에 유의하여 업무의 효과나 효율성을 추구할 필요가 있다.

- 비용 대비 효과
- 성과지향의 공원경영과 고객만족 추구
- 정보공개, 투명성 확보, 행정의 설명책임

또한, 개성화·다양화하는 시민 요구에 대해 지역주민이나 전문적인 지식을 가진 시민, NPO법인 등과의 협력으로 시민 요구에 걸맞은 질 높고 세세한 서비스 제공의 실현이 각지에서 실시되고 있다. 지정관리자제도의 도입을 포함하여 시민·NPO법인·민간기업 등 다양한 주체와 연계를 시도하면서 효과적이고 효율적인 관리를 실시하는 것이 중요하다.

동시에 관리방법의 개선, 관리기술의 연구, 선진적인 사례의 수집 등에 대한 노력과 그 성과를 객관적으로 조사하고 분석하여 더욱 새로운 방법이나 기술개발과 연결할 수 있도록 하는 자세도 잊지 말아야 한다.

1-3. 공원관리를 둘러싼 상황

공원관리를 둘러싼 현대사회의 동향으로는 일반적으로 다음과 같은 사항이 있다(그림 1-1-2 참조).

- 지구온난화 대책이나 생물다양성 확보, 순환형사회의 구축 등 환경과의 관계가 확대되고 있음
- 저출산 고령화사회의 도래와 지방분권의 본격화 등 사회시스템이 변동하는 시대
- 개성 있는 지역 만들기 시대
- 사회의 성숙화와 더불어 파트너십에 의한 협동과 참여의 시대
- 인터넷의 보급 등에 의한 시민의 정보수집력이 비약적으로 향상하는 시대
- 일본 방문 관광객의 증가, 외국인 노동자의 증가 등 국제화가 진전하는 시대
- 세수(税收)의 감소, 공공투자의 축소, 경제 격차 등 경제 침체에 따른 영향이 미치는 시대
- 지진훈련 전승(傳承) 및 향후 발생할 큰 재해에 대한 준비 등 방재의식 향상이 예상되는 시대

공원은 도시생활에 필요한 레크리에이션 시설로서 정비되고 이용되는 것은 물론이고, 위와 같은 사회정세의 변화에 발맞춰 새로운 생활양식이나 보람의 창출, 지역커뮤니티 형성, 마을만들기와 깊은 관계가 있는 생활문화시설로서 활용이 가능해야 한다.

(1) 공원관리 대상의 다양화, 관리내용의 복잡화에 대응

공원에 대한 여러 요구에 대응하여, 예를 들면 비오톱 등의 생태학적 관리, 자원순환 등의 시스템적 대응, 숙박시설이나 집객시설 등 접객 서비스의 질, 인터넷 보급에 따른 공원에 관한 여러 가지 정보전달 서비스의 요구 등 공원관리의 대상이 다양해지고 있다. 이에 따라 공원관리의 내용 역시 복잡해지고 있다.

(2) 관리 수준의 고도화에 대응

최근 위생·청결 의식의 향상, 공원에서 안전·안심의 우려 등을 배경으로 한 공원관리 수준의 향상에 대한 목소리가

커지고 있다. 시민의 협력과 이해를 얻으면서, 연구를 통한 관리 수준의 고도화 요구에 맞춰 가야 한다.

(3) 공원에서 안심·안전의 확보

도시생활에 밀접한 장소에서 어린이와 고령자가 사고나 범죄에 피해를 보는 사건이 연달아 일어나면서, 안전한 공원에 대한 관심이 높아지고 있다. 또한, 놀이기구 등 공원시설 이용에 따른 안전 역시 관리자인 행정기관은 물론이고 지역주민, 놀이기구 제조 단체, 놀이기구 안전에 관한 시민단체 등도 관련하여 사회적인 관심이 높아지고 있다. 따라서 공원을 안심하고 자유롭게 이용하는 데 지장이 없도록 안전을 확보하기 위한 공원관리가 요구되고 있다.

동일본대지진 이후 높아진 방재의식에 따라 공원관리에 방재용품 비축 및 재해 시 행동계획을 정비하는 것을 추가하고, 방재·감재(減災)[5] 및 재해발생 시 행동에 대한 학습 기회를 늘리며, 방재마을 만들기 참여와 연계하는 활동 기회를 충실히 하는 것이 요구된다.

(4) 공원관리에서 시설 등의 수명 장기화

고도경제성장기의 공원정비촉진 시대를 지나, 현재는 공원정비와 함께 정비 후 수년을 경과한 공원의 재정비에 따른 노하우를 유효하게 활용하는 것이 중요하다. 정비 이후에 시간이 경과한 공원에서는 일부 시설의 노후화나 주변 토지이용과 지역주민 생애주기의 균형이 맞지 않는 상황도 볼 수 있다. 공원관리를 통해서 사회정세나 주변환경, 이용 상황 등에 대한 변화를 정확하게 파악하여, 관리내용과 관리방법을 재검토하고 재정비의 필요성을 판단하는 등 시설의 수명 장기화에 기여하는 관리가 요구된다.

(5) 공원관리의 합리화·효율화

행정평가의 보급에 따라 공공시설로서의 공원에 대해서도 유효성·효율성, 비용대비 효과 등의 관점에서 검증이 필요하며, 시민에게 설명책임(說明責任, accountability)[6]을 다할 것이 요구된다. 또한, 재정난이 심각해짐에 따라 관리의 합리화·효율화의 요청이 한층 높아지고 있으며, 공원관리 방법의 재검토에 대한 움직임이 뚜렷하다.

이러한 상황 속에서 지방자치단체에 의한 지정관리자제도의 실시, 「민간자금 등 활용에 의한 공공시설 등의 정비 등 촉진에 관한 법률」(PFI[7]법)에 의한 활용 등, 공공서비스에 대한 민간 활력의 활용 및 규제완화의 움직임을 반영하여 공원관리에도 이 제도의 도입이 추진되고 있다.

(6) 공원관리에서 시민과 연계

공원 대부분은 누구라도 가볍게 이용할 수 있는 특성이 있으므로, 시민참여나 파트너십에 의한 공공과 협동의 장이 된다. 가까운 공원뿐만 아니라 대규모 공원에 대해서도 시민참여에 의한 관리가 추진되고 있다.

또한, 인터넷 보급으로 인해 시민의 정보수집력이 현격히 높아지고 있는 점을 반영하여 공원에 관한 여러 가지 정보전달 서비스의 향상이 요구되고 있다.

(7) 국제화의 진전에 대응

해외 관광객이 늘어남에 따라 공원 내 다국어 서비스의 제공, 통·번역 자원봉사활동의 기회 증대, 다문화 교류가 가능한 프로그램 개발 등, 외국인 공원이용자의 요구에 맞는 서비스를 확대하는 것도 필요하다.

앞으로 공원관리는 위에서 설명한 공원을 둘러싼 상황 변화를 염두에 두고, 이용자의 다양한 요구에 걸맞게 만족도 높은 서비스를 제공하기 위하여 한정된 재원이나 사람을 계획적·효과적으로 배분해야 한다. 또한, 시민이나 민간 등 다양한 주체와 협력을 통한 관리가 필요하다.

어린이 안전을 위한 공원관리가 중요

1-4. 공원관리의 현대적 사명

공원관리는 이상과 같은 다양한 요청에 정확하게 대응하는 노하우가 필요하다. 하지만 공원 각각의 입지조건이 다르고, 시설내용과 이용내용 및 공원에 요구되는 기능과 관리목표가 제각각 다르기 때문에, 그 관리는 한결같지 않다. 그럼에도 시대 요구에 부응하여 이제부터는 관리의 방법과 중점이 변화하고 있다.

이러한 점에서 공원관리를 할 때는 공원이 있는 지역의 특성을 고려하여, 각 공원에 요구되는 다원적인 요청에 대해 공공시설 관리의 정확성과 시대변화에 대응하는 유연성을 가지고 바라볼 필요가 있다. 아울러 국가가 시민참여와 협동의 무대가 되는 것을 의식하고 관리·운영하는 것이 중요하다.

또한, 공원의 계획·설계단계부터 어떻게 공원관리를 이행하고, 어떻게 공원이용을 제공하는가를 의식하는 것이 당연하다. 공원조성 워크숍 등에서는 공원 이용방법과 레크리에이션 등 관리에 관련되는 논의를 통해 공원의 형태를 결정한다. 공원 예정지의 마을숲 등은 희귀 동식물의 보호, 보전, 새싹갈이 활동이 공원조성 전에 이루어진 사례도 있다. 이와 같이 예전에는 정비에서 관리로 '인계'된 이후 시작한 관리행위가 오늘날에는 정비와 동시에 진행되거나 관리운영이 정비에 앞서 시작되는 등, 정비·관리·이용이 상호 연관되어 일체화되고 있다. 따라서 시민은 이용 측면에만 머물지 않고, 정비와 관리에서도 중요한 역할을 수행할 수 있게 되었다.

그림 1-1-1. 공원관리의 단계 변화

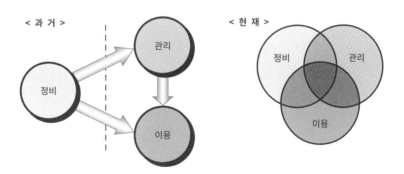

이러한 공원에 대한 요구의 다양화와 변화에 적절하고 유연하게 대응하기 위해서는 '사람(이용자, 자원봉사자, 관리조직 등)', '물건(식물, 시설 등)', '돈(예산, 재원 등)' 등 공원에 관련된 요소를 효과적으로 활용해야 한다. 이를 위해 계획에서 정비, 관리운영, 재정까지 포함한 계획(Plan) → 실행(Do) → 평가(Check) → 개선(Action)을 반복해서 계속 개선을 추진하는 매니지먼트의 관점이 필요하다. 공원관리의 현대적인 사명은 관리행위를 통한 기능의 유지다. 바꿔 말하면 공원의 가치유지·보전에 머무르지 않고, 시민과 함께 공원의 잠재적인 매력을 발굴함과 동시에 새로운 가치를 부여해 새로운 공원상(像)을 구축하고 공원문화를 창조해 나가는 것이라 할 수 있다.

그림 1-1-2. 공원관리의 현대적 의의

공원관리를 둘러싼 상황

공원에 요구되는 새로운 역할
- 환경문제, 순환형사회에 대응
- 저출산·고령화사회에 대응
- 개성 있는 지역 만들기에 대응
- 협동과 계획참여 시대에 대응
- 정보화사회에 대응
- 국제화에 대응

공원관리에 대한 요청
- 다양화·복잡화
- 관리수준의 고도화에 대응
- 안심·안전의 확보
- 시설 등의 수명 장기화
- 합리화·효율화
- 시민 등과 연계
- 국제화 진전에 대응

↓

생활문화 시설로서의 공원관리

↓

다양한 요청에 대한 적절한 대응
매니지먼트 시점
(정확성, 유연성, 시민과 협동)

↓

공원가치 부여, 새로운 공원 상(像) 구축
공원문화 창조

가이드 자원봉사자의 활동

외국인 이용 증가

---

1) 일본 공원의 종류에 대해서는 <부록> 편 참고.

2) 국가가 지방자치단체에 무상으로 빌려준 국유지에 조성한 공원.

3) 공법(公法)상의 권리인 공권(公權)에 대립되는 말로, 개인 상호 간에 인정되는 사법(私法)상의 권리.

4) 마을 가까이 있어서 인간의 영향을 받은 생태계가 존재하는 산. 그 마을의 생활에 없어서는 안 되는 산. 대자연에 반(反)하여 사람이 사는 곳.
   도시에 반대되는 농촌이라는 의미도 있다.

5) 재난 저감

6) 행정기관이나 공무원 개인이 국민에 대해(또는 기업이 주주와 고객에 대해) 현재 어떻게 경영되고 있으며, 앞으로는 어떻게 경영할 것인가를 보고해
   야 할 의무.

7) Private Finance Initiative

2. 공원관리의 변천 과정

2-1. 개요

예로부터 공원은 구역 내 공원시설이 아닌 다른 공작물이 다수 들어서면서 공원 기능을 저해해 공원이 폐지되는 등 불행한 시대를 경험했다. 이 때문에 1956년 도시공원의 보전관리를 규정한 「도시공원법」이 제정된 후 공공시설로서 법령에 근거한 관리, 공원시설과 식물 등의 유지관리, 이용자에 대한 이용관리 등이 체계적으로 실시되어 오늘에 이르고 있다.

그동안 공원관리에 관한 큰 흐름을 보면, 「도시공원법」 제정 당시 공원시설물의 보전 방식은 설치자인 지방자치단체의 직영관리였다. 그 후 급격하게 공원정비가 이루어지면서, 집 근처 공원은 애호회(동호회) 등 주민에 의한 유지관리가, 종합공원(総合公園)과 운동공원은 민간단체 등에 의한 관리가 주류가 되었다. 또한, 관리업무가 주민 아웃소싱으로 진행되는 등 공원관리 주체가 행정기관, 주민, 민간단체 등으로 폭넓게 바뀌게 되었다. 2003년에는 지정관리자제도가 도입되어 민간과 NPO에 의한 공원관리가 이루어지게 되었다. 최근에는 시민사회가 성숙함에 따라, 공원관리는 경우에 따라 공원정비도 포함하여 행정기관과 주민, 시민단체 간 협업으로 추진하게 되었다. 유지관리뿐만 아니라 활동 프로그램 개발과 제휴, 각종 행사기획과 시행 등 소프트웨어의 이용관리 측면에서도 시민이 중심이 되는 공원이 나타나는 등, 시민참여와 협동은 확실하게 진전되고 있다.(표 1-2-1 참조)

2-2. 공원관리의 변천 과정

(1) 「도시공원법」 제정 전

일본의 공원제도는 1873년 「태정관포달(太政官布達)[8] 제16호」에서 비롯하였다. 이는 사람들이 모여드는 곳으로서, 예부터 경승지나 이름난 사적지 등 사람들이 두루 돌아다니며 구경할 수 있는 장소를 오래도록 모든 사람이 함께 즐기는 곳인 '공원'으로 정하도록 각 부(府)·현(県)에 전달한 것인데, 그 관리 및 재원 확보는 각 부와 현의 시행착오에 따르도록 하였다.[9]

이러한 공원 설립 초기에는 각 지역 지도자와 유지들의 열성적인 의욕에 의한 기부로 공원용지 및 유지관리비를 확보하여 공원을 설립한 사례가 있다는 점이 주목할 만하다. 예를 들면, 야마구치현 호후시 덴진산공원(天神山公園)의 공원회, 후쿠오카시 히가시공원(東公園)·니시공원(西公園)의 공원애호회, 사가(佐賀)현 오기공원(小城公園)의 공원조합 등이 있다.

공원관리에 대해 선구적인 대처를 보인 도쿄는 태정관포달과 때를 같이하여 「공원취급심득(公園取扱心得)」을 포함한 「마치부레(町触) (고시)안」[10]을 태정관과 대장성(大蔵省)[11]에 제출하였다. 「공원취급심득」은 총 11조로 구성되었는데, 그중에는 '공원관리자를 공원마다 1명씩 배치할 것', '기존의 화초·나무 유지에 유의해 말라서 손상된 것은 새로 심을 것', '관람객들이 공원을 퇴장한 후에는 화재관리와 청소를 할 것' 등 구체적인 관리방침이 기재되어 있다. 그리고 관리비용을 충당하고자 도쿄영선회의소(東京営繕会議所)[11]는 도지사에게 "공원 면적을 반으로 나누어 완전한 공원으로 하고, 나머지 반은 가설흥행장(見世物小屋)이나 찻집 등을 인정하는 재원지(財源地)로 한다."라는 안을 이듬해 제출하였다. 이후 이러한 방식이 도쿄는 물론이고 각지에서 시행되었다.[12]

그 이후 1919년 「도시계획법」 공포 및 1933년 「도시계획표준」 제정 등에 따라 도시계획공원의 정비 방식이 만들어졌으나, 관리에 관해서는 종래의 상황이 계속되고 있다.

또한 공원관리에 관한 근거법으로, 1921년 공포된 「구 국유재산법」과 1914년의 「공공단체가 관리하는 공공용 토지물건의 사용에 관한 법률」이 있다. 태정관포달에 따른 공원 등 지반국유지공원은 내무성(内務省) 소관의 공공재산이지만, 관리를 해당 부·현에 위탁하고, 부·현은 시정촌(市町村)[13]에 재위탁하는 형식을 취하고 있기 때문에, 최소한의 재산관리를 제외하면 지방자치단체별로 관리가 이루어지고 있다.

그 후 1952년 「태정관 포고에 따라 설치된 공원관리 적정화」(건설성 도시국장 통첩)가 하달되었다. 내용은 공원 보전에 역점을 둔 것이었으나, '공원관리'의 중요성이 처음으로 인식되어 법령에 명시된 것이다.

(2) 「도시공원법」 제정 후

1956년 「도시공원법」이 제정되었다. 이에 따라 도시공원 등의 관리에 관한 명확한 기준이 제시되었다. 각 지방자치단체에서는 필요에 따라 도시공원 조례 등을 제정하고, 관리에 전념하게 되었다. 그 이후 공원관리에 관한 연혁을 살펴보면, 먼저 1962년의 「도시공원의 관리강화에 대하여」(건설성 도시국장 통달)가 있다. 이 통달[14]은 「도시공원법」 제정으로 인해 눈에 띄게 개선된 공원관리 규정이었다. 도시공원의 오염·훼손 등이 증가함에 따라 도시공원 조례 제정 등의 촉진을 통한 관리개선을 요구한 것으로서, 공원관리에 관해 본격적으로 언급한 최초의 통달이었다. 특히 훈령 7번째에 "게시판을 설치해 공원 이용자의 주의를 환기하는 한편 홍보에 활용하고, 경우에 따라서는 공원 애호단체를 결성하는 등의 방법을 강구하여 일반 계몽에 힘쓸 것"이라는 항목은 공원애호회가 공원관리 운영에서 시민참여의 계기를 만들었다는 데 주목할 필요가 있다.

공원정비는 1972년에 「도시공원 등 정비 긴급조치법」 공포 및 이에 근거한 「도시공원 등 정비 5개년 계획」이 시작되어 그 정비량이 비약적으로 증가하였다. 동시에 이 무렵부터 공원관리에 관한 여러 문제가 언급되기 시작하였다. 1974년 공원녹지의 관리운영에 관한 조사연구와 국영공원의 관리운영 등을 위임하는 (재)공원녹지관리재단이 설립되어 관리운영에 관한 정부의 체계가 정비되었다.

계속해서 1985년 「향후 하수도 정비는 어떤 방법으로 해야 하는가' 및 '향후 도시공원 등의 정비와 관리는 어떤 방법으로 해야 하는가'에 대한 답신」(도시계획중앙심의회)에서는 향후 도시공원 등의 관리방법으로서 관리의 방향과 중점사항이 제시되었다. 이것은 구체적인 관리운영의 내용이 포함된 점과 '운영관리의 충실'이 언급되었다는 점에서 획기적인 답변이었다. 이에 따라 공원 관리운영의 중요성이 인식되어 각 지방자치단체도 본격적으로 추진하게 되었다.

「도시공원법」 및 동법 시행령·시행규칙은 시대의 요청에 부응하여 수차례에 걸쳐 개정되었다. 주요한 개정 내용으로는 1976년의 '국영공원제도의 신설', '공원설치 기준의 개정', '겸용공작물 제도의 신설' 등이다. 2004년에는 '입체도시공원제도의 신설', '공원관리자 이외의 자에게도 공원시설의 설치요건 완화' 및 '경관녹삼법(景観緑三法)[15]'의 공포에 동반하여 「도시녹지법」에 근거한 녹지 기본계획과의 관계가 확립되었다. 2011년에는 "지방자치단체가 도시공원 설치 시, 기술적 기준을 조례로 위임한다."라는 내용 등이 추가되었다.

(3) 시민참여, 거버넌스(governance, 협동)의 시대

1989년이 되면서, 공원관리에 관한 몇 건의 답신에서 사회자본 정비의 진전과 저출산·고령화사회의 도래, 국민 여가시간의 증대를 배경으로 한 '도시의 성숙화'라고 하는 사회·경제 정세를 포함한 공원관리 운영의 방식·방향에 대한 지침 등이 제시되었다.

이들의 공통점은 지역주민, 기업 등과 함께 '협동의 구조 만들기'가 불가결하게 되었다는 것이다.

2003년 4월, '사회자본정비심의회 도시계획·역사적풍토분과회 도시계획부회 공원녹지소위원회'의 「향후 녹지와 오픈스페이스의 확보방안에 대하여(제2차 보고)」에서는 "다양한 주체에 의한 녹지 보전·정비·관리를 위한 방안으로서 지역커뮤니티와 NPO단체의 참가시스템 만들기를 추진할 것, 기업-시민-행정의 파트너십을 형성하는 등 민간사업자의 참가·추진을 꾀할 것, 지방자치단체는 시민과 민간 파트너십을 추진하기 위한 주체로서 기능하는 것이 필요하다."라고 제언하였다.

또한, 「민간자금 등 활용에 의한 공공시설 등의 정비 등 촉진에 관한 법률」(PFI법)의 제정(1999. 7.), 「지방자치법」의 일부 개정에 따른 지정관리자제도의 신설(2003. 6.), 「도시공원법」 일부 개정(2004. 6.)에 따른 다양한 주체에 의한 공원관리 시스템 정비 등, 공공시설의 관리에 공공단체뿐 아니라 NPO와 민간사업자 등이 참여하는 길이 넓어졌다.

이와 같이 앞으로의 공원관리에서는 시민제안에 의한 추진을 행정이 지원하는 새로운 시대의 시민참여와 새로운 민관 파트너십의 도입 등 행정·민간·NPO·시민 각자의 힘을 살린 협동시스템 구축이 한층 요구되고 있다.

(4) 지정관리자제도의 도입

2003년 「지방자치법」 개정에 따라 신설된 지정관리자제도는 기존에 도시공원을 포함한 공공시설 관리에서 공공단체, 공공적 단체 및 지방자치단체의 출자법인에만 위탁할 수 있었던 것을, 민간사업자와 NPO법인도 포함해 관리할 수 있도록 하였다. 지정관리자제도의 목적은 "다양화하는 주민 요구를 효과적·효율적으로 대응하도록 공공시설 관리에 민간 능력을 활용하고 주민서비스 향상을 도모하는 한편, 경비절감 등을 도모하는 것"(2003. 7. 17., 총무성 자치행정국장 통지)으로서, 도시공원 중에서도 비교적 규모가 큰 공원을 중심으로 지정관리자제도 도입이 급속하게 진행되고 있다.

도시공원에 대한 지정관리자제도 도입 이후 상황에 대해서는 "유연한 발상에 따른 이용자서비스 향상과 업무 합리화로 인한 경비절감 등에서 일정한 효과가 있다."라는 평가가 있는 반면, 일부에서는 관리수준 저하와 지정관리자의 고용조건 악화 등을 지적한다. 이러한 문제에 대해 안전하고 쾌적한 도시공원 관리를 중장기적으로 지속하기 위해서는 적합한 지정관리자 선택과 더불어 모니터링과 평가, 위험 분담, 인센티브 부여 등의 조치가 적절하게 실행되어야 한다.

표 1-2-1. 공원관리 관련 제도 연표

연도	관계 법령, 답신 등
1873	• 「태정관포달 제16호」(포달) • 「공원취급심득」(도쿄)
1878	• 「도쿄부공원출가가조례(東京府公園出稼仮条例)」 제정
1888	• 「도쿄시구개정조례(東京市区改正条例)」 공포
1914	• 「공공단체가 관리하는 공공용 토지물건의 사용에 관한 법률」 공포
1919	• 「구 도시계획법」 공포
1921	• 「구 국유재산법」 공포
1923	• (지진 피해 후 부흥을 위해) 「특별도시계획법」 공포: 소공원(아동공원) 다수 신설
1933	• 「도시계획 조사자료 및 계획표준에 관한 건」(내무차관 통달): 도시계획 표준안을 지정
1939	• '도쿄 녹지계획' 책정
1946	• (전쟁 후 부흥을 위해) 「특별도시계획법」 공포: 녹지지역제도 신설 등
1949	• 「옥외광고물법」 공포
1952	• 「태정관 포고에 따라 설치된 공원관리 적정화」(통첩)
1956	• **「도시공원법」 공포**
1962	• 「도시공원의 관리강화에 대하여」(건설성 도시국장 통첩) • 「도시의 미관풍치를 유지하기 위한 나무의 보존에 관한 법률」 공포
1966	• 「고도의 역사적 풍토 보존에 관한 특별조치법」 공포
1972	• 「도시공원 등 정비 긴급조치법」 공포 • 「도시공원 등 정비 5개년 계획」 개시(2003년 2월 폐지)
1973	• 「도시녹지보전법」 공포
1974	• 「생산녹지법」 공포
1976	• **「도시공원법」 전면개정: 국영공원제도 및 겸용공작물 제도의 신설**

연도	관계 법령, 답신 등
1979	• 도시계획중앙심의회, 「향후 도시공원 등의 정비와 관리방법에 대하여」(답신)
1985	• 도시계획중앙심의회, 「향후 하수도 정비는 어떤 방법으로 해야 하는가' 및 '향후 도시공원 등의 정비와 관리는 어떤 방법으로 해야 하는가」(답신)
1990	• 도시계획중앙심의회, 「향후 도시공원 등의 정비와 관리 및 도시녹화의 추진은 어떻게 할 것인가?」(답신)
1992	• 도시계획중앙심의회, 「경제사회의 변화를 포함한 도시공원제도를 비롯한 도시의 녹화와 오픈스페이스의 정비와 관리 정책은 어떻게 이루어져야 하는가」(답신)
1995	• 도시계획중앙심의회, 「향후 하수도의 정비와 관리는 어떻게 이루어져야 하는가? 또한 향후 도시공원 등의 정비는 어떻게 이루어져야 하는가?」(답신)
1998	• 「특정 비영리활동 촉진법」(NPO법) 공포
1999	• 「지역의 자주성 및 자립성을 높이는 개혁 추진을 위한 관계 법령의 정비에 관한 법률」(지방분권일괄법) 공포
2002	• 사회자본정비심의회 도시계획·역사적풍토분과회 도시계획부회 공원녹지소위원회, 「향후 녹지와 오픈스페이스의 확보방책에 대하여(제1차 보고)」: 국가행정조직 재편에 따라, 도시계획중앙심의회를 개조(2001. 1.)
2003	• 사회자본정비심의회 도시계획·역사적풍토분과회 도시계획부회 공원녹지소위원회, 「향후 녹지와 오픈스페이스의 확보방책에 대하여(제2차 보고)」 • 「사회자본 정비 중점 계획법」 공포 • 「지방자치법」 일부 개정에 따라, 지정관리자제도 신설
2004	• **「도시공원법」 전면개정: 입체도시공원 제도, 공원관리자 이외의 자도 공원시설 설치가 가능하도록 조건 완화, 감독처분 절차 정비, 임대공원의 정비 촉진** • 「경관법」 공포 • 「도시녹지법」 개정
2006	• 「고령자·장애자 이동 등의 원활화 촉진에 관한 법률」 공포
2007	• 사회자본정비심의회 도시계획부회 공원녹지위원회, 「새로운 시대의 '녹화' 정비·보전·관리 방법과 종합적인 시책의 전개에 대하여」(답신)
2008	• 「지역의 역사적 경관 유지 및 향상에 관한 법률」(역사도시만들기법) 공포
2011	• **「도시공원법」 개정: 지방자치단체의 도시공원 설치기준 등** • 「지역의 자주성 및 자립성을 높이는 개혁 추진을 위한 관계 법령의 정비에 관한 법률」(제2차일괄법) 공포
2012	• 「도시의 저탄소화 촉진에 관한 법률」(에코타운법) 공포
2013	• 사회자본정비심의회 사회자본메인터넌스전략소위원회, 「향후 사회자본의 유지관리·갱신 방법에 대하여」(답신)

8) '태정관'은 메이지(明治) 전기에 설치된 관청(내각)이고, '포달'은 법령이나 시책의 공포 형식을 말한다. 즉, '태정관포달'이란 메이지 정부에서 공포한 법령을 의미한다.

9) (원문) これは、「人民輻輳の地にして古来の勝区名人の旧跡地等是迄群集遊観の場所」を「永く万人偕楽の地」として「公園」と定めるよう府県に達せられたものであるが、その管理および財源確保については、各府県の試行錯誤により、個々に取り組んでいた。

10) 에도(江戸) 시대에 마을 주민에게 제시된 법령.

11) 우리나라의 기획재정부에 해당한다.

12) (원문) 公園の管理について先 的な取り組みをみせた東京では、太政官布達と時を同じくして、「公園取扱心得」を含めた「町触(告示)案」を太政 官および大蔵省に稟申している。同心得は11ヵからなり、その中では「公園取締者を各所1名ずつ配置すること」、「在来花木の維持に留意し、枯損の分は近傍に新規植栽等を行うこと」、「遊客の退散後は火の元の管理や清掃を行うこと」などと、具体の管理方針が示されている。そして、この管理の費用等に充当するために、東京 繕会議所では知事に対し、「公園面積を半分に分けて、一を純然たる公園とし、一を見せ物小屋や茶店等を認める財源地とする」案を翌年に具申し、以降、この方式が東京はもとより各地で実施されていくこととなった。

13) 일본의 기초자치단체인 시(市), 정(町), 촌(村)을 통틀어 이르는 말.

14) 행정관청이 그 소관사무에 있어서 소관기관과 직원에게 문서로 통지하는 것.

15) 「경관법(景観法)」, 「경관법 시행에 따른 관계 법률 정비 등에 관한 법률(景観法の施行に伴う関係法律の整備等に関する法律)」 및 「도시녹지보전법 등의 일부를 개정하는 법률(都市緑地保全法等の一部を改正する法律)」.

3. 공원관리의 목적

3-1. 공원관리의 목적

도시공원의 관리목적을 한마디로 말하면 '도시공원 보전 및 시민의 쾌적하고 만족도 높은 이용'이다.

공원관리의 관점은 이미 기술한 바 있으나, 도시공원이라는 시설 혹은 공간이 가진 기능을 감소시키지 않고, 시설 또는 공간 그 자체를 보전하는 것은 공원관리의 중요한 목적이다. 또한, 공원시설의 기능갱신도 향후 공원관리와 관련해 배려할 필요가 있다.

아울러 본래 도시공원은 폭넓게 공공복지에 이바지하는 방향으로 이용되는 것이므로, 이를 위해 다양하고 유연한 조건을 확보하는 것은 도시공원의 의의를 충족하는 데 필수불가결하다.

이와 같이 공원관리의 목적은 '이용'과 '보전'으로 집약되지만, 이 둘은 때때로 대립하는 경우가 있다. 예를 들면, '잔디밭 출입금지' 조치가 이용자의 불만을 산다거나, 레크리에이션 시설 도입이 자연환경·문화재 보전과 충돌하는 등 이용과 보전이라는 양자의 조정에 고심해야 하는 사례는 자주 나타난다.

이용과 보전의 균형을 어떻게 유지할 것인가. 공원관리의 목적을 어디에 두는가에 대해서는 그저 공원관리자만이 판단하는 것이 아니고, 이용자와 주민참여를 통해 해결해 나가는 방식이 중요하다. 또한, 이용자 간 의견이나 희망사항의 차이에 대응하기 위해서도 주민참여 및 다양한 주체와의 협동에 따른 정보공유와 커뮤니티 양성 등이 필요하다.

초창기 근대 도시공원의 하나인 나고야시 쓰루마이공원(鶴舞公園, 1909년 개원). 개원 이듬해 개최된 '제10회 간사이부현연합공진회(關西府縣連合共進会)'에는 263만 명이 참가하였다. 쓰루마이공원은 한 세기가 지난 지금까지도 시의 문화유산으로서 시민에게 사랑받고 있다. [왼쪽은 공진회 개최 시 축조한 소가쿠도(奏樂堂, 주악당), 오른쪽은 1997년 복원된 모습]

3-2. 공원관리 목표의 설정

공원정비에서는 '○○년까지 주민 1인당 도시공원 면적 ○○m² 이상' 또는 '걸어서 갈 수 있는 공원 커버율(カバー率) 100%' 등과 같은 정비목표를 내걸고, 이것을 지표로 사업을 평가해 좌표로 삼고 있다.

공원관리에서도 이러한 목표설정은 중요하다. 이때 '시민의 도시공원 이용'이란 목표에 대한 이용자 만족도가 중요한 평가목표가 된다.

공원관리는 각 지방자치단체의 실태에 따라, 또는 개별 공원의 특성에 따라 매우 다르다. 그렇기 때문에 관리목표 설정도 다를 수밖에 없다. 유료 운동시설 등을 보유한 종합공원과 가구공원(街区公園)은 관리체제와 방법 및 그 내용도 다르므로, 결과적으로 관리 목표와 그 설정이 다르다.

예를 들어, 도시의 얼굴이 될 만한 유료 시설을 운영해 영업수지 균형이 중요한 공원은 '입장객 수 증가', 넓은 범위의 유치권을 가진 공원은 '광역 이용자 수의 증가', 워크숍 방식으로 정비되어 계속해서 주민참여형 관리를 지향하는 공원은 '주민 주체의 공원관리' 등으로 공원별 관리목표 설정을 고려할 수 있다.

이러한 공원관리 목표의 설정은 이제까지 평가방법이 정해지지 않았던 공원의 관리운영 면에서 달성도 등을 나타내는 커다란 요소가 되고, 또 관리운영 업무의 자극이 된다. 그렇기 때문에 각 지방자치단체의 실정에 맞춰서 주요 공원 및 특징적인 공원에서는 공원별·종류별로 목표를 설정해 그 달성을 위한 구체적인 실시계획을 세워서 관리해야 한다.

공원관리 목표(지표)의 예시

- 공원 방문자 수의 추이
- 유치 범위
- 스포츠시설 가동률
- 스포츠시설의 이용자 수
- 단위 면적당 유지관리비
- 공원 방문자 1인당 유지관리비
- 민원처리 건수
- 공원 내 사고 수(감소율)
- 공원 행사 및 이용 프로그램의 개최 수
- 공원 행사 및 이용 프로그램의 참가자 수
- 자원봉사 참가자의 총인원
- 자원봉사단체의 수
- 이용자 만족도
- 자원봉사 참가자의 만족도
- 언론 보도 건수, 홈페이지 열람 건수 등

---

4. 공원관리의 근거법

4-1. 「도시공원법」

「도시공원법」은 1956년 4월 도시공원의 설치 및 관리에 대한 통일된 기준을 정한 것으로, 도시공원의 관리에 관한 기본 법률이다.

(1) 「도시공원법」의 취지

1956년 「도시공원법」이 제정된 배경은 전후(戰後) 혼란기에 공원의 효용과 관계없는 공작물과 시설 등이 설치되고, 아울러 공원을 폐지해 다른 용도로 사용하는 사례도 많이 나타났기 때문이다. 「도시공원법」은 도시공원의 설치와 관리에 대한 통일된 법률로서, 제정 당시에는 다음 항목에 중점을 두었다.

① 도시공원 배치와 규모, 시설에 관련된 기술적 기준
② 공원 부지에 관련된 건폐율
③ 공원관리자가 공원관리자 이외의 사람에게 공원시설의 설치 및 관리를 하게 하는 경우의 규정
④ 공원시설 이외의 공작물 등 점용 규정
⑤ 공원관리자는 특별한 이유를 제외하고는 도시공원의 전부 또는 일부를 폐지해서는 안 된다는 규정
⑥ 공원관리자는 도시공원대장을 작성·보관해야 하는 규정
⑦ 정부가 도시공원의 신설·개축에 필요한 비용의 일부를 보조하는 제도를 명시

(2) 「도시공원법」 개정 경위

1956년 「도시공원법」 제정 후 동법 시행령·시행규칙은 수차례 개정을 거쳐 현재의 도시공원제도가 만들어졌다. 주요한 개정 내용은 다음과 같다.

① 1976년 5월 법 개정
- 국가를 도시공원의 설치·관리자로 하는 '국영공원' 제도 제정
- 도시공원과 하천·도로·하수처리장 등의 '겸용공작물' 제도 제정

② 1993년 6월 시행령·시행규칙 개정
- 도시공원 면적 기준: 시정촌 구역 내 6m²/인 → 10m²/인 이상으로 확대
- 아동공원에서 가구공원으로
- 공원 종류에 도시림, 광장공원을 추가
- 자연생태원 등 공원시설을 추가
- 허용 건축면적의 완화
- 매점 등의 설치내용, 공원 면적규모 제한 폐지
- 캠핑장, 자연생태원을 국고보조 대상 시설에 추가

③ 1995년 3월 시행령 일부개정
- 비축창고, 내진성(耐震性) 저수조, 방송시설, 헬리포트(heliport)를 국고보조 대상 시설에 추가

④ 2003년 3월 시행령 일부개정
- 주구기간공원 배치에 대해 유치거리의 표준치 삭제
- 재해 시 광역 재해구호 활동의 거점으로서, 국가가 설치하는 도시공원의 정비기준 추가
- 지방자치단체가 정한(국영공원에 대해서는 국토교통대신이 정한) 휴양시설·놀이시설·운동시설·교양시설을 새롭게 공원시설에 추가하는 것이 가능하게 됨
- 점용물건에 대하여, 도시공원별로 지방자치단체가 조례로 정한(국영공원에 대해서는 국토교통대신이 정한) 가설건물 또는 시설을 추가
- 위의 조례로 정한 점용물건에 대해서는 점용기간(6개월)과 점용에 관한 제한(가설 건축물을 설치하는 경우에 점용 가능한 것은 0.5헥타르 이상의 부지면적이 있는 도시공원으로서, 점용장소는 도시공원의 광장 안, 건축면적 총계는 그 광장 부지면적의 30%를 초과하지 않을 것)을 규정

⑤ 2004년 법 일부개정
- 도시공원 구역을 입체적으로 정하는 것이 가능한 제도(입체도시공원 제도) 신설
- 공원관리자 이외의 사람이 공원시설을 설치·관리하는 것이 가능한 요건을 완화
- 약식 대집행(代執行)의 목적이 된 관련 물건의 보관·매각 등의 절차 정비
- 임대공원에 대하여, 계약기간의 종료 등에 따라 권원(權原)[16]이 소멸한 경우에 폐지 가능하도록 명확화

⑥ 2011년 법 일부개정
- 지역의 자주성 및 자립성을 높이는 개혁을 종합적으로 추진하기 위해, 도도부현(都道府縣)의 권한을 시정촌에 위탁하는 동시에 지방자치단체에 대한 의무 부과를 재검토하고 조례제정권 확대를 허용

(3) 「도시공원법」의 개요

「도시공원법」 각 조문의 내용에 대한 개요는 <표 1-4-1>과 같다.

표 1-4-1. 「도시공원법」의 개요

조문	항목	내용
1조	목적	• 도시공원의 설치 및 관리에 관한 기준 등을 정하고, 도시공원의 건전한 발전을 도모하며, 공공의 복지증진에 이바지
2조	정의	① 지방자치단체: 도시계획시설 또는 도시계획 구역 안의 공원 또는 녹지 국가: 광역의 관점, 기념사업 등에 설치하는 도시계획시설의 공원 또는녹지 ② 공공시설: 공원도로·광장·휴양시설·수경(修景)시설·위락시설·운동시설·교양시설·편익시설·관리시설 등
2조의2	도시공원의 설치	• 시행령 9조 사항(명칭, 위치, 구역, 공용개시일)의 공고에 따라 설치
2조의3	도시공원의 관리	• 관리자: 지방자치단체 설치 시에는 해당 지방자치단체, 국가 설치 시에는 국토교통대신
3조	도시공원의 설치기준	• 지방자치단체가 도시공원을 설치하는 경우, 배치 및 규모에 관한 기술적 기준(시행령 2조)을 참작해서 조례에서 정한 기준에 적합하게 시행 • 국가가 설치하는 도시공원에 대해서는 시행령 제3조에 정한 배치·규모·위치 등의 기술적 기준에 적합하도록 시행 • 녹지의 보전 및 녹화 추진을 위해 기본계획(녹지 기본계획)에 정한 것에 따라 시행토록 노력
4조	공원시설의 설치기준	• 건축물의 건축면적은 대지면적의 2/100를 참작하여 조례에서 정한 비율 이하(특례는 시행령 6조) • 기타 공원시설의 설치에 관한 기준(시행령 8조)
5조	공원관리자 이외 사람의 공원시설 설치 등	• 공원관리자가 설치·관리하는 것이 곤란한 경우, 공원기능 증진에 이바지하는 경우에 공원시설의 설치·관리(10년 이하)를 허가
5조의2	겸용공작물의 관리	• 협의해 별도로 관리방법을 정하는 것이 가능. 협의 내용은 공시해야 함
5조의3	공원관리자의 권한대행	• 5조의2 협의에 근거해서, 시행령 10조 규정의 범위에서 공원관리자의 권한을 대행 가능
6조	도시공원의 점용허가	• 공원시설 이외의 시설 설치에 대한 허가
7조	도시공원의 점용허가 기준	• 점용물건의 범위, 허가 가능한 경우
8조	공원시설의 설치관리, 점용허가의 조건	• 필요한 범위 안에서 조건 부여하는 것이 가능
9조	국가가 행하는 도시공원 점용특례	• 국가와 공원관리자 간 협의에 따름
10조	원상회복	• 원상회복 의무, 원인회복이 힘든 경우는 관리자에 의한 지시
11조	국가가 설치에 관여하는 도시공원에 관한 행위의 금지 등	① 도시공원의 손상, 오손(汚損) ② 대숲의 벌채, 식물의 채취 ③ 토석(土石), 대숲 등 물건의 퇴적 ④ 도시공원 이용에 현저히 장애를 입히는 행위
12조	국가설치 도시공원에서의 행위허가	• 물품의 매각, 반포(頒布), 경기회(競技会), 집회, 전시회, 기타 (시행령 19조)
12조의2	도시공원 설치관리 비용의 부담원칙	• 지방자치단체 설치: 지방자치단체 • 국가 설치: 정부
12조의3	국가설치 도시공원의 설치·관리에 필요한 비용에 대하여, 관계 도도부현의 설치·관리 비용 부담	① 시행령 28조 규정에 따라, 도시공원이 있는 도도부현이 일부 부담: 신설·개축에 필요한 비용의 1/3 ② 현저하게 이익을 얻은 다른 도도부현에도 분담 가능 ③ ②의 경우에 관한 의견청취

조문	항목	내용
12조의4	국가가 설치하는 도시공원의 설치·관리에 필요한 비용에 대하여, 관계 시정촌의 설치·관리 비용 부담	① 수익범위 안에서 시정촌에도 부담 가능 ② ①의 경우, 도도부현의회 의결 필요
12조의5	부담금의 납부	① 도도부현은 국고에서 납부 ② 시정촌은 도도부현에 납부
12조의6	겸용공작물의 관리 및 필요한 비용 부담	• 공원관리자와 다른 공작물의 관리자에 의한 협의
13조	원인자 부담금	• 공사 필요의 원인 제공자가 부담
14조	부대공사에 필요한 비용	① 공원 공사를 행하는 자가 부담 ② 원인자가 있는 경우는 당사자
15조	의무이용을 위해 필요한 비용	• 의무자가 비용을 부담
16조	도시공원의 보존	아래를 제외하고, 도시공원의 전부 또는 일부 폐지를 금지 • 도시계획 사업이 시행되는 경우 • 기타 공익상 특별히 필요한 경우 • 폐지된 도시공원을 대신하는 도시공원이 설치되는 경우 • 임대공원에 관한 토지 임대계약이 종료되는 경우
17조	도시공원대장	• 공원관리자가 작성, 보관
18조	조문 또는 정령(政令)에서 규정한 사항	• 설치 및 관리에 필요한 사항은 조례 및 정령(국가 설치)에서 정함
19조	자연공원의 시설에 관한 특례	• 국립국정공원(国立国定公園): 5조의1·3항, 6조의1항을 적용하지 않음 • 현립자연공원(県立自然公園): 5조의1·3항을 적용하지 않음
20~26조	입체도시공원	• 입체적 구역의 지정(20조) • 입체도시공원의 설치기준(21조) • 입체도시공원과 일체인 건물의 소유자와 협정항목 및 협정체결의 공시(22조) • 협정 공시 후 소유자에 대한 효력(23조) • 공원 일체 건물의 소유자 이외 사권(私權) 행사 제한 및 매각청구(24조) • 공원보전 입체구역의 지정 및 공고(25조) • 공원보전 입체구역 안에서 행위의 제한 등(26조)
27조	감독처분	① 법령처분 등 위반자 및 공익상 필요한 경우에 관한 감독처분과 공고 ② 제각(除却) 공작물 등의 보관, 공시, 매각, 대금의 보관, 폐기, 비용부담 등
28조	감독처분에 동반되는 손실 보상	• 허가받은 자가 감독처분에 의해 손실을 입은 경우의 보상
29조	보조금	• 시행령 31조 규정에 따라, 일부를 국가가 보조: 공원시설의 신설·증설·개축에 필요한 비용의 1/2, 용지 취득비용의 1/3
30조	보고 및 자료 제출	• 지방자치단체와 관련된 공원 설치, 구역 변경, 폐지, 조례 제정을 국토교통대신에게 보고
31조	도시공원의 행정 또는 기술에 관한 권고 등	• 국토교통대신이 도도부현에, 도도부현 지사가 시정촌에 도시공원의 행정 또는 기술에 관해 권고, 조언 또는 원조가 가능

조문	항목	내용
32조	사권(私權)의 제한	• 소유권 이전(移轉), 저당권 설정, 이전 이외의 사권 행사는 불가능
33조	공원 예정구역 등	• 도시공원으로 지정해야 할 구역 결정에 대하여
34조	불복신청	• 지방자치단체에 있는 공원관리자가 한 처분에 대한 불복신청에 대하여
35조	권한의 위임	• 국토교통대신의 권한 일부 위임
36조	경과조치	• 정령(政令)[17]·성령(省令)[18]의 제정, 개폐 시의 경과조치
37~41조	벌칙	• 감독처분 위반, 공원시설의 설치·관리·점용 위반, 금지행위 위반 등

4-2. 도시공원 조례

지방자치단체는 「도시공원법」 및 정령, 규칙에 정한 것 이외에 도시공원의 설치 및 관리에 필요한 사항에 대해 조례로 정하도록(「도시공원법」 제18조) 하여, 지방자치단체의 자주성에 위임되어 있다. 또한, 「도시공원법」 및 「지방자치법」에 다음 (1), (2)의 사항이 조례에 위임되어 있다.

(1) 「도시공원법」 등에 따른 조례 위임사항

「도시공원법」 및 정령에 관해 조례로 정하도록 하는 사항은 다음과 같다.
- 도시공원의 설치기준: 정령에서 정한 기술적인 기준을 참작(법 제3조 제1항)
- 공원시설의 설치 및 관리의 허가 신청서의 기재사항(법 제5조 제1항)
- 점용허가 신청서의 법에 정한 것 이외의 기재사항(법 제6조 제2항)
- 점용허가의 변경신청을 필요로 하지 않는 경미한 변경의 내용(법 제6조 제3항)
- 감독처분과 관련해 소각한 공작물 등을 보관한 경우의 공시사항, 공시방법(법 제27조 제5항)
- 위 항의 공작물 등의 가액 평가방법, 매각하는 경우의 절차(법 제27조 제6항)
- 정령에서 정한 사항 이외의 공원시설: 휴양시설, 놀이시설, 운동시설, 교양시설(동법 시행령 제5조 제2~5항)
- 법령에 정한 사항 이외의 가설건물 또는 시설(동법 시행령 제12조 제10항)

또한, 조례를 제정한 때에는 그 조례를 국토교통대신에게 보고하여야 한다(법 제30조).

(2) 「지방자치법」에 따른 조례 위임사항

「지방자치법」에 따라 공공시설의 설치 및 관리에 관한 사항은 조례로 정하도록 하고 있으나(법 제244조의2 제1항), 같은 법에 지정관리자제도의 개시와 더불어 다음 사항을 조례로 정하도록 하고 있다.
- 지정관리자에 의한 관리(법 제244조의2 제3항)
- 지정관리자 지정절차, 지정관리자가 행하는 관리의 기준 및 업무범위, 기타 필요한 사항(법 제244조의2 제4항)
- 지정관리자가 이용요금을 정하는 경우(법 제244조의2 제9항)

(3) 법에 규정된 위임 이외에 조례의 규정사항

앞서 기술한 법에 따라 위임되어 있는 사항 이외에, 많은 지방자치단체에서 조례로 규정한 사항으로 다음 항목을 들 수 있다.
- 행위의 제한
- 허가의 특례

- 행위의 금지
- 이용의 금지 또는 제한
- 유료 공원 및 유료 공원시설
- 사용료: 금액, 징수, 감면
- 조례 규정에 근거한 감독처분
- 신고서 제출
- 도시공원의 구역 변경 및 폐지
- 공원 예정지 및 예정 공원시설에 관한 기준
- 시행세칙의 위임
- 벌칙

위에 기술한 사항 이외에 독자적으로 규정하고 있는 항목은 다음과 같다.

- 권리 또는 이익의 양도, 전대(轉貸) 또는 담보의 금지
- 사용료의 불환부(不還付) 등
- 보증인, 보증금
- 물건을 설치하지 않는 점용
- 무료 공개일 등
- 손해배상 및 배상책임: 시설의 멸실·훼손에 대한 것
- 감독처분에 동반된 손실 보상
- 과태료
- 양벌규정(兩罰規定)
- 공원심의회·운영위원회 등의 설치

---

16) 법률적 또는 사실적 행위를 하는 것을 정당하게 하는 법률상의 원인.
17) 우리나라의 시행령에 해당.
18) 우리나라의 시행규칙에 해당.

5. 공원관리 업무의 구분 및 본 가이드북의 구성

5-1. 업무의 구분

공원관리 업무를 공원관리 목적인 '공원 보전과 이용'과 관련된 면에서 보면, 다음과 같이 분류할 수 있다.

(1) 유지관리

공원을 구성하고 있는 시설의 물적 조건을 정비해서 이용에 제공하는 동시에 설비의 보전을 도모하는 업무. 방재와 환경보전 등 존재가치로서 공원기능의 보전, 이용효과를 최대한 발휘하기 위해 물적 조건을 정비·유지하는 것.

식물관리·시설관리가 대표적인데, 최근에는 동식물의 생육환경의 보전과 식물관리로 발생하는 유기물의 재자원화를 꾀하는 '녹색 리사이클' 등 새로운 관리업무가 발생하고 있다.

(2) 운영관리

쾌적하고 원활한 공원이용을 제공하기 위한 조직과 시스템 등의 조건을 정비하는 한편 이용지도 등에 의한 안전·안심을 확보하는 업무를 여기에서는 '운영관리'라고 한다.

이용만족도를 높이는 서비스와 공원의 존재효과에 대한 이해와 인식, 이용도를 높이기 위해 홍보와 광고를 통한 정보제공, 행사와 이용프로그램의 제공 등을 행한다.

최근 진행되고 있는 시민참여형 관리도 이용의 한 형태로서 제시되어, 시민활동의 지원과 조건정비 등도 운영관리의 일환이 되어 있다.

(3) 법령관리

「도시공원법」과 도시공원 조례 등에 의해 정해져 있는 법률행위의 수행에 관한 업무를 말한다.

재산관리와 도시공원대장 관리, 허가, 감독처분, 사용료 징수와 감면, 배상책임 등이 이에 해당한다.

이 밖에도 이러한 관리업무를 행하기 위해 조직과 예산을 관리하는 업무가 있는데, 이러한 사항들은 공원관리 고유의 업무가 아니기 때문에 본 가이드북에서는 설명을 생략한다.

5-2. 가이드북 구성

본 가이드북은 관리업무의 세 가지 분류별로 작업의 목적·내용·진행방법 등을 정리하여, '공원관리와 안전대책'으로 사고·사건 등의 대책, '공원관리에 대한 시민참여·협동'으로 다양한 주체와 파트너십의 자세, 마지막으로는 '공원매니지먼트'에 관해 각 장에서 서술한다.

(1) 유지관리: 제2장

유지관리 / 식물관리 / 시설관리 / 청소

(2) 운영관리: 제3장

운영관리 / 정보수집 / 정보제공 / 행사 / 이용프로그램 / 공평·평등한 이용 / 이용지도 / 이용조정 / 공원시설의 운영(유료시설 운영)

(3) 법령관리: 제4장

재산관리와 도시공원대장 / 점유 및 사용

(4) 공원관리와 안전대책: 제5장

　　공원관리의 안전대책 / 공원시설 이용에 관련된 사고방지대책 / 도시공원의 방범대책 / 도시공원의 방재대책

(5) 공원관리의 시민참여·협동: 제6장

　　공원관리의 시민참여·협동의 개요 / 공원애호회, 공원어답트 / 공원자원봉사 / 협동을 향하여

(6) 공원매니지먼트: 제7장

　　공원매니지먼트와 지정관리자제도 / 매니지먼트 계획 / 매니지먼트 실시 / 매니지먼트 평가

5-3. 가이드북의 기초자료

　　본 가이드북은 주로 일반재단법인 공원재단이 2008, 2009, 2012, 2015년도에 실시한 '공원관리 실태조사'로부터 수집한 데이터 및 자료를 활용하였다. 이 조사는 조사표를 송부해 공원관리 담당자로부터 회답을 얻는 설문조사 방식으로 행해졌다. 본문 중에는 2008년 11월 실시조사를 「2008년도 공원관리 실태조사」, 2010년 2월 실시조사를 「2009년도 공원관리 실태조사」, 2013년 2월 실시조사를 「2012년도 공원관리 실태조사」, 2015년 8월 실시조사를 「2015년도 공원관리 실태조사」라고 이름 붙였는데, 그 개요는 다음과 같다.

명칭	2008년도 공원관리 실태조사	2009년도 공원관리 실태조사
조사명	도시공원의 시민참여에 관한 설문조사	도시공원의 관리운영에 관한 설문조사
실시주체	재단법인 공원녹지관리재단	재단법인 공원녹지관리재단
실시기간	2008. 10. 20. ~ 11. 20.	2010. 2. 26. ~ 3. 30.
실시방법	우송에 의한 배포 및 회수	우송에 의한 배포 및 회수
조사대상	도도부현, 정령지정도시[19], 인구 10만 이상의 시와 인구 100만 이상의 도쿄도 특별구, 전국 268개 지방자치단체	도도부현, 정령지정도시, 인구 100만 이상의 도쿄도 특별구, 인구 10만 이상의 전국 268개 지방자치단체
회수율	73.5%(197부)	65.3%(175부)
조사표	A4판 14쪽	A4판 10쪽
조사항목	• 공원관리와 관련된 시민참여의 개요: 실시 유무, 단체 수, 경향 • 공원애호회 및 공원어답트 프로그램 (Adopt Program) 제도: 제도명, 개시연도, 활동내용, 지원상황, 활성화대책 등 • 공원과 관련된 자원봉사활동: 주요 항목·기준, 단체명, 주요 활동, 활동 빈도, 등록자 수, 활동가 수, 용구 등 지급, 보험가입, 개선점 등 • 관리운영협의회 등: 협의회 명칭, 설치연도, 사업내용, 위원 등의 구성, 설치주체, 개최횟수, 설치경위 등 • 시민단체·NPO법인 등으로 관리위탁: 단체명, 단체 설립연도, 회원 수, 위탁내용, 임원 등의 구성 등	• 시설의 정비·관리상황: 마을숲, 밭, 비오톱, 꽃으로 특색 있는 시설 조성, 바비큐 광장 • 개별시책 등 추진상황: 관리운영계획 등 작성상황, 공원정보 발신 루트, 공원관리정보 전산화사업상황, 특정 외래생물 등 문제에 대한 민원, 요청 등에 대한 대응상황 • 공원관리운영사 및 공원관리운영 가이드북: 공원관리운영에 관련된 자격, 공원관리 가이드북 • 공원관리운영에 관한 의견 등

명칭	2012년도 공원관리 실태조사	2015년도 공원관리 실태조사
조사명	도시공원의 시민참여에 관한 설문조사	도시공원의 시민참여에 관한 설문조사
실시주체	재단법인 공원녹지관리재단	일반재단법인 공원재단
실시기간	2013. 2. 20. ~ 3. 21.	2015. 8. 20. ~ 9. 30.
실시방법	우송에 의한 배포 및 회수	우송에 의한 배포 및 회수
조사대상	도도부현, 정령지정도시, 인구 50만 이상의 동경도 특별구, 인구 10만 이상의 318개 지방자치단체	도도부현, 정령지정도시, 인구 50만 이상의 도쿄도 특별구, 인구 10만 이상의 전국 322개 지방자치단체
회수율	62.6%(199부)	75.5%(243부)
조사표	A4판 14쪽	A4판 16쪽
조사항목	• 집객을 목적으로 한 활동: 공원명, 관리체제, 사업명, 실시기간, 사업내용, 실시체제, 사업효과, 향후 과제 • 지정관리자제도 도입 이후의 관리운영 과제: 발생한 문제, 문제의 원인, 대응책, 향후 과제 • 공원관리 업무의 모니터링 평가 등	• 도시공원의 제공상황 • 공원관리 체제 • 공원관리의 재정 • 도시공원대장 • 정보발신 • 이용서비스 • 시민참여 • 지역공헌 • 허가 및 점용 • 공원관리와 안전대책 등

---

19) 일본에서 정령에 따라 지정된 인구(법정인구) 50만 명 이상의 시를 뜻한다. 오사카·교토를 포함한 20곳이 정령지정도시로 지정되어 있다.

제2장
유지관리

1. 유지관리

1-1. 유지관리의 대상

공원을 폭넓게 이용하게 하고, 또 공원의 기능을 유지하며 보전하기 위해 공원을 구성하는 시설의 물적 조건과 환경조건을 갖추는 것이 공원관리의 기반이다. 이를 일반적으로 '유지관리'라고 부른다.

공원을 구성하는 재료는 크게 생물적인 특성을 지닌 식물재료와 그 외의 것으로 구분할 수 있다. 유지관리를 하는 데는 이들 재료의 특성에 유의해야 한다. 특히 공원의 환경·경관·공간구성의 중심인 식물재료는 생물로서 생장과 생육주기 등의 특성을 파악하는 일이 중요하다.

한편, 그 외의 재료는 토목구조물, 건축구조물, 설비 등 그 폭이 넓다. 나무, 돌, 흙, 콘크리트, 금속, 플라스틱 등 소재도 다양하다. 해를 거듭하며 변하는 각 소재를 풍격(風格)으로 즐기는 일본 정원의 경우를 제외하고는 완성과 동시에 상태와 성능이 나빠지기 때문에, 이들의 노후화 특성까지 고려해 제때 보수함으로써 기대하는 기능을 유지해야 한다.

유지관리의 대상에는 각각의 재료 개체뿐만 아니라 이들 재료로 구성한 공간과 구조물의 기능과 쾌적성·안전성 등의 이용조건까지 포함된다.

예를 들면, 초본(草本)이라도 지피식물(地被植物)로서 토양의 유출 및 비산방지(飛散防止)를 목적으로 심은 경우, 경관을 연출하기 위해 도입한 경우, 식물관찰 및 학습용으로 제공하는 경우 등 추구하는 기능에 따라서 유지관리 작업의 내용·시기·방법이 다르다. 마찬가지로 고도의 설비기구 등을 소유한 경우에는 그 설비의 작동 및 보수에 드는 전문기술이 반드시 필요하다. 어린이들의 놀이공간으로 이용되는 놀이기구의 경우에는 놀이의 매력적인 측면과 굴러떨어짐·끼임·넘어짐 등의 사고를 방지하는 측면을 둘 다 헤아리는 관점이 중요하다.

또한, 문화재로서 명승지나 천연기념물로 지정된 식물, 중요문화재의 건축물 등은 그 유지관리에 특별한 배려가 필요하다. 더욱이 지역 본래의 풍토와 환경, 생물다양성의 보전이 요구되는 경우에는 공원에 서식하는 동식물 등의 생태계를 교란하는 외래종의 방제(防除) 등도 유의해야 한다.

공원에 방문객이 모이는 효과, 지역발전의 파급효과, 환경교육의 효과, 시민참여의 관점 등 소프트웨어 측면에 대한 배려도 중요하다. 이처럼 유지관리 대상에 대한 다양성의 폭은 더욱더 넓어지고 있다. 유지관리 담당자에게는 하드웨어 관리의 틀 안에 머물지 않는 폭넓은 시야가 필요하다.

1-2. 유지관리의 실시

공원관리 비용에서 유지관리가 차지하는 비율은 높지 않다. 따라서 크게 제한된 예산으로 보다 효율적으로 유지관리를 하는 것이 중요하다. 유지관리는 공원의 쾌적하고 안전한 환경을 유지하는 데 없어서는 안 되는 것이지만, 그 비용이 영속적으로 발생하므로 개개의 작업항목에서 다음과 같은 점에 유의해 효율화와 경비절감을 꾀해야 한다.

① 긴급성, 필요성 및 운영관리 방침의 정합성(整合性) 등에 주의해 우선순위를 정하고, 예산 증감에 유연하게 대처한다.

② 공원 내 이용상황은 계절과 장소에 따라 크게 다르다. 따라서 이용특성에 맞춰 식물관리와 시설관리의 기능상·경관상의 목표와 수준을 상세하게 설정한다[집약적 관리와 조방적(粗放的) 관리 선별 등].

③ 작업을 실시하는 데 있어 효율적인 기계화의 검토, 멀칭(mulching, 뿌리덮음)에 의한 잡초 억제, 재생자원과 자연에너지의 활용 등 작업 효율화에 도움이 되는 방법을 도입한다.

1-3. 유지관리의 내용

본 가이드북에서는 유지관리 작업을 그 대상물에 따라 <그림 2-1-1>과 같이 분류한다.

그림 2-1-1. 유지관리 작업의 분류

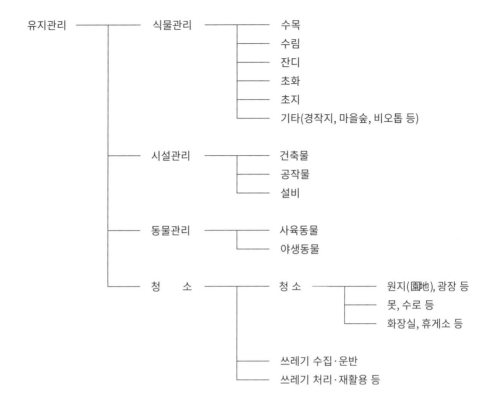

2. 식물관리

2-1. 식물관리의 목적

식물관리의 목적은 공원 내 식물의 안전한 생육을 보호하고, 식물의 기능을 지속하고 달성하는 것이다.

식물은 도시공원의 기능 가운데 환경보전, 재해방지의 향상 등을 지탱하는 중요한 구성요소다. 그리고 야외 레크리에이션의 쾌적한 환경을 제공하고, 아름답고 윤택한 도시경관을 유지하기 위한 공원 내의 장식적·조형적 요소로도 활용된다.

또한, ① 생물로서의 생명활동을 한다, ② 생장·번식을 계속하는 영속성이 있다, ③ 토양, 기후, 그 외의 자연조건과 이용조건의 영향을 받기 쉽다, ④ 개체마다 다른 개성미(個性美)가 있다, ⑤ 곤충 등의 생물 서식환경을 창출하고, 도시환경의 개선·완화에 기여하는 등 식물재료로서의 특성을 충분히 이해하고, 식물의 건전한 육성 및 식물공간의 충실·완성을 헤아리는 것이 관리의 중요한 역할이다.

본래 공원계획에서는 식물의 특성과 생육을 예상한 식물공간과 식물환경의 목표를 계획해야 한다. 그러나 설계단계에서 시공 시점에서의 식물 형상·배치·밀도 등을 설계도로서 제시하는 일이 많기 때문에, 식재계획의 의도가 관리부문까지 이어지기 어려운 면이 있다. 따라서 설계의도 등을 제시한 자료를 작성해 관리부문과 연결될 수 있도록 해야 한다. 관리부문에서도 관리목표를 명확하게 제시한 중장기 관리계획을 세움으로써 식물관리의 목적을 철저하게 주지하는 것이 필요하다.

2-2. 수목관리

수목관리의 대상은 광장 등의 경관·녹음·차폐·관상·경관구성·환경보전 등의 기능을 하는 교목(喬木)과 관목(灌木)이다. 이들 나무의 기능을 유지하기 위해, 형태상 또는 생태상 일정한 단계를 유지하려는 목적으로 아래의 작업을 한다.

(1) 관리내용

① 가지치기[전정(剪定)], 가지다듬기[전지(剪枝), 刈込み]

• 미관상[수형(樹形)의 골격 잡기, 수관(樹冠) 다듬기], 생육상(화목류의 꽃눈 형성 및 통풍·채광을 잘함으로써 병충해 예방), 실용상(방풍·방화·차폐·녹음 등의 효과 발휘)의 목적에 따라 나무줄기·가지·잎을 잘라내는 작업이다.

• 특히 매화·철쭉 등의 꽃나무에서는 꽃눈이 빨리 나오도록 하고, 이후 꽃 맺음을 잘하도록 가지치기(또는 가지다듬기)를 하는 것이 필요하다.

② 거름주기[시비(施肥)]

• 식재 기반에 따른 필요한 영양의 보급, 식재 초기에 따른 육성, 병충해에 의한 피해와 답압(踏壓) 등 이용자에 의한 손상에 대한 저항력의 향상, 개화·결실 촉진, 생장이 불량한 나무의 상태 회복을 목적으로 한다.

③ 병충해 방제

• 병이나 해충으로 인해 나무가 극도로 손상을 입거나 미관이 잃었을 경우 회복하기 위함이다. 병충해 방제에는 피해를 미연에 방지하는 방법(예방)과 발생 후 피해를 최소한으로 막는 방법(구제·방제)이 있다.

• 약제는 「농약취급법」 및 동법 시행령·시행규칙, 그 밖의 관계 법령·통지 등에 따라 적정하게 취급해야 한다.

④ 물주기[관수(灌水)]

• 대상 나무와 그 시기의 기후조건 등을 고려해 적절한 방법으로 실시한다. 주로 여름철 가뭄 때의 수분 보급을 목적으로 한다.

⑤ 김매기[제초(除草)]

• 나무를 심은 곳에서 불필요한 잡초 제거를 목적으로 한다. 특히 관목에서는 잡초로 인한 양분·수분의 착취 방지 및 경관 향상을 목적으로 한다. 약제(제초제)를 사용하지 않고 인력으로 하는 경우가 많다.

⑥ 받침대[지주(支柱)] 바꾸기, 결속 바로잡기

• 받침대가 필요한 나무의 낡은 결속재(종려 새끼줄, 삼나무 수피 등)와 받침대 재료를 새롭게 고쳐 받침대 지지력을 회복하고, 동시에 자라나는 나무줄기·가지 등에 결속재나 받침대가 파고들지 못하게 함을 목적으로 한다.

⑦ 메워심기[보식(補植)]

• 주로 병충해와 재해 등으로 손실된 나무를 보충해 경관을 유지하고, 새로 심어 가꾸려는 목적이 있다.

⑧ 기타

• 잠자리유충 잡기, 멀칭, 벌채, 고사목 제거, 옮겨심기, 토양 개량, 수세(樹勢) 회복, 방한대책 등

이들 작업은 공원 내 수림의 기능 및 이용 형태에 따라 관리구역마다 관리목표를 정해서 효율적인 관리를 지향한다.

(2) 관리상 유의점

수목을 보다 잘 관리하기 위해서는 나무의 생육상태·생육환경을 적절히 진단함과 동시에 이용자의 안전 확보, 공원 안팎 시설의 영향, 주변 주민의 고충·의견 등을 파악하고 적절하게 처치하는 것도 중요하다.

① 생육불량을 일으키는 다양한 요인

• 병충해 외에도 기상 장애[한건풍해(寒乾風害), 동해(凍害), 상해(霜害), 건조해(乾燥害), 강풍해(强風害), 조풍해(潮風害), 설해(雪害), 뇌해(雷害)], 대기오염 피해, 토양의 물리적·화학적 피해, 농약 등의 약해, 일조 부족, 과도한 가지치기 등 다양한 요소가 나무의 생육상태에 영향을 미친다. 또한, 나무가 쓰러지는 원인이 되는 부후균(腐朽菌)이 어느 정도 만연해 있는지를 진

단하는 일도 특히 공원 안의 안전성 확보에 중요하다.

•답압 등으로 토양이 굳어지는 것은 토양경도 진단을 통해, 기상해 중 일부는 육안으로 어느 정도 진단이 가능하지만, 종합적인 진단에는 풍부한 경험과 지식이 필요하다. 특히 기능상·안전상 중요한 나무는 나무의사 등 전문적인 자격을 갖춘 사람에게 진단을 맡기는 것도 고려해야 한다.

② 병충해 방제의 유의점

•병충해 피해가 발생한 때는 가지치기 및 벌레를 잡아 병충해를 최대한 제거하도록 한다. 하는 수 없이 약제를 사용할 경우에는 약제가 어린이, 공원이용자, 주민에게 피해를 주지 않도록 해야 한다. 어느 때 얼마만큼 약제를 써야 하는지 기본 방침을 정해 공원이용자, 주민 등 관계자에게 널리 알려 이해를 구하도록 한다. 어쩔 수 없이 약제를 쓸 때는 약제 살포 예정일시, 장소, 방제할 해충 및 발생상황, 사용약제, 주의사항 등에 대해 사전에 관계자에게 정보를 제공하는 등 충분히 배려해야 한다.

③ 뿌리 들림과 고사목 대응

•크게 자라는 나무는 보행로 주변의 비좁은 식재대(植栽帶)처럼 생육환경이 나쁘거나 부족한 가지치기로 인해 비대한 뿌리가 포장 면을 들어 올리는 뿌리 들림이나 식재대 갓돌을 밀어내는 등의 일이 발생한다. 또한, 병충해를 입거나 노목(老木)이 증가하고, 나무들이 조밀해 가지가 마르는 일이 많아지면, 태풍 등 강풍으로 쓰러지거나 높은 위치에 있는 가지의 낙하가 우려된다. 이들을 방치하면 공원이용자와 공원시설 등에 피해를 줄 위험성이 높으므로, 나무의 건강상태를 자주 파악하고 그에 따라 적절히 유지관리를 하는 것이 중요하다. 공원관리자는 일상적으로 순회하며 나무의 안전도·건전도를 진단해야 한다.

④ 주변 주민의 불만 등 대응

•공원 외주부(外周部)에 심은 나무는 인접 시설과 주택지에 영향을 주기도 한다. 인접 시설로는 전기통신시설인 전선에 나뭇가지가 걸렸을 때 가지치기를 하는 경우가 많다. 또 나뭇잎이 무성해 일조(日照)를 방해하고, 가을에 잎이 떨어진다든가, 전망과 경관을 훼손하는 등 주변 주택지의 불만을 사는 경우가 많다. 공원관리자는 일상적인 순회 점검을 통해 상황을 확인할 뿐만 아니라, 영향 받은 관계자로부터 불만과 의견 등을 청취해 가지치기·벌채 등의 조치를 고려해야 한다.

2-3. 수림관리

수림관리의 대상은 식재된 수목군을 성숙하고 안정된 숲으로 가꾸어 가는 구역, 혹은 공원구역에 심은 기존의 숲을 장기계획에 따라 육성·보전해 가는 구역이다. 따라서 이 관리는 한 그루 한 그루 단위의 유지가 아닌, 생태계 전체를 바라보고 장기간에 걸친 식물공간 조성을 목적으로 한다.

공원의 숲은 환경보전, 종의 보존·육성, 레크리에이션 이용 등의 관점에서 활용방침을 정한다. 그 순서는 다음과 같다.

그림 2-2-1. 수림관리 관리계획 책정의 흐름

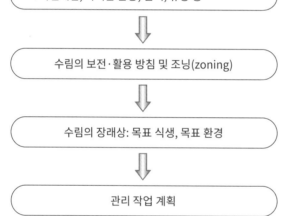

```
┌─────────────────────────────────────────┐
│ 조  사                                     │
│ • 자연자원 현황조사: 동물, 식물, 식생         │
│ • 자연입지 조사: 수계(水系) 구분, 지형 구분    │
│ • 수림 현황조사: 임상(林相), 군락, 임령(林齡)  │
└─────────────────────────────────────────┘
                    ⇩
┌─────────────────────────────────────────┐
│ 해석/평가                                   │
│ • 보전해야 할 수림지의 평가                   │
│    : 희소종 등의 서식상태·서식환경 등         │
│ • 자원을 활용해야 할 수림지의 평가            │
│    : 경관을 구성하거나 공원의 특색을 만드는 아름다운 │
│      수림·임상식물(林床植物)·야초(野草) 등     │
│ • 적극적으로 레크리에이션에 이용해야 할 수림의 평가 │
│    : 자연체험, 가벼운 운동, 산책, 휴양 등      │
└─────────────────────────────────────────┘
                    ⇩
┌─────────────────────────────────────────┐
│ 수림의 보전·활용 방침 및 조닝(zoning)         │
└─────────────────────────────────────────┘
                    ⇩
┌─────────────────────────────────────────┐
│ 수림의 장래상: 목표 식생, 목표 환경           │
└─────────────────────────────────────────┘
                    ⇩
┌─────────────────────────────────────────┐
│ 관리 작업 계획                               │
└─────────────────────────────────────────┘
```

(1) 관리내용

일반적인 수림관리 작업은 다음과 같다.

① 하층 풀베기

• 출입구역의 안전성 및 쾌적성 확보, 보행로 주변 등의 미관 보전, 수림 형태의 유지, 수림 갱신, 방재 등을 목적으로 한다. 주로 숲 가장자리의 덩굴식물과 숲속의 희조죽(*Pleioblastus chino*) 등을 대상으로 하는 경우가 많다.

② 가지치기

• 밑가지 자르기, 솎아베기 등을 통해 마른가지 및 생가지의 일부를 제거하는 것이다. 일조·통풍을 좋게 해 병충해 발생을 억제하고, 숲바닥[임상(林床)]의 일조량을 증가시켜 식생의 생장을 촉진하며, 경관상으로도 정연한 임지(林地) 조성을 목적으로 한다. 또한, 보행로 주변에 가지가 떨어져서 생기는 사고를 예방하기 위해서도 중요하다.

③ 잡목 솎아베기[제벌(除伐)], 솎아베기[간벌(間伐)]

• 수관이 닫힌 임지에서는 나무 개체 간 경쟁으로 우열의 차가 생긴다. 성장이 더딘 나무가 많아지면 경관상 궁색해 보이고, 병충해도 발생하기 쉬우며, 풍설해(風雪害)에 약한 나무도 많이 생긴다. 따라서 목표 식생에 적합한 나무 밀도를 조정하기 위해 형질불량목·고사목·피해목 등을 제거한다.

④ 병충해 방제

• 임지의 건전한 생육 및 미관 보전을 계획함과 동시에, 주변 임지로 병충해가 퍼지지 않도록 막는 것을 목적으로 한다. 특히 솔숲에서는 소나무마름병 방제를 위해 소나무재선충 및 그 매개체인 솔수염하늘소를 없애려 실시하는 경우가 많다.

⑤ 메워심기

• 적정밀도에 비해 입목(立木)밀도가 낮은 경우의 보충, 현저한 고손(古損)피해를 입은 나지화(裸地化) 식생의 회복, 천이(遷移) 재촉을 위한 차세대 임지 구성종의 보충, 노령화 임지의 갱신을 촉진하는 보충 등을 목적으로 행한다.

⑥ 움갈이[맹아(萌芽) 갱신]

• 베어 낸 나무의 절단면에서 움을 생장시켜 수림을 재생하는 작업이다. 식생에 의한 갱신보다 초기 생장이 빠르고 드는 경비도 적다.

⑦ 기타

• 거름주기, 받침대 교체·결속 바로잡기·제거, 덩굴 제거, 칡 제거, 독성식물 제거 등

(2) 관리상의 유의점

① 모니터링과 이용관리

• 관리하는 숲이 목표하는 방향으로 건전하게 생육하고 있는지, 또는 보전대상이 된 식생과 식물종이 보유되고 있는지 등을 파악하기 위해 일상의 유지관리 작업을 하면서 임상(林相)·식생·병충해의 발생상황, 생물의 출현·서식 상황, 입목 밀도, 임내 조도(照度) 등을 조사하는 것도 필요하다.

• 이 밖에도 출입금지 구역과 약제 살포억제 구역의 설정, 낙엽·낙지(落枝)의 반출 금지 등 이용과 관리작업의 조절도 넓은 의미의 관리에 해당한다.

② 시민과 협동에 의한 관리

• 최근 몇 년 사이 도시 주변부 각지에 남겨진 예전 땔감 숲[신탄림(薪炭林)] 등의 2차림에서, 시민에 의한 마을숲의 환경유지 작업과 레크리에이션 체험활동을 볼 수 있게 되었다. 목표로 하는 숲의 모습을 유지하며, 환경과 지역문화에 관한 학습·체험·지식의 계승 및 레크리에이션 장으로서 활용을 계획해 가기 위해서는 공원관리자와 시민의 협동에 의한 대처가 없어서는 안 된다(<2-8. 자연환경을 배려한 식물관리> 참조).

2-4. 잔디관리

공원의 잔디는 이용목적에 따라 놀이·운동·휴식 등 레크리에이션 이용에 제공되는 잔디와 관상·경관을 주목적으로 하는 잔디로 크게 나눌 수 있다. 잔디관리는 이와 같은 잔디의 기능을 유지하는 것을 목적으로 실시하며, 다음과 같은 작업을 한다.

(1) 관리내용

① 잔디 깎기

• 잔디를 깎아 잔디 면을 평활하게 하고, 미관을 높이며, 이용상황과 이용목적에 맞게 잔디의 포복(匍匐) 생장을 촉진해 잔디 밀도를 높이고, 광선 투과 및 통기성을 향상시켜 병충해 저항력을 높이는 것을 목적으로 한다. 또한, 잡초를 없애고 잡초의 침입을 억제해 김매기 효과를 높이는 것을 목표로 한다.

• 잔디 깎는 방법에는 가위와 낫을 사용한 수동식 깎기와 동력기계를 사용하는 기계식 깎기가 있다. 원칙적으로는 수고를 덜기 위하여 기계식 깎기를 하고, 나무 등의 뿌리 근처와 식재 내 또는 갓돌, 보행로 등의 상부 또는 이들과 접하는 부분 및 그 밖의 구조물 근처는 어깨걸이식 예초기(나일론 커터 등)를 사용한다.

② 거름주기

• 잔디의 건전한 생육을 촉진해 잔디 본래의 아름다운 녹색을 보존함과 동시에 답압·병충해·한풍(寒風) 등 잔디의 생육에 유해한 여러 요인에 대해 저항력을 갖추는 것을 목적으로 한다. 또한, 토양개량과 지력 유지를 목적으로 행한다.

③ 잔디 배토(培土)

• 노출된 기는줄기를 보호하고, 막눈[부정아(不定芽)]·막뿌리[부정근(不定根)]의 움틈을 촉진하며, 고르지 못한 곳을 바르게 다듬어 잔디 표면을 평탄하게 한다. 혹은 깎은 잔디의 퇴적물 분해를 촉진함으로써 잔디 표층(表層)의 상태 개선을 목표로 행한다. 필요에 따라 비료와 토양개량재를 혼합하는 경우도 있다.

④ 김매기

• 잡초로 인한 잔디의 일조 장해 및 생장억제 작용을 제거해 미관을 유지하는 한편, 통풍을 좋게 해 병충해 등의 발생 예방을 목적으로 실시한다.

⑤ 병충해 방제

• 병충해 발생으로 잔디의 미관과 건전한 생육이 저해되는 것을 예방할 목적으로 행한다. 병충해는 발생 후에 처치를 강구하기보다는 사전에 예방하는 환경을 만들고, 활력 있는 잔디를 만들기 위해 관리하는 것이 중요하다.

⑥ 물주기

• 잔디를 건조해로부터 보호하고 생육을 양호하게 함을 목적으로 행한다. 일반적으로 일본 잔디는 건조에 대한 저항력이 커서 일상적인 기상상태에서는 물주기가 별로 필요 없으나, 식재 후의 양생기나 여름철 가뭄 때는 필요하다. 서양 잔디인 벤트그라스(bentgrass)와 블루그라스(bluegrass) 등은 여름철의 고온·건조기에 물주기를 해야 한다.

⑦ 에어레이션(aeration)

• 답압으로 토양이 굳어지고 통기가 나빠져 뿌리 호흡과 발육이 저해된 잔디밭에 행하는 토양 통기작업을 '에어레이션'이라고 한다. 토양의 통기를 꾀해 땅속줄기와 뿌리의 호흡을 돕는 것, 잔디의 노화를 방지해 젊음을 되찾는 것, 수분과 비료가 잘 침투하도록 하는 것을 목표로 한다.

⑧ 잔디 자르기

• 보행로 가장자리와 식재지 주변에 잔디가 침입하는 것을 막음과 동시에 가장자리를 정리함으로써 경관을 향상하는 것을 목적으로 행한다.

⑨ 대취층(thatch layer)[20] 제거

• 잔디의 갱신과 병충해 방제를 목적으로 기는줄기와 뿌리 등을 자르고, 줄기와 잎 사이의 마른 잎과 퇴적된 마른 줄기를 제거한다. 특히 잔디 깎기를 할 때마다 풀을 모으지 않은 경우에는 정기적으로 대취층을 제거한다.

⑩ 메워심기

• 노화(老化), 입지조건의 변화, 답압 및 병해충, 잡초 피해 등으로 인해 잔디가 발육하는 기미가 없어진 경우, 해당 부분 및 잔디 전체의 재생을 목표로 행한다. 메워심기에는 떼붙이기(張芝), 식지(植芝), 씨뿌리기(播種)의 세 가지 방법이 있다.

⑪ 기타

• 겉다짐(轉庄), 토양개량, 양생, 추파(追播)[21] 등

(2) 관리상의 유의점

① 역할·기능에 대응한 관리구분

• 작업은 잔디의 역할과 기능에 맞춰 몇 가지의 관리구분으로 나누어 실시한다. 일본 정원과 주요 건축물의 앞뜰 등에서처럼 미관이 매우 중요한 잔디, 경기장·골프장처럼 단일 목적으로 사용되어 그 경기가 적정하게 실시되도록 세세한 관리작업이 요구되는 잔디, 법면(法面) 등에서 토사 유실 및 비사(飛沙)를 막는 목적의 잔디, 다양한 레크리에이션에

이용되지만 정원 같은 미관까지는 필요치 않은 잔디 등, 잔디밭의 역할과 기능에 따라 잔디 깎기, 거름주기, 김매기 등 관리작업의 횟수를 변화시킬 필요가 있다.

② 제초제의 미사용

• 김매기는 양호한 잔디밭을 유지하는 데 중요한 작업이다. 일본 정원 등 미관이 매우 중요한 고품위의 잔디공간을 창출하는 경우에는 제초제를 쓰는 것이 효율적이기는 하지만, 공원에서는 이용자의 건강피해 방지와 토양오염의 문제, 생물다양성을 요구하는 관점 때문에 사용하지 않는 것을 원칙으로 한다.

• 공원에서 잔디의 아름다움이 중요한 경관요소가 되는 시설에서는 잔디 깎기 횟수를 늘리고, 침입해 오는 유해초(새포아풀, 바랭이 등)를 발견하는 즉시 인력으로 김매기를 해야 한다.

③ 다양한 요구에 맞춘 관리계획

• 시공단계에서는 단일종의 잔디였더라도, 그 공간을 어떻게 유지하고 관리할지는 공원 계획단계에서 명확히 할 필요가 있다.

• 또한, 잔디는 잡초의 종류에 따라 관리작업의 내용과 시기 등이 다르다. 아울러 잔디밭의 면적, 입지조건, 공간구성에 알맞은 시공기계의 선택 등을 고려해 관리계획을 세워야 한다.

• 나아가 잔디 안에 출현하는 야생초화류(타래난초, 민들레 등)를 살린 공간으로 하려면, 잔디 깎기 시기의 조정, 겨울철 휴면으로 색이 바래는 난지형(暖地型) 일본 잔디와 한지형(寒地型) 서양 잔디의 섞어뿌림, 녹색을 유지하기 위한 잔디 배토, 재료 선택 등 다양한 요구에 맞도록 궁리해야 한다.

④ 안전관리

• 잔디깎이를 사용할 때, 작은 돌 등이 날아가 이용자와 공원 안팎의 시설에 부딪치는 사고가 자주 발생한다. 사용자의 안전뿐만 아니라 이용자와 시설 등에 피해를 방지하는 철저한 안전관리가 필요하다.

공원의 매력 중 하나인 잔디광장

기계를 이용한 잔디 깎기 작업

2-5. 초화관리

초화관리의 대상은 화단·화분 등에 사계절에 걸쳐 심은 초화, 보행로 주변이나 광장·수변 등에 계절마다 꽃을 즐기도록 심은 초화, 들풀류, 수생·습생식물 등이다.

화단과 화분에서는 일반적으로 한해살이풀을 중심으로 바꿔 심는 관리가 행해진다. 이 밖에도 보행로 주변 및 광장 안에서는 한해살이풀에 한정하지 않고 여러해살이풀, 알뿌리식물을 심어서 계절감이 느껴지는 다채로운 식물공간을 창출하는 한편, 유채·개양귀비·코스모스 등 대규모 꽃밭에 의한 생동적인 공간연출, 화제성 있는 품종의 도입, 꽃에 얽힌 관련 이벤트를 실행하는 등 다양한 초화관리가 행해지고 있다.

여기에서는 국영공원(国営公園)에서 행해지는 초화관리를 중심으로, 화단관리·초화관리·꽃밭관리를 분류하고 그 개념과 관리내용에 대하여 기술한다.

(1) 화단관리

화단·플랜터(planter)·행잉바스켓(hanging basket)으로 1년 내내 계절별로 초화를 즐기도록, 개화(開花) 시기가 길고 색채가 좋은 초화를 연 3~4회 바꿔 심는다.

미치노쿠모리 호반공원(国営みちのく杜の湖畔公園)의 대화단(彩のひろば)과 꽃따기 모습

바꿔 심기 작업으로는 화단 디자인의 결정, 재료 검토와 가격 확인, 바꿔 심는 시기의 결정, 이전에 심은 초화 제거, 토양개량, 토양교환, 밑거름, 옮겨심기, 물주기를 행한다. 옮겨 심은 다음에는 개화 상태를 잘 유지하기 위해 김매기, 물주기, 순자르기(pinching), 꽃따기, 웃거름 주기 등을 행한다.

(2) 초화관리

광장, 보행로 주변, 수림지 등에 여러해살이풀·알뿌리식물·한해살이풀의 원예재료 외에도 야생초화류를 심어 개화기의 계절감을 연출한다.

여러해살이풀과 알뿌리식물은 개화 후에 덧거름 주기, 알뿌리를 충실하게 하는 시든 꽃 잘라내기, 2~3년마다 알뿌리 파 올리기와 포기 나누기, 알뿌리 나누기, 두엄·부엽토 갈이, 조도 확보를 위한 교목의 벌채, 가지치기 등을 행한다.

이듬해 이후의 관리계획과 개화기 홍보 및 행사계획 작성 등을 위해 생육과 개화 시기를 기록해 두면 좋다.

공원에 따라서는 기존 수림의 보전과 지역의 자연환경 회복 등의 일환으로 지역 고유종 등 야생초화류를 적극적으로 보호·도입할 뿐만 아니라 공원이용자의 관상과 학습에 제공하는 곳도 있다. 관리는 필요에 따라 인력 김매기, 거름 주기, 물주기 등을 적절히 행한다.

(3) 꽃밭관리

일정 기간에 꽃밭 전체를 일제히 개화시켜, 대규모로 핀 꽃의 부피감으로 인한 매력을 부여해 비일상적 공간을 연출하는 것이다. 작업으로는 식재지 갈이, 밑거름 주기, 씨뿌리기 또는 옮겨심기, 김매기, 솎아내기, 순자르기, 메워심기, 그리고 꽃이 핀 뒤에는 깎아내기·뽑아내기·캐내기 등을 행한다. 또한, 같은 시기에 일제히 꽃 피우도록 순자르기와 거름주기로 그 시기를 조정한다. 개화 기간을 늘리기 위해 개화기가 다른 품종을 조합하는 한편, 대담한 색 사용 및 비탈면 지형을 살린 배식(配植) 등 꽃의 매력을 효과적으로 표현하는 방법이 필요하다.

국영공원에서 즐겨 쓰는 주요 꽃들은 아래와 같다.

① 봄: 유채, 개양귀비, 은방울꽃, 꽃잔디, 루피너스(풀등꽃), 팬지, 비올라, 수선화, 네모필라, 허브류

② 여름: 해바라기, 메밀, 노랑코스모스, 채송화, 콜레우스, 임파첸스, 안젤로니아, 메리골드, 허브류

③ 가을: 코스모스, 댑싸리, 붉은 메밀, 샐비어, 허브류

무사시구릉 산림공원(国営武蔵丘陵森林公園)의 매화와 복수초　　**우미노나카미치 해변공원(国営海の中道海浜公園)의 코스모스 꽃밭**

2-6. 초지관리

정원 안 초지에서는 잡초 제거와 풀길이 조절을 위한 풀베기가 보통 행해진다. 하지만 최근에는 잔디나 간이포장 광장이 아닌 풀이 무성한 '들판'을 바라는 목소리, 작은 동물 등의 서식을 배려한 초지공간 조성을 요구하는 목소리가 높아지고 있다. 이러한 의견을 수용해 작업내용은 풀베기지만 공원 미관유지 및 안전관리 관점에서 잡초 번식을 억제하는 관리에 더하여, 초지의 경관과 환경을 유지하면서 대상이 되는 초본을 일정한 높이로 억제하도록 관리하는 것도 요구되고 있다.

작업은 초본류의 번식 및 결실(結實) 시기를 고려하고, 지형·면적 등의 입지조건과 효율적인 시공방법 및 시공기계를 선택해 실시한다. 특히 꽃을 즐기는 식물과 곤충 등의 생육을 배려해야 할 초지에 대해서는 개화·결실 및 번식 시기 등을 파악해 작업 시기를 결정한다.

2-7. 경작지관리

도시공원 안에는 종래부터 영농(營農)하고 있던 장소를 보전하고, 재정비를 통해 복원 혹은 새롭게 경작지와 과수원 등을 정비하는 일이 있다. 그리고 공원관리의 일환으로 이들 경작지의 농작물을 재배하고 수확하기 위해 관리를 하는 경우, 수목관리·초화관리 등 일반 도시공원의 식물관리와 비교해 작업내용이 차이 나고 수확물의 취급 등에서 유의할 사항이 많다. 특히 재배하는 데 손이 많이 간다는 것과 적절한 시공시기의 지식이 필요한 점, 수확물 이용 및 체험학습에 활용하는 측면에서부터 자원봉사자, 지역 전문가(농가), 지역 초등학교 또는 공원이용자와 협동해 관리하는 체제를 조직하는 일이 많은 점도 특징이다.

2-8. 자연환경을 배려한 식물관리

(1) 마을숲 관리

① 마을숲 보전에 대한 관심 증가와 그 의의

• '마을숲'은 예로부터 농용림으로서 연료로 쓰이는 장작과 땔감 잡목을 확보하고, 퇴비 재료가 되는 낙엽을 긁어모으는 등 항상 사람의 손길이 닿아 유지되어 온 2차림이다. 또한, 이 2차림을 중심으로 농경지·저수지·초지 등을 구성요소로 하는 공간을 가리키기도 한다. 이곳에서는 일종의 자원순환형 생활이 행해지고 있었다. 그러나 생활양식과 생산양식의 변화에 따라 2차림과 초지의 경제적 이용가치 하락, 농업인구 감소에 따른 관리담당자 부족으로 방치되거나 택지개발의 대상이 되는 경우가 늘어나고 있다.

• 특히 대도시 근교에서는 마을숲의 감소와 황폐화를 걱정하고 우려하는 시민층이 증가하고 있다. 황폐한 마을숲을 단순히 옛 형태로 돌리는 것뿐만이 아닌, 환경과 지역문화에 관한 학습·체험·지식의 계승 및 레크리에이션 장으로 활용함으로써 지속적으로 마을숲 보전을 지향하는 시민단체 활동도 각지에서 보고되고 있다.

• 또 환경성(環境省)에서는 일본 마을숲뿐만 아니라 세계 각지에 존재하는 지속가능한 자연자원의 이용형태와 사회시스템에 대해, 지역 환경의 잠재력(potential)에 대응한 자연자원의 지속가능한 관리·이용을 위한 공통 이념을 구축하였다. 그리고 그 이념을 근거로 세계 각지의 자연 공생사회 실현을 살려 나가는 조직을 '마을숲 이니셔티브(Satoyama Initiative)'라 정하고 일을 추진하고 있다. 마을숲 이니셔티브는 2010년 나고야 시에서 개최된 'COP10'(생물다양성협약 제10차 당사국 총회)을 계기로 효과적인 추진을 위해 국제적인 조직을 설립하고 참여를 널리 호소하고 있다.

② 공원 내 마을숲의 관리목표 설정과 관리계획 작성

• 공원 내 마을숲을 어떤 숲으로 관리해 나갈 것인지에 대한 관리목표 설정은 숲의 잠재력을 파악하는 기초조사 및 공원이용자에게 어떠한 자연 레크리에이션의 기회를 제공할지에 대한 이용계획에 근거해 실시한다.

• 기초조사는 식생과 동물·곤충 등의 생물조사, 기상·토양·지형 등의 입지 환경조사, 나아가서는 마을숲이 유지되어 온 지역의 역사문화에 관한 조사 등을 실시한다. 그리고 이들 조사 결과를 바탕으로 그 대상이 되는 마을숲의 현상평가를 행한다.

• 도시주민에 의한 마을숲의 보전·관리활동이 활발하게 이루어지는 배경에는 도시에 남겨진 녹색 경관과 환경보전 의식의 고조, 지금껏 마을숲이 유지되어 온 생활기술 및 문화에 대한 관심, 그리고 그것들을 아이들에게도 계승하고픈 의지, 또 협동 작업을 통한 새로운 형태의 커뮤니티 형성 등 다양한 니즈(needs)와 관심이 깔려 있다.

• 따라서 경관과 환경보전의 관점은 물론이고 이처럼 다양한 니즈와 관심의 대응 관점에서 현상평가를 실시하는 한편, 자원봉사 등 시민참여에 의한 작업체제와 작업능력 등도 고려해 목표 식생을 설정한다. 마을숲의 목표 식생은 크게 다음과 같이 나눠 볼 수 있다.

- 자연천이형: 공원 내 도입된 마을숲 가운데 자연도(自然度)가 높은 구역을 대상으로 볼륨감 있는 산림 육성과 특정 생물종의 보전 등을 목적으로 하여, 향후 천이가 예상되는 숲으로 유도한다.

- 관목밀생·유령림형: 일찍이 땔감 숲의 시행방식을 취해 20년 전후로 개벌갱신(皆伐更新)[22]을 반복하고, 잔가지(細い林立: 한 포기에서 여러 갈래로 갈라져 나와 자란 초목)로 구성된 유령림(幼齡林, young forest)을 육성함으로써 마을숲의 역사적 경관을 재현한다. 숲바닥이 밝아 초본이 무성하게 우거지기 쉬우므로 정기적으로 숲 밑부분의 풀을 베어야 한다.

- 대경목(大徑木)·소림(疏林)형: 교목 낙엽수의 육성과 관목 상록수의 벌채를 통해 수림밀도를 억제하고 하층 식생과 생물층을 풍부하게 하는 등, 숲속 공간의 쾌적성을 확보하고 레크리에이션 이용을 꾀하는 숲으로 육성해 간다.

• 구체적으로는 임지 구역마다 수종(樹種) 구성과 수림밀도·수고(樹高)·수령(樹齡), 육성 목표로 하는 임상식물 및 그 높이·밀도, 숲속의 채광 조건 등을 나타낸 식생 관리계획으로 정리한다.

• 시민참여 의식이 높은 마을숲 관리에서는 이들 식생관리 목표의 검토를 위해 조사단계에서부터 시민참여를 추진함으로써 관리목표에 대한 의식의 공유를 이룰 수 있다. 또한, 숲 자체의 유지관리뿐만 아니라 발생재를 활용한 환경정

비 및 이용거점의 정비, 이용프로그램의 개발 등도 포함해 관리 매력을 높이는 것이 바람직하다.

　③ 마을숲의 관리

• 공원관리의 대상이 되는 마을숲은 연료림(燃料林)을 버리고 방치해 어둡고 상록수가 많은 숲, 대숲이 덤불을 이루는 숲, 가장자리에 칡이 무성한 숲, 야시키림(屋敷林)[23]의 흔적 등 다양한 상황에 처해 있다. 이 같은 현상의 수림환경을 목표식생으로 유도하려면 숲속 광량(光量)을 확보하기 위한 정리벌채, 육성식물종의 식재 등 기반 정비작업부터 시작해야 한다.

• 예를 들면, 상수리나무·졸참나무의 맹아림(萌芽林)을 목표로 하는 마을숲에서 벌채 시기를 지나 지름이 큰 숲과 조릿대·대나무의 침입으로 원래의 산림이 쇠퇴하고 있는 숲은 먼저 조릿대와 대나무, 상록활엽수인 관목을 정리해 맹아림의 기반을 갖추는 작업이 필요하다.

• 소나무좀의 피해를 입어 낙엽활엽수 등과 뒤섞인 소나무숲을 건전한 적송림(赤松林)으로 기르는 경우에는 불필요한 임분(林分)과 생육불량목을 벌채함으로써 숲속으로 빛이 들어오게 해 어린나무의 발생을 촉진한다. 이 같은 기반정비 작업 후에는 목표로 하는 숲의 건전한 육성을 위해 솎아베기, 밑풀베기, 가지치기, 낙엽 긁기 등의 어린가지를 기르는 작업을 계속해야 한다. 더불어 수림의 보전 상황을 정기적으로 모니터링하는 것도 중요하다.

• 벌채 등 관리작업으로 인해 발생하는 자원에 대해서는 관리·운영 측면에서 활용대책(옹벽 및 목책 재료, 자원봉사자를 활용한 숯 굽기, 퇴비 만들기 등)과 조합해 순환형 공간을 지향하면서도 시민참여 활동의 즐거움으로 연결하려는 노력이 필요하다.

　④ 마을숲 관리와 시민참여

• 최근 각지에서 마을숲 관리에 시민참여가 착실하게 증가하고 있다. 관리작업 자체가 자연과의 접촉이자 새로운 형태의 레크리에이션 및 환경학습 역할을 하기 때문에, 이러한 활동을 희망하는 시민과 관리를 방치할 수밖에 없었는 소유자 간의 니즈가 일치하며 조직이 넓어지고 있다.

• 공원의 마을숲도 이 같은 흐름 속에서 시민에게 가까운 활동무대를 제공하는 장소로서 1990년대 전후부터 자연환경의 보전·육성 및 레크리에이션·환경학습 등 다양한 이용에 도움이 되어 왔다.

• 마을숲 관리활동 자체가 레크리에이션적인 요소가 있지만, 활동을 지속하기 위해서는 이벤트로서의 레크리에이션 활동 실시와 함께 일반시민과 교류를 강화해 가는 것이 중요하다. 더불어 시민이 참여하는 마을숲 관리활동을 통해 공원의 마을숲을 자원순환형의 생활문화와 자연 간 접촉을 키우는 장으로 활용해 나가는 것이 필요하다(시민참여의 개념은 제6장을 참고).

벼베기 체험 행사

자원봉사자 활동에 의한 솎아베기 작업

(2) 비오톱 관리

① 비오톱이란

• 비오톱은 생물(bios)이 있는 그대로 서식활동을 하는 장소(topos)라는 의미의 합성어로, '유기적으로 결합한 생물군의 서식공간 혹은 일시적인 서식공간'이라는 정의가 일반적이다.

• 넓은 의미에서는 산림생태계와 하천·해양의 생태계, 그리고 지구생태계 전체를 말하며, 좁은 의미로는 물웅덩이부터 한 그루 나무에 이르기까지를 비오톱이라고 할 수 있다.

• 도시공원에서 정비 혹은 보전이 의도되는 좁은 의미의 비오톱은 잡목림, 습지, 초원, 늪, 호수와 그 주변부 등이 있다. 특히 '잠자리가 날아다니는 연못', '반딧불이가 춤추는 소하천' 등은 시민들도 알기 쉬운 자연과 생물환경의 지표로서, 비오톱의 정비·관리가 이루어지는 사례가 많다. 여기서는 다양한 비오톱을 대표해서 '수변 비오톱'을 다룬다.

② 수변 비오톱의 특징

• 두 가지 이질적인 서식환경이 인접한다. 그 경계부에 여러 환경조건의 연속적인 변화가 있고, 그에 동반해 식물군락과 동물군집의 이행(移行)이 보일 만한 장소를 '에코톤(ecotone, 환경추이대)'이라고 부른다. 에코톤은 그곳 자체로 다양한 동식물의 서식장소일 뿐만 아니라, 관련된 주변 지역의 생물사회를 풍부하게 하는 데 큰 역할을 한다.

• 산림과 초지 혹은 농지와의 경계 등에도 에코톤은 존재하지만, 자연도(自然度)가 높은 수변은 확실히 에코톤의 전형(典型)이며, 수변과 육지라는 성질이 전혀 다른 서식환경이 한데 묶여 다른 데서는 대체할 수 없는 기능을 하는 중요한 비오톱이다.

• 공원에서 정비 혹은 보전하는 수변 비오톱은 '잠자리 연못', '반딧불이 소하천' 등 비교적 소규모인 경우가 많으나, 서식환경의 다양성이라는 의미에서 중요하다. 또한, 자연의 섭리 등을 가까이서 체험·학습하는 장소로도 활용된다.

③ 수변 비오톱의 관리

• 과거의 수변관리 개념은 수질 보전과 경관, 레크리에이션 이용의 관점에서 다루어졌다. 그러나 수변 비오톱의 관리는 그곳에 서식하는 동식물과 그 서식기반이 되는 물과 토양·지형까지 종합적으로 관리하는 것을 말한다. 또 식물관리에서도 개개 식물의 관리뿐만 아니라 군락과 식물상[植物相, 플로라(flora)] 단위의 관리와 식생천이를 예측한 관리를 목표로 한다.

• 구체적인 관리작업은 개개의 환경조건에 따라 행해진다. 일률적인 매뉴얼로 나타내는 것은 곤란하지만, 수변 비오톱의 관리에서 유의해야 할 점은 서식기반 유지에 중점을 둔 종합적인 관리 외에도 동식물상의 변화에 대응한 '순응적 관리'의 실시 및 그를 위한 모니터링 조사의 중요성에 있다. 순응적 관리란 미래예측의 불확실성을 포함한 계속적인 계획을 통해 모니터링 평가와 검증에 따른 수시 재검토와 수정을 하면서 관리하는 것으로, 주로 생태계와 야생생물의 관리에 적용된다. 이는 정비완료가 사업의 완성이 아닌 오히려 출발점에 서게 된다는 것이다.

수변 비오톱의 가이드 투어

• 생물의 세계는 일반적으로 정비 등으로 지형과 토양, 물로 이뤄진 서식기반이 정해진 후에 식생이 발달·천이하고 동물이 서식하며, 그다음 군집의 다양성이 증가한다. 그 장소의 환경에 특유의 식생과 동물군집이 출현하는 데는 주변 서식환경에서 '생물종의 공급' 정도 및 정비된 비오톱의 질과 크기에 좌우되지만, 적어도 수년에서 10년 이상이 걸린다.

• 작은 연못과 소하천 등 수변 비오톱의 경우 처음 5년 정도는 천이가 급속히 진행되지만, 수변 침식과 실트(silt) 퇴적 등으로 인해 서식기반이 균질화하면서 서식환경의 다양성을 잃고 식생과 동물상이 단순화하는 일이 잦다. 이는 어떤 의미에서 서식환경이 안정되었다는 것을 의미한다. 정비목표가 안정 상태에 이르게 되면 그대로 유지하게 되지만, 천이 초기에 출현하는 잠자리와 반딧불이가 목표인 경우에는 천이를 되돌리는 관리가 필요하다.

• 이처럼 비오톱 관리는 예를 들어 '특정 종의 보전과 복원, 정착' 등의 관리목표를 토대로 연간 유지관리계획을 작성해 진행하지만, 현장관리는 계획보다는 모니터링 조사결과 등에 기초해 관리내용을 그때그때 재검토하고 순응적 관리를 하는 것이 중요하다.

• 그러기 위해서는 우선 사업 전 상세조사가 필요한 것은 말할 필요도 없으며, 사업실시 후에는 그 경과를 적어도 최초 5년간은 매년, 그 이후로는 수년 동안 연중 적당한 시기에 현장을 실지(實地) 답사해 종합적이고 전문적으로 조사할 필요가 있다. 그리고 이와는 별도로 필요에 따라 주제를 한정해 매일 모니터링 조사를 실시한다.

• 이와 같이 비오톱 관리는 조사와 연계하는 것이 중요하며, 조사 자체를 관리업무의 주축으로 삼을 수 있다. 비오톱의 적정한 관리 여부는 어느 정도로 세세한 조사를 하였는지에 달렸다고 할 수 있다.

(3) 식물발생재의 재활용

① 배경과 의의·목적

• 오늘날 지구환경 수준에서 지역 수준까지 녹지의 다양한 기능이 재평가되어, 그의 큰 공급원 가운데 하나인 도시공원에서도 녹지의 보전·녹화가 커다란 관심을 받으며 진행되고 있다. 한편 이들의 녹지공간에서 조성 등 정비사업과 일상의 관리작업에 따라 대량의 식물발생재가 나오는데, 이전에는 이를 폐기물로 소각·매립해 처리하였다.

• 그러나 이 같은 방법의 폐기물 처리는 한정된 소각장과 매립지 부족, 처리시설 주변의 환경오염 혹은 불법투기 등 문제가 표면화해 대응이 더는 곤란하게 되었다. 또한, 자원절약의 관점에서도 폐기물 발생량을 억제하고 재활용을 통해 다른 용도로 이용하는 것이 중요시되고 있다.

• 이와 같은 배경에서 공원에서도 '식물발생재의 재활용'에 관한 대처가 국가, 지방자치단체, 지정관리자 등에서 진행되고 있다. 또 최근 몇 년 사이에는 재생가능 에너지의 하나로서 식물 폐자재를 바이오매스(biomass) 연료로써 도시에너지로 활용하는 대응도 이루어지고 있다.

② 식물발생재의 재활용 추진

• 식물발생재의 재활용 추진은 <그림 2-2-2>와 같은 순서의 검토가 필요하다.

그림 2-2-2. 식물발생재의 재활용 추진방법

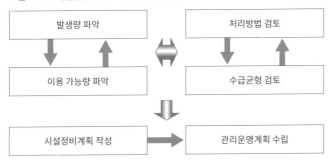

- 발생량 파악: 공원에서 발생하는 식물발생재는 가지치기한 가지와 잎, 낙엽, 꽃잎, 깎은 잔디, 김매기한 풀, 솎아베기한 나무와 죽은 나무 등 다양하다. 또 일상의 유지관리와 동반해서 발생하는 재목 외에도 공원의 정비·개수와 더불어 벌채·발근(拔根)된 나무 등 큰 재목도 발생한다. 이 발생재마다 재활용 방법이 다르기 때문에, 대략적인 수량이라도 그 양을 파악해 둘 필요가 있다. 특정 공원에서 해당 공원만 재활용을 할지, 여러 공원을 대상으로 할지, 혹은 공원 이외의 가로수·하천 등에서 베어낸 풀도 포함해 실시할지에 따라서 처리방식과 이용 가능한 양도 달라진다.
- 처리방법 검토: 식물발생재의 재생은 크게 직접이용방법과 간접이용방법이 있다. 직접이용의 대표적인 방법은 파쇄 처리다. 간벌재(間伐材)와 고사목, 전정한 가지 등을 파쇄해 보행로와 놀이기구의 바닥 등에 완충재로 이용하거나 식재지에 잡초 억제제로 이용하기도 한다. 그 밖에 숲속에 고사한 나무 등을 집적(集積)해 곤충 등의 서식·칩산란의 장으로 활용하기도 하고, 솎아베기를 한 나무를 스툴(stool)과 벤치 등 공원자재 및 수공예용 재료로써 이용하는 경우도 있으나, 그 양이 많지 않다. 한편, 간접이용의 대표적 방법은 퇴비화다. 여기에는 재생공장이라고 일컫는 대규모 시설에서 하는 것부터 퇴비장에 쌓아 두고 자연발효 하는 것까지 있다. 그 밖에 목탄으로 이용하는 사례도 늘고 있다. 이 경우 제조과정을 시민참여로 즐기는 동시에 제품은 바비큐 연료로 사용하고, 저수지가 있는 공원에서는 수질정화재로 쓰며, 가루탄은 토양을 개량하는 데 이용하기도 한다.
- 이용 가능량 파악 및 수급균형 검토: 칩(chip)으로 만들거나 퇴비화를 거쳐 공원으로 환원하는 것도 이용량에 한계가 있다. 이를 파악하려면 식물재료마다 예상 발생량의 변용(變容)과 감소 비율을 곱해서 제품량을 구하고, 이 값이 공원 내 혹은 기타 공공시설 등에서 필요한 양과 잘 맞는지 검토해야 한다. 그다음, 가령 전정한 가지를 부숴서 칩으로 만들지 퇴비화할지 결정을 내린다. 칩과 퇴비화의 무게·부피 변화는 <표 2-2-1>과 같다. 부족한 퇴비는 보통 제품을 사서 조달하지만, 공급이 과잉되면 처분방법이 문제 되기도 한다. 일반적으로는 봉지에 담아 보관하고, 공원이나 녹화이벤트 시 시민에게 나눠주거나 녹화단체에 제공하기도 하는데, 이를 위한 비용도 들어간다. 더욱이 행사에서 시민에게 배포할 때는 조건에 따라 「비료단속법」이 적용되어 비료 등록 및 신고가 필요한 경우도 있으므로 주의하여야 한다.

표 2-2-1. 반입 시를 '1.00'으로 한 경우의 중량·용적변화 계수

구분		항목	반입 시	파쇄 후	퇴비완성 시
목본 원료	여름철 가지치기	무게	1.00	-	0.33
		부피	1.00	0.18	0.13
	겨울철 가지치기	무게	1.00	-	0.41
		부피	1.00	0.18	0.13
초본 원료	여름철 김매기	무게	1.00	-	0.51
		부피	1.00	0.60	0.19
	가을철 김매기	무게	1.00	-	1.17
		부피	1.00	0.60	0.28

출처: (사)도로녹화보전협회 편, 『식물발생재 퇴비화의 입문 -녹지의 재생실현을 목표로-』, 1998. 6.
　　　[(社)道路緑化保全協會 編, 『植物発生材堆肥化の手引き ~緑のリサイクルの実現を目指して~』, 1998. 6.]

- 시설정비계획 및 관리운영계획 작성: 시설정비에서는 어느 정도 규모로 어떠한 처리방식을 채용할지, 설치장소를 어디에 구할지가 중요하다. 설치장소에 대해서는 칩 파쇄 시 발생하는 소음, 발효 시 나는 냄새, 먼지 날림 등이 있으므로, 인근 주거지구에서 떨어져 공원이용자와 격리하는 것이 일반적이다. 이와 같은 문제를 어느 정도 제어할 수 있는 경우에는 적극적으로 시설을 개방해 환경학습 등에 활용하는 방법도 취한다. 이때는 전시·연수 등의 기능도 더해 매력

적인 시설 만들기에 노력하면서 적절한 유지관리계획 이외에 이용계획도 작성할 필요가 있다.

- 식물재료의 처리·반출에 관해서는 「폐기물처리법」이, 다른 공원과 시설에서 들여오는 것은 「폐기물처리법」과 「도시공원법」이, 제품의 집적과 취급은 「소방법」과 「비료단속법」이 적용되는 경우가 있으므로, 사전에 충분한 검토가 필요하다. 예를 들어 「도시공원법」은 '토석(土石), 죽목(竹木) 등의 퇴적'을 금지하고 있고(제11조), 「소방법」에서는 칩 등 지정가연물(指定可燃物)의 보관에 대해 그 양과 보관방법이 문제 되는 경우가 있다.

표 2-2-2. 식물발생재의 이용방법

구분	발생재의 종류	이용방법	효과, 주요 사용법 등	문제점
원형 이용	간·제벌재, 전정한 잎·가지	연료: 간·제벌재를 연료로 하거나, 전정한 잎·가지를 불쏘시개로 이용	겨울철 난방용, 캠프용 장작 및 각종 이벤트에서 이용	저장장소 확보, 저장 시 화기주의
	낙엽	멀칭재: 수림과 식재지의 숲바닥에 깔아 멀칭재로 이용	표토(表土) 건조방지, 강우에 의한 침식방지, 낙엽분해에 의한 토양에 부식물 공급	바람에 의한 날림 대책과 건기(乾期)의 방화대책
	낙엽	포장재: 보행로에 낙엽을 깔아 포장재로 이용		
	간·제벌재, 낙엽	공예재료: 공예재료 및 초목염료로 이용	공원에서 이벤트 일환으로 이용	수요량이 발생량에 비해 적음
물리적 가공이용	간·제벌재	연료: 목재를 분쇄 및 정형 가공해 고형연료로 이용	예: 숯, 목재펠릿(pellet)	대규모 계획이 필요
	간·제벌재, 전정한 가지	칩: 분쇄기로 칩을 만들어 멀칭재, 쿠션(cushion)재, 포장재로 이용	원재료에 비해 부피가 크게 줄고, 저장·운반이 효과적. 보행로, 놀이기구 주변, 숲바닥 등	기계가 비싸 취급 시 숙련을 요함 소음·먼지 발생, 보관 시 화기주의
	간·제벌재	조원(造園) 자재: 식재목 지주, 방토재(防土材), 말뚝, 울타리, 나무 이름표 등에 이용		정형가공이 필요하며, 내구성이 떨어지고, 규격통일이 되지 않음
화학적 가공이용	간·제벌재, 전정한 잎·가지	숯: 목탄으로 이용	토양개량재, 수질정화재, 제설장비. 바비큐 부산물인 목초액(木酢液)은 살균제로 사용	숯가마 등이 필요. 종래형 가마는 야간 화재관리도 필요
	왕겨, 짚	사료: 분쇄·가열·가공해 부풀려 부드럽게 한 뒤, 사료로 이용		공원 안에서 소비할 수 없는 경우, 이용방책 강구
생물적 가공이용	낙엽, 깎은 잔디, 전정한 잎·가지	퇴비, 부엽토: 집적하고, 잘라서 뒤엎기·물주기를 하고, 필요에 따라 발효촉진제 등을 섞어 발효·퇴비화해 이용	퇴비를 식재지에 재환원. 생태적 관리를 생각할 때 유효한 방법	처리량 많으면 대규모 계획이 필요. 발효촉진제를 사용하면 유지비도 증가
	식물성 폐기물	연료: 메탄 및 알코올 발효의 배양기로서 발효가스를 연료로 이용		시설정비 및 관리에 비용이 듦. 방화대책 필요

구분	발생재의 종류	이용방법	효과, 주요 사용법 등	문제점
기타	간벌재	버섯 재배: 표고버섯 재배 시 버섯나무로 이용	행사 때 이용	
	간·제벌재, 낙엽	곤충류 서식장소: 숲에 쌓아 투구벌레 등 유충의 서식장소로 이용		

솎아베기한 나무를 이벤트나 공원 내 장식에 재이용

(4) 특정 외래생물의 취급

2004년에 공포된 「특정 외래생물에 의한 생태계 등에 관계하는 피해의 방지에 관한 법률」(외래생물법)에 따라, 외래생물(해외에서 기원한 외래종)로서 생태계, 사람의 생명·신체, 농림수산업에 피해를 주는 것 또는 영향을 줄 염려가 있는 특정 외래생물에 의한 피해를 방지하는 것을 의무화하고 있다. 특정 외래생물에 지정되면,

① 사육·재배·보관 및 운반하는 것을 원칙적으로 금지

② 야외 방치, 심는 것 및 뿌리는 것을 원칙적으로 금지

③ 수입하는 것을 원칙적으로 금지

등의 규제가 더해지므로, 공원 안에서 발생한 경우 그 취급에 유의해야 한다.

2015년 현재 식물은 13종을 지정하고 있으며, 큰금계국(*Coreopsis lanceolata*), 미즈히마와리(*Gymnocoronis spilan-thoides*)[24], 삼잎국화(*Rudbeckia laciniata*), 갯솜방망이(*Senecio madagascariensis*), 큰물칭개나물(*Veronica anagallis-aquatica*), 공심연자초(*Alternanthera philoxeroides*), 서양물피막이(*Hydrocotyle ranunculoides*), 가시박(*Sicyos angulatus*), 물수세미(*Myriophyllum aquaticum*), 루드베키아 그란디플로라(*Ludwigia grandiflora*, 바늘꽃과 식물 종류), 스파르티나(*Spartina*)속의 모든 종, 물상추(*Pistia stratiotes*)속, 아졸라 크리스타(*Azolla cristata*, 물개구리밥속 종류)가 해당한다.

또한, 특정 외래생물에 지정되지는 않았으나 ① 피해에 관해 알려진 바가 있고, 계속해서 지정 적부(適否)를 검토하는 외래생물 ② 피해에 관계된 지견(知見)이 부족하고, 계속해서 정보 집적에 노력하는 외래생물 ③ 선정대상은 되지 않았으나, 주의환기가 필요한 외래생물(타 법령의 규제대상 종) ④ 별도의 종합대처를 권고하는 외래생물(녹화식물)의 네 가지 범주에 해당하는 외래생물에 대해 환경성(環境省)에서 요주의 외래생물 리스트를 공표하였으므로, 이들의 취급에 대해서도 주의가 필요하다.

(5) 녹색 커튼

최근 도시녹지의 기능 가운데 기온 하강 효과와 열섬현상 완화 등이 한층 더 주목받고 있다. 그중에서도 동일본대지진으로 인한 전력공급 부족현상 해결에 도움이 되는 한편, 건물 내 온도를 낮게 유지하고 절전효과를 발휘하는 벽면 녹화로 '녹색 커튼'이 특히 주목받고 있다. 녹색 커튼은 건물 벽면과 창 등을 덩굴성 식물로 덮어 커튼과 같은 모양으로 만드는 녹화방법을 가리키며, 청사와 교육시설 등의 공공시설, 민간 사무실, 일반 가정에서도 사용하고 있다. 여름 햇볕을 차단하며, 냉방 사용을 줄이면서도 건물 안에서 쾌적하게 지내는 것을 기대할 수 있다. 녹색 커튼에 사용하는 식물은 나팔꽃·여주·수세미가 대표적이며, 이들은 꽃과 열매도 함께 즐길 수 있다.

도시공원에서도 공원 내 건물시설의 녹음으로 녹색 커튼을 도입한 사례가 있다. 공원이용자가 도시녹지에 의한 기온 하강과 열섬현상 완화를 실감함으로써, 시민에 대한 도시녹화의 보급·계발 수단의 하나로서 이바지하는 것이 기대된다.

녹색 커튼 사례: 여주와 나팔꽃

2-9. 식물관리 표준 참고 사례

(1) 식물관리 작업의 시기 및 횟수

식물관리는 식물의 특성을 파악하여 알맞은 시기에 실시할 필요가 있다. 여기에서는 표준적인 작업시기 및 횟수를 정리하고, 특히 지방 특성(적설지대, 온난지대)이 명확한 것을 병기했다.

다만 어디까지나 바람직하다고 여겨지는 참고의 예를 표시한 것이므로 사용할 경우에는 각 공원의 특성에 맞게 보완할 필요가 있다.

표 2-2-3. 식물관리 작업 시기 및 횟수

구분	작업 종류	작업 시기 및 횟수												연간 작업횟수	비고
		4월	5월	6월	7월	8월	9월	10월	11월	12월	1월	2월	3월		
식 재 지	가지치기: 상록수		━	━			━							1~2	
	가지치기: 낙엽수				━	━			━	━				1~2	
	적설지(積雪地)				━			┉	┉		┉		━	1~2	
	가지다듬기		─	─	─	─	─							1~3	일본 정원에서는 횟수를 더 요하는 경우도 있음
	가지다듬기: 산울타리													1~3	
	거름주기			─					─	─				1~2	
	적설지							┉	┉	┉		┉	┉	1~2	

구분	작업 종류	작업 시기 및 횟수												연간 작업횟수	비고
		4월	5월	6월	7월	8월	9월	10월	11월	12월	1월	2월	3월		
식재지	병충해 방제													적당히	
	거적말기 : 겨울철 해충 잡아죽임							(설치)				(철거)		1	
	한지(寒地)							(설치)					(철거)	1	
	김매기·풀베기													1~4	
	한지													1~3	
	난지(暖地)													2~5	
	물주기													적당히	홋카이도(北海道)는 장마가 없어서, 5·6월에 작업이 필요한 경우가 있음
	한지														
	난지														
	줄기감기(幹卷) : 진흙감기(泥卷)도 포함													1	햇볕에 타는 것을 보호
	방한 : 후유가코이(冬囲)[25]도 포함	(철거)												1	따뜻한 지방에서는 3월부터 철거
	받침대 결속 고치기														태풍을 대비해 8월 전후로 작업이 많아짐 적설지에서는 눈 녹은 뒤 손상에 대비해 작업. 동해 쪽 지방은 겨울철 풍해에 대비해 작업
	적설지													1	
	우라니혼(裏日本)[26]														
	유키즈리(雪吊り)[27]	(철거)												1	
잔디밭	잔디 깎기													3~10	목표로 하는 관리수준에 따라 횟수가 크게 달라짐 (※서양 잔디)
	난지													4~8	
	한지													4~10※	
	잔디 배토													1~2	운동공원에서는 2회 정도 실시. 적설지에서는 눈 쌓이기 전에 시공해서 보온을 겸함
	적설지													1~2	
	거름주기													1~3	
	병충해 방제													적당히	
	김매기													2~5	
	한지													2~3	
	난지													5	
	물주기													적당히	
	홋카이도														
	난지, 운동장														

구분	작업 종류	작업 시기 및 횟수												연간 작업횟수	비고
		4월	5월	6월	7월	8월	9월	10월	11월	12월	1월	2월	3월		
화단	바꿔 심기													2~5	
	한지													2~3	
	김매기													1~4	바꿔 심는 중간에 1회 정도
	물주기: 화분													적당히	노지(露地)에서는 적당히 행함
	한지														
보행로	풀베기													4~6	
	한지													4~5	
	김매기													3~4	
	한지													3~4	
광장	김매기·풀베기													4~5	
	난지													5~6	
수림지	밑풀베기: 잡초지													1~2	
	밑풀베기 : 잡초, 조릿대 혼생지													3~4	
	병충해 방제													2~3	소나무좀벌레
	고사목 처리													적당히	연중 작업
	가지치기													적당히	

출처:『공원관리기준 조사보고서』(건설성 도시국 공원녹지과, 1988. 3.)를 참고해 '국영공원의 식물관리 사례'를 근거로 가필수정

(2) 식물관리 표준 사양 참고 예

아래에 '공원 식물관리공사 사양'을 참고 사례로 제시한다.

1. 식재지

1-1. 가지치기
   1-1-1. 일반사항
   1-1-2. 약한 가지치기
   1-1-3. 강한 가지치기

1-2. 가지다듬기
   1-2-1. 일반사항
   1-2-2. 큰 가지다듬기
   1-2-3. 산울타리 가지다듬기

1-3. 거름주기
   1-3-1. 일반사항
   1-3-2. 교목 거름주기
   1-3-3. 산울타리 거름주기
   1-3-4. 관목 거름주기

1-4. 김매기
   1-4-1. 풀매기
   1-4-2. 풀베기

1-5. 병충해 방제
   1-5-1. 전정 방제
   1-5-2. 약제 방제

1-6. 물주기
   1-6-1. 엽면(葉面) 물주기
   1-6-2. 지표(地表) 물주기
   1-6-3. 지중(地中) 물주기

1-7. 받침대 바꾸기
   1-7-1. 받침대 제거
   1-7-2. 받침대 세우기

1-8. 받침대 결속 고치기

1-9. 고사목 처리

1-10. 소나무 볏짚 말기

1-11. 식재지 청소
   1-11-1. 전면청소
   1-11-2. 선택청소

2. 잔디밭

2-1. 잔디 깎기
2-2. 거름주기
2-3. 잔디 배토 뿌리기
2-4. 풀매기
2-5. 병충해 방제
2-6. 에어레이션(aeration)
2-7. 물주기
2-8. 대취층 제거: 브러싱(brushing)
2-9. 메워심기

3. 초지

3-1. 풀베기
3-2. 청소

4. 화단

4-1. 재료일반
4-2. 땅 준비
4-3. 심기(옮겨심기)
4-4. 김매기, 물주기
4-5. 거름주기
4-6. 병충해 방제
4-7. 기타

1. 식재지

1-1. 가지치기

1-1-1. 일반사항

(1) 기본적인 사항

① 가지치기는 수형(나무 모양)의 골격 잡기, 수관(나무줄기) 다듬기, 지나친 밀식(密植)으로 인한 병충해 및 고사(枯死) 가지의 발생 방지 등을 목적으로 행하는 것이다.

② 가지치기 방법에는 가지 내리기(큰 가지 내리기), 가지 솎기, 안 솎기, 일부를 잘라내 작게 하기, 가지빼기 등이 있다. 각각의 수종, 형상 및 가지치기 종류에 맞게 가장 적절한 방법으로 행한다.

③ 수형을 만드는 방법은 특별히 경관상 규격형으로 할 필요가 있는 경우를 제외하고는 자연형으로 만든다.

④ 아래쪽 가지의 고사를 막기 위한 원칙으로는 위쪽을 강하게, 아래쪽을 약하게 가지치기한다. 또한, 일반적으로 남측 등 수세(樹勢)가 강한 부분은 강하게, 북측 등 수세가 약한 부분은 약하게 가지치기한다.

⑤ 막눈의 발생 원인이 되는 '크고 두껍게 자르기' 등은 원칙적으로 하지 않는다.

⑥ 꽃나무는 꽃눈의 분화 시기와 착생 위치에 주의해 가지치기한다.

⑦ 가지치기한 가지와 잎은 모아서 신속하게 처리하고, 나무 주변을 깨끗하게 청소한다.

(2) 주요한 가지치기 방법

① 큰 가지의 가지치기는 절단하는 곳에 표피가 벗겨져 떨어져 나가지 않도록 절단하려는 곳의 10cm 위에서 미리 절단해 가지 끝의 무게를 가볍게 한 후에 잘라낸다. 절단하는 곳은 나무줄기 바로 가까이 절단(flash cut)하지 않고, 절단 후 자연 치유를 촉진하기 위해 가지 깃(branch collar: 가지가 달린 부분의 부푼 곳)을 남긴 위치에서 절단한다. 큰 가지의 절단면에는 필요에 따라 감독원의 지시로 방부처리를 실시한다.

② 솎음 가지치기는 주로 수관 모양을 잡기 위해 행하며, 수관 이외에 튀어나온 새로 난 가지를 수관의 크기가 정해지는 길이로 제눈[정아(定芽)]의 바로 위에서 가지치기한다. 이때 제눈은 그 방향이 수관을 만들기에 적합한 가지가 되는 방향의 싹(원칙적으로 바깥쪽 눈, 수양버들 등은 안쪽 눈)을 남기는 것으로 한다.

③ 자름 가지치기는 수관 외에 튀어나온 가지 잘라내기 및 수세를 회복하려고 수관을 작게 하는 경우 등에 행한다. 가지치기는 적정한 분기점보다 긴 쪽의 가지를 가지가 달린 부분부터 잘라낸다. 골격 가지를 이루는 마른 가지와 묵은 가지를 잘라낼 경우, 후계 가지가 되는 작은 가지 또는 새로 가지가 나는 장소를 찾아 그 부분에서 앞쪽 끝의 가지를 잘라낸다.

④ 가지빼기 가지치기는 주로 지나치게 빽빽이 자란 가지의 안쪽을 성기게 만들려고 행하며, 수형·수관의 균형을 고려해 불필요한 가지에 가지가 달린 부분부터 잘라낸다.

1-1-2. 약한 가지치기

(1) 약한 가지치기란 마른 가지, 평행 가지, 웃자란 가지 등 수목 생육에 좋지 않은 것을 나무 본래의 형태, 가지 뻗음의 균형 등을 고려해 자르는 것을 말한다.

(2) 주로 가지치기해야 할 가지

① 마른 가지

② 생장이 멈춘 약하고 작은 가지(이하 '약소지')

③ 현저하게 병충해를 입은 가지(이하 '병충해지')

④ 통풍, 채광, 전선, 사람·차의 통행 등에 장해가 되는 가지(이하 '장해지')

⑤ 가지가 부러져 위험을 유발할 수 있는 가지(이하 '위험지')

⑥ 수관, 수형 및 생육에 불필요한 가지(이하 '불요지')

- 움돋이
- 간취[28]
- 웃자란 가지

- 얽힌 가지
- 역지(逆枝)
- 잘린 가지
- 주머니 가지
- 기타: 차지(車枝), 입지(立枝), 대생지(對生枝), 평행지(平行枝) 등

(3) 병충해지, 장해지는 전체 수형을 고려하며 가지치기한다.

(4) 가지, 약소지 등은 가지 깃을 남기고 잘라낸다.

(5) 가로수 등은 특히 높이, 잎새, 밑가지 높이 등 수형의 통일을 생각하며 가지치기한다.

1-1-3. 강한 가지치기

(1) 강한 가지치기란 약한 가지치기에 더해서 수형 잡기를 목적으로 원가지 및 그에 준하는 가지를 절단하는 것을 말한다.

(2) 높이를 제한할 필요가 없는 나무는 원칙적으로 심(芯)은 자르지 않는다. 하는 수 없이 순자르기할 경우에는 이것을 대신할 다른 심을 마련한다.

(3) 오래된 가지의 끝 부분에 큰 혹이 있는 것, 또는 갈라져 썩은 데가 있는 등의 경우에는 오래된 가지의 중간에 좋은 방향으로 새로 난 가지를 찾아서, 그 부분에서 끝 부분을 잘라내 어린 가지와 바꾸는 것으로 한다.

1-2. 가지다듬기

1-2-1. 일반사항

(1) 가지가 빽빽이 자란 곳은 안쪽을 성기게 가지다듬기를 한다. 다듬는 부위의 원형을 충분히 고려하면서 수관 주변의 작은 가지를 윤곽선을 만들어 나가면서 가지다듬기를 한다.

(2) 가지다듬기에서 중요한 점은 윗가지를 강하게, 아래 가지를 약하게 다듬는 것이다. 또 침엽수에 대해서는 맹아력(萌芽力)을 잃지 않도록 나무 종류의 특성에 따른 충분한 주의를 하면서 순따기 등을 행한다.

(3) 꽃나무를 가지다듬기 하는 경우는 꽃눈의 분화 시기와 착생 위치에 주의한다.

(4) 수년의 기간을 두고 가지다듬기를 실시하는 경우, 처음 가지다듬기를 할 때 한번에 하지 않고 수차례 가지다듬기를 통해 서서히 다듬는 부분의 원형을 세워간다.

(5) 가지다듬기 한 가지와 잎은 신속하게 처리한다. 특히 가지다듬기 한 가지와 잎이 수관 안에 남지 않도록 깨끗하게 제거한다. 가지다듬기 한 나무, 기식(寄植)[29] 등의 주변은 깨끗하게 청소한다.

1-2-2. 큰 가지다듬기

(1) 각 수종의 생육상태에 맞게 다듬는 부분의 원형을 충분히 고려하며 가지다듬기를 한다.

(2) 식재지에 들어가 작업하는 경우, 밟고 들어온 부분의 가지가 다치지 않게 주의하고, 작업 종료 후에는 가지를 정리한다.

1-2-3. 산울타리 가지다듬기

(1) 마른 가지, 웃자란 가지 등을 가지치기하고 가지를 정리한다. 그 후 일정한 폭을 정해 양면을 가지다듬기 하고 끝을 가지런히 한다.

(2) 가지와 잎이 비어 있는 부분은 필요에 따라 가지와 잎의 성김과 빽빽함이 없도록 가지를 끌어 잡는다. 가지 결속에는 종려줄(종려나무 줄기의 털로 만든 줄)을 사용한다.

1-3. 거름주기

1-3-1. 일반사항

(1) 정해진 거름의 양을 비료, 거름 종류(겨울비료, 웃거름, 덧거름 등) 및 각 나무의 특성에 맞춰 가장 큰 효과를 기대할 수 있도록 감독원과 협의해 실시한다.

(2) 수로와 구덩이를 팔 때는 나무뿌리에 손상을 주지 않도록 주의한다.

1-3-2. 교목 거름주기

(1) 윤비(輪肥)

나무줄기를 중심으로 수관 외주선(外周線)의 지상투영(地上投影) 부분에 깊이 20cm 정도의 도랑을 바퀴처럼 둥근 모양으로 파고, 도랑 바닥에 소정의 비료를 평균으로 깔고 흙덮기를 한다. 도랑을 팔 때에 특히 잔뿌리가 다치지 않도록 주의하고, 잔뿌리가 빽빽이 자라고 있는 경우는 그 바깥에 도랑을 판다.

(2) 거비(車肥)

나무줄기에서 수레의 폭과 같이 방사상으로 도랑을 판다. 도랑은 바깥쪽으로 멀어질수록 폭을 넓고 깊게 판다. 그다음으로 도랑 바닥에 비료를 평균으로 깔고 흙덮기를 한다. 도랑 깊이는 15~20cm 정도, 길이는 수관의 3분의 1 정도로 하고, 도랑 길이의 중심 부분이 수관 외주선의 아래에 오도록 판다.

(3) 호비(壺肥)

나무줄기를 중심으로 수관 외주선의 지상투영 부분에 방사상으로 구덩이를 파고, 구멍 바닥에 소정의 비료를 넣고 흙덮기를 한다. 구덩이의 깊이는 20cm 정도로 한다.

(4) 옮겨 심은 지 1년이 채 안 된 나무 및 가지치기 직후의 나무에서 수관 외주선이 불분명한 경우는 도랑과 구멍의 중심선이 나무줄기 중심보다 근원직경(根源直徑)의 다섯 배가 되도록 판다.

1-3-3. 산울타리 거름주기

(1) 겨울비료는 산울타리 나무 한 그루마다 양측에 구덩이를 한 군데씩 모두 두 군데를 파고, 바닥에 소정의 비료를 넣고 흙덮기를 한다. 구덩이의 깊이는 20cm 정도로 한다.

(2) 덧거름은 산울타리의 양측에 평행으로 깊이 20cm 정도의 도랑을 파고, 도랑 바닥에 소정의 비료를 깔고 흙덮기를 한다. 수세의 강약에 따라 거름 양을 조정한다.

(3) 구덩이와 도랑의 위치는 잔뿌리가 빽빽한 부분보다 조금 바깥쪽으로 한다.

1-3-4. 관목 거름주기

(1) 한 그루 혹은 소규모 모아심기의 경우: 윤비·호비를 주로 하고, 그 방법은 교목 거름주기에 준한다. 구덩이 및 도랑의 깊이는 20cm 정도로 한다.

(2) 열식의 경우: 산울타리 거름주기에 준한다.

(3) 군식, 대규모 모아심기의 경우: 유기비료에 대해서는 1m²당 세 군데 구덩이를 파고, 바닥에 소정의 비료를 넣고 흙덮기를 한다. 화학비료에 대해서는 식재지에 균일하게 흩어 퍼뜨린다.

1-4. 김매기

1-4-1. 풀매기

(1) 기존의 지피류에 타격을 주지 않도록 풀매기 기구 등을 사용해 뿌리째 파낸다.

(2) 뽑아낸 잡초는 신속하게 처리하고, 풀매기한 흔적은 깨끗이 청소한다.

1-4-2. 풀베기

(1) 기존 식물이 다치지 않도록 낫 등을 사용해 뿌리 근처부터 베어낸다.

(2) 그 밖에는 '풀매기'에 준한다.

1-5. 병충해 방제

1-5-1. 전정 방제

(1) 흰불나방(fall webworm)[30], 차독나방(茶毒蛾)[31] 등 애벌레 시기에 식물의 가지와 잎에서 집단으로 생활하는 벌레의 경우, 그 부분의 가지와 잎을 유충이 떨어지지 않도록 주의 깊게 잘라내고, 감독원이 지정하는 장소에 모아 신속하게 소각처분하거나 흙속에 파묻는다.

(2) 가지치기 방법은 식재지 가지치기에 준한다.

1-5-2. 약제 방제

(1) 하는 수 없이 약제를 사용하는 경우는 「농약취급법」 등 농약 관련 법규와 도도부현(都道府縣)이 정하는 농약 안전사용 지도지침, 제조회사에서 정한 사용안전기준 및 사용방법 등을 준수하고, 사람과 생물의 안전확보 및 대상 나무의 약해(藥害)에 충분히 주의한다.

(2) 뿌리는 방법은 각각의 병충해 특성에 따라 가장 효과적인 방법으로 행한다.

(3) 뿌리는 날짜는 바람, 일조, 강우 등의 기후조건을 고려해 실시한다.

(4) 지정된 농도에 정확히 희석해 혼합한 것을 병충 피해 부분을 중심으로 고르게 흩어 뿌린다.

(5) 뿌릴 때는 바람이 불어오는 쪽을 등진다. 또한, 방문객을 비롯한 주위 대상 식물 이외의 것에 닿지 않도록 충분히 주의한다.

(6) 약제를 뿌리는 작업은 인체의 영향을 충분히 배려하고, 고무장갑·마스크·모자·안경·피복 등을 완전하게 착용한다.

1-6. 물주기

1-6-1. 엽면(葉面) 물주기

잎 표면에 묻은 티끌 등을 씻어낼 수 있도록 잎의 앞뒤로 방향을 바꾸며 물을 내뿜는다.

1-6-2. 지표(地表) 물주기

뿌리 주위에 근원직경의 네 배 정도를 지름으로 하는 깊이 15cm 정도의 물통을 만들어 지정된 양의 물을 준다.

1-6-3. 지중(地中) 물주기

뿌리 주변에 물주기용 구덩이가 있는 경우는 구덩이에서 물주기를 한다. 물은 지정된 양을 여러 번에 나눠서 준다.

1-7. 받침대 바꾸기

1-7-1. 받침대 제거

기존 받침대의 제거는 나무를 손상하지 않도록 충분히 주의해 뿌리로부터 완전히 제거한다. 또한, 삼나무 껍질, 종려줄, 아연 유인선, 못, 나무줄기 싸기 재료 등도 깨끗하게 제거한다.

1-7-2. 받침대 세우기

버팀목을 새로 세우는 경우에는 나무 크기에 따른 미관도 생각해서 목적에 맞게 받침대 형태를 달리한다. 그 밖에 미관을 중시하는 경우나 주위가 포장되어 있어 지주 부재를 세울 수 없는 경우에는 땅속 부재로 나무를 지지하는 방법을 고려한다.

1-8. 받침대 결속 고치기

(1) 기존의 삼나무 껍질, 종려줄, 아연 유인선은 나무를 손상하지 않도록 신중하게 제거한다.

(2) 재결속은 새로운 재료가 나무줄기에 더 긴밀히 들러붙도록 삼나무 껍질이나 종려줄로 묶는다.

(3) 그 밖의 사항은 <1-7-2. 받침대 세우기>에 준한다.

1-9. 고사목 처리

(1) 말라 죽은 나무를 벨 때는 주변 나무와 공작물, 특히 울타리 등을 손상하지 않도록 주의한다. 또한, 주위 잔디 등은 필요

에 따라 덮개를 씌우는 등 보호처리를 한다.

(2) 그루터기는 가능한 한 식물의 땅에 가까운 쪽부터 처치한다.

(3) 베어 낸 나무는 가지치기를 하고 일정한 길이로 절단한 후, 지정된 방침에 따라 처리한다. 빈자리는 깨끗이 청소한다.

1-10. 소나무 볏짚 감싸기

(1) 부착, 제거 등은 시기를 놓치지 않도록 시공한다.

(2) 부착하는 자리는 원칙적으로 바닥에서 1.5m 정도 되는 나무줄기 부분으로 하고, 부착 위치보다 아래쪽에 가지가 있는 경우는 해당 위치에도 부착한다.

(3) 받침대가 있는 경우에는 받침대와 나무의 결속 부분보다 위쪽에 부착한다. 위쪽에 부착하는 것이 어려울 때는 결속 부분 아래쪽의 나무줄기와 받침대 각각에 부착한다.

(4) 부착은 거적을 나무줄기에 감고, 그 위를 둥근 줄로 두 군데 묶는다. 결속은 위쪽을 약간 완만하게, 아래쪽은 강하게 묶는다.

(5) 제거는 해충을 떨어뜨리지 않도록 주의 깊게 한다. 제거한 후 나무줄기에 붙어 있는 해충을 채취하고, 제거한 거적과 함께 지정된 곳에 모아서 재빨리 불태운다. 다만, 나무에 해를 입히지 않는 벌레 등이 거적 안에 있는 경우에는 이들을 제거하고 처분한다.

(6) 제거한 뒤에는 제거한 자리에 살충제를 바르거나 뿌린다.

1-11. 식재지 청소

1-11-1. 전면청소

(1) 식재지 안의 쓰레기통, 담배꽁초 통 및 그 주변에 쓰레기를 떨어뜨려 남기지 않도록 깨끗이 긁어모아 지정장소에 운반해 처리한다.

(2) 식재지에 어지럽게 흩어져 있는 쓰레기들과 함께 낙엽, 떨어진 가지 등도 대나무 빗자루 따위로 긁어모아 지정장소로 운반해 처리한다. 되도록 흙은 포함하지 않도록 주의한다.

(3) 교목 주변의 쓰레기 등이 나무를 손상하지 않도록 주의한다.

(4) 타는 쓰레기와 타지 않는 쓰레기를 구분하는 경우는 각각을 확실하게 나누어 지정방법에 따라 처리한다.

1-11-2. 선택청소

(1) 낙엽, 떨어진 가지 등을 가능한 한 그대로 퇴적해 흙으로 환원하려는 경우에는 쓰레기나 빈 깡통 등은 하나하나 제거하고, 지정된 장소로 운반해 처리한다.

(2) 그 밖의 사항은 <1-11-1. 전면청소>에 준한다.

2. 잔디밭

2-1. 잔디 깎기

(1) 잔디밭 안에 있는 돌, 빈 깡통 등 장해물은 미리 제거한다.

(2) 잔디밭 안에 있는 나무, 초화, 시설 등을 손상하지 않도록 주의하고, 깎은 흔적과 마저 깎이지 않은 잔디가 없도록 균일하게 깎는다.

(3) 깎는 높이는 감독원과 협의한다.

(4) 나무뿌리 근처, 울타리 근처 등 기계로 깎기 어렵거나 불가능한 장소는 손으로 깎는다.

(5) 끊기는 모아심기 시설에 포복하는 줄기가 침입하지 않도록 모아심기류 수관의 수직투영선보다 10cm 정도 바깥쪽에서 수직으로 잘라내며 베어 없애 버린다.

(6) 베어 낸 잔디는 신속하게 처리하고, 베어 낸 자리는 깨끗이 청소한다.

2-2. 거름주기

(1) 소정의 거름을 잔디 면에 얼룩이 없도록 균일하게 흩어 뿌린다.

(2) 비료는 원칙적으로 비가 온 직후 등 잎이 젖어 있을 때는 주지 않는다.

2-3. 잔디 배토 뿌리기

(1) 잔디 배토는 식물의 뿌리줄기·잔해 등이 없고, 필요에 따라 체로 쳐서 걸러낸 것을 사용한다. 토양개량재 및 비료를 혼입하는 경우는 지정된 혼입률이 되도록 정성껏 혼합한다.

(2) 잔디 배토는 지정한 두께에 갈퀴 등을 사용해 고르고 균일하게 충분히 문지른다. 또한, 잔디 면이 불균형한 경우에는 바르게 다듬을 것을 감안하면서 행한다.

2-4. 풀매기

(1) 잔디가 상하지 않도록 풀매기 기구 등을 사용해 뿌리부터 주의 깊고 신중하게 뽑아낸다.

(2) 뽑아낸 잡초는 신속하게 처리하고, 풀매기한 자리는 깨끗이 청소한다.

2-5. 병충해 방제

<1-5-2. 약제 방제>에 준한다.

2-6. 에어레이션(aeration)

(1) 잔디 토양이 굳는 것을 막기 위해 에어레이션 기구 또는 기계를 사용해 토양이 팽창하고 연해지도록 효과적으로 행한다.

(2) 구멍 및 커팅의 깊이, 간격은 감독원과 협의한다.

2-7. 물주기

소정의 물이 잔디 전면에 골고루 미치도록 균일하게 흩어서 뿌린다.

2-8. 대취층 제거: 브러싱(brushing)

(1) 잔디의 갱신을 재촉하기 위해 쇠갈퀴·쇠스랑 등으로 잔디 면을 주의 깊고 신중하게 여러 번 세게 긁고, 기는줄기와 뿌리 등을 절단함과 동시에 줄기와 잎 사이의 대취층(마른 잎, 마른 줄기)을 제거한다.

(2) 발생한 대취층은 신속하게 처리함과 동시에 브러싱 흔적은 깨끗이 청소한다.

2-9. 메워심기

(1) 메워심기 할 곳을 크게 형태를 잡아서 절취하고, 깊이 15cm 정도까지 모판흙을 교환한 후 침하 방지를 위해 잘 겉다짐한다.

(2) 떼붙이기는 주변과 같은 높이가 되도록 조정하고, 겉다짐과 잔디배토를 실시하며, 물주기를 잘한다.

3. 초지

3-1. 풀베기

(1) 초지 안에 있는 돌, 빈 깡통 등의 장해물은 사전에 제거한다.

(2) 나무·그루터기·울타리 등을 손상하지 않도록 주의하고, 벤 흔적이나 베지 않고 남겨지는 곳이 없도록 균일하게 깎아서 손질한다. 또한, 풀 베는 높이는 감독원과 협의한다.

(3) 나무·그루터기·울타리 등의 주변도 베지 않고 남겨지는 곳이 없도록 마무리한다. 또한, 그것들과 얽혀 있는 덩굴성 잡초들도 깨끗이 제거한다.

(4) 벤 풀은 매일 지정장소로 운반해 모아 쌓은 뒤 신속하게 처리하고, 벤 장소는 깨끗이 청소한다.

3-2. 청소

<1-11. 식재지 청소>에 준한다.

4. 화단

4-1. 재료일반

(1) 꽃모종은 발육이 좋고 병충해를 입지 않은 것으로 하며, 사전에 옮겨심기에 견딜 수 있도록 재배해 잔뿌리가 많고 웃자라지 않은 것을 사용한다.

(2) 알뿌리는 충실하고 상처가 없으며 병충해를 입지 않은 것으로 한다.

4-2. 땅 준비

(1) 묵은 뿌리와 잡초 등은 뿌리부터 파내고 흙을 턴 후, 지정장소로 운반해 처리한다.

(2) 화단은 모판흙을 삽 등을 사용해 30cm 정도까지 파고, 잘 뒤집어엎은 뒤 큰 자갈과 쓰레기를 제거하고, 요철이 없도록 일단 고른다.

(3) 비료를 줄 경우에는 소정의 비료를 화단 면에 균일하게 뿌리고 괭이·쇠갈퀴 등으로 모판흙과 잘 혼합한다.

4-3. 심기(옮겨심기)

(1) 꽃모종과 알뿌리 심기는 감독원의 지시에 따라 화단에 끈이나 석회 등으로 먼저 디자인하고, 정해진 모종의 수를 밀도에 맞게 고르고 견고하게 심는다.

(2) 심은 후에 물주기를 잘하고, 기울거나 뿌리가 떠오르는 등 옮겨심기가 제대로 되지 않은 것은 고쳐심기를 한다.

4-4. 김매기, 물주기

(1) 김매기와 물주기는 기후·토양의 상태에 주의하고, 쓸모없이 실시하거나 시기를 놓치지 않도록 감독원과 연락을 긴밀하게 하여 행한다.

(2) 김매기는 꽃모종이 다치지 않도록 김매기 기구 등을 사용해 잡초만 뿌리부터 뽑아낸다. 이때 모종의 뿌리가 뜬 것은 고쳐 심는다.

(3) 물주기는 꽃모종이 다치지 않도록 주의 깊고 신중하게 하며, 뿌리에 충분한 물이 고루 미치도록 적신다.

4-5. 거름주기

(1) 밑거름은 화단에 소정의 거름을 균일하게 뿌리고, 괭이나 삽 등으로 모판흙 안에 잘 스미게 한다.

(2) 웃거름과 덧거름은 비료 종류 및 식물의 생육상태에 따라서 감독원과 협의한 후 가장 효과적인 방법으로 행한다.

4-6. 병충해 방제

<1-5-2. 약제 방제>에 준한다.

4-7. 기타

(1) 화단 가장자리 장식 및 경관용 그루터기, 꽃나무 등은 <1. 식재지>의 모든 관리에 준해서 한다.

(2) 화단 내 잔디관리는 <2. 잔디밭>의 모든 관리에 준해서 행한다.

20) 잔디를 깎은 풀, 고사한 잎과 뿌리 등이 토양의 표면과 얕은 부분에 퇴적된 층을 이루고 있는 것.

21) 발아가 불량한 곳에 보충해서 파종하는 것을 보파(補播) 또는 추파(追播)라고 한다.

22) 주로 동갑숲에서 벌기(伐期)에 이른 성숙림을 모두베기(개벌)하고, 그 적지에 후계림을 조성하려고 묘목을 심는 것. 모두베기 후 나무심기라고도 한다.

23) 집 주위에 한 방향 혹은 복수의 방향으로 배열한 수림군. 바람 에너지를 낮추고 가옥을 보호하며, 눈이 많이 내리는 지역에서는 부지 안에 눈이 적게 쌓이게 하는 효과도 있다.

24) 국화과에 속하는 추수성(抽水性) 상록 다년초.

25) 추위·서리로부터 식물을 보호하기 위한 덮개.

26) 일본 혼슈(本州) 중에서 우리나라 동해에 면한 지방을 일컫는다.

27) 눈 무게로 정원수가 부러지는 것을 막기 위해 나뭇가지를 줄로 달아매어 두는 것.

28) 비교적 큰 나무의 가지치기 방법 중 하나. 굵은 가지를 잘라내어 새로운 가지를 나게 하는 것.

29) 동종(同種) 혹은 이종(異種)의 식물을 모아서 심는 것.

30) 미국흰불나방. 플라타너스 등 가로수 잎을 갉아 먹는 해충이다.

31) 독나방과의 곤충. 접촉하면 피부염을 일으킨다.

3. 시설관리

3-1. 시설관리의 목적

시설관리란 이용자가 안전하고 쾌적하게, 또는 효율적으로 활동할 수 있도록 건물, 공작물, 설비 등의 시설을 종합적·경제적으로 관리하는 것이다. 시설의 기능을 충분히 활용하고 발휘해 안전하고 쾌적하게 이용하기 위해서는 시간과 함께 그 기능이 노후화해 가는 상태를 파악하여 방지해야 한다. 또한, 노후화한 부분을 보수해 내구력을 복원하고 기능을 회복하며, 미관 향상을 꾀함과 동시에 설비·기기가 원활하게 기능하도록 운전·조정을 행하여 설비 및 기기가 정상적으로 기능하는지를 측정해 기록하는 보전업무를 적정하게 실시해야 한다.

또한, 시설을 관리함에 있어서「건축기준법」을 비롯해「빌딩관리법」,「수도법」,「하수도법」,「폐기물의 처리 및 청소에 관한 법률」,「전기사업법」등에 따른 안전상·방재상·위생상의 관리기준 등이 정해져 있으므로, 해당하는 시설에 대해서는 이들을 준수해야 한다.

최근에는 경제 고도성장기에 집중투자한 시설의 노후화 진행과 엄격한 재정사정에 따라 적절한 유지관리를 행하는 것이 관리자의 과제가 되고 있다. 또한, 기존 시설의 기능을 판단하고, 목표로 하는 수준을 확보하면서 라이프사이클 비용 감축을 지향하는 스톡매니지먼트(stock management)와 공공서비스 최적화 달성을 위해 시설 등을 자산으로서 적정하게 평가하며, 사회적 니즈에 정확히 대응하기 위한 효율적·효과적인 관리를 행하는 자산관리 전문가(asset management)의 사고방식도 요구하고 있다. 국토교통성에서는 2012년 4월에 '공원시설 수명 장기화 계획 책정지침(안)'을 정리해, 지방자치단체 등에 의한 도시공원시설 등의 계획적인 유지관리 대처를 지원하고 있다.

또 모든 사람이 사용하기 쉽게 유니버설디자인(universal design) 관점에서 시설관리의 유의점 및「고령자, 장애인 등의 이동 등 원활화 촉진에 관한 법률」[배리어프리(barrier free)[31] 신법(新法)](국토교통성, 2006. 12.)에 근거한 시설의 개선, 외국인 관광객 증가에 따른 '관광 활성화 표식 가이드라인'(국토교통성, 2005. 6.)에 준하는 픽토사인(pictosign)[32], 사이즈, 색, 다언어, 경관 등을 배려한 안내표시 등도 요구된다.

3-2. 시설관리의 내용

시설관리의 내용은 일상적 혹은 정기적인 점검, 보수, 노후화·파손된 부분의 수리, 기기 등의 올바른 운전, 충분한 청소, 보안에 대한 조치 등이다.

(1) 점검, 보수

점검이라는 것은 예방보전의 관점에서 관리대상시설(건물, 공작물, 설비 등)의 기능 상태와 노후화 정도 등을 사전에 정한 수순에 따라 검사하는 것을 말한다. 기능 이상 또는 노후화·파손이 있는 경우, 필요에 따라 대응조치를 판단하는 것을 포함한다. 시설에는 보통 맨눈으로 기능 상태를 판단할 수 있는 부분도 있으나, 그렇지 않은 부분에 대해서는 전문 기술자에 의한 점검을 할 필요가 있다.

보수는 관리대상시설(건물, 공작물, 설비 등)의 초기 성능 및 기능을 유지할 목적으로 주기적으로 또는 계속해서 행하는 소모 부품 및 재료의 대체, 주유(注油), 오염의 제거, 부품의 조정 등 경미한 작업을 말하며, 보통 점검업무와 함께 실시한다.

(2) 수리

수리는 관리대상시설(건물, 공작물, 설비 등)의 노후하거나 파손된 부위, 부재나 기기의 성능·기능을 원래 상태(초기의 수준) 또는 실용상 지장이 없는 상태까지 회복시키는 것을 말한다. 다만, 보수의 범위에 포함된 정기적인 소부품의 교체는 제외한다.

공원시설은 매우 많은 재료와 기기로 구성되어 있어서, 그것들의 수명이 각기 다르다. 또한, 수리는 작은 것(보수에 가까운 것)부터 큰 것(갱신, 개수 등)에 이르기까지 범위가 넓어서, 때로는 새로 조성한 것과 동등하거나 그 이상의 기술을 요하는 경우도 있다.

(3) 운전·감시

운전·감시라는 것은 공원시설에 관계되는 설비와 기기 등을 가동시켜 그 상황을 감시·제어하는 것을 말한다. 공원에 설치되어 있는 설비 및 기기는 특수한 경우를 제외하고 일반적으로 조작이 용이하다. 가령, 잘못 조작해도 고장이 나지 않도록 또는 안전성이 확보되도록 배려되어 있다. 그러나 이와 같은 보호대책이 완전하다고 단정할 수 없고, 특히 예기치 못한 이상이 생겼을 때는 설비와 기기를 정지하는 등 적절한 조치를 행할 필요가 있다.

(4) 청소

시설을 이용하는 환경의 쾌적성을 유지하기 위해서는 일상적·정기적인 청소가 필요하다. 청소에는 시설의 청결을 지키는 것 외에 재료의 노후화 원인 제거하기, 부식의 진행 늦추기, 성능 유지하기 등의 중요한 역할이 있다.

(5) 보안

보안은 다양한 위험과 재해로부터 시설과 그 이용자를 보호하는 것을 말한다. 시설에 사전 보안기능이 부여된 경우에는 필요한 점검업무에 따라 그 기능이 반드시 비상시에 도움이 되도록 해야 한다. 또한, 일반 이용자의 출입이 금지된 장소의 대응, 시설 일부가 탈락하거나 낙하해 이용자에게 위해(危害)를 주지 않도록 주의하는 등, 시설의 보안 상태를 항상 점검하고 비상시에 바로 대응할 수 있는 체제 구축이 요구된다.

3-3. 시설관리의 체계

시설관리의 각 업무는 개별 혹은 단발적으로 이루어지는 것이 아니라 서로 관련되어 있으므로, 보완하면서 종합적으로 관리목적을 달성해 가야 한다.

예를 들면, 점검·수리 등의 작업은 개별로 행하는 것이 아니라 점검에서 수리작업의 실시, 수리기록의 정리·분석, 나아가서는 수리계획의 재검토와 계획 설계의 피드백에 이르기까지 포함한 종합적인 시스템의 확립이 필요하다.

① 시설점검자는 점검계획에 기초하여 점검표에 따라서 각 시설의 이상 유무를 조사하고, 관리책임자에게 보고함과 동시에 점검결과를 기록한다.

② 관리책임자는 이 보고에 기초하여 긴급성·중요성의 정도에 따라서 응급적인 조치와 이후의 대응책을 결정하고, 수리 공사가 필요한 경우는 공사담당자에게 의뢰한다.

③ 공사담당자는 수리의 정도를 조사하고, 공사의 설계·시공을 행하여 공사 완료 후에는 관리책임자에게 보고함과 동시에 수리 등의 조치경과를 기록한다.

④ 이들 각종 데이터를 축적하는 것에 따라 관리책임자는 시설의 관리실태 파악이 가능하게 되며, 더불어 종합적인 관리계획 작성을 위한 기초자료로서 이용할 수 있다.

그림 2-3-1. 시설관리시스템 모식도

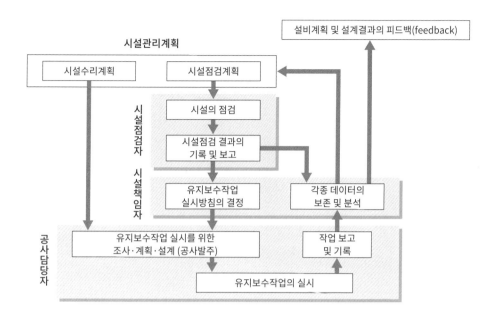

3-4. 시설점검

(1) 점검의 목적

시설점검은 시설수리의 동기부여에 빠질 수 없는 작업이며, 다음의 목적에 따라 실시한다.

① 안전성 확보: 공원 이용자가 안전하게 공원에서 활동하도록 사고 등의 발생을 미연에 방지하고, 항상 위험이 없는 상태를 확보하는 것

② 시설의 기능보전: 전기설비·급배수설비·오수처리설비 등 공원 내 라이프라인(life line)[33]이 되는 설비기구와 분수 등 펌프류 동력설비기기에 대해서, 각 시설이 항상 정상적으로 작동하도록 기능보전을 꾀하는 것

③ 쾌적성 확보: 공원 이용자가 쾌적하게 공원을 이용하도록 공원 내 각 시설(특히 편익시설 등 이용자에게 직접 영향을 주는 시설)을 항상 청결한 상태로 유지하고, 미관 확보를 꾀하는 것

④ 효율적인 유지관리 업무 실시: 중·장기적인 시점에서 유지관리 계획을 책정하고, 적절하고 효율적인 각 시설의 유지관리를 행하기 위해 각 시설의 현황을 파악하는 것

(2) 법정 점검

시설점검 업무에는 법령에 따라 정기적인 점검 등이 의무인 것(법령점검)과 앞서 기술한 목적을 달성하기 위해 필요에 따라 임의로 실시하는 것이 있다.

법정 점검은 주로 건축물·기계설비 등에 관계된 것으로, 유자격자에 의한 검사·점검을 요하는 경우도 있으므로 주의한다. 또 2008년부터는 「건축기준법」 제12조에 근거하여 건축물의 안전성 확보를 목적으로 건축물과 승강기 등의 정기조사·검사 결과를 보고하는 '정기보고제도'를 소유자·관리자에게 의무화하였으며, 2016년 6월의 「건축기준법」 개정으로 대처가 더욱 강화되었다. 주요한 법정 점검항목은 다음과 같다.

표 2-3-1. 법정 점검항목

점검 대상	적용 법령 등	점검 내용 등	점검 등의 빈도	주요한 점검 등 항목	비고
자가용 전기공작물	• 「전기사업법」 제 39·42·43조	• 보안규정을 정하고, 아래와 같은 자주(自主)점검을 함 • 월 점검: 전기공작물 순시점검, 전기미터 읽기 • 연차 점검: 전기공작물 순시점검, 정밀 순시점검, 측정	• 월 점검, 연차 점검	• 전원반 점검, 적산전력 검침기록, 보호장치 시험, 절연저항 측정, 접지저항 측정	• 설치자는 보안규정을 정하고 전기담당 기술자를 선출해 국가에 신고하는 것이 필요
방화대상물	• 「소방법」 제8조의 2의2	• 정기점검 • 방화관리체제, 피난경로 상의 장해물, 방염대상물품, 소방용설비 등 설치	• 연 1회 • 특정 방화대상물은 연 1회 점검결과를 소방장 또는 소방서장에게 보고, 방화대상물은 3년에 1회 보고	• 방화관리자의 선임, 소화·통보·피난훈련의 실시, 피난계단과 방화호 폐쇄 시의 장해물 확인, 커튼 등 방염대상물품의 방염성능 표시, 소방용설비 등 설치	
방화대상물에 설치된 소방설비 등	• 「소방법」 제17 조의3의3	• 외관 및 기능 점검, 종합점검	• 외관 및 기능점검 • 6개월에 1회 • 종합점검 연 1회	• 소화설비·경보설비·피난설비 등의 기능 확인 및 절연저항 측정	
저수조(저수조 유효수량이 10m³ 를 넘는 것을 '간이 전용수도' 라고 한다. 10m³ 이하인 경우는 '소규모 저수조 수도 등' 이라고 하며, 지방자치단체에 의한 위생관리가 정해져 있다.)	• 「수도법」 제34조 • 「수도법 시행령」 • 「수도법 시행규칙」 • 후생노동성 고시 제119호(2003) • 후생노동성 고시 제262호	• 수조의 청소	• 연 1회		
		• 오염방지 조치(수조 점검 등), 물 이상 시(급수전 물의 색, 혼탁, 냄새, 맛 등)의 자주검사	• 자주검사는 연 1회의 수질검사, 월 1회의 시설검사, 주 1회의 잔류염소 검사, 매일 물 상태 관찰 등 실시	• 수질검사, 시설검사, 잔류염소 검사, 물의 상태 확인 등	
		• 시설의 외관검사 • 급수전의 수질검사 • 서류정리에 관한 검사	• 연 1회	• 수조 등의 점검 및 그 주변 상황에 대한 검사 • 급수전 물의 냄새, 맛, 색, 색도, 탁도 및 잔류염소의 검사 • 설비 등 관계 도면, 수조 청소기록, 일상점검·정비 기록 등 검사	• 지방자치단체의 기관, 또는 후생노동대신이 지정하는 사람에 의한 검사
보일러설비	• 「노동안전위생법」 • 「보일러 및 압력용기 안전규칙」 • 「노동안전위생법」 • 「보일러 및 압력용기 안전규칙」	• 정기자주검사	• 월 1회	• 본체의 손상 유무 • 연소장치의 손상·오염·막힘 등의 유무, 자동제어장치의 기능이상 유무 및 단자의 이상 유무 • 부속장치 및 부속품의 손상, 기능의 이상 유무 및 작동, 보온 상태	
		• 성능검사	• 연 1회	• 보일러의 구조규격 적합 여부 확인 • 개방검사, 운전 시 검사	• 후생노동대신에게 등록된 등록성능검사기관에 의함

점검 대상	적용 법령 등	점검 내용 등	점검 등의 빈도	주요한 점검 등 항목	비고
중유(重油) 등 위험물 저장탱크	•「소방법」 제 14조의3의2: 위험물의 규제에 관한 규칙 등	• 탱크 본체와 배관 등의 외관 및 파손, 오염의 점검	• 연 1회 이상	• 탱크 프레임과 탱크 고정금속물의 균열·변형, 안전장치, 주입구 개폐상황과 패킹(packing)의 노후화, 정전기 제거장치의 손상 여부, 배관 및 배관접합부·밸브(valve)류에서 위험물 누수의 흔적 유무 • 위험물 종류·품명·최대수량 및 긴급레버(lever) 표시 및 표지 적부	
오수처리(정화조) 시설	•「정화조법」 제 7·10·11조	• 수질검사	• 사용개시 후 3개월을 경과한 날부터 5개월 이내. 그 후는 연 1회	• 외관검사: 설치 상황, 설비 가동상황, 물흐름 방향의 상황 • 수질검사: 수소이온 농도(pH), 오니(汚泥) 침전율, 용존산소량(DO), 투시도, 염화물 이온, 잔류염소 농도, 생물화학적 산소요구량(BOD)	
		• 정기점검	• 연 1회	• 외관점검: 설치 상황, 설비 가동상황, 물흐름 방향의 상황, 악취 발생, 소독 실시상황, 모기·파리 등 발생 • 수질검사: 수소이온농도(pH), 용존산소량(DO), 투시도, 잔류염소 농도	
		• 보수점검 및 청소	• 연 1회 이상 • 정화조 종류와 처리방식, 처리 대상인원에 따라 점검 횟수가 다름	• 정화조 기기류 점검·조정 또는 관련 수리작업, 해충 제거, 소독약 보충 • 정화조 안에 생기는 오니, 스컴(scum)[34] 등의 제거, 정화조 내 장치·기기류의 세정 및 청소	
엘리베이터 (승강기)	•「건축기준법」 제 12조 3항: 크레인 등 안전규칙	• 정기검사	• 연 1회 • 정기보고제도의 대상: 검사결과를 특정 행정청에 보고하는 의무가 있음	• 안전확보에 중요한 안전장치의 시험, 기기 노후화를 종합적인 면에서 판정하는 검사	• 1급 건축사 혹은 2급 건축사, 또는 승강기 등 검사원자격증을 받은 사람에 의한 검사
		• 자주정기점검	• 월 1회	• 안전장치, 브레이크, 제어장치, 와이어로프(wire rope), 가이드레일(guide rail)	

점검 대상	적용 법령 등	점검 내용 등	점검 등의 빈도	주요한 점검 등 항목	비고
(특정) 건축물의 공기조화설비 또는 기계환기설비	• 「건축물의 위생적 환경 확보에 관한 법률」(빌딩관리법) 제4조	• 공기환경 측정	• 연 6회	• 부유분진의 양, 일산화탄소 함유율, 이산화탄소 함유율, 온도, 상대습도, 기류, 포름알데히드의 양	
(특정) 건축물		• 쥐, 곤충 등의 방제	• 연 2회	• 쥐 등의 방제를 위해 쥐약 또는 살충제 등을 사용	
업무용 냉동냉장기기, 에어컨	• 「플론(flon)[35] 배출 억제법」 제16조	• 간이점검	• 3개월에 1회 이상	• 냉동냉장 창고와 진열장 등 냉장기기 및 냉동기기의 창고 내 온도 • 제품 이상음(異常音) 및 제품 외관(배관 포함) 의 손상, 부식, 녹, 누유 (漏油) • 열교환기의 성에 등 냉매 (冷媒) 누설 징후의 유무	• 관리자는 적절한 장소에 설치함과 동시에 기기 점검과 플론 충전·회수 등의 기록을 작성하고, 기기 폐기 시까지 이를 보관할 필요가 있음
		• 정기점검	• 기기 규모에 따라, 연 1 회 ~ 3년에 1회	• 직접법과 간접법에 따라 전문적으로 냉매 누설을 검사	
삭도(索道)[36]	• 「철도사업법」 제 35조 • 국토교통성령 「삭도시설에 관한 기술상의 기준을 정하는 성령」 제 41~43조	• 정기검사	• 월 1회	• 대상설비의 외관검사 및 작용 확인	
			• 3개월에 1회	• 반기(搬器)[22] 주행부 측정	
			• 연 1회	• 대상설비의 외관검사, 작용 확인, 측정	
		• 업무시작 전 점검	• 일 1회	• 업무시작 전 시운전해서 쇠줄, 지주, 원동설비, 반기 및 그 외 공작물을 점검	

(3) 임의점검

　점검의 종류는 실시빈도와 대상물, 점검 정도에 따라 크게 아래와 같이 나눌 수 있다. 이들 각 점검에서는 사전에 점검항목을 정한 점검표와 확인 사항 등을 준비해 누락된 점검이 없도록 한다.

　점검은 공원의 개수, 시설 수, 시설의 종류 등을 고려하고, 적절하고 효율적인 실시가 중요하다. 또한, 높은 곳에서 점검작업 등 점검 중에 일어날 수 있는 사고에 대해서도 유의해야 한다.

　① 초기점검: 시설의 설치 직후 또는 하자담보 기간 내에 생길 가능성이 있는 좋지 않은 상태를 해소하기 위해 하는 점검이다. 보통 공원관리자의 입회하에 제조·시공자가 한다.

② 일상점검: 공원관리자가 일상적으로 하는 점검이며, 주로 눈으로 확인하거나 만져 보고, 필요할 때는 두드리거나 소리를 듣기도 하며 시설의 변형 상태와 이상 유무를 조사하는 것이다. 일상점검의 범위 및 실시빈도는 중점점검 항목의 유무와 이용상황, 설치환경의 차이 등을 포함해 필요에 따라 정한다. 변형 및 이상이 발견되었을 때는 수리와 사용중지 등의 응급조치를 필요에 따라 시행하고, 동시에 대책을 검토한다. 검토에 상세한 정보가 필요할 경우, 전문기술이 있는 사람에게 위탁해 정밀점검을 행한다. 일상점검에 관해서 유의해야 할 점은 다음과 같다.

- 점검에 앞서 시설의 입지조건과 시설특성에 대하여 과거의 점검표와 관리대장 등을 통해 사전에 파악하고, 현장에서 점검 작업을 확실히 한다.
- 점검의 범위와 빈도에 대응한 점검표와 확인사항을 작성하고, 점검항목에 따라 점검을 실시한다.
- 발견한 사실과 현상 및 실시한 임시조치에 대해 기록하고, 서둘러 대응해야 할 사항에 대해서는 신속하게 시설담당자에게 보고한다.
- 객관적인 판단재료로 삼기 위해 필요에 따라 시설의 노후화와 파손 상태를 사진으로 기록한다.
- 판단하기 어려운 변형 개소(個所) 등에 대해서는 여러 사람에게 점검을 받는 것이 바람직하다.

③ 정기점검: 공원관리자가 필요에 따라서 전문기술이 있는 사람과 협력해 목시(目視)·촉진(觸診)과 타진(打診)·청진(聽診) 또는 용구 및 측정기구를 사용해 정기적으로 하는 점검이다. 시설의 작동, 소모 상황, 변형 등의 이상에 대해 조사하고, 노후화 판정 등을 진단한다. 정기점검의 범위 및 실시빈도는 연 1~2회를 표준으로 하며, 시설의 이용상황 및 설치환경의 차이, 중점점검의 유무 등을 포함해 필요에 따라 정하는 것으로 한다. 정기점검은 전문기술자가 작성하는 점검표에 따라서 행해진다. 점검할 때는 지난번에 점검한 기록을 휴대해 노후화 진행상황을 확인하고, 수리 시기를 판단한다. 점검자는 경미한 수리와 주유(注油) 등을 실시한다. 공원시설 가운데 놀이기구의 정기점검에서 유의할 점은 다음과 같다.

- 점검 작업은 JPFA[(사)일본공원시설업협회)]가 인정하는 '공원시설제품안전관리사', '공원시설제품정비기사', '공원시설점검관리사' 또는 '공원설비점검기사'가 행한다.
- 첫 회 정기점검에는 제품과 JPFA가 규정하는 규격기준의 적합성과 제품의 노후화 상황을 판정하고, 두 번째부터는 해가 바뀜에 따라 생기는 노후화에 대해 점검한다.
- 점검할 때는 과거의 점검결과 등에서 점검대상이 되는 시설의 특징을 충분히 파악한 후에 실시한다.
- 점검할 때는 점검에 필요한 자료(점검표·도면 등), 캘리퍼스(calipers)[38] 등의 계측기, 카메라, 그 밖의 기구 등을 휴대해 확실한 점검을 행한다.

④ 임시점검: 태풍·강풍·호우 등의 풍수해와 지진발생(진도 4 이상일 때 실시하는 경우가 많다), 그 밖의 이유로 시설에 이상이 발생할 위험이 있는 경우, 공원관리자가 시설 및 그 주변 상황에 대해 필요에 따라 임시로 실시하는 것이다. 또한, 공원 성수기 전과 이용자가 부상을 당한 경우, 또는 다른 공원에서 유사시설에 의한 사고가 난 경우에도 실시한다.

⑤ 정밀점검: 일상점검·정기점검·임시점검 등에서 시설 불량이 발견되어 필요한 조치를 검토할 때나, 더욱더 정밀도 높은 진단결과가 필요할 때 공원관리자로부터 위탁받은 전문기술자가 실시하는 것이다. 필요에 따라 시설을 분해하고 전용 계측기 등을 사용해 상세하게 점검한다. 정밀조사는 그 작업에 필요한 전문지식과 경험이 있는 전문기술자가 한다. 정밀점검을 할 때는 다음과 같은 점에 유의한다.

- 놀이기구의 점검작업은 JPFA가 인정하는 '공원시설제품안전관리사' 또는 '공원시설제품정비기사' 동등 이상의 지식을 갖춘 자가 행한다.
- 목시·촉진, 타진·청진에 더해서 줄자와 캘리퍼스 등의 계측기와 더 고도한 측정기를 사용해 일상점검과 정기점검에서 '불량'으로 판단된 부위를 보다 정밀하게 검사하고 측정한다.

(4) 점검 후의 대응

점검 시 이상을 발견한 경우에는 문제의 긴급성 등을 고려해 적절한 대응을 꾀한다.

볼트·너트의 조임, 오염·쓰레기 제거 등 그 장소에서 대응할 수 있는 것, 응급조치가 필요한 것, 수리 등을 하기 전까지 사용금지 조치를 취해야 할 것에 대해, 점검자는 적절히 판단해서 필요한 대응을 취한다. 또한, 이상이 발견되었거나 결함 상태의 원인을 찾는 것도 사고방지에 유효하다. 예를 들어 볼트·너트가 느슨한 경우, 왜 느슨해졌는지 원인을 찾아 미연에 사고방지와 파손방지를 하는 것이 중요하다. 점검으로 발견된 결함 있는 곳에서 이 소모 부품과 같은 것이 다른 시설에서도 사용되고 있는 경우, 예방조치로 해당하는 모든 부품을 미리 수리하고 교환해야 한다.

점검결과에 대해서는 기록을 보존하고 점검기록부와 공원시설이력서(제4장 참조)에 기재함과 동시에 이상 발견을 담당자에게 보고하고, 필요에 따라 현지 확인 및 정밀점검 등을 하면서 수리·철거 등의 대응책을 검토한다. 특히 고장과 파손에 의한 사용금지로 판단한 경우에는 제일 먼저 관계자에게 보고한 후, 사용금지 조치에 따른 안전확보를 재빨리 실시하고, 그 후 대응책을 검토한다.

(5) 공원시설의 점검체제

공원시설의 점검체제는 아래 기록한 사항에 유의한다.

① 점검 대상물의 사양·도면·매뉴얼·제작업체 등의 기본 자료를 완비한다.

② 법정 점검과 보수 점검의 유자격업자, 수리업자, 부품 제조업체 등의 리스트를 완비한다.

③ 시설설비의 점검기록부와 공원시설이력서(수리기록부)를 완비한다.

④ 법령 점검 등에 관계하는 각종 법률·기준 등을 파악한다.

⑤ 직영으로 점검체제를 도입할 경우에는 필요한 연수(研修)를 수강하고 자격을 취득한다.

⑥ 시설 등의 내용연한(耐用年限)과 소모 부품의 교환 시기를 파악한다.

3-5. 시설보수

(1) 시설수리의 목적과 종류

시설 노후화와 소모는 공용개시(供用開始) 후의 경과 햇수, 시설의 구조, 설비의 정도, 지리적 환경요인, 이용 빈도, 수리 시기의 적부 등으로 좌우되고, 그 소모의 진행에 따라 초기 효용이 저하되어 간다. 점검으로 파악된 이들 시설의 소모 상황에 대한 대책으로는 시설의 노후화한 부위나 부재 또는 기기 성능 및 기능을 원상(초기의 수준)이나 실용상 지장이 없는 상태까지 회복시키는 것이 시설수리의 목적이다.

시설수리에는 일상적인 순회·점검업무 등에서 발견한 시설의 불량한 상태에 대해 시설기능을 유지하려 실시하는 '경상(經常)수리'와 시설 특성 및 소모 상황을 파악한 후에 수리 주기를 정하고, 이에 근거해 계획적으로 실시하는 '계획수리'의 두 분류가 있다. 이들은 각각 독립적인 것이 아니라 상호 보완에 의해 성립한다.

(2) 수리방법의 선택

기본적인 수리방법으로는 아래와 같은 선택지를 염두에 두고 어떠한 수리를 행할 것인가를 판단한다. 신규 소재·공법으로의 전환, 기능의 재검토 등을 하는 경우에는 이용자 동향 및 기술적 확인에 따라 종합적으로 판단한다.

① 현황과 완전히 같은 것으로 복귀하는 경우

② 시설의 기능은 같으나, 보다 강도를 높인 소재·공법으로 실시하는 경우

③ 기능과 안전성 등을 해치지 않는 범위에서, 경제적인 소재·공법으로 실시하는 경우

④ 시공 시기부터 시간 경과에 맞춰 새로운 소재·공법으로 실시하는 경우

⑤ 시대 변화와 기술 진보 등에 따라, 다른 기능과 내용으로 변화시키는 경우

(3) 계획수리

시설보전은 수년 단위에서 10년 단위의 빈도로 다양한 수리와 갱신 작업이 필요한 경우가 있다. 시설 종류가 많고 구조가 각기 다르기 때문에, 보다 효과적인 유지관리 계획을 실시하기 위해서는 당해 연도에 시행하는 계획수리의 작업내용(대상시설과 공종, 수량 등)을 파악해 두는 것이 중요하다.

(4) 공원시설 수명 장기화 계획

공원시설 노후화가 진행되는 가운데 재정상의 이유 등으로 적절한 유지보수 혹은 갱신이 곤란해지고, 이용금지나 시설 자체의 철거로 이어지는 경우가 늘고 있다. 이는 안전하고 쾌적한 이용을 확보해야 하는 도시공원 본래의 기능을 발휘하는 데 심각한 문제가 되고 있다. 이에 지방자치단체 등은 어려운 재정상황 아래서도 안전과 이용자의 안심을 확보하는 한편, 중점적이고 효율적인 유지관리와 갱신투자를 위해 다른 공공시설과 같이 공원시설도 수명 장기화 계획을 책정하고 있다. 국토교통성에서는 계획 책정 등에 대해 보조금 제도와 지침(안) 작성에 의한 지원을 하고 있다.

시설수리에서는 지방자치단체가 책정한 공원시설 수명 장기화 계획의 목적과 내용, 기존 시설의 기능을 진단하고 목표로 하는 수준을 확보하면서, 생애주기비용(life cycle cost)의 감축을 목표로 하는 '스톡 매니지먼트(stock management)'의 사고에 대해 이해하고 업무에 반영하는 것이 필요하다.

3-6. 놀이기구의 안전관리
(1) 놀이기구 안전관리의 기본적인 사고

아래의 문장은 「도시공원에 있어서의 놀이기구 안전확보에 관한 지침(개정 제2판)」(국토교통성, 2014. 6.) 및 「놀이기구의 안전에 관한 기준 JPFA–SP-S: 2014」[(사)일본공원시설업협회, 2014. 6.)]을 참고해 기술한 것이다.

어린이는 '놀이'를 통해 모험과 도전을 경험하며 심신의 능력을 고양한다. 이것은 놀이가 갖는 가치의 하나이지만, 모험과 도전에는 위험성도 내재해 있다.

어린이놀이터의 안전관리에서는 이와 같이 놀이에 내재된 위험성을 모험과 도전의 대상이 되는 매력적인 측면[리스크(risk)]과 사고로 연결될 두려움이 있는 측면[해저드(hazard)]으로 나눠서 다뤄서 놀이의 매력과 안전성을 양립해야 한다.

리스크는 어린이가 예상하고 판단해 대처 가능한 위험성으로 정의할 수 있다. 이와 같은 위험성은 놀이가 갖는 매력적인 가치의 하나이며, 사고를 미연에 회피할 능력을 기르는 데도 중요하다.

해저드는 어린이가 예상할 수 없거나 판단해 대처하기 불가능한 위험성으로 정의할 수 있다. 이와 같은 위험성은 중대한 사고로 이어질 가능성이 있으므로, 놀이터에서 없앨 필요가 있다.

놀이기구에 관련한 리스크와 해저드는 각각 물적(物的) 요소와 인적(人的) 요소로 나눌 수 있다. 예를 들어 일반적으로 어린이가 뛰어내릴 수 있는 놀이기구의 높이는 물적 리스크이며, 낙하방지 울타리를 넘어서 뛰어내리는 행위는 인적 리스크다. 한편 놀이기구의 부적절한 배치와 구조, 불충분한 유지관리에 따른 놀이기구 불량은 물적 해저드이고, 놀기에는 부적절한 복장과 고의 파손에 의한 놀이기구 불량은 인적 해저드다.

놀이기구의 안전관리는 위에서 언급한 리스크를 적절하게 관리함과 동시에 사고로 연결될 만한 해저드를 배제하는 것이 기본이다. 이러한 안전관리는 어린이를 대상으로 한 놀이기구뿐만 아니라 건강 놀이기구와 같이 어른을 대상으로 하는 놀이기구, 장애인 이용을 배려한 배리어프리(barrier free) 대응 도구 등 다방면에 걸친 놀이기구 전반에도 적합하다. 더욱이 리스크와 해저드의 경계는 사회상황과 발육 발달단계에 따라 다르기 때문에 동일하지 않으며, 사고의 회피 능력에도 개인차가 있는 것에 유의해야 한다.

또한, 공원에서는 물적 해저드를 철저히 배제하는 것뿐만 아니라 인적 해저드도 대처하는 것이 필요하다. 놀이에는 일정한 자기책임이 뒤따른다는 인식을 이용자에게 주지함과 동시에 보호자와 연계해 놀이장소를 유지하는 것이 중요하다. 특히 판단이 미숙한 유아에게는 충분한 배려가 필요하다.

(2) 유지관리단계의 안전관리

유지관리단계에서 안전관리는 도구 그 자체의 성능 확보에 관한 점검·수리를 주로 하지만, 이용자에게 '안전하고 즐거운 놀이터인가?'라는 관점을 가지고 실시하는 것도 중요하다. 놀이기구의 물적 해저드를 발견해 제거하는 것을 주안점으로 하여, 확실한 안전점검을 위한 관리계획을 책정해 실행한다.

유지관리단계의 안전관리는 대상 놀이기구의 초기 성능 및 기능 유지를 기본으로 한다. 안전관리의 주요 대상은 놀이기구 각 부위의 결함 및 재질·구조가 닳거나 소모되는 노후화이지만, 모래놀이터나 물놀이기구처럼 위생관리가 아울러 요구되는 놀이기구도 있다는 점을 주의해야 한다.

일본공원시설업협회는 제조물 배상책임보험(제품의 설계·생산 또는 시공상 과실로 사고가 발생한 경우, 인적사고 및 재물에 관한 보상)과 공사 중 배상책임보험으로 구성되는 단체배상책임보험을 계약하고 있다. 제조·판매·설치뿐만 아니라 보험에 가입한 회원기업이 보수점검업무를 도급했을 때 보수점검 실패로 인해 타인에게 상처를 입히거나 타인 재산을 파괴해 법률상 손해배상책임을 져야 하는 경우의 보증도 적용된다. 전문기술자에게 정기적인 점검업무를 위탁할 경우, 동 보험에 가입하고 있는지 확인할 필요가 있다.

(3) 이용단계의 안전관리

이용단계의 안전관리에는 인적 해저드의 배제가 주요한 목적이 된다. 이를 위해 놀이기구의 이용실태를 항상 파악함과 동시에 이용자인 어린이와 보호자, 지역 주민과의 협력이 불가결하다.

안전하고 즐거운 놀이방법을 보급하고 개발하는 것에 따라 이용자가 자신의 복장과 놀이기구의 이상에도 주의를 기울이게 된다. 안전확보 대책과 역할분담 등에 대해 이용자·관리자 상호 간에 공통인식을 가지도록 의견 교환과 교류 등의 기회를 만들면 좋다. 놀이는 본래 자유이며 자발적인 것이기 때문에, 지도를 할 때에는 과도하게 통제하지 않도록 주의해야 한다.

(4) 놀이기구 점검

놀이기구의 점검도 일반 공원시설의 점검과 마찬가지로 공원관리자가 행하는 '일상점검', 전문기술자가 행하는 '정기점검' 및 '정밀점검' 등을 조합해 실시한다. 여기서는 '일상점검'에서 표준이 되는 내용을 다음과 같이 정리한다.

① 목시·촉진: 놀이기구를 직접 눈으로 보거나 맨손으로 만져서 노후화나 손상, 그 밖의 변형을 파악하는 방법이다. 외관검사라고도 하며, 놀이기구 외관을 잘 관찰함으로써 표면의 부식 정도, 변색에서부터 중대한 변화 상태를 확인하는 것이 가능하다. 그러나 정량적 평가가 어렵고 점검자에 따른 개인차가 생기기 쉽다. 이 때문에 가능한 한 객관적인 평가결과를 얻도록 점검자가 사용하는 점검표 등에 신경 쓸 필요가 있다. 검사 범위는 국부적인 부위부터 구조 전체로 하지만, 특히 놀이기구의 가동(可動) 부분 등 노후화하기 쉬운 부분에 중점을 둘 필요가 있다.

② 타진: 점검용 망치 등으로 두드린 소리로써 목시와 촉진에서는 알 수 없는 미묘한 이상 증상을 관찰해 인지하는 방법이다. 결합부의 이완(弛緩) 등을 소리의 탁함과 높낮이 변화를 통해 확인하지만, 정상인 경우와 이상이 생겼을 때의 소리 변화를 알아챌 수 있는 경험이 필요하다.

③ 청진: 청진은 움직이는 놀이기구가 작동할 때, 이상한 소리가 나는지 여부를 확인하는 것이다. 대체로 이상한 소리가 발생하는 것은 소리 나는 부분의 기름칠이 마른 것이 원인이지만, 작동상황을 확인하기 위해서도 청진을 실시할 필요가 있다.

(5) 표준적인 일상점검 항목

① 안전영역

• 안전영역은 시설을 안전하게 이용하기 위해 필요한 영역이다. 안전영역의 범위는 낙하높이(이용자가 쉽게 도달할 수 있는 부위에서부터 낙하가 추정되는 면까지의 수직거리), 대상연령, 설치환경 등에 따라 결정된다. 안전영역은 놀이기구의 안전한 이용행동에 필요한 공간으로서, 어린이가 놀이기구에서 떨어지거나 튀어나갈 경우에 도달할 것으로 예상되는 범위이며, 놀이기구 외곽선 밖의 모든 방향(상부 공간도 포함)에 필요하다.

• 안전영역 안에는 이용자 안전을 저해하는 요소(다른 시설, 수목 등)를 설치할 수 없다. 또한, 지표면에도 돌과 유리 파편 등의 이물질, 요철이나 딱딱한 설치면 등 안전을 해치는 요소가 있어서는 안 된다.

• 기초 콘크리트가 지면에 노출되어 있거나, 기초 골조와 지반 사이에 틈이 보이는 경우에는 흙(산모래 등)으로 보충한다.

• 안전영역 전체에 모래, 목재칩(woodchip), 고무판 블록 등의 쿠션재를 깐다. 쿠션재 안에 유리 파편이나 기타 이물질이 섞여 들어가지 않았는지 점검 시 확인한다. 이용이 집중되는 장소는 움푹 파인 곳이 생기거나 딱딱하게 굳어버린 곳이 많다. 이 경우는 쿠션 기능이 손상되기도 하지만 배수에도 악영향을 주므로, 필요에 따라 재료를 보충하거나 땅을 갈아 일으키는 작업 등을 실시해 항상 부드러운 상태로 유지한다.

• 쿠션재의 위생관리는 모래놀이터와 비교해 우선순위는 낮지만, 안전성을 확인하는 것이 필요하다. 관계기관에 검사를 의뢰하고 위생상황을 파악해 소독이 필요한지 여부를 검토한다.

② 가동부(可動部) 마모, 이상음(異常音) 유무

• 그네 등 체인을 이용한 놀이기구에서는 체인의 마모 상태를 확인할 필요가 있다. 초기와 현재의 선형(線型)을 비교해 마모율이 50%를 넘으면 마모 진행이 급속히 빨라지므로, 해당하는 체인을 교환해야 한다.

③ 고정부·접합부의 이완(弛緩) 유무

• 볼트·너트 등 접합부의 이완 상태, 기초부의 안정 상태 등을 점검하는 경우에는 놀이기구 전체를 흔들어 보고 진동과 변형을 확인해야 하며, 그 외 접촉음·마찰음 등에서 노후화 상황을 확인한다. 또한, 볼트·너트의 이완 및 부식 등으로 인한 노후화를 직접 눈으로 관찰하고, 필요에 따라 타진과 다시 조임 등을 행한다.

• 볼트·너트의 노후화는 마모·변형·부식 등으로 인해 발생하지만, 노후화 판정의 핵심은 부재 간 고정능력과 충격흡수 능력의 두 가지다. 느슨해진 곳을 바로잡을 때는 여유 및 이완 정도 등을 관찰함으로써 고정능력을 간접적으로 판정한다.

④ 파손·마모·부식의 유무

• 금속부가 녹슬어 노후화한 상황의 확인은 금속 두께의 감소, 박리 상황, 부식의 범위·정도 등으로 판단한다.

• 이 경우, 주로 하중이 걸리는 지점과 힘점 부분을 중점적으로 점검한다. 또한, 이음부의 철물이나 기초부의 접점은 부식하기 쉬운 부위이므로 특히 주의한다. 금속의 부식은 표면이 좁은 경우라도 내부에서 진행되고 있을 가능성이 있다. 도금 피복과 도장 등으로 부식이 감춰져서 지나치는 경우가 있으므로, 주의 깊게 관찰하고 필요에 따라 테스트해머(test hammer)로 타진한다.

• 철봉·정글짐 등의 손잡이 부분은 녹이 나오더라도 사용 중에는 노후화가 그다지 진행되지 않으므로, 마모 상태를 중심으로 확인한다.

• 녹슨 범위가 좁은 경우에는 녹을 떨어내고 보수도장(touchup)을 해 둔다.

• 파이프, 이음부 철물, 금속판 등은 외력이 가해져 생기는 변형을 확인하고, 파손으로 이어질 가능성을 평가한다. 부위별로 휨·균열의 유무, 변형의 범위·정도 등을 점검한다.

• 이 경우에는 주로 하중이 걸리는 지점 및 힘점 부분을 중점적으로 점검하고, 왜곡·휨·파임·균열 등의 정도를 직접 눈으로 관찰한다. 필요에 따라 테스트해머를 사용한 타진으로 소리 변화를 파악한다.

• 변형이 있으면 그 부위에 응력(應力)이 집중하고 균열과 휨을 유발하기 쉬우며, 변형부의 노후화가 급속히 진행된

다. 변형이 경미하더라도 구조강도의 노후화를 동반할 가능성이 있으므로, 특히 구조부재 이상이 확인된 경우에는 안전을 중시하며 조기 대책을 강구해야 한다.

놀이기구 파손: 경질우레탄수지 가공

놀이기구 아래의 고무칩포장 파손

⑤ 목부(木部)

• 목재로 된 부분은 부식, 균열, 결손 등과 마모도를 관찰할 필요가 있다. 주로 눈으로 점검하고, 표면 끝이 가늘게 갈라진 것을 확인할 때는 필요에 따라 촉진을 실시한다. 목재 부분이 썩으면, 그 모습이 변색되고 균열이 발생해 표면이 검은빛을 띠며, 더 진행되면 스펀지처럼 부식이 일어나 강도가 떨어진다. 또한, 지표면의 접점부에는 흰개미에 의한 식해(食害)가 없는지 점검도 필요하다. 목재 내부와 뒤쪽의 노후화 상황은 눈으로나 촉진으로는 발견이 어려우므로, 필요에 따라 타진·청진 등을 행한다. 목재 표면의 보행감(步行感)으로 진단하는 경우도 있다. 보행감각에 의한 진단방법 및 타격음에 의한 진단방법을 <표 2-3-2>, <표 2-3-3>에 나타냈다.

표 2-3-2. 보행감각에 의한 목부 진단방법의 예

점검부위	방법	이상 시 현상 및 상황	손상의 내용
상판	들보와 들보 사이를 보행	상판 휨이 다른 곳보다 큼	노후화 및 표면이 벌어졌을 가능성이 있음
들보	들보 바로 위를 보행	다른 부위보다도 휨이 큼	들보가 노후했을 가능성이 있음

표 2-3-3. 타격음에 의한 목부 진단방법의 예

재료의 상태	귀로 느끼는 소리 상황 (공기건조 상태)
노후하지 않은 재료(健全材)	해머로 때렸을 때, 비교적 날카로운 쇳소리에 가까운 소리가 난다. 발생하는 소리의 주파수가 높다.
노후재 혹은 노후조직을 포함한 재료	해머로 때렸을 때 발생하는 소리의 주파수가 낮다. 비교적 낮은 음이 난다.

⑥ 콘크리트부

• 콘크리트부에서는 균열과 중성화가 요인인 철근 부식에 의한 구조물 강도의 노후화 상황과 그 정도 등을 점검할 필요가 있다. 철근이 녹슬어 녹물이 나는 경우에는 철근 노출이 없어도 내부에서 부식이 진행될 가능성이 있으므로, 테스트해머로 타진해 관찰한다.

• 콘크리트는 알칼리성이어서, 안에 있는 철근이 녹스는 것을 막는 효과가 있다. 그러나 해가 거듭할수록 변화하면서 공기 중 탄산가스와 작용해 표면부터 차례로 중성화해 간다. 중성화가 철근 부분까지 도달하면, 철근 대부분이 녹슬게 된다. 철근이 전반적으로 부식하면 인장력이 현저하게 떨어지고, 그 상태가 철근콘크리트의 수명이 된다.

• 기초 구조물로서 콘크리트가 많이 사용되나, 땅속과 물속에 매설되는 일이 많고 공기 중 탄산가스와 접촉하는 비율이 낮으므로, 일반적으로 중성화는 진행되기 어렵다. 역으로, 공기 중 탄산가스와 접촉하는 지상에 노출된 콘크리트 구조물은 중성화 진행이 빠르다. 또한, 건물 밖보다 건물 안의 콘크리트가 늘 건조한 장소에 놓이므로 더욱 진행이 빠르다.

⑦ 플라스틱·FRP(유리섬유보강플라스틱)부

• 플라스틱과 FRP 등은 강도 노후화에 따라 안전성 저하 정도를 점검할 필요가 있다. 플라스틱과 FRP의 노후화가 진행되는 모습은 퇴색으로 시작해 표면 광택이 사라지고, 그 후에는 거칠어져 약간의 충격과 외부 힘에도 파손으로 이어지는 상태가 된다. 플라스틱과 FRP의 균열은 알기 어려우므로 촉진으로 관찰한다.

⑧ 도장부(塗裝部)

• 도장부는 마모 등으로 인해 부재가 노출된 채로 방치하면, 미관을 해칠 뿐만 아니라 부재 노후화가 급속히 진행될 위험이 있으므로, 변형 유무를 점검할 필요가 있다. 경미한 것은 보수도장으로 대처한다. 또한, 변형 유무에 관계없이 노후화 방지와 미관 유지를 생각해 정기적으로 다시 칠할 필요가 있다. 목재, 금속, 콘크리트 등의 재료에 따라 다시 칠하는 주기는 다르다. 도장을 할 때 하도(下塗)·중도(中塗)·상도(上塗)에 각기 다른 색을 사용하면, 불완전 도장과 도장 손상을 판별하기 쉽다.

⑨ 그물(net)·밧줄(rope)부

• 그물과 밧줄은 다른 부재와의 결속 부분과 밧줄의 늘어진 부분, 다른 시설과 부재·지면의 접점 부분에서 시간이 지남에 따른 마모·단선·늘어짐·처짐이 없는지 유의해 점검한다. 또한, 그물 접합부는 부하가 걸리기 쉬우므로, 잠금 철물에 균열 등 파손이 없는지도 점검해야 한다. 이용하면서 늘어진 밧줄은 고의로 매듭이 있는 경우도 있으므로, 평소 순찰 시 발견했을 때는 풀어 두는 것도 필요하다.

(6) 표준적인 일상점검표

점검표는 점검항목을 표기해 점검누락을 방지하면서, 놀이기구의 안전관리 경력을 기록하려는 것이다. 관리대장에 기록이 축적되면, 관리담당자가 교체되어도 각 놀이기구의 경력이 계속 기록되어 계승된다. 또한, 점검작업에서도 대상 놀이기구의 특성과 사양 등 점검에 필요한 기초 정보가 미리 정리되어 효율적으로 점검할 수 있다.

점검표는 공원 내를 순찰하며 각 놀이기구를 점검하도록 순찰경로를 배려해 일련의 그룹별로 작성한 것과, 원칙적으로 개별 놀이기구 한 기(基)당 한 장씩 준비한 것, 보다 상세히 작성하는 유형을 고려해 놀이기구 종류·개수·점검체제에 따른 것으로 분리할 필요가 있다.

미끄럼틀 점검작업

그물 놀이기구 점검작업

3-7. 위생관리

(1) 공원관리에서 감염증 예방대책

불특정 다수가 이용하는 공원은 화장실, 수영장, 친수(親水)공간 등의 수질관리와 공원 이용에 따른 감염증 예방대책도 공원 유지관리에 필요하다.

공원에서 다양한 감염증이 발생할 경우, 관계기관 간 연락체제 및 통일된 대응을 위한 감염증 대책 매뉴얼을 사전에 작성해 두어야 한다. 특히 식중독이 발생할 가능성이 높은 여름철에는 친수시설의 수질조사와 화장실·모래놀이터 등 공원 이용자가 직접 접촉하는 시설에 대한 세정과 소독을 실시하고, 세면장에 약용비누를 설치하는 등의 대처를 실행한다. 또한, 손 씻기를 권장하는 전단과 벽보로 주의를 환기하고 계몽하는 것도 중요하다.

공원관리에서 주의할 필요가 있는 각종 감염증의 특징과 감염경로는 다음과 같다.

① 수경시설, 친수시설, 수영장 등 위생관리의 유의점

• 분수와 폭포 등의 친수시설에서는 레지오넬라균(legionella) 등 에어로졸(aerosol, 미세한 물방울)을 흡입할 가능성이 있다. 그 대책으로서 수경시설의 정기적인 수질검사 실시와 청소 빈도 늘리기 등을 통해 수질을 양호하게 관리하는 것이 중요하다.

• 또한, O-157균 등은 공원 친수시설에서의 물놀이 이외에 직접 접촉하는 문손잡이를 통해서도 감염 가능성이 있으므로, 화장실 문손잡이 등의 소독과 물놀이·모래놀이 이후 소독과 손 씻기가 중요한 예방대책이 된다.

• 수영장을 관리하는 공원에서는 수영장 물의 수소이온 농도와 유리잔류염소 농도 등을 측정해 적정한 수질관리를 실시한다.

• 또 이용자가 세안, 입 헹굼, 샤워, 손 씻기를 철저히 하도록 힘쓰는 것이 인두결막염 등의 감염증 예방책으로 중요하다.

② 전시동물 위생관리의 유의점

• '동물과 접촉하는 동물원' 등의 관리에서는 사육사와 방문객에게 집단으로 발생한 사례도 있는 동물유래감염증(사람과 동물의 공통감염증 중에서, 특히 동물이 사람에게 감염시키는 감염증)의 대책이 필요하다. 후생노동성 건강국 결핵감염증과에서는 「동물 전시시설에서 사람과 동물의 공통감염증 대책 가이드라인 2003」(2003. 4.)을 작성했다.

• 전시시설에서 동물과 접촉할 기회가 예상되는 경우에는 '동물과 접촉하는 구역'과 '동물과 접촉하지 않는 구역'을 명확히 구별하고, '동물과 접촉하는 구역' 안에서는 음식 등을 금지한다. 동물의 체액과 분뇨에 의한 감염을 가능한 범위에서 방지하고, 동물과 접촉하는 구역에 방문객이 출입할 때는 비누와 흐르는 물로 손 씻기를 지도한다. 또한, 동물과의 접촉으로 감염 가능성이 있는 사람과 동물의 공통감염증에 관한 정보를 방문객에게 제공한다. 방문객이 몸 상태가 좋지 않다고 호소할 경우에는 신속히 의료기관의 진찰을 받도록 권한다. 방문객과 접촉하는 전시동물에 대해서는 감염증이 있는 사람과 접촉을 피하기 위해 감염대책을 보다 엄중히 해야 하며, 어떠한 이상이 확인된 개체는 전시해서는 안 된다.

• 또한, 공원 내 애완견 전용 놀이터인 애견운동장(dog run) 이용 시 애완견에 대한 규칙으로서 애완견 등록증빙인 '개등록증'과 광견병 예방주사의 증빙인 '광견병접종표'를 착용하도록 하는 것이 바람직하다.

③ 기타 동물 위생관리의 유의점

• 뎅기열(dengue fever)은 열대줄무늬모기·한줄무늬모기 등에 의해 매개되는 뎅기 바이러스 감염증이다. 뎅기열에 감염된 사람의 피를 빨아먹은 모기의 체내에서 바이러스가 증식해, 그 모기가 또 다른 사람의 피를 빨아먹는 것으로 감염을 퍼뜨린다. 백신과 특별한 치료법은 존재하지 않고 뎅기출혈열이라고 하는 병세가 매우 위중한 증상을 일으키는 경우도 있어서, 만연 방지대책이 필요하다. 그러기 위해서는 폐타이어의 홈이나 막힌 배수구 등 모기의 생육환경이 되는 물구덩이를 없애는 모기 방제대책을 세우고, 이용객 및 작업 인부가 피부를 노출하지 않도록 긴팔·긴바지 등을 착용해 공원 내에서 모기에게 물리지 않도록 주의를 환기한다.

- 특히 자연도(自然度)가 높은 마을숲과 수림지에서는 야외에 서식하는 진드기류 등에 물려서 병의 증상이 나타나는 경우가 있다. 그중에서도 참진드기에는 일본홍반열, 중증열성혈소판감소증후군(SFTS) 등 중독되면 생명을 위협하는 감염증도 있다. 참진드기에 의한 감염증의 예방법은 모기의 경우에서처럼 긴팔·긴바지 등을 착용하는 것이며, 풀밭에 들어갈 때에는 장갑·장화를 착용하는 것이 바람직하다. 또한, 덤불과 산림 안에서 장시간 지면에 직접 뒹굴거나 앉아서는 안 된다는 사실을 주지시킨다.
- 옴벌레에는 반려동물을 매개로 피부가 가려운 개선증(疥癬症)을 일으키는 것이 있다. 옴벌레에 의한 개선증은 반려 분변견을 매개로 사람에게 전염되므로, 마을숲과 수림지에 반려동물 출입을 금하는 조치를 취하는 것이 바람직하다.
- 조류독감이 공원에서 발생하는 것은 아니지만, 공원에도 서식하는 까마귀가 전염경로가 되므로 항시 순찰하면서 혹시 들새가 대량으로(한곳에서 5마리 이상) 죽은 것을 확인했을 때는 신속히 전문기관에 연락해야 한다.
- 또한, 후생노동성은 「웨스트나일(West Nile)열 침입의 조기발견을 목적으로 한 결핵 감염증 통지」(2003. 1. 30.)에서, 지방자치단체의 협력으로 '웨스트나일열의 조기유행 예측을 위한 까마귀 등의 사망조류 조사'를 통해 까마귀가 많이 서식하는 공원 등에서 죽은 까마귀 데이터를 수집하기도 했다. 따라서 일상적인 공원 순찰 시 까마귀 등 사망조류 조사에 유의해야 한다.
- 잉어 헤르페스바이러스(herpesvirus) 감염증이 공원 내 연못에서 발생했을 시, 이동금지와 소각처분 등 관리자에 의한 만연방지 조치를 의무화하고 있다. 이 때문에 몇 마리라도 사망을 확인한 때는 신속히 전문기관에 검사를 의뢰하고, 감염된 경우에는 소각처분 하는 등의 대책이 필요하다.

표 2-3-4. 각종 감염증의 특징

감염증	특징·감염경로 등
레지오넬라증	레지오넬라속(屬) 균의 감염으로 인해 일어나는 병환으로, 레지오넬라폐렴과 폐렴이 되지 않는 자연치유형의 폰티악열병 등 두 가지 병형(病型)이 있다. 레지오넬라증의 주요한 감염원은 레지오넬라속 균이 서식하는 인공환경의 물에서 발생하는 에어로졸(작은 물방울) 등의 흡인(吸引)에 의한 기도(氣道) 감염이다.
장출혈성대장균 감염증 (O-157 등)	베로독소(verotoxin)[39]를 산출하는 장출혈성 대장균의 감염으로 인해 생기는 전신성(全身性) 증병으로, 불완전한 가열조리 식품, 깨끗이 씻지 않은 생야채·과일의 섭취 및 보균환자의 분변(糞便)으로 인한 직접 혹은 간접의 2차감염이 주를 이룬다.
풀(pool)열[인두결막열]	아데노바이러스(adenovirus)[40]가 접촉감염에 의해 사람 몸에 기생해 목의 통증, 결막염, 고열을 일으킨다. 수영장(pool)에서 감염이 퍼지기 때문에 '풀열'이라고 불리며, 주로 어린이에게서 나타나는 대표적인 급성 바이러스성 감염증이다.
신형독감	계절성 독감과 항원성(抗原性)이 크게 다른 인플루엔자다. 일반 국민은 면역을 갖고 있지 않기 때문에, 전국적으로 급속히 만연해 국민 생명 및 건강에 중대한 영향을 끼칠 위험이 있다고 인정된 것을 말한다.
앵무새병	원래 앵무새·잉꼬류의 질병인데, 조류에 폭넓은 감염성을 보인다. 사람의 감염원으로는 앵무새, 잉꼬, 문조(文鳥), 십자매, 카나리아 등이 있다. 작은 새로부터 병든 새 또는 보균 새의 분비물과 배설물에 포함된 병원체의 흡입에 의한 가벼운 기도 감염이 가장 많다. 사료를 입에 머금었다가 남의 입에 넣어줌으로써, 경구적(經口的)으로 물린 상처에 의해 피부로 전염하는 경우도 있다. 감염 후 약 1~2주간의 잠복기를 지나 돌연 고열, 오한, 두통, 전신 권태감 등 인플루엔자 같은 증상이 발생한다.
뎅기열	뎅기열은 열대줄무늬모기·한줄줄무늬 모기에 의해 매개되는 뎅기바이러스 감염증이다. 백신과 특별한 치료법은 존재하지 않고, 뎅기출혈열이라고 하는 심각한 병증을 나타내는 경우도 있다. 모기를 매개로 사람에게 전염해 발생하는 것이므로, 사람에서 사람으로 직접적인 감염은 없다.

감염증	특징·감염경로 등
중증열성혈소판 감소증후군(SFTS)	SFTS바이러스에 의해 일어나는 병으로, 이 바이러스를 보유하고 있는 참진드기에 물려 발생하는 감염증이다. 감염되면 참진드기에 물린 지 6일~2주 후에 발열, 권태감, 소화기 증상(식욕저하, 구토, 설사, 복통)이 나타나고, 중증인 경우는 사망에 이르기도 한다.
개선증	옴벌레가 피부에 기생해 생기는 피부병으로, 사람에서 사람으로 감염한다. 증상으로는 피부에 붉은 좁쌀 같은 증상(구진, 결절) 등이 생기며, 격심한 가려움을 동반한다. 공원에서는 야생 너구리 등의 동물이나 반려견을 매개로 사람에게 감염될 가능성이 있다.
웨스트나일열·뇌염	웨스트나일열은 독감과 같은 증상의 비교적 가벼운 병이다. 바이러스가 뇌에 감염되어 더욱 위중한 상태가 되는 것은 웨스트나일뇌염이라고 한다. 새의 체내에서 증가한 웨스트나일 바이러스가 모기를 매개로 사람에게 전염시켜 발생하는 것으로, 사람에서 사람으로 직접적인 감염은 없다.
조류독감	고병원성 조류독감은 닭과 집오리, 메추라기 등의 가축전염병이다. 감염된 새와의 접촉 등에 의해 사람에게 전염된 경우가 알려져 있으나, 그 가능성은 매우 낮다.
잉어 헤르페스바이러스	잉어 헤르페스바이러스 감염증은 참잉어·비단잉어에서 나타나는 것으로, 어린 잉어부터 다 자란 물고기까지 발생하며, 잉어 사망률이 높다. 인체에는 전혀 영향이 없다.

(2) 모래놀이터의 위생관리

공원의 모래놀이터에서는 개·고양이의 배설물에 의한 오염이 문제되어, 모래놀이터의 위생에 대한 관심이 높아지고 있다. 모래놀이터에서 감염이 걱정되는 것은 살모넬라균, 회충증, 톡소포자충증, 대장균성 설사증 등이 있다. 어느 것이든 모래놀이터 안에 들어온 개·고양이가 배설한 분뇨에 어린이가 접촉할 경우, 그 손을 통해 경구감염의 가능성이 있는 것으로 알려져 있다(표 2-3-5).

시트로 덮은 모래놀이터

개·고양이막이 펜스를 친 모래놀이터

표 2-3-5. 모래놀이터의 위생관리상 유의해야 할 감염증

감염증	증상
살모넬라증	구토·설사·발열·복통을 주된 증상으로 하는 급성위염부터, 수막염과 골수막염 등을 가져오는 것이 있다.
회충증	복통과 설사가 주된 증상이지만, 유아에게는 간장·뇌·눈에 장애를 미치는 경우가 있다.
톡소포자충증	임산부가 감염된 경우, 유산이나 태아에 선천적인 장애를 일으키기도 한다.
대장균성 설사증	복통과 설사가 주된 증상이다.

이들 감염증은 충분히 손을 씻으면 감염을 예방할 수 있다. 또한, 모래놀이터에 개·고양이가 들어가지 않도록 대책을 세우는 것도 예방책으로 효과가 있다. 기본적으로는 다음과 같은 예방책이 있다.

① 모래놀이터를 청소해 위생관리를 강화한다. 모래 표면과 모래 안에 있는 개·고양이 배설물과 쓰레기, 큰 돌, 유리 등 위험물을 제거하고, 모래놀이터를 청결하게 한다.

② 개·고양이의 침입을 막는 그물과 울타리로 모래놀이터를 두른다.

③ 직원들이 순찰·점검하고, 지역 이용자들의 요청을 기반으로 모래 교체 및 보충을 실시한다. 오염과 냄새가 심한 모래놀이터는 모래 교체와 고열처리, 항균모래 보충 등을 행한다. 다만, 열처리와 항균모래의 효과는 기능성에 문제가 있고, 비용 면에서도 검토가 필요하다.

④ 약제처리는 약제가 유아에 미치는 영향이 우려되므로, 별로 권장하지 않는다.

⑤ 간판 설치 및 원내(園內) 방송 등을 통해, 모래놀이터 이용자들이 놀이터 이용 후 손 씻기를 철저히 하도록 한다.

⑥ 공원의 모래놀이터를 청결한 상태로 유지하기 위해서, 반려동물 주인을 대상으로 금지 안내판을 설치해 모래놀이터 안으로 애완동물이 들어가지 않게 매너를 지키도록 한다.

31) 장벽(장애) 제거. 장애인이나 고령자도 사용하기 편하도록 장벽을 제거하는 일.
32) 그림문자, 픽토그램(pictogram). 어떤 정보와 주의를 나타내기 위해 표시하는 시각기호. 주로 철도역이나 공항 등 공공공간에서 사용한다. 문자로 표현하는 대신에 시각적 그림으로 표현하는 것으로, 언어 차이로 인해 제약받지 않고 정보를 전달할 수 있다. 여기에는 유니버설디자인의 이념이 들어 있다.
33) 인간 활동의 기본 공간인 도시의 기능에 근간이 되는 통신, 전력, 에너지, 상하수도, 운송 및 교통망 등 선 형태로 네트워크를 구성하는 사회기반시설을 통틀어 이르는 말.
34) 비등(沸騰)한 액체 표면에 생기는 찌꺼기, 더껑이. 버캐.
35) 플루오르카본(fluoro-carbon)와 클로로플루오르카본(chlorofluoro-carbon)의 일본식 관용명. 프레온은 상품명.
36) 가공삭도(架空索道)의 준말. 공중에 건너질러 놓은 쇠줄에 차량을 매달아 사람이나 짐을 나르는 설비. 가공(架空)케이블.
37) 리프트나 곤돌라, 엘리베이터 등에서 사람이나 물건을 싣는 부분.
38) 자로 재기 어려운 물체의 두께나 지름 따위를 재는 기구.
39) O-157 등의 병원성 대장균이 장 안에서 내는 독소.
40) 세계 어디서나 볼 수 있는 1군 바이러스. 상부 기도와 결막에 질병을 일으키고, 정상인에게도 잠복감염의 상태로 존재한다.

4. 청소

4-1. 청소의 목적

공원시설 이용환경의 쾌적함을 유지하기 위해서는 일상적·정기적인 청소가 필요하다. 청소는 시설의 청결과 미관을 유지하는 것뿐만 아니라, 재료의 노후화 원인을 제거하고 부식 등의 진행을 늦춰 성능을 유지하게 하는 등 중요한 역할을 한다.

4-2. 청소의 내용

청소에는 일상적으로 행하는 보행로와 광장, 식재지 등의 쓰레기, 낙엽, 빈 깡통 줍기를 중심으로 한 공원 청소, 공원 내에서 발생한 쓰레기의 수집 및 분별작업, 화장실·휴게소 등의 건물 청소, 혹은 정기적으로 행하는 연못과 수로, 분수 등의 공작물 청소가 있다.

청소는 공원의 입지환경과 이용상황 이외에 생물의 서식환경을 배려한 작업방법 및 내용을 선택하게 된다.

(1) 공원 청소

공원 청소는 광장과 보행로, 식재지, 벤치, 쓰레기통, 담배꽁초수거함이나 주변에 떨어진 쓰레기를 깨끗이 수거한 뒤 일정 장소로 운반해 처리하는 것으로, 보통 일상적으로 행하는 일이다.

주요 작업내용은 다음과 같다.

① 폐지, 빈 깡통, 빈 병 등 쓰레기 줍기
② 빗자루 등을 사용해 흙먼지, 마른 나뭇가지, 낙엽 등 제거
③ 배수 맨홀, 배수로(排水路)에 쌓인 낙엽 등 제거
④ 벤치, 야외 탁자, 표식 간판 등의 물기 제거
⑤ 쓰레기통, 담배꽁초수거함의 쓰레기 수집 등

(2) 쓰레기 처리

쓰레기 처리는 공원 내에서 발생한 쓰레기들을 소정의 장소로 수집·운반하고, 가연(可燃) 쓰레기, 불연(不燃) 쓰레기, 재활용 쓰레기, 음식물 쓰레기 등으로 분리수거한 뒤, 지정된 처리장으로 반출 및 처분하는 것이다.

공원 청소하는 모습

분리수거용 쓰레기통

(3) 건물 청소

건물 청소는 화장실과 휴게소 등 건물 안팎의 쓰레기를 남김없이 깨끗이 모아 일정 장소에 수집하고, 동시에 청결한 상태를 유지하고자 물걸레질과 세정작업을 하는 것이다.

보통 쓰레기통, 담배꽁초수거함 등의 쓰레기 수집 및 빗자루를 사용한 바닥먼지 제거, 부분적인 물청소·세정 등은 일상적으로 한다. 유리창 닦기와 바닥청소 및 왁스 도포 등은 정기적으로 한다.

건물 청소의 주요 작업내용은 다음과 같다.

① 화장실 청소

【일상청소】

- 변기·세면대 등 위생기구의 물청소 및 브러시(brush)를 사용한 세정
- 바닥면, 내벽, 천장, 부스(booth), 문짝, 그 외 창호(窓戶)의 물청소 및 브러시 세정
- 필요에 따라 조명기구 청소, 고가수조(高架水槽) 청소, 배수(排水) 막힘 청소
- 화장지, 손세정제 보충
- 방향제, 모기퇴치기 설치
- 오물 수거함, 기저귀 수거함 등의 쓰레기 회수 및 청소

【정기청소】

- 변기 특별청소
- 지붕 및 빗물받이에 쌓인 낙엽, 마른 가지, 수초(水草) 등 오염·이물질 제거
- 외벽, 처마 밑, 문짝, 창 등의 오염 제거 및 건물 주위에 쌓인 낙엽 및 마른 가지 제거
- 내벽·천장·바닥면·부스·문짝·창호·위생기구·조명기구 등의 오염 제거

② 휴게소·관리동 청소

【일상청소】

- 빗자루 등을 사용해 쓰레기·흙먼지 제거
- 바닥면·창·문짝·창호·기둥·벤치 등의 물걸레질 청소
- 책상·의자·칠판·창 등의 물걸레질 청소

【정기청소】

- 바닥청소기(polisher) 또는 스팀 세정 후 스퀴지(squeegee)[41]로 구정물 제거, 긴 자루 달린 물걸레로 청소, 왁스 도포, 닦기를 마친 바닥면 시트 청소, 타일·융단·창·방충망 등 실내 청소
- 지붕, 빗물받이에 쌓인 낙엽, 마른 가지, 수초 등 오물·이물질 제거
- 외벽, 처마 밑, 문짝, 창 등의 오염 제거 및 건물 주위에 쌓인 낙엽 및 마른 가지 제거
- 필요에 따라 외벽·내벽·천장·조명기구 청소

(4) 공작물 청소

공작물 청소는 연못과 수로, 분수, 물놀이장 등의 친수시설과 보행로, 광장의 포장면 등 공작물을 대상으로 고압세정기 등을 사용해 세정작업을 하는 것으로, 보통 정기적으로 이루어진다.

공원 이용자가 직접 물에 접촉하는 물놀이장은 특히 수질검사 등 위생관리를 하는 것이 중요하다. 또한, 연못 등에 사육하는 생물 등이 있을 경우, 생물을 배려한 보호관리가 중요하다.

공작물 청소의 주요 작업내용은 다음과 같다.

① 연못·분수·물놀이장 등의 세정

- 펌프를 정지하고 연못물을 빼낸 뒤, 쓰레기·이물질·오니(汚泥)를 제거하고 연못 바닥과 측면, 조경석(造景石) 등을

깨끗이 닦는다. 필요에 따라 약제나 고압세정기를 사용해 세정 및 브러시 작업

- 바닥·측면·조경석 등에서 나온 오염물을 소정의 장소에서 처리한 뒤, 연못에 물을 흐르게 하고 펌프를 시동

② 보행로·광장 포장면 등의 세정

- 수초, 토사 등으로 인한 오염이 현저한 부분을 브러시나 고압세정기를 사용해 세정작업

- 보행로, 광장, 배수 맨홀, 배수로의 토사 등을 제거

- 인터로킹(interlocking) 포장[42] 등의 틈에 자란 잡초 제거

고압세정기를 사용한 음수대 청소

인터로킹 포장의 잡초 제거

---

41) 바닥이나 창문 닦는 데 쓰는 고무 걸레
42) 보도(步道)나 광장 등에 사용하는, 콘크리트 블록을 짜 맞추는 도로 포장법

제3장
운영관리

1. 운영관리

1-1. 운영관리의 목적

　　도시공원은 시민에게 이용을 제공하는 '공공시설'이며, 「도시공원법」에서도 휴양, 유희, 운동, 교양 등 각종 공원이용을 상정한 공원시설이라고 정의되어 있다(「도시공원법」 제2조 제2항).

　　이처럼 공원이용을 제공하기 위한 공원관리 행위로는 도시공원의 이용환경 및 시설상황을 양호하게 제공하는 '유지관리'와 더불어 이용자를 대상으로 이루어지는 다양한 행위가 필요한데, 본 가이드북에서는 이것을 '운영관리'라고 한다.

　　'운영관리'는 법령관리 및 조직, 예산, 인사 등의 관리까지 포함하는 경우도 있으나, 이 장에서는 이용자에 대한 행위를 다룬다. 운영관리에는 다음과 같은 항목이 있다.

(1) 레크리에이션 장으로서 공원이용의 적극적인 지원
(2) 다양한 이용요구에 대해, 유연하고 적절히 대응하는 서비스·행사 등의 제공
(3) 공원이용을 촉진하고 만족도를 높이는 정보의 수·발신
(4) 다른 공원이용자 및 주변 주민과의 이해대립을 방지하는 이용조정
(5) 공원시설 이용에 더불어 생기는 안전확보의 도모: 제5장
(6) 시민참여·협동의 촉진: 제6장

　　과거의 공원관리는 도시공원을 보전의 관점에서 '이용규제'에 대한 색채가 강했다. 그러나 공원을 둘러싼 상황은 크게 변화하고 있으며, 다양한 이용요구에 대해 유연한 대응의 시점에서 운영관리의 방법과 운영관리체제의 확립이 요구되고 있다. 공원 사업효과의 평가항목으로는 많은 사람이 공원을 이용하는지, 이용자가 만족하는지가 있으며, 그 실현에 있어서도 공원관리 전반에서 운영관리에 대한 역할이 점점 중요해지고 있다.

　　위 범위 내의 항목 중 (5) 안전확보에 관해서는 제5장에서, 또 (6) 시민참여·협동의 촉진에 관해서는 제6장에서 자세히 다룬다.

이용 니즈에 응한 다양한 기획행사 등의 제공:
노르딕워킹(Nordic walking)

1-2. 운영관리의 내용

운영관리의 구체적인 내용으로는 공원이용에 관한 다음과 같은 행위를 들 수 있다.

관리는 단독으로 이루어지는 것이 아닌, 이용촉진·이용기회의 제공 등 구체적인 관리목적과 더불어 각각의 행위와 연동해 효과적으로 실시해야만 한다. 또한, 유지관리 부문과의 연계 및 때에 따라서는 공원정비와의 연계·조정도 고려해야 한다.

(1) 정보수집: 제2절

이용실태·이용만족도를 파악하기 위한 조사, 공원의 자연정보 및 이용자 데이터 등, 그 밖의 공원 관리정보, 공원관리 활용에 필요한 정보의 수집

(2) 정보 제공: 제3절

공원의 소재지나 접근방법, 공원 및 공원시설의 이용일시·이용방법·이용요금 등 기본 정보, 이벤트 개최 및 계절별로 볼 만한 장소와 개화(開花) 정보 등 이용에 동기가 되는 정보, 관리상 공지사항 등 공원 이용촉진 및 적정이용을 도모하는 정보의 제공

(3) 이용기회 제공: 제4절, 제5절, 제6절

이벤트 개최나 레크리에이션 등 프로그램 제공에 따른 공원 이용기회를 확대하기 위해 이루어지는 행위. 그리고 배리어프리의 추진 등 장애인이나 고령자 등을 포함해 모든 사람에게 공평하고 평등한 공원이용을 제공하기 위한 각종 서비스 행위

(4) 이용지도: 제7절

공원이용자가 안전하고 쾌적하며 적정하게 공원시설을 이용하도록 이용환경을 유지하고, 또한 공원시설을 양호하게 보전하려고 실시하는 행위

(5) 이용조정: 제8절

이용신청 접수 및 이용규칙 등을 제정해 이용 시 혼잡을 방지하고, 쾌적한 이용조건을 정비하는 행위 및 이용자 간, 이용자와 주변 주민, 이용자와 관리자 간 등 이해가 대립하는 행위의 조정

(6) 공원시설의 운영: 제9절

위에서 기술한 것처럼, 공원 전체에서 이루어지는 행위 이외에 특정한 공원시설에는 고유의 운영업무가 있다. 그 예로는 다음과 같은 것을 들 수 있다.

① 운동시설: 예약 접수, 운동기구 제공, 안전·위생관리(수영장 등), 새벽·야간관리, 강좌 운영, 지도자 배치, 프로그램 개발, 이벤트 실시, 홍보 등

② 캠프장, 바비큐 광장: 예약 접수, 식재료·취사도구 제공, 쓰레기 처리, 안전·위생관리, 야간관리, 체험프로그램 운영, 홍보 등

③ 매점, 음식점: 접객, 상품관리, 안전·위생관리 등

④ 주차장, 자전거 대여: 요금 징수, 안전관리 등

⑤ 도시녹화식물원·식물원: 이용 접수, 식물상담 접수, 강좌 개최, 해설·안내, 식물정보 수집 등

⑥ 동물원, 수족관: 사육, 이용 접수, 강좌 개최, 해설·안내, 정보 수집 등

2. 정보수집

2-1. 정보수집의 목적과 내용

적절한 공원관리를 위해 공원관리 현장에서도 다양한 정보수집이 적극적으로 이루어지고 있다.

정보수집은 공원이용 실태나 이용자의 공원시설 및 관리에 관한 의견이나 평가를 파악하고, 관리이력이나 관련된 것들을 축적해 향후 공원의 유지관리나 운영관리, 나아가서는 재정비 및 신규계획 등에도 반영하려 실시한다.

또한, 정보수집은 정보제공만큼 중요하므로, 질 높은 정보를 축적하는 것이 적절한 정보제공과 이용자가 원하는 정보제공으로 연결된다.

공원관리에 필요한 정보로는 <표 3-2-1>과 같은 것이 있다.

표 3-2-1. 수집할 필요가 있는 공원정보의 종류

종류	내용
이용정보	• 공원의 이용실태: 이용자층, 이용형태, 이용장소, 교통수단 등 • 이용 니즈: 공원 전반, 시설, 정보에 관한 요구, 관리요망 등 • 이용 평가: 요구, 민원, 아이디어 등
관리정보	• 유지관리: 유지관리 이력, 공원시설, 동식물 정보 등 • 운영관리: 이벤트 개최 및 홍보 등의 이력, 시민참여 및 자원봉사자 등의 활동정보, 사건·사고의 발생 등 • 관리체제: 관리체계, 관리조직, 행정정보 등
정비정보	• 공원정보: 공원조성 전의 토지이용 상황, 개원(開園) 면적, 향후 정비예정 등 • 시설정보: 특수관리시설 등의 제원, 내용 등
주변환경정보	• 기상 및 재해에 관한 정보: 태풍, 벼락, 지진, 해일 발생 등 • 교통기관, 도로상황 • 주변시설
참고정보	• 다른 지방자치단체와의 관계: 신규 사례, 운영관리 데이터, 조사결과 등 • 다른 부서와의 관계: 도시계획, 기획, 복지, 환경, 학교교육, 문화재, 관광 등 • 사회동향: 레크리에이션 전반, 시민참여 전반, 환경, 복지, 국제화 등

이용정보는 이용실태 및 공원에 관한 니즈를 파악해 그에 알맞은 서비스 제공과 유료시설 등 공원이용 활성화를 위해 활용하는 것뿐만 아니라, 공원사업의 평가 시 평가지표가 되는 등 그 중요도가 크다.

관리정보는 시설이나 관리이력을 계획적으로 유지관리를 하는 데 활용하거나, 사건·사고의 정보를 관련 행정기관 등과 공유해 적절한 안전관리에 활용하는 등, 수집·축적된 정보의 활용이 중요하다.

또한, 다양한 형태로 들어오는 정보를 데이터로 기록하고 정리·분석해 활용가능한 정보로 만들 수 있다. 예를 들면, 공원에 대한 민원이나 요청을 그 자체로 한정해 대응하고 끝내는 것이 아니라 그 내용이나 대응을 기록해 정리하고 분석하면, 향후 관리운영에 활용할 중요한 정보가 된다. 이것은 식물관리의 이력이나 사고 등도 마찬가지다.

게다가 다른 지자체나 공원 이외의 곳에서도 중요한 정보가 된다. 선진적인 이용서비스의 제공, 시민참여 등의 체계, 환경학습 진행을 위한 학교단체와의 연계 등 사례정보 및 지역 관광객 방문에 관한 데이터, 이용률 및 요금체계 등의 수치 데이터 등, 이와 같은 정보를 수집할 때는 PC나 스마트폰 등을 사용한 정보·커뮤니케이션 툴(tool)을 적극적으로 활용해야 한다.

2-2. 정보수집 방법

　공원정보 중에서도 이용정보는 관리와 직결되는 필요불가결한 정보이면서도 공원관리자가 적극적으로 수집하지 않으면 입수하기 어려운 정보다. 지금부터는 이용정보의 수집방법을 설명한다.

　이용정보 수집의 주요 방법에는 다음과 같은 것이 있으나 각기 장단점이 있으니, 이 점에 주의해 적절한 방법을 사용해야 한다(표 3-2-2). 또한, 최근에는 네트워크 환경과 통신기술 발달에 따라 외국인 이용자의 증가도 보이기 때문에, 새로운 방법이나 외국인을 대상으로 하는 조사 도입의 검토도 필요하다.

표 3-2-2. 이용정보의 수집방법

방법	내용 및 이점	유의점
공원이용자 설문지 조사	•방문자 속성(성별, 연령, 거주지 등) 및 공원에서의 활동내용, 공원 평가 및 요청사항, 만족도 등을 질문. 특정시설에서는 창구 등에 항시 비치해 놓는 방법도 있음 •보통 설문지로 조사표를 작성해 실시하는 경우가 많음	•조사원이 배포 및 청취를 할 경우, 표본추출에 유의 •조사결과를 정리할 때는 공원 방문자로 한정된 의견이라는 점에 유의
공원이용자 계수 (計數) 조사	•공원 현장에서 조사원이 눈으로 헤아려서 출입상황 및 머무르는 이용자 수를 파악하는 조사 •공원의 주요 출입구에 조사원 배치만으로 파악이 가능 •위의 두 방법을 통해, 눈으로 보고 이용형태 및 방문자층을 파악할 수도 있음	•이용자 수를 파악할 최소한의 조사개소 수 및 조사시간, 계절, 요일(평일, 휴일)을 설정할 필요가 있음 •이용형태까지 파악하려면 조사가 커져 비용이나 준비사항 등 부담이 커짐 •스마트폰 등 기기를 활용해 조사 가능
공원에 대한 시민의향 조사	•공원이용 유무를 질문하지 말고, 불특정다수의 시민에게 조사를 실시 •무작위 추출에 의한 객관적 데이터를 얻을 수 있음 •장애인 및 학교단체 등 대상층을 좁혀서 조사를 실시	•표본작업이나 우편발송, 전화, 방문 등을 실시하는 데 시간이 걸림
모니터 조사	•공원모니터 및 시민모니터제도를 이용한 조사 •특정항목에 관해 상세조사를 간편하게 실시	•모니터에 응모하는 사람은 문제의식이 높으며, 조사에 익숙해진 경우가 있으므로, 응답 시 답변이 편중될 가능성이 있음
인터넷으로 의견수집 설문	•인터넷을 활용한 조사로 비교적 간편 •등록된 모니터를 대상으로 하는 경우와 불특정다수를 대상으로 하는 경우가 있음 •아이디어 및 의견모집에 관해서는 간편성과 정보범위(광역성) 면에서 우수한 방법	•인터넷 이용자층이 편중될 수 있으므로, 표본도 편중이 발생할 수 있음 •투표수로 평가하는 설문지에서는 개인이나 단체의 대량투표 우려도 있음 •조사전문업체에 의뢰하는 경우가 많음
불만·요청 접수	•특별한 노력 없이도 불만(민원)과 요청사항을 모을 수 있으나, 적극 대응하고자 공원 출입구 및 관리창구에 의견함을 설치하는 사례도 있음 •투서뿐만 아니라 전화, 이메일, 구두(口頭) 등의 다양한 방법으로 정보수집 가능	•요구·민원에 대해서 내용별로 건수와 대응상황 등을 정리해, 데이터화하여 활용하기 쉽게 함 •요청과 회답을 게시하는 등, 공원관리자와 시민이 정보를 공유해 관리운영에 반영
공원회의 등 개최	•전문가 간담회, 주민자치회 대상의 공청회, 공원관리 참여자 그룹의 정기모임 개최 등	•회의 등을 기획해서 개최하기까지 준비와 조정 등이 필요

대면청취에 의한 설문조사

　　정보수집 방법으로는 공원 내에서 하는 '공원이용자 설문조사', '공원이용자 수 집계조사'가 대표적이며, '공원에 대한 시민의향 조사', '인터넷 의견수집 및 설문', '시민의향 등을 묻는 공청회·설명회 등 개최'를 실시하는 경우도 볼 수 있다.

　　'공원이용자 설문조사'는 작성한 조사표를 바탕으로 조사원이 면접하거나 청취 또는 이용자가 직접 기술하는 방식으로 의견을 수집한다. 이용의향에 대해 전반적으로 질문하는 것 이외에 행사 평가, 유료시설 만족도, 반려견 산책 등과 같은 특정 주제에 대해서 질문하는 사례도 많다.

　　'공원이용자 수 집계조사'는 공원을 드나들거나 공원에 머무르는 이용자 수를 눈으로 헤아려 파악하는 조사다. 이용자 수나 주차장의 이용상황 등을 근거로 연간 공원이용자 수를 미루어 계산하는 곳도 많다. 비용 대비효과의 검증이나 유료시설의 활성화 등을 위해 실시하는 사례도 있다.

　　'공원에 대한 시민의향 조사'는 행정시설과 행정서비스 전반에 대해 질문하거나, 녹지기본계획을 책정할 때 필요에 따라 실시하기도 한다.

　　'시민의향 등을 묻는 공청회·설명회 등의 개최'는 공원을 새로 만들거나 리뉴얼(renewal)할 때 실시한다. '모니터조사'는 녹지기본계획 책정 등 공원·녹지행정 전반에 대해 의견수렴을 할 때 실시하는 곳도 있다.

　　'인터넷 의견수집 및 설문'은 조사원 확보가 필요 없어 비교적 간편하게 시도할 수 있는 조사이나, 대상의 편중이 발생할 우려가 있으므로 유의해야 한다. 공원 전반에 대한 폭넓은 의견을 조사하거나 '공원시설의 명칭 공모', '애견운동장에 관한 의견수집' 등 특정 주제에 관한 의견수집의 사례도 있다.

　　단, 관리자가 상주하는 공원의 경우에는 이용실태 조사 등의 실시에 의존하지 않아도 관리자의 일상적인 관심이 무엇보다 잦은 정보수집의 기회가 된다. 관리자 조직 내에서 업무를 분담하지 않더라도, 스태프는 각자 공원관리에 연계된 일원으로서 정보수집에 노력하고 그 정보를 집약함으로써, 향후 관리운영 개선에 활용할 수 있도록 노력해야 한다.

　　「2012년도 공원관리 실태조사」에서 '공원이용자 설문조사'의 실태조사에 따르면, 지정관리자제도의 도입 이후 이행된 업무에 대해 이행확인(모니터링)이 필수였으며, 모니터링의 일환으로 설문을 통해 이용자 만족도조사를 실시하고 있는 지방자치단체도 있다. 지정관리자제도를 도입한 지방자치단체 가운데 66.0%가 이용자 만족도조사를 실시하고 있으며, 33.3%는 그렇지 않다고 답하였다. 실시 주기는 '연 1회 실시'가 26.7%로 가장 많았다(그림 3-2-1).

그림 3-2-1. 이용자 만족도조사의 실시상황

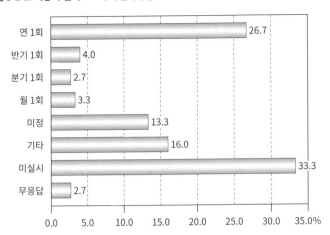

※ "지정관리자를 도입했다."라고 응답한 지방자치단체 150곳을 모수(母數)로 한 구성비(%), 복수응답
출처:「2012년도 공원관리 실태조사(平成24年度公園管理実態調査)」

　　또한, 설문조사 항목에서 질문한 것으로는 방문자 속성 및 공원방문 빈도, 의견·요청 등에 대한 응답이 있었으며, 특히 만족도 파악에 관해서 대표적인 것은 다음과 같다.

- 종합적인 인상이나 만족도
- 접객 및 안내 등의 서비스 상황
- 식물 및 시설의 미관·기능
- 청결도
- 안전·안심
- 이용조건
- 시설의 충실도

정보통신기술을 활용한 공원관리 -POSA 시스템-

(개요)
개발자: 일반사단법인 일본공원녹지협회

1. 도입 내용

(1) 시스템 개발의 배경

(일사)일본공원녹지협회는 점차 복잡·다양화하는 공원관리 업무를 효율적·효과적으로 실시함으로써 일정 서비스 수준을 유지하는 한편, 보다 고도의 이용자서비스를 목표로 한 공원관리정보 매니지먼트서비스로서 고도정보화기술 도입에 따른 다양한 공원관리정보를 종합적으로 활용할 수 있는 'POSA(포사) 시스템'을 개발했다.

'POSA 시스템'은 국토교통성의 신기술정보제공시스템 NETIS에 '공물관리정보 매니지먼트시스템'으로 등록되어 있다 [NETIS 등록번호: KK-110022-A(2011.11.)].

(2) 시스템의 특징

POSA 시스템은 도시공원대장 및 관리시설대장을 미리 저장하여, 공원관리 현장에서 매일 겹치는 보수나 개축 등의 유지관리 정보, 민원처리 등의 서비스관리 정보를 일원화해 공원관리와 관계된 사람들이 언제나 최신 정보를 공유할 수 있는 인터넷형(SssS형)의 공원정보 매니지먼트시스템이다.

직영으로 관리하는 공원이 많은 지방자치단체에서는 공원별·시설별 관리정보를 정리·검색이 가능하며, 민원대책 등을 공유함으로써 서비스 수준을 유지할 수 있는 장점이 있다. 복수의 지정관리공원이 있는 지방자치단체에서는 관리에 관한 정보를 효율적으로 수집하고 정리할 수 있으며, 향후 관리운영계획의 책정에 도움이 되는 장점이 있다. 한편 지정관리자는 작업보고서를 자동으로 작성하고, 입력한 데이터의 분석에 의한 관리작업의 평준화·집중화로 업무효율을 높일 수 있다.

2. 성과

2016년 4월 현재 지방자치단체 9곳, 지정관리자 2개 단체에서 이 시스템을 도입해 운영하고 있다.

시스템의 기능도

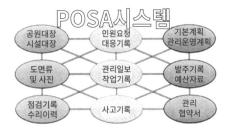

PC 조작화면

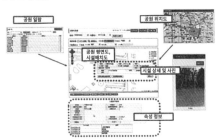

그림 제공: (일사)일본공원녹지협회

2-3. 정보수집의 구체적인 추진방법

공원 이용실태 조사 중 하나인 '공원이용자 설문조사'와 '공원이용자 수 집계조사'의 순서는 다음과 같다.

(1) 공원이용자 설문조사

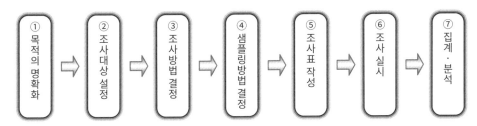

① 목적의 명확화 ② 조사대상 설정 ③ 조사방법 결정 ④ 샘플링방법 결정 ⑤ 조사표 작성 ⑥ 조사 실시 ⑦ 집계·분석

① 목적의 명확화
- 공원이용자 설문조사는 공원 정비 및 관리에 관한 의향을 폭넓게 얻으려 실시하기도 하지만, 새로운 공원정비에 대한 의향 및 관리운영의 검토를 위한 의향을 파악하려 실시하기도 한다. 시설이용 활성화에 대해서도 기초자료 수집의 일환으로 실시하는 경우도 있다. 또한, 행사를 평가하는 설문조사를 실시하는 경우도 있다.

② 조사대상 설정
- 조사목적에 따라 조사대상을 주변에 거주하는 주민으로 한정할 수도 있지만, 특정 공원·시설 이용자로 할 것인지 또는 초등학생, 장애인, 공원자원봉사자 등으로 한정지어 조사할 것인지를 결정한다.

③ 조사방법 결정
- 주민을 대상으로 한 설문조사는 보통 우편을 이용해 배포·회수하는 방법을 쓴다. 공원을 방문하는 사람에게 직접 조사를 실시할 경우 시설이나 창구에서 조사표를 배포하기도 하지만, 조사원이 직접 청취하거나 대면하는 방식을 쓰기도 한다. 각기 방법에 따라 장단점이 있으므로, 조사목적에 따라 사용한다.

④ 샘플링방법 결정
- 신뢰도 높은 객관적인 데이터를 얻기 위해 목표치를 정한다. 도시공원 등에서 보통 실시하는 설문조사에서는 신뢰도와 오차율의 관계를 감안해 표본 수를 정하도록 하고 있다. 우편에 의한 배포·회수에서 소정의 표본 수를 얻으려면, 다른 조사결과 등을 통해 회수율을 상정해 배포 수를 결정해야 한다.
- 표본 수의 추출방법은 불특정 다수의 의향을 파악하기 위한 추출에서 층화무작위추출(層化無作爲抽出) 등의 방법이 사용된다. 이는 연령계층, 주거지역 등 어느 정도 계층을 설정해 각 층에서 일정 수가 선정되도록 각 계층에 대해 무작위로 추출하는 방법이다.
- 공원 현장에서 실시하는 설문조사에서도 표본추출은 중요하다. 회답 얻기 쉬운 것으로 조사대상을 선정하면 답변이 편중되어 결과적으로 객관적 데이터가 되지 않기 때문에, 다양한 계층에서 회답을 얻도록 노력해야 한다.

⑤ 조사표 작성
- 조사표 항목을 결정할 때는 분량을 어느 정도로 할 것인가를 검토한다. 이것은 조사방법에 따라 크게 달라진다. 공원이나 시설에 조사표를 비치할 경우, 방문자가 쉽게 기입할 수 있는 한도는 A4용지 1매 정도. 조사원을 통한 면접방식으로 할 경우에는 약간 분량을 늘릴 수 있으나, 설문내용을 고려해 인터뷰에 긴 시간이 필요한 양은 피하는 것이 좋다. 우편에 의한 배포·회수에서는 기입하는 데 비교적 시간이 걸리므로, 어느 정도 분량을 늘리는 것도 가능하다.
- 다음으로는 설문항목을 작성한다. 공원이용자 설문에서 조사항목은 일반적으로 네 가지 유형으로 구분할 수 있다.
- 이용실태 파악: 방문횟수, 이용시설, 활동형태, 머무는 시간 등
- 이용의향 파악: 방문목적, 시설 평가, 정비 요청, 관리 요청, 재방문 의향 등

- 이용자속성 파악: 성별, 연령, 거주지, 단체의 형태, 교통수단 등

- 이용자만족도 파악: 종합적인 인상, 미관, 청결, 안전·안심, 접객 등

• 또한, 과거에 실시한 조사 및 유사시설에서 이루어진 조사 등을 검토하면 비슷한 설문을 설계할 때 비교해볼 수 있으므로, 다른 조사방법을 참고할 필요가 있다.

⑥ 조사 실시

• 현장에서 실시하는 설문조사는 날짜와 시간을 정하는 일이 중요하며, 기후로 인해 연기될 수 있으므로 이에 대한 대응을 유연하게 해야 한다.

⑦ 집계·분석

• 각 시설 간 단순집계 이외에 응답자 속성에 따른 교차집계는 일반적으로 실시되고 있다. 그 밖의 예를 들면, 방문목적과 머무는 시간의 관계, 방문횟수와 시설의 평가관계 등 주요한 설문 간에 교차집계를 실시하는 것도 분석에 참고가 된다. 이러한 분석은 공원 정비나 관리의 특성을 바탕으로, 또는 과거의 조사결과 등도 참고하면서 실시한다.

• 또한, 조사결과를 응답자와 일반 시민에게 적극적으로 공개하게 되면, 다음 기회의 조사에도 기여하게 된다. 공개하는 방법은 홈페이지 게재, 소책자 제작, 팸플릿 인쇄·배포 등이 있으며, 요점 요약이나 도표 제시 등을 통해 내용을 이해하기 쉽도록 배려해야 한다.

(2) 공원이용자 수 집계 조사

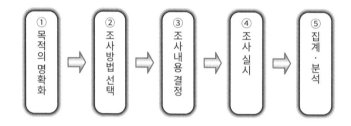

① 목적의 명확화

• 공원의 관리운영을 생각할 때, 기초가 되는 이용자 수를 파악하기 위해 실시한다. 공원정비에서 비용대비 효과의 검증, 연간 이용자를 추산하기 위한 산정방법의 검토, 개별 시설의 이용촉진계획 작성의 근거데이터 집계 등, 특정 목적으로 실시하는 것도 있다.

② 조사방법 선택

• 공원 출입구에 조사원을 배치해 통과하는 모든 사람 또는 나가는 사람을 파악하는 방법이 일반적이다. 순찰관리자가 상주하는 공원에서는 일정 시간마다 눈으로 관찰해 조사하는 방법도 있다. 또한, 공원이용자 대부분이 자동차를 이용하는 공원에서는 주차장 이용상황을 조사해 그것을 이용자 수로 하는 경우도 있다.

③ 조사내용 결정

• 다음과 같은 항목을 상세히 결정하여 조사에 필요한 인원 및 조사표 등을 준비한다.

- 조사 시기: 어느 계절에 하는 것이 적당한가, 연간 몇 회로 할 것인가, 휴일·평일 또는 둘 다 할 것인가

- 조사 시간대: 이른 아침이나 야간 이용자까지 파악할 것인가

- 계수 방법: 총 수만 셀 것인가, 시간(1시간, 30분 단위 등)을 구분해 셀 것인가, 이용자속성(성별, 연령계층, 단체형태, 교통수단 등)까지 파악할 것인가

• 이와 같은 상세한 조사내용은 조사목적이나 대상 공원의 정비 및 관리특성을 바탕으로 결정하지만, 대규모 조사에서는 예비조사를 실시한 다음에 결정하는 방법도 있다.

④ 조사 실시

• 우천 시나 악천후(惡天候)에는 데이터를 얻을 수 없으므로, 조사를 연기하거나 대체하는 것을 고려해 봐야 하며, 대규모 이벤트가 있는 날처럼 특별한 날은 피한다.

⑤ 집계·분석

• 집계 소프트웨어를 사용해 집계하고, 조사목적을 바탕으로 과거 조사와 비교 및 유사시설과의 비교, 다른 데이터도 활용하면서 분석을 진행한다.

3. 정보제공

3-1. 정보제공의 목적

도시공원에서 정보제공은 시민 이용을 위한 기본정보를 제공하고, 공원의 인지도를 높여 시설을 유효하게 이용하거나 이용을 촉진하는 것이다. 구체적인 방법과 유의점은 다음과 같다.

(1) 방법

① 이용기회의 폭을 넓혀 공평하게 모든 사람이 이용하도록 공원의 존재나 내용, 이용절차 등을 안내한다.

② 공원 내 활동이 안전하고 쾌적하게 이루어지도록 이용상 주의점 및 규제 등을 주지시킨다.

③ 놀거나 즐기는 방법을 전달해 이용자의 만족도를 높인다.

(2) 유의점

① 공원의 의의, 정비·관리방침, 내용, 향후 계획 공지 등의 행정 홍보로 공원의 이해를 돕도록 한다.

② 공원을 둘러싼 이해관계를 원활히 하는 것을 목적으로 하여, 공원 이미지가 향상되도록 여러 관계자에게 공원사업에 대한 이해와 동의를 얻도록 한다.

③ 정보제공의 대상은 공원이용자와 공원의 잠재이용자, 공원행정의 이해자인 지역 주민, 기업 시민, 행정직원, 그 밖의 폭넓은 협력자를 포함한다.

④ 정보제공을 통해 행정에서 실시하는 사업·활동에 대한 필요성, 목적, 방법 및 성과에 대한 객관적인 정보를 시민에게 명확하게 제공해 책임을 다한다.

⑤ 사후 정보공개뿐만 아니라 검토단계에서 정책결정의 과정이나 근거, 예상되는 위험, 목표 및 성과 등 시민에게 필요한 사항을 시기적절하게 설명하는 것이 필요하다.

⑥ 시민이 필요한 정보를 얻음으로써 시민이 스스로 판단하도록 정보를 공유해야 한다.

정보제공의 또 하나의 역할은 방문자가 자연스럽게 공원이용을 하도록 돕는 것이다. 이를 위해서는 공원 내에 안내서나 팸플릿 등을 마련하거나 안내판, 표식 등 사인(sign) 계획이 중요하다. 여기에서는 공원의 인지도를 높여 이용촉진을 꾀하는 방책을 중심으로 기술하도록 한다.

3-2. 제공하는 공원정보의 종류

일반적으로 도시공원과 관련해 이용자에게 제공되는 정보에는 <표 3-3-1>과 같은 종류가 있다. 그 밖에 '○○시의 도시공원'이라는 명칭으로 공원의 정비·계획상황 등에 대해 일람표 형식으로 정리한 자료 등도 잘 작성되어 있다. 또한, 최근에는 해외 관광객의 증가에 따라 영어와 중국어 등 다국어로 정보를 제공하는 것도 유의해야 한다.

「2013년도 공원관리 실태조사」에 따르면, 제공하는 공원정보의 내용은 '시설소개 및 이용안내', '공원의 위치, 교통편'과 같은 기본 정보가 공원 전반이나 일부 공원에서도 높은 비중을 차지하고 있다. 공원 종류별로 보면, 종합공원이나 운동공원에서 공원의 기본 정보 및 행사 등의 정보제공이 잘 이루어지고 있다(표 3-3-2).

표 3-3-1. 제공하는 공원정보의 종류

정보의 종류	목적
공원 이용 안내	• 공원 내 시설배치, 보행로, 다목적화장실의 위치, 배리어프리에 관한 정보 등을 방문자에게 알기 쉽게 전달
공원 시설 안내	• 공원 설치경위, 각 운동시설·전시시설 등의 시설내용이나 이용방법, 공원 주변시설 소개
공원 교통 안내	• 공원 위치, 도로·교통 조건, 주차장 상황 등을 전달
공원 행사 안내	• 행사 일시와 내용 등을 전달
이용프로그램 안내	• 프로그램 일시, 내용, 참가조건 등을 전달
공원 볼거리 안내	• 개화 및 단풍 시기, 반딧불이 등 동식물을 볼 만한 시기 소개
이용접수 안내	• 스포츠시설 등 이용접수 시스템이나 예약정보 등 소개
시민활동 등 소개	• 공원자원봉사활동의 소개 및 참가모집 등 안내
금지사항 등 전달	• 공원 이용규칙이나 금지사항 등 전달
긴급 안내	• 휴원이나 개원 시간 변경, 일시적인 이용 금지구역 등 전달

표 3-3-2. 공원에서 제공하는 정보내용

정보내용		가구공원	근린공원	지구공원	종합공원	운동공원	특수공원	광역공원
공원 위치, 교통편	과반	36.7	48.1	56.4	75.7	76.1	55.0	83.6
	일부	8.7	12.1	11.2	6.3	1.9	10.6	3.6
시설소개 및 이용안내	과반	19.3	32.7	41.9	66.7	69.2	41.9	81.8
	일부	11.6	15.9	14.0	7.9	3.1	14.4	1.8
공원 행사	과반	2.9	8.9	17.3	51.3	47.8	20.6	76.4
	일부	6.3	11.2	14.5	9.0	3.1	8.8	5.5
개화, 단풍 시기의 볼거리	과반	3.4	6.5	12.3	36.0	17.0	22.5	50.9
	일부	7.7	12.6	15.1	13.2	4.4	13.1	16.4
스포츠시설의 예약정보	과반	2.4	9.3	15.6	31.2	52.8	5.6	56.4
	일부	1.4	8.4	7.8	9.0	5.0	3.1	12.7
공원자원봉사자 등 활동내용	과반	5.3	4.2	6.1	14.3	10.7	9.4	38.2
	일부	4.8	4.2	3.9	6.3	2.5	5.0	12.7
신규 개원 및 시설정비	과반	11.1	9.8	11.2	21.7	23.9	11.9	36.4
	일부	2.9	6.5	3.9	3.2	2.5	5.0	5.5

※ 응답한 지방자치단체 중 해당 종류의 공원이 조성된 지방자치단체 수를 모수로 한 구성비(%), 복수응답
※ 위 칸의 '과반'은 50% 이상의 공원에서 실시, 아래 칸의 '일부'는 1~3곳의 공원에서 실시
출처: 「2015년도 공원관리 실태조사(平成27年度公園管理実態調査)」

3-3. 정보제공 방법

(1) 정보제공 방법

정보제공 방법은 이용하는 매체에 따라 <표 3-3-3>처럼 팸플릿·포스터·신문 등의 인쇄물, TV·전화·인터넷 등의 전자매체, 기타로 구분할 수 있다.

또한, 공원관리자의 노력에 따라 공원 팸플릿 등 자체 매체를 이용하거나, 신문·TV 등 유료 매체의 구입, 기자발표회 등 홍보활동, 다른 부서와 연계한 행정정보 발신 등의 방법이 있다.

이와 같은 정보제공은 지역공원 공통으로, 또는 공원별·시설별로 행할 수 있다. 실시할 때는 공원 규모나 시설내용, 제공 정보의 종류, 정보제공 대상 및 범위 등에 따라 각기 적합한 수단과 방법을 선택해야 한다.

「2015년도 공원관리 실태조사」의 결과에 드러난 공원관리에서 이루어진 정보제공 방법을 살펴보면, 대부분의 공원에서 채택된 수단으로는 '홈페이지, SNS 등 인터넷 이용'이 66.7%로 단연 높다. 다음으로는 '공원 팸플릿, 이용가이드 등 작성·배포'와 '지방자치단체 홍보지에 게재'가 20%대다. 특정 공원에서 실시한 것으로 한정해 보면 '공원 팸플릿, 이용가이드 등 작성·배포'와 '지방자치단체 홍보지에 게재'의 비율이 높으며, 약 30%의 지방자치단체에서 실시하고 있었다.

표 3-3-3. 정보제공의 분류

분류	인쇄물	전파·전자매체	기타
자체 매체	팸플릿, 광고지, 전단·포스터, 가이드북, (공원)정보지, 뉴스레터, 우편광고물(DM)	공원 내 방송, 전화서비스, 팩스서비스, 디지털 옥외광고(digital signage), 공원 홈페이지, 이메일, SNS(트위터, 페이스북 등)	입간판, 게시판, 점자안내판, 사인, 안내표식, 심벌마크, 로고, 캐릭터
구입 매체 (유료 홍보)	신문, 잡지, 미니코미지(ミニコミ誌)[43], 타운지(지역생활정보지)	TV, 라디오	교통광고(차내 게재, 역 앞 게재 등)
언론 홍보 (publicity)	신문, 잡지, 미니코미지, 타운지	TV, 라디오	기자발표·취재대응(언론 홍보 활동), 교통광고(차내 게재, 역 앞 게재 등)
연계 발신	지방자치단체 홍보지, 관광 팸플릿	지방자치단체 홈페이지	관광안내판, 교통광고(기초자치단체 운영 교통), 관광 캠페인

그림 3-3-1. 정보제공 방법

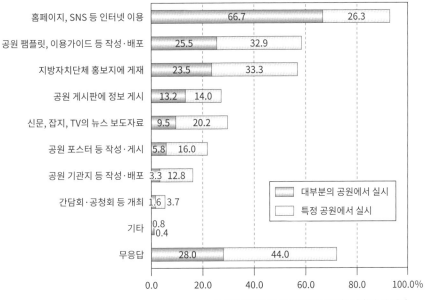

※ 응답한 지방자치단체 243곳을 모수로 한 구성비(%), 복수응답
출처: 「2015년도 공원관리 실태조사」

(2) 정보제공의 구체적인 추진방법

정보제공의 추진방법은 다음의 흐름에 따라 설명한다.

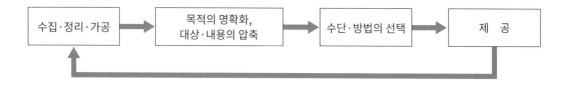

① 제공정보의 수집·정리·가공

• 정보발신을 위해서는, 공원 이용실태·이용니즈·이용평가(요구, 불만 등)의 '이용정보', 공원시설 및 자연 정보, 행사 정보, 자원봉사자 활동 정보 등 '관리정보', 공원 및 시설의 '정비정보', '주변환경정보' 등 광범위한 최신 정보를 수집해서 이러한 것들을 정확하게 발신하기 위해 정리할 필요가 있다.

• 이용자가 필요로 하는 정보를 정확하게 발신하기 위해서는 정보의 니즈 파악이 중요하다. 일반적으로 공원이용자가 원하는 정보로는 다음과 같은 종류가 있다('3-2. 제공하는 공원정보의 종류' 참고).

- 공원 교통편 안내: 공원 위치 및 교통조건 등
- 이용접수 안내: 시설 이용요금 및 이용조건, 미예약 상황 등
- 공원행사 안내: 행사 개최 등

• 또한, 영유아 동반이나 장애인 이용을 위한 정보 등 다음과 같은 상세 정보도 원하고 있다.

- 식당·매점 및 도시락 먹을 장소의 유무
- 기저귀 교체, 수유 공간의 유무
- 애완동물 동반 조건
- 화장실 개수 및 설비내용
- 배리어프리 시설의 정비상황
- 휠체어 대여, 가이드 자원봉사자의 배치 유무

• 이 같은 정보는 막연히 레크리에이션 정보를 찾는 광범위한 사람을 대상으로 한다. 어느 특정 시설을 이용하고픈 사람이나 공원 재방문자는 이와는 다른 별도의 니즈가 있는데, 최근 공원 내 볼거리 정보나 공원에서 벌어지는 각종 그룹활동 정보를 필요로 한다. 또한, 공원 규모나 종별, 시설내용에 따라서도 정보의 니즈는 크게 달라진다.

• 이용정보에 관한 니즈는 대상이나 이용단계에 따라 필요한 정보가 다르다는 점에 유의하고, 각각의 니즈에 대응해 제공하는 정보를 정리·가공한다.

② 목적의 명확화, 대상·내용의 압축

• 개별적인 정보제공에는 각기 구체적인 목적이 있다. 무엇 때문에 정보를 제공하는지 명확히 하고, 그에 따라서 누구에게 어떤 내용의 정보를 전달할 것인가를 결정한다.

• 예를 들어 행사 개최정보에는 집객을 목적으로 하는 것이 많으나, 그 외에 행사를 통한 공원 홍보가 목적인 경우도 있고, 그 행사가 시민참여 활동의 모집기회가 되는 경우도 있다. 이와 같이 개별 목적에 대응해서 불특정 다수, 이웃 주민, 초·중·고등학생 등 정보제공의 대상을 압축해서 고지하는 내용도 정하게 된다.

③ 수단·방법의 선택

• 정보제공의 방법은 인쇄물, 전자매체, 간판·게시판 이용 등 다양하며, 목적이나 대상에 따라 구분할 수 있다. 특히 불특정 다수에게 광범위한 정보를 제공할 것인지, 특정 대상에게 상세한 정보를 제공할 것인지에 따라 각기 적합한 수단이 있다. 다음에서 각각의 특징을 살펴본다.

- 공원 팸플릿, 전단지 등 종래의 인쇄매체

: 접하는 사람에게는 대단히 알기 쉬운 매체이지만 이것을 접하지 못한 사람이나 존재조차도 모르는 사람도 있어서, 정보를 전달하는 대상범위가 한정되어 있다.

- 신문 및 TV 등 매스미디어(mass media) 이용

: 파급력이 큰 반면 정보량이 한정되어 있는 일회성이다. 언론홍보(publicity) 활동뿐만 아니라 광고를 이용하면 다른 방법에 비해 비용이 많이 든다.

- 지방자치단체 홍보지

: 파급력과 비용 면에서 우수한 매체이므로 적극적으로 활용한다. '이달의 행사'란에 소개하는 것보다 '이달의 공원정보'로 지면을 확보해 정보를 발신하는 것이 보다 효과적이다.

- 홈페이지 및 뉴스레터, SNS 등에 의한 인터넷 이용

: 최근 PC뿐만 아니라 스마트폰 등의 보급에 따라 인터넷을 이용한 다양한 정보발신이 가능해졌다. 정보를 받는 쪽의 문제점으로는 고령자층 이용률이 낮아 이용이 편중될 우려가 있으며, 보내는 측의 문제로는 정보 갱신빈도를 늘리려는 비용이나 시스템의 확보, 정보 보안 및 바이러스 대책을 마련해야 한다.

• 그 외에도 가까운 공원에서는 공원게시판을 이용하거나 주민 모임 등 입소문을 통한 정보발신도 있으며, 대상과 내용에 적합한 선택이 중요하다.

• 선택한 수단을 이용해서 대상층에게 정보를 제공할 때, 그 제공방법도 중요하다. 예를 들어 인쇄매체로는 팸플릿을 공원 창구에 비치하는 수동적인 방법에서부터, 우편광고물(DM)이나 기관지·회원지를 우편으로 보내는 적극적인 방법까지 있다.

퍼블리시티(Publicity) 활동

신문, TV, 라디오 등 공공성이 높은 보도기관(매스미디어: 대중매체)에 정보를 제공함으로써, 기사(뉴스) 보도를 목적으로 한 홍보활동을 말한다. 기업에서는 정보전략의 유효한 수단의 하나로 신상품이나 신기술, 신규서비스 발표 등 다양한 분야에서 이용하고 있다.

일반적인 선전광고와 다른 점은 매스미디어라고 하는 중립의 제3자 기관이 전달하는 객관적이고 신뢰성이 높은 정보로서 발신된다는 점이다. 제공한 정보내용이 모두 보도되지는 않지만, 공원으로서는 좋은 정보만 선택해서 보도해달라고 하는 것도 어렵다. 또한, 보도 시기도 매스미디어 나름이다.

공원정보에 관해서는 신규 공원이나 시설의 오픈, 개화행사 개최 등이 보도되고 있다.

공원에서 퍼블리시티 활동으로는 매스미디어의 취재요청이 있으나, 보통은 기자클럽에 보도자료 배포나 기자발표 형태로 이루어지는 경우가 대부분이다.

그중 기자발표 자료의 보도기사(뉴스) 채택률을 높이려면, 발표자료를 기사로 만들기 쉽게 A4 1장으로 간략히 정리한다. 또한, 타이틀(title)과 눈에 띄는 카피(copy)를 만들고, 사진이나 도면을 첨부한다. 공원 담당 부서에서 발표하는 것보다는 광역이나 기초지자체장이 발표하는 형식을 취하면 채택률을 높일 수 있다.

3-4. 정보통신기술(ICT)의 활용

(1) 인터넷의 보급과 공원 홈페이지

『2015년판 정보통신 백서』(총무성)에 따르면, 2014년 말 일본의 인터넷 이용인구는 1억18만 명, 보급률은 82.8% 에 이르고 있다. 또한, 단말별 인터넷 이용상황은 '자택 PC'가 53.5%로 가장 많으며, 다음으로는 '스마트폰'(47.1%), '자택 이외의 PC'(21.8%)다. 특히 정보통신기기 보급이 전체적으로 포화인 상황 속에서도 스마트폰 보급률은 증가해 6할이 넘는 등(64.2%) 보급이 계속되는 상태다.

「2015년도 공원관리 실태조사」결과('그림 3-3-1. 정보제공 방법' 참조)를 보면, 6할이 넘는 공원이 인터넷으로 정보발신을 실시하고 있다고 응답한 만큼 공원정보의 수집·발신에서 인터넷을 중심으로 한 정보통신기술(ICT: Information and Communication Technology)의 활용이 중요하다.

그림 3-3-2. 인터넷 이용인구 및 보급률 추이

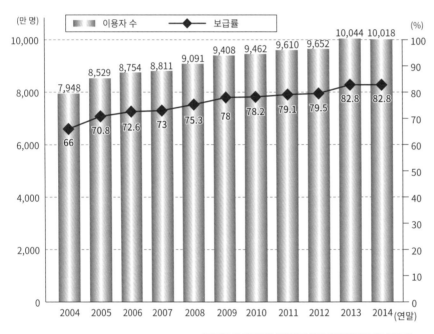

출처:『2015년판 정보통신 백서(平成27年版情報通信白書)』(총무성)
http://www.soumu.go.jp/johotsusintokei/whitepaper/ja/h27/pdf/index.html
(2016. 3. 1. 열람)

(2) 공원 홈페이지의 이점과 문제점

공원 홈페이지의 이점은 다음과 같은 것을 들 수 있다.

① 시기적절한 정보발신 가능

• 홈페이지에서는 '행사의 개최결과를 다음 날 게재', '매일 벚꽃 개화상황 및 운동시설 미예약정보 게재' 등 발빠른 대응이 가능하며, 새로운 정보를 시기적절하게 발신할 수 있다.

② 대량의 정보제공 가능

• 인터넷공급 계약 시 용량에 따라 다르지만, 통상 공원정보의 발신범위에 있으면 용량부족 없이 '조례 및 규칙 등 전문 게재', '전체 공원의 일람표 게재' 등도 충분히 가능하다.

③ 24시간 어디서든지 발신 가능

• 이용자가 공원에 관한 정보를 필요로 할 때, 먼 거리에서나 심야에도 네트워크에 접속된 PC나 휴대전화가 있으면 즉시 정보를 입수할 수 있다.

④ 정보의 상호성

• 홈페이지의 정보발신에서는 발신뿐만 아니라 설문지나 의견수집의 형태, '게시판' 등에 의한 공원이용자 간 및 이용자와 관리자의 교류 등도 가능하다.

⑤ 비용의 절감

• 홈페이지 운영에는 초기 구축비와 그 후의 유지비만 들기 때문에, 유상광고의 게재비나 포스터·팸플릿 같은 인쇄비와 비교하면 적은 비용으로 운영이 가능하다.

한편, 공원 홈페이지의 문제점으로는 다음과 같은 것을 들 수 있다.

⑥ 조작에 어느 정도 전문지식이 필요

• 홈페이지 내용의 갱신, 바이러스 점검 등 보수작업 및 시스템상 문제가 있을 때 어느 정도 전문지식이 있지 않으면 대응할 수 없다.

⑦ 인터넷 보급상의 문제

• 인터넷 보급인구가 약 8할에 달했다고는 하지만 이용자층이 편중되어 있으며, 전혀 PC를 이용하지 않는 사람은 공평한 서비스를 받을 수 없다.

⑧ 운영상·관리체제상의 문제

• 정보의 갱신이 충분히 이루어지지 않거나, 게재내용 부족 등으로 홈페이지 운영의 이점을 충분히 활용하지 못하는 경우가 있다. 이는 공원 홈페이지가 정보 담당과 등에서 일괄로 관리하는 지방자치단체 홈페이지의 일부로 운용되거나, 공원관리 부서에서 이를 자유로이 관리할 수 없는 구조라든가, 공원 부서 직영의 홈페이지라도 그곳 관리를 맡은 인재 및 체제가 부족하거나 하는 원인이 있다.

⑨ 휴대정보 단말기에 대한 대응

• 스마트폰이나 태블릿 등에서도 열람이 가능하도록, 화상 크기를 조정하거나 전용 페이지를 개설할 필요가 있다.

(3) 기타 정보통신기술의 활용

정보통신기술의 발달에 따라 스마트폰, 태블릿 등 다양한 기기 및 SNS(Social Network Service) 등에 의한 커뮤니케이션 방법을 공원의 정보발신 수단으로 활용할 수 있다. 또한, 향후에도 각종 분야에서 이루어지고 있는 새로운 정보통신기술의 활용에 대해서도 정보를 수집해야 한다.

① 휴대정보 단말기로부터 정보발신

• 스마트폰 등 휴대성이 있는 기기를 사용함으로써 현장에서 사진을 촬영해 바로 공개할 수 있으며, PC에서 정보를 갱신하는 것에 비해 간편하게 공원정보를 발신할 수 있다.

② SNS 활용

• 트위터·페이스북 등의 서비스를 활용해 정보를 발신함으로써 저렴하고 간편하게 정보갱신이 가능하고, 공원이용자와 의사소통이 가능하다. 공원 홈페이지에 SNS 코너를 만드는 경우도 있다.

스마트폰을 활용한 정보발신

(개요)
실시자: 공익재단법인 오쓰시(大津市)공원녹지협회

1. 도입 내용
(1) 배경 및 목적
공원관리 현장에서는 이용자 니즈 및 민원요청에 신속한 대응, 재해 시 대응, 주민참여 등 다양한 조직참여에 대응, 보고자료 작성의 증가 등 다종다양의 업무를 실시하고 있으며, 보다 효율적·효과적인 관리운영이 요구된다. 이런 시점에서 스마트폰의 공원관리 시스템인 '공원 Note'를 바탕으로 한 전자 툴(tool) 시스템을 도입하였다.

(2) 실시 내용
오쓰시의 공원에서는 '공원 Note'를 바탕으로 시민이 이용하도록 제작해, 시민 여러분이 공원 서포터로서 공원에서 눈에 띄는 것(시설 고장, 쓰레기, 꽃의 개화정보 등)을 스마트폰이나 PC로 투고할 수 있게 하였다.
투고는 네 단계로, 사진·공원·장소·내용을 간단히 등록할 수 있다.

(3) 특징
① 스마트폰으로 사진을 찍고 메모하는 것만으로도 점검이나 작업 등의 기록을 일시·장소 정보와 더불어 정리 가능하다.
② 사진·지도·보고서를 현장에서 본사로 보고하는 업무 전반에 대해 이용할 수 있는 등 범용성이 높고 업무에 대응한 맞춤형이 가능하므로, 공원뿐만 아니라 다양한 분야에서 응용 가능하다.
③ 공개소스(open source)를 바탕으로 하므로, 저렴하게 도입이 가능하다.
④ 직원의 이용뿐만 아니라 시민투고 시스템으로도 사용할 수 있다. 직원과 시민 두 축으로 운용할 수 있다.
⑤ 태풍 등 재해 시에도 현장상황을 실시간으로 확인할 수 있다.

2. 성과
등록한 정보는 '누구나 볼 수 있게' 해서 신속한 대응이 가능하며, 공원관리 현장에서 활용된다.

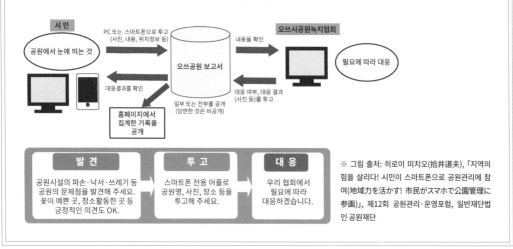

※ 그림 출처: 히로이 미치오(拾井道夫), 「지역의 힘을 살리라! 시민이 스마트폰으로 공원관리에 참여(地域力を活かす! 市民がスマホで公園管理に参画)」, 제12회 공원관리·운영포럼, 일반재단법인 공원재단

---

43) 자체제작한 잡지를 가리키는 말로, 1960~70년대에 유행했다. '미니코미'란 매스컴(mass communication의 약자)에 대응해 만들어진 'mini communication'의 말을 줄인 신조어다.

4. 행사

4-1. 행사의 목적

　공원 행사는 공원의 이용증진뿐만 아니라 공공시설로서 공원의 목적·기능을 발휘하기 위해, 공원과 주변 지역 동식물 등의 자연, 사적 등의 역사, 생활 및 산업 등의 문화자원을 살려 지역교류를 활성화하고, 어린이 및 고령자, 장애인을 포함한 모든 사람들의 이용과 교류의 기회제공을 목적으로 실시하는 것이다.

　공원 행사와 뒤에서 서술할 이용프로그램을 엄밀히 구별하는 것은 어렵지만, 여기서는 주로 공원의 홍보 및 이용촉진을 위해 방문자에게 이용동기를 제공하는 이용서비스를 행사로서 다룬다.

　공원 행사의 목적에는 주로 다음과 같은 것이 있다.

(1) 공원이용을 활성화하기 위한 행사

　공원의 개원을 기념하는 행사 및 봄가을 나들이철에 실시하는 대형 집객행사 등은 공원 지명도를 높이고 공원이용자 수를 늘리는 일과 연결된다. 공원의 자연이나 시설을 이용한 자연행사 및 스포츠행사 등은 공원이용의 다양화에 기여한다. 그 밖에 평일 이용활성화, 어린이 이용촉진, 비수기 대책, 공원 야간경관조명(예: 일루미네이션)에 의한 관광진흥 등, 공원이용을 활성화하는 구체적인 목표를 가지고 실시하는 기획행사도 있다.

(2) 지역커뮤니티 활동을 지원하기 위한 행사

　공원은 생활 속에 가장 가까운 도시시설의 하나로서 친근하며, 여기서 실시하는 운동회나 본오도리(盆踊り)[44], 문화제 등 지역행사는 지역커뮤니티 육성 및 시민의 문화·스포츠활동 등을 지원하는 것이다.

(3) 행정 측과 시민 간 커뮤니케이션을 도모하는 행사

　도시녹화 추진이나 방재의식 계발 등, 행정은 시민에게 정보를 전달하는 커뮤니케이션의 장으로서 공원을 이용한 행사를 실시하고 있다.

지역이나 공원 내 자연을 활용한 행사 개최
(저수지 유지관리 작업에서 유래한 행사)

방재의식의 계발 및 지역연계를 목적으로 실시한 행사

4-2. 행사의 내용

공원행사를 실시내용으로 구분하면, <표 3-4-1>과 같은 유형이 있다.

공원행사는 실시하는 공원의 종류와 규모, 입지환경, 시설내용 등에 따라 그 내용이나 방법이 다르다. 실시주체는 주최, 공동주최, 후원, 협찬, 협력 등의 형태로 공원담당 부서나 지정관리자 등의 공원관리자 이외에 다른 부서나 각종 단체, 주민, 기업 등 복수의 주체가 관계하는 경우도 있다. 또한, 복수의 주체가 연합해서 실행위원회 등을 조직해서 실시하는 경우도 있다.

「2015년도 공원관리 실태조사」에서 행사의 실시상황을 살펴보면, 약 반 정도의 지방자치단체가 주구기간공원(住区基幹公園)에서 '본오도리, 여름축제 등 지역커뮤니티 행사'를 실시하고 있었다. 도시기간공원(都市基幹公園)에서는 '스포츠대회, 축구교실 등의 스포츠행사'나 '건강운동, 걷기교실 등의 건강만들기 행사' 등이 많이 실시되고 있었다 (표 3-4-1).

표 3-4-1. 공원행사 내용에 따른 구분

구분	사례
공원·녹화 행사	공원축제, 도시녹화전시회, 식목행사, 가드닝콘테스트
역사·문화 행사	역사길잡이, 발굴체험, 사진대회, 연극제, 다키기노(薪能)[45], 야외 다례(茶禮), 공예교실
스포츠 행사	테니스·동네야구 대회, 조깅대회, 뉴스포츠[46] 교실
어린이놀이 행사	어린이축제, 전통놀이교실, 모험놀이, 연날리기대회
자연체험 행사	자연관찰회, 마을숲 관리체험, 환경학습체험, 화초놀이
자연감상 행사	벚꽃축제, 코스모스축제, 단풍축제, 국화(菊花)전시회, 별하늘 관찰
지역 행사	여름축제, 본오도리, 운동회
상품판매 행사	산업·물산전, 식목(植木)시장, 엔니치(縁日)[47], 벼룩시장
대형 집객 행사	야외콘서트, 프로스포츠 관람, 불꽃놀이대회, 일루미네이션·야간경관조명
기타 행사	방재훈련, 관광전시회, 맞선파티

그림 3-4-1. 공원행사의 내용별 실시상황

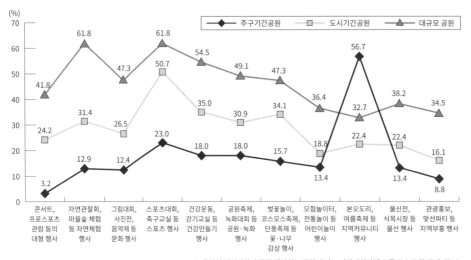

※ 응답한 지방자치단체 중 해당하는 공원이 있는 지방자치단체 수를 모수로 한 구성비(%)
출처: 「2015년도 공원관리 실태조사」

4-3. 행사 진행

(1) 공원행사의 방법

① 참여 및 연계의 필요성

• 공원행사는 공원이용 촉진 및 이용의 다양화를 위한 기회를 제공하는 것뿐만 아니라 행정과 시민의 커뮤니케이션, 사람들 간 교류 및 문화진흥에 기여하기도 한다. 그러려면, 공원행사를 추진할 때 시민참여나 지역의 관련단체, 학교, 기업 등과 연계 시점(視點)이 중요하다. 공원이 지역핵심이 되도록 다양한 단체 등과 연계한 행사를 개최하거나, 공원에서 시민그룹의 자주적 활동을 지원할 필요가 있다.

② 행사의 실시주체

• 행사에는 지방자치단체 등의 공원담당 부서 및 타 부서, 공원 지정관리자가 실시하는 것 이외에 각종 단체·주민·기업 등이 행위나 시설이용 허가를 얻어 실시하는 일명 '외부행사'가 있다. 지역 주민이 실시주체가 되는 행사에서 공원을 관리하는 자는 공공복지나 법령에 반하지 않는 범위 안에서 그 개최를 인정하고 절차를 배려하는 등의 지원이 필요하다.

③ 외부행사의 유의점

• 외부행사에서는 개최목적과 내용이 공원의 설치목적이나 관계법령에서 벗어날 우려는 없는지 따져보아야 한다. 민간사업자가 실시하는 판촉행위나 수익사업을 포함하는 행사는 허가할 때 엄격한 확인이 필요하다. 벼룩시장 개최나 상업행위로서 사진촬영대회 등 판단이 모호한 사례에 대해서는 '공원이용자에게 필요한 편익을 제공하고 있는지', '광고가 전면에 노출되는 것은 아닌지', '특정 업자가 이익을 독점하는 구조로 되어 있는지', '다른 공원이용자의 원활한 공원이용을 방해하는 것은 아닌지' 등을 확인할 필요가 있다.

(2) 행사의 구체적인 추진방법

공원행사는 개최하는 공원의 특성에 따라 다양한 목적·내용으로 여러 주체 및 체제에 따라 이루어진다. 여기서는 주로 공원을 관리하는 담당자가 기획·운영하는 경우, 일반적인 행사 실시방법에 대해서 설명한다(그림 3-4-2).

① 기획 및 조정

• 행사 개최목적을 명확히 한 다음, 공원이용자의 니즈 및 해당 공원의 입지특성·시설내용 등을 고려해 행사계획을 작성한다. 이때 주로 검토할 사항은 다음의 여섯 가지이다.

- 언제(When)

  : 개최일·기간, 개최시간대를 설정한다.

- 어디서(Where)

  : 어느 공원에서, 공원 내 어느 구역과 시설에서 실시할 것인지 검토해서, 행사규모(참가자 수 등)와 시설 및 공간용량을 확인한다. 특히 행사에서는 이용자·주최자 등의 동선을 검토한다.

- 누가, 누구에게(Who, Whom)

  : 주최자나 공동주최, 후원 등을 포함한 주최자 편성과 타깃(target)층, 집객구역 등을 검토한다.

- 왜(Why)

  : 행사 실시목적 및 목표를 명확히 한다.

- 무엇을(What)

  : 행사 명칭, 계획내용을 개략적으로 검토한다. 또한, 예산에 대한 배려도 해야 한다.

- 어떻게(How)

  : 구체적인 실시방법을 검토한다. 시민참여나 외주 등의 실시주체를 검토한다.

• 이와 같이 각 항목은 서로 관계되므로, 타 부서 및 행사관계 스태프 등과 공정, 역할분담, 개최장소, 비용분담에 대

해서 조정하고, 필요에 따라 수정할 곳을 검토한다.

- • 또한, 도시공원에서 실시하는 행사는 다음과 같은 사항에 유의한다.
- - 공원시설의 설치목적에 맞게 공원의 시설·특성을 활용할 것
- - 집객, 만족도, 의의 등 효과가 기대되도록 할 것
- - 일반이용자에게 방해되지 않을 것, 관리상 장애가 없도록 할 것
- - 필요에 따라 우천 시, 긴급 시 등의 대응을 검토할 것

그림 3-4-2. 공원행사 실시의 흐름

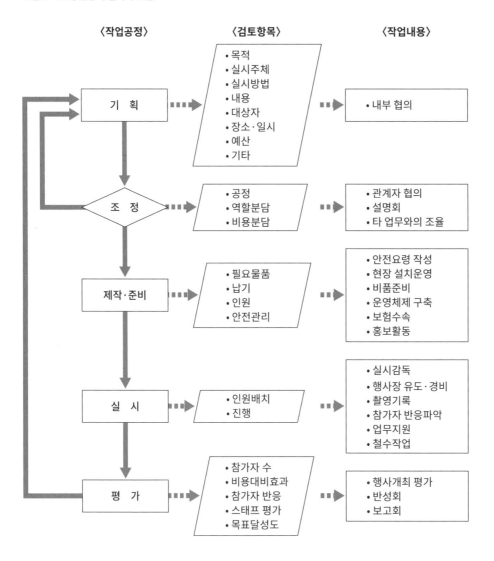

② 제작 및 준비

• 기획내용을 구체화하는 업무로, 상세한 실시요령(시나리오) 구축 및 홍보, 현장 설치운영 등을 실시한다. 점검사항은 다음과 같다.

• 홍보활동

- 목적·목표에 따라 참가자를 모으기 위해 대상, 내용 및 집객구역에 맞는 홍보활동을 실시한다. 전단지 작성·배포 및 지방자치단체 홍보지 게재가 일반적으로 실시되나, 대규모 행사에서는 언론 보도자료나 유료 매체홍보, 포스터의 작성·게시도 실시한다. 또한, 홈페이지, 뉴스레터, SNS 등을 활용해 인터넷으로 행사정보의 발신도 일반적이다.

- 홍보활동으로 전달하는 정보의 내용은 행사명, 개최일시, 장소, 주요 내용, 참가비, 주최자, 문의 등이다. 문의에 대한 시스템을 정비해 둘 필요가 있다.

행사 홍보: 포스터 작성

• 실시요령(시나리오), 행사장 계획 구축

- 기획입안 내용을 구체화한다. 전체 진행대본이나 프로그램별 시간일정표, 인원배치 등 운영체제표 등을 작성한다. 홍보활동에 관한 사항도 골격은 그 안에서 작성한다. 또한, 행사장 상세배치계획, 동선계획, 안전관리계획을 작성한다. 대규모 행사의 경우는 참가자용 주차장 확보 및 반·출입하는 관리용 차량동선, 공원 주변의 교통처리도 포함해 검토한다. 그리고 쓰레기 미배출, 분리수거 및 재활용을 실시해 환경을 충분히 배려한다.

- 이러한 것들에 대해서는 관계기관과 협의·조정을 통해 추진한다.

• 준비 및 절차

- 공원 내에서 준비 가능한 기자재, 외부반입 기자재, 구입할 비품·용구 등을 준비한다. 또한, 필요에 따라 사용허가 신청서·발주계약서 등을 작성해 처리한다.

- 행사장 설치운영

- 시나리오를 바탕으로 현장에서 설치운영을 실시한다. 대규모 행사에서는 무대나 텐트, 임시화장실·울타리·밧줄, 간판·안내판·사인, 쓰레기통, 전시패널, 방송·조명·전원설비 등을 설치해 운영한다.

- 특히 가설물을 설치할 때는 공원 내 수림·잔디·초화 등에 대한 영향을 사전에 예측해 대책을 마련해 놓는다.

- 이는 패널 등 전시물 제작에도 해당된다.

- 안전관리

- 사고방지를 위한 유도·정리 및 감시시스템과 참가자 주의사항을 검토해, 사고발생 시 연락 및 구호체제(의무실 설치, 의료기관 연계)를 확립해 둔다.

- 기타 사항

- 행사 시 교통정체, 음향, 조명 등이 이웃 주민에게 영향을 미칠 경우에는 사전에 이해·협력을 구한다.

③ 실시

- 실시할 때는 사전에 행사장 설치물이나 인원배치, 기자재 및 비품 등 수량, 사용기기 작동상황, 연결시스템 등을 확인한다. 대규모 행사에서는 리허설을 실시해 확인한다.

- 행사 당일은 시나리오를 바탕으로 진행하지만, 진행관리 및 유도·경비 등의 상황에 따라 임기응변으로 대응한다. 또한, 행사장 풍경이나 진행상황, 이용상황, 설치물 배치 등을 영상 및 사진으로 기록한다. 이 기록물은 다음 행사를 개최할 때 참고자료나 전단지·포스터 소재로 사용할 수 있다. 그리고 참가자 평가의견을 향후 더 나은 행사 실시에 활용하려면, 참가자들에게 부담가지 않을 정도의 설문지 조사를 행한다.

- 행사가 끝난 뒤에는 참가자 퇴장 등 안전을 확인하고, 설치물 등의 철수를 실시한다.

④ 평가

- 개최결과를 총괄, 평가함으로써 다음 계획에 참고한다. 평가는 준비단계부터 철수까지 모두 실시하고, 주최자의 시점뿐만 아니라 참가자 시점에서도 평가를 실시한다.

- 평가사항으로 다음과 같은 사항이 있다.

- 주최목적, 목표에 따른 결과를 얻을 수 있었는가

- 경비와 내용의 균형이 맞았는가

- 준비기간이나 인원, 비품 등이 넘치거나 모자람은 없었는가

- 홍보방법이 적정했는가, 효과는 있었는가

- 개최 일시, 장소 등은 적정했는가

- 프로그램이 예정대로 진행되었는가, 임기대응은 가능했나

- 사고나 발생한 문제는 없었는가, 있었다면, 적절히 대응했는가

- 공원의 통상관리나 일반이용자, 이웃 주민 등에 대한 영향은 어떠했는가

- 참가자 및 주민 평가는 어떠했는가

- 행사 관련 스태프로부터 평가항목을 수집하는 데는 행사종료 후 반성회를 실시해 의견을 수집하는 방법도 있다.

---

44) 음력 7월 15일 밤에 남녀가 모여서 추는 윤무(輪舞).

45) 주로 여름철의 야간 노가쿠(能樂: 일본의 전통 예능)로서, 야외에 설치한 임시무대 주위로 화롯불이나 장작을 피워 놓고 공연하는 행사.

46) 20세기 후반 이후에 새롭게 고안·소개된 스포츠군으로, 일반적으로는 승패에 연연하지 않고 레크리에이션 일환으로 부담 없이 즐기는 신체 운동을 가리킨다.

47) 신불(神佛)을 공양하고 재를 올리는 날.

5. 이용프로그램

5-1. 이용프로그램의 목적

최근에는 도시화에 따라 많은 세대가 자연을 접할 기회를 잃어버리고 있다. 게다가 지역커뮤니티 붕괴와 소자화(少子化)[48]로 인해 자연스레 서로 다른 연령집단과 함께 어울릴 기회가 없어지고, 집 안에서 혼자 노는 일이 많아지는 등, 어린이들의 다양한 체험기회가 줄어들고 있다. 부모가 안심하고 어린이를 놀게 할 장소나 육아정보 공유 및 상담기회도 사라졌다. 또한, 초고령화사회로 인한 의료비 증대를 억제하기 위해 특히 고령자에 대한 건강증진의 기회를 제공하는 것도 필요하다.

공원은 현대사회에서 사람과 교류하고 커뮤니티를 형성하는 중심이 되고, 어린이들이 노는 핵심공간으로서 어린이들의 자유롭고 풍부한 놀이와 다양한 체험의 장이 될 것으로 기대된다.

고령자나 육아맘(mom) 등 다양한 세대에게도 공원은 비교적 안전성이 높고 화장실 같은 시설이 있는 경우도 있어서, 초심자가 가벼이 참가할 환경학습 기회를 제공하는 장으로도 좋은 곳이다.

이와 같이 공원에서 지역문화의 진흥이나 세대교류, 어린이놀이, 환경학습, 건강증진, 육아지원 등 다양한 프로그램을 제공하는 것이 점점 중요해지고 있다.

여기서는 도시공원에서 이루어지는 다양한 이용서비스 중에서 방문자 속성, 방문목적, 머무는 시간, 흥미대상 등에 따라 공원의 시설·인재 등을 활용해 일상적으로 제공하는 서비스를 행사와 구별해서 '이용프로그램'이라고 칭한다. 이용프로그램은 공원이 가지고 있는 소재를 활용한 프로그램을 제공함으로써 이용자의 각종 니즈에 따른 공원이용을 유도하고 이용의 다양화를 모색한다. 스포츠시설에서 기존에 실시했던 각종 스포츠교실의 개최는 시설의 유효한 활용이나 참가자 조직화 등과도 연결되어 있다.

환경교육 추진의 사회적 요청

현재의 환경문제를 해결하고 지속가능한 사회를 만들려면, 행정뿐만 아니라 국민, 사업자, 민간단체가 적극적으로 환경보전활동에 매진해야 한다. 그러기 위해서는 지속가능한 사회 만들기의 기반이 되는 환경교육을 추진하고, 환경교육에 종사하는 인재 육성 및 다양한 사람의 참여를 유도해야 한다. 이에 환경교육의 장이 되는 산림, 전원, 공원, 하천, 늪, 호수, 해안, 해양 등 자연환경의 보전추진을 목표로 하는 「환경보전을 위한 의욕의 증진 및 환경교육의 추진에 관한 법률」(환경교육추진법)이 2003년 7월에 제정되었다. 이 법은 환경교육의 추진을 보다 충실히 하고자, 2011년에 「환경교육 등에 의한 환경보전 실시 촉진에 관한 법률」로 개정되었다. 여기에는 지방자치단체의 추진체계의 구체화, 학교교육에서 환경교육의 충실 등의 내용이 포함되었다.

환경교육·학습의 장으로서 공원에 거는 기대가 점점 커지고 있다.

육아지원과 도시공원

일본의 인구는 2005년에 감소국면으로 접어들어, 저출산 문제가 사회경제의 근간을 흔드는 과제다. 육아환경을 정비해 다음 세대의 사회를 담당할 어린이를 안심하고 낳을 수 있고 그 어린이가 건강하게 자라나는 사회의 실현을 위해, 일본 정부에서는 종합적인 저출산 대책을 마련하고 있다. 어린이 및 육아의 지원책으로서 시설의 충실화 및 세제(稅制) 우대정책뿐만 아니라, 육아상담이나 부모·아이가 함께하는 자리 등, 지역 육아지원의 충실을 꾀하고 있다. 도시공원이 육아지원에 공헌하는 것도 기대된다.

5-2. 이용프로그램의 내용

이용프로그램의 내용은 다양하나, 분야별로는 <표 3-5-1>과 같이 분류할 수 있다.

표 3-5-1. 이용프로그램의 분야별 내용

분야	프로그램 예시
소풍 등 단체용 활동 프로그램	• 초등학교 대상: 소풍 시 환경학습체험, 퀴즈문답 • 유치원·어린이집 대상: 원외보육 시 도토리 줍기, 유아대상 프로그램 • 기업 대상: 풀베기, 해안청소 등 봉사활동
자연체험·환경학습 프로그램	• 환경교육프로그램: 프로젝트와일드(Project WILD)[49], 프로젝트웨트(Project WET) 등 • 자연관찰회, 조류관찰회, 어린이자연교실, 가이드워크, 비오톱 관리, 자연공작체험
농업·마을숲 체험 프로그램	• 벼농사 체험: 모내기, 벼베기 • 밭농사 체험: 채소 재배, 감자 캐기 • 솎아베기, 하층 풀베기, 숯 굽기, 표고버섯 재배, 퇴비 만들기
스포츠 프로그램	• 트레이닝 지도 • 각종 스포츠교실: 축구, 테니스, 야구, 수영, 육상 등 • 뉴스포츠 지도, 운동기구 사용법 지도
건강만들기 프로그램	• 고령자를 위한 체조교실 • 각종 건강운동교실: 노르딕워킹, 걷기, 요가, 수중 에어로빅, 태극권 등 • 걷기대회, 체력측정
문화·교양 프로그램	• 정원가이드, 민간설화 이야기 • 전통행사: 새해음식·새해장식 만들기 • 향토요리 체험, 소바(蕎麦: 메밀국수) 만들기
장애인 등의 이용 프로그램	• 장애인용 스포츠교실: 수영, 축구, 카누 등 • 장애인을 위한 공원가이드, 원예요법
육아지원 프로그램	• 가족참여형 프로그램: 체조, 공작, 놀이, 동물체험 등 • 영유아대상의 책읽어주기, 육아상담회 및 수다모임 등
기타 프로그램	• 우천 시 프로그램, 교통안전교실, 방재활동체험

「2015년도 공원관리 실태조사」에서 이용프로그램의 실시상황을 살펴보면, 이용프로그램은 행사에 비해 대체로 제공되지 않는 실정이었다. 프로그램 제공은 도시기간공원에서 실시비율이 높고, '스포츠시설 등의 활동 프로그램'은 13.6%의 지방자치단체에서 제공되고 있었다. 그다음으로 '환경학습 등 이용을 위한 보급계발 프로그램'이 11.1%, '고령자 등을 위한 건강 프로그램'이 8.2%이다(표 3-5-2).

표 3-5-2. 이용프로그램의 제공 상황

구분	합계	소풍 등 단체용 활동프로그램	환경학습 등 이용 보급계발 프로그램	스포츠시설 등의 활동 프로그램	고령자 등 위한 건강 만들기 프로그램	장애인 등 이용 지원 프로그램	육아지원 프로그램	우천 시 등을 위한 긴급 프로그램	기타 프로그램	무응답
주구기간 공원	243	7	4	2	6	2	5	1	3	219
	100%	2.9%	1.6%	0.8%	2.5%	0.8%	2.1%	0.4%	1.2%	90.1%
도시기간 공원	243	22	27	33	20	9	12	5	15	174
	100%	9.1%	11.1%	13.6%	8.2%	3.7%	4.9%	2.1%	6.2%	71.6%
대규모 공원	243	17	19	13	13	6	9	2	4	212
	100%	7.0%	7.8%	5.3%	5.3%	2.5%	3.7%	0.8%	1.6%	87.2%

※ 응답한 지방자치단체 중 해당하는 공원이 있는 지방자치단체 수를 모수로 한 구성비(%)

출처: 「2015년도 공원관리 실태조사」

단체용 이용프로그램에서는 '자연체험 프로그램 책자' 같은 팸플릿 작성 및 배포를 많이 한다. 일부에서는 지도원이나 자원봉사자가 정해진 자연관찰 루트(route)에 따라 방문단체에게 자연 가이드를 진행하거나, '공원자연 가이드' 같은 비디오영상 제작·제공 및 교재 등의 대여도 이루어진다.

스포츠 프로그램이나 고령자용 프로그램은 지도원 지도에 의한 강좌가 중심이다. 장애인 프로그램에서는 자원봉사자에 의한 공원안내 및 스포츠교실 등도 실시되고 있다.

이용프로그램의 제공방법은 <표 3-5-3>처럼 분류할 수 있다.

표 3-5-3. 이용프로그램의 제공방법

제공방법	프로그램의 예
인쇄물 등의 작성·배포	• 공원 내 자연산책 지도, 공원이용 가이드북, 자연관찰도감, 활동매뉴얼 등의 작성·배포에 의한 셀프가이드 프로그램
강좌 개최	• 자연관찰교실, 마을숲 체험교실, 공예교실, 각종 스포츠교실, 체력테스
지도원에 의한 지도 (수시접수)	• 자원봉사자 등에 의한 공원 내 자연 가이드, 뉴스포츠 지도, 플레이리더(playleader)에 의한 모험놀이, 원예요법 실시
관련기자재 등의 대여	• 자연관찰 키트(쌍안경, 확대경, 도감 등)나 스포츠레크리에이션 용구[공, 플라잉디스크 (flying disk) 등]에 의한 셀프프로그램
관련시설 정비	• 비오톱과 관찰루트·관찰소 정비, 자연해설판·나무이름표 정비, 유도표식 및 사인 설치에 의한 셀프프로그램

공원이용자는 이용프로그램을 통해 취미와 활동영역을 넓히고, 공원의 새로운 매력이나 사용법을 알게 되며, 이는 공원이용의 활성화·다양화로 이어진다. 이용프로그램은 앞으로도 적극적인 도입이 요구된다.

5-3. 이용프로그램의 실시와 진행

(1) 이용프로그램 실시의 흐름

이용프로그램의 제공에는 다음과 같은 흐름이 있다.

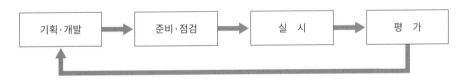

① 기획·개발
• 이용자 니즈와 공원 특성을 파악해 프로그램을 개발한다. 이에 따라 장애인 이용지원을 목적으로 한 것, 학교단체 이용촉진을 위한 것, 우천 시 제공하는 실내체험 프로그램 등 타깃이나 활동내용이 달라지므로, 상세한 배려와 조정이 필요하다. 기획·개발의 구체적인 순서는 환경학습 프로그램을 예로 설명한다.

표 3-5-4. 환경학습 프로그램의 유형

프로그램 유형	내용
연령별 대응 프로그램	• 어린이집·유치원, 초등학교 저·고학년, 중·고교 학년에 따른 프로그램 • 같은 프로그램이라도 학년별 관심, 이해도, 활동능력에 맞는 내용·전개방법을 연구한다.
교육과정 대응 프로그램	• 학년별 이과, 사회과 등 학습주제에 맞게 학습내용을 보완하는 프로그램

프로그램 유형	내용
휴가 대응 프로그램	• 여름방학 등 장기휴가 동안 자유연구 등을 지원하는 프로그램 • 숙박체험 및 야간활동 등 휴가기간을 활용한 체험프로그램
우천 시 대응 프로그램	• 사전예약 접수 후 기상변동으로 인해 야외활동이 어려울 때, 실내나 간이텐트에서 실시하는 프로그램
출장 프로그램	• 이용자가 공원을 방문하기 어렵거나 공원에서의 활동을 다른 장소에서 계속할 경우, 학교 등으로 지도원이 출장 가서 실시하는 프로그램
교재·키트제작 프로그램	• 학교단체나 어린이모임 등에서 활용할 수 있는 교재 및 키트제작 프로그램
인솔지도자(교원 등)를 위한 프로그램	• 인솔지도자를 위한 공원 사전안내, 지침(guidance), 교원용 연수프로그램 등
셀프가이드 프로그램	• 자연해설판과 나무이름표를 설치한 자연관찰 루트의 정비 • 불특정 다수의 사람이 가이드북·가이드맵 등을 가지고 개인별로 참가하는 셀프가이드 프로그램

• 프로그램 자원조사

- 환경학습 프로그램으로 활용할 수 있는 공원의 환경자원(작은 동물 등의 출현시기 및 장소, 꽃의 개화시기 및 장소 등), 공원의 입지특성(교통조건·주변환경 등)을 파악한다.

• 니즈 파악

- 니즈 파악을 위해 학교단체 등 관계자나 공원이용자에게 설문지·인터뷰 등으로 조사를 실시한다.

• 관련정보 수집

- 다른 공원에서 실시하는 프로그램 등 정보수집 및 학교교육의 환경학습 방침 등에 대해, 교육위원회와 정보를 교환해 프로그램 개발과 연계한다.

• 프로그램 도입검토

- 환경학습의 유형으로는 <표 3-5-4>와 같은 프로그램을 들 수 있다. 서적 등에서 제공되는 기존 프로그램의 도입과 공원 특성에 따라 필요한 조정을 더해서, 개선되어 가는 프로그램 도입을 검토한다.

• 루트 설정, 프로그램 메뉴 작성

- 이용자의 학습연령이나 인원 수, 소요시간, 계절, 기후 등 다양한 조건에 대응하는 루트 및 프로그램을 설정한다. 또한, 프로그램의 '목표', '실시조건(대상학년, 실시인원, 소요시간, 실시장소 등)', '준비물', '진행방법', '프로그램 전개사례' 등을 정리한 프로그램 메뉴를 작성하면, 정보제공이나 인솔지도자용 이용매뉴얼로 활용할 수 있다. '진행방법'은 '도입 → 전개 → 피드백' 등 일련의 흐름에 따라 타임스케줄 등을 알 수 있게 하면 좋다.

• 교재 등의 개발·작성

- 참가자가 알아보기 쉽고 지도자 부담도 덜한 루트맵(route map)과 자연가이드북 등의 교재를 개발할 필요가 있다. 공원 독자적으로 개발하기 어려울 경우에는 환경·교육관련 부서에서 작성한 자료를 활용하거나, 공동개발하는 것을 검토한다.

• 협력체제의 확립

- 기획·개발단체로부터 동식물 조사나 교재 작성 등에 지역 전문가, 학교단체, 관련 시민단체 등의 협력을 얻을 수 있는지 확인한다.

② 준비 및 점검

• 프로그램 홍보용으로 팸플릿·전단지를 작성하고, 홈페이지 등에서 정보를 제공한다. 또한, 지도자 등의 인재확보

나 관련 시민단체와의 조정을 꾀하는 등, 프로그램 실시를 위한 시스템을 구축한다. 그리고 루트 개설 등 필요한 정비를 실행하고, 기자재 및 용구를 점검한다.

- 프로그램 정보제공 및 홍보
  - 프로그램 정보제공 및 홍보의 예를 들자면, 환경학습 프로그램으로서 공원에서 체험 가능한 활동메뉴 같은 정보를 제공하는 것이 있다. 특히 학교단체 등에 적극적인 홍보활동이 중요하며, 이들에게는 우편발송 안내나 교원을 위한 강습회 개최 등의 프로모션 활동을 실시한다.
  - 팸플릿 등의 작성
  : 프로그램 홍보 및 실시를 위한 팸플릿이나 전단지, 교원용 이용지침 등을 작성한다.
  - 창구 자료제공 및 구두안내
  : 공원관리사무소 등의 창구에서 팸플릿이나 지도를 배포하고, 구두(口頭)로 정보를 제공한다.
  - 교원용 연수회 및 이용상담 실시
  : 교원용으로 연수회나 이용상담 기회를 만들어서, 학교단체 등에 적극적으로 공원의 환경교육 프로그램에 대한 정보를 제공한다.

- 프로그램 실시 위한 체제구축
  - 프로그램 실시를 위한 체제구축으로서, 지도자 등 인재를 확보하고 관련 시민단체 등과 조정을 도모한다. 또한, 루트 개설 등 필요한 정비를 하고, 기자재와 용구를 점검한다. 환경학습 프로그램 실시를 아래의 예로서 구체적으로 설명한다.
  - 지도자 확보
  : 환경학습 등의 지도를 공원관리자나 지정관리자 등이 직접 실시하지 않고 외부 경험자나 유자격자에게 의뢰할 경우, 참가단체가 이를 수배하는 경우가 있다.
  - 시설 정비
  : 환경학습에 이용하는 경우에는 수림이나 수변 등 자연환경이 풍부해야 한다. 오리엔티어링(orienteering)⁵⁰⁾ 등을 할 때는 광장도 이용한다. 이와 같은 시설을 연결하는 루트를 자연관찰로 등으로 설정해 해설판, 나무이름표, 관찰소 등을 정비한다. 또한, 개인으로도 참가 가능한 셀프가이드 프로그램 제공으로 이어지도록 정비한다. 그리고 안내 등을 할 때는 지붕 있는 모임공간이 있으면 편리하며, 회의실 등 실내시설을 활용하거나 가설텐트 설치도 필요에 따라 검토한다.
  - 비품 준비
  : 자연관찰을 보다 즐기려는 도구로 쌍안경, 확대경, 벌레그물, 도감, 모종삽 등을 빌려주는 시스템이 있으면 프로그램 메뉴도 다양하게 할 수 있다.

- 사전 협의
  - 프로그램을 실시할 때, 인솔자나 지도자와 프로그램 내용을 사전에 협의한다. 필요에 따라서는 현지답사나 위험장소 유무를 점검해 놓는다.

③ 실시
- 창구에서 자료제공이나 구두안내, 교실·강습회 개최, 지도자 상주 및 파견, 용구 대여 같은 다양한 형태로 실시한다. 그리고 공원관리자만으로는 전문분야 대응에 어려운 점이 많으므로, 프로그램 관리에 참여하는 시민조직이나 외부단체와의 연계를 밀접하게 한다. 프로그램을 실시할 때는 다음과 같은 것에 유의해야 한다.
  - 날씨에 대응
  : 이슬비 정도에서 실시 가능한 프로그램이나 우천 시는 피하는 편이 좋은 프로그램 등이 있으므로, 그 선택은 지도자와 사전에 협의한다. 또한, 야외활동이므로 특히 여름철에는 열사병 등의 대책에도 유의한다.
  - 안전대책

: 벌이나 뱀처럼 위험한 동물은 사전에 주의한다. 톱·도끼·칼 같은 도구의 안전한 사용에 대해서도 충분히 설명한다. 또한, 루트 사전점검과 출입금지 제한 등 안전대책을 강구한다. 프로그램 내용에 따라서는 이용자의 상해보험 가입이나 외부지도자 등에게 자원봉사자보험 가입을 권한다.

- 많은 인원 이용에 대응

: 학교 등 단체이용에서는 200명가량의 많은 인원이 이용하는 경우도 있다. 교대로 이용하거나, 몇 가지 프로그램을 준비해 희망자별로 분반해 진행하는 등, 동시에 많은 인원이 참가하도록 대응해야 한다. 또한, 참가자가 많을 때는 동선유도 등을 할 때 안전관리에도 유의한다.

- 가설물의 설치 및 철수

: 필요에 따라 실시 전날이나 당일에는 텐트 설치 및 위험장소에 밧줄 등으로 출입을 제한하는 등 가설물을 설치한다. 이것들은 프로그램 실시 후 재빠르게 철수하고 원상으로 복구한다.

④ 평가

• 프로그램 실시 후 지도방법이나, 프로그램 내용 등으로 운영상 문제나 위험상황이 없었는지 등을 평가하고, 이를 프로그램 개선·개발에 반영한다. 그리고 프로그램 이용자 설문 등 이용자에 의한 평가도 실시한다.

(2) 이용프로그램의 진행방법

이용프로그램을 제공할 때 주안점은 다음과 같다.

① 인재확보 및 양성

• 환경학습이나 스포츠 등 이용프로그램에서는 프로그램 개발 및 현장지도에 전문적인 지식이나 기술이 필요하다. 지도자로서 경험이나 자질이 있는 인재는 제한적이어서, 공원으로서는 인재를 양성하는 것이 필요하다.

• 공원에 관한 자원이나 관리, 관계법령 등의 정보를 파악한 공원관리자가 인재양성을 하면 가장 적절하며, 우선 공부모임 등을 통해서 스태프의 기량향상을 목표로 한다. 공원관리자가 '통역자', '자원봉사가이드' 등을 양성하기도 하나, 프로젝트와일드 같은 기존의 환경교육 프로그램 등을 활용해 지도자를 양성할 수도 있다.

• 또한, 공원 관리운영에 참여하는 자원봉사자 조직이나 <표 3-5-5>에 있는 것처럼 외부 인재[자연활동단체, 야생조류협회(野鳥の会), 학교 교원, 플레이리더·레크리에이션코디네이터·산림인스트럭터 등의 유자격자]와 연계를 꾀해서 지도자를 확보해 간다.

② 공(公)·공(公) 연계, 공(公)·민(民) 연계에 의한 운영체제의 확립

• 공원에서 제공하는 이용프로그램은 환경, 스포츠, 복지, 문화, 교육 등 다양한 내용을 담고 있다. 이러한 것들은 관계부서와 연계를 추진함으로써 내용을 충실히 할 수 있다. 특히 학교교육에서는 환경교육 지도지침 등을 정한 사례도 볼 수 있으며, 프로그램을 이와 같은 내용과 결합하는 것이 중요하다.

• 또한, 이용프로그램을 제공할 때는 전문적인 지식이나 기술을 가진 인재 외에 준비 및 지원에도 일손이 필요하다. 공원의 관리참가단체나 자원봉사자 조직 등 어떤 파트너십에 의해 이와 같은 인재를 확보하거나, 시민단체 주체로 프로그램을 제공하고, 공원관리자가 이를 지원하는 방식도 가능하다.

표 3-5-5. 각종 단체에서 양성하고 있는 인재

명칭	내용	양성단체
프로젝트와일드 퍼실리테이터 (상급지도자)	• 환경학습 프로그램 '프로젝트와일드'의 에듀케이터를 양성	일반재단법인 공원재단
에듀케이터 (일반지도자)	• '프로젝트와일드' 실시를 지도	
환경교육인스트럭터	• 환경문제를 광범위하고 다각적으로 사고하면서 학습지도를 할 수 있는 지도자	특정비영리활동법인 환경카운셀러전국연합회

명칭	내용	양성단체
산림인스트럭터	• 산림을 이용하는 일반인을 대상으로 산림 및 임업에 관한 적절한 지식을 전하고, 산림 안내와 산림 내 야외활동을 지도	일반사단법인 전국산림레크리에이션협회
자연관찰지도원	• 지역에 기반을 둔 자연관찰회를 열어 자연을 스스로 지키며, 자연보전 동호인들의 자원봉사자 리더	공익재단법인 일본자연보호협회
레크리에이션코디네이터	• 레크리에이션 및 스포츠의 다종다양한 종목과 활동 프로그램을 이해하고, 사람들을 즐겁게 하는 기법을 가진 지도자	공익재단법인 일본레크리에이션협회
레크리에이션인스트럭터	• 다양한 놀이메뉴와 기술로써 많은 사람들에게 즐거운 체험을 제공	도도부현(都道府県)레크리에이션협회
플레이리더	• 플레이파크의 운영·지도 등을 실시	특정비영리활동법인 일본모험놀이터만들기협회
인정등록원예요법사	• 원예요법 실천을 위한 풍부한 인간성과 고도의 지식·기술을 가진 전문가	일본원예요법학회
원예복지사	• 원예복지활동을 실천하고 지역에 정착해 큰 고리를 육성해 가기 위한 인재	특정비영리활동법인 일본원예복지보급협회

③ 다양한 프로그램 개발

• 일반적으로 이용프로그램은 공원이 가진 자원이나 시설의 활용을 모색하는 형식으로 이루어지므로, 자연이 풍부하거나 스포츠시설이 있는 공원 등 특별한 조건이 없으면 실시하기 어렵다고 생각하는 경우가 많다. 그러나 표준적인 가구공원이라도 환경학습 프로그램이나 플레이파크 활동 등 실시할 수 있는 메뉴가 있다.

• 따라서 개인이 참가 가능한 셀프가이드 프로그램, 야간·우천·적설 시에만 체험할 수 있는 프로그램, 고령자나 장애인도 즐기는 프로그램, 지도자양성 프로그램 등 관점을 바꾼 다양한 프로그램의 개발을 추진한다.

④ 필요한 시설 정비와 유지관리

• 환경학습 프로그램 등의 현장이 되는 장소, 루트, 안내판, 관찰소 등을 보전하는 데는 최소한 정비가 필요하다. 그 밖의 단체를 받아들일 때는 텐트 등 가설공작물을 포함해 방문자센터와 같이 집합이 가능한 장소나 강의실이 필요하다.

• 이와 같은 시설정비와 더불어 관찰이나 체험의 장이 되는 마을숲과 수변 등에서는 보전·이용의 조화에 따른 유지관리가 필요하다.

⑤ 정보수집 발신기능의 강화

• 공원에서 개발해 제공하는 이용프로그램의 정보발신은 학교단체 등에 홍보 등으로는 충분치 않아서, 공원을 방문했을 때 비로소 처음 알게 되는 경우가 많다. 따라서 공원 홈페이지를 활용하거나 관련 시민단체와 연계해서 정보발신을 강화해 가야 한다. 또한, 제공 프로그램과 직결되는 자연이나 스포츠, 복지 등의 정보에 관해서도 적극적으로 수집해 프로그램을 전개할 때 활용한다.

환경학습 추진을 위한 인재육성 사업, '프로젝트와일드(Project WILD)'

일반재단법인 공원재단에서는 환경교육·학습 추진을 위한 인재육성을 목적으로 하는 '프로젝트와일드' 사업을 추진하고 있다. 지도자를 육성하고 육성한 지도자가 공원을 무대로 활용해 환경교육활동을 실천함으로써 환경교육 프로그램 보급을 지향하고 있다.

(1) 프로젝트와일드란
① 미국에서 개발한 것으로, 유치원부터 고등학교까지 청소년을 대상으로 한다. 생물을 주제로 한 참가체험형 환경교육 프로그램으로서 교육현장에서의 이용에 중점을 둔다.
② 청소년들의 관심과 이해에서부터 시작해서, 단계적으로는 생태계 원리나 문화 등의 지식, 관리 및 보전에 대한 인간의 역할, 가치관의 다양성, 환경문제 구조의 이해, 야생생물과 자연자원에 대한 책임 있는 행동과 건설적인 활동을 익히는 것을 목적으로 하고 있다.
③ 미국에서는 각 주의 교육국 및 자원관리국 대표자로 구성된 환경교육협의회(CEE)를 운영하고 있다.
④ 보급이 개시된 1983년부터 지금(2015년)까지 100만 명이 넘는 지도자를 육성했으며, 5,300만 명 이상의 청소년이 참가하고 있다.
⑤ 공원재단에서는 CEE와 라이선스 계약체결을 통해 1999년부터 보급활동을 추진하고 있다.

(2) 프로젝트와일드의 프로그램
① '액티비티(activity)'로 불리는 수십 분에서 몇 시간 정도의 기승전결이 있는 활동으로 구성된다. 액티비티는 학교수업을 참고삼아 개발되어서, 교실에서 각 교과학습과 연계한 과학적이거나 창작적인 내용을 기본으로 한다.
② 액티비티는 시뮬레이션게임이나 각종 그룹활동을 많이 활용하는 것이 특징이다.
③ 액티비티의 예시

액티비티	내용
오, 사슴! (생태계의 원리)	• 사슴이 생존에 필요한 필수요소를 찾는 설정의 활동이며, 적절한 서식지의 중요성과 야생생물의 개체군에 영향을 미치는 요소를 이해한다.
떠돌이는 괴로워 (관리와 보전)	• 참가자가 철새가 되어 번식지나 월동지로 이동하는 도중이나 종착지에서 다양한 위험요소를 만나는 것을 학습하고, 인간이 철새에게 어떤 것을 해 줄 수 있을지를 생각해 본다.
모두의 잠자리연못 (인간의 책임 있는 행동)	• 잠자리연못 주변에 새로운 마을이 조성되는 경우를 가정하고, 토지이용에 대한 주민, 공장주, 농장주, 관공서 등의 다양한 입장을 나눈 뒤, '잠자리연못을 보전하면서'라는 조건을 내걸고 마을조성을 모의로 체험한다.

(3) 프로젝트와일드의 지도자 양성
① 프로젝트와일드의 지도자는 퍼실리테이터(facilitator, 상급지도자)와 에듀케이터(educator, 일반지도자)의 두 단계로 구성되어 있으며, 퍼실리테이터가 에듀케이터를 양성하고 에듀케이터가 청소년을 지도하는 구조이다.
② 에듀케이터가 되려면 퍼실리테이터가 강사로 일하는 강습회를 수강해야 한다.
③ 강습회는 하루 또는 이틀간 일정으로 전국 각지에서 개최된다.
④ 강습회에서 사용하는 교재로는, 야생 육상생물과 그 서식지 및 친근한 프로그램을 통해 환경보전을 배우는 '본편', 야생 수변생물과 그 서식지의 지식을 깊이 공부하는 프로그램을 통해 환경보전을 배우는 '수변편', 유아(3~7세)를 대상으로 하는 '그로잉업 와일드(Growing Up WILD)' 등이 있다. 이들 교재에는 여러 액티비티 진행매뉴얼이 소개되어 있다.

⑤ 에듀케이터로서 경험을 쌓으면, 퍼실리테이터 강습회를 수강할 수 있다. 이 강습회는 사흘간의 교육과정으로 구성되며, 이를 수강하면 퍼실리테이터로 인정받는다.

⑥ 프로젝트와일드 자격취득자의 추이

• 2016년 3월 현재, 에듀케이터 자격취득자는 약 23,000명, 퍼실리테이터 자격취득자는 약 550명이다.

'그로잉업 와일드' 활동 모습

주제별로 준비된 교재

플레이리더와 플레이파크

(1) 플레이리더

플레이리더는 플레이파크에 항상 있으면서 어린이들의 대변자이자 상담자가 되어 놀이환경을 디자인하고 주의를 기울이며 문제에 대응하는 어른이다. 플레이파크에서 모험놀이나 화기(火氣) 사용으로 인한 위험을 방지하고, 자연 속에서 노는 방법이나 놀이기구 사용법 등을 잘 모르는 어린이를 지도하기 위해서는 플레이리더의 존재가 중요하다.

일반적으로 공원 플레이파크 운영은 '운영위원회' 등 시민참여조직이 모체가 되어, 그중에서 플레이리더를 고용하고 있다.

플레이리더는 연간일정 작성 및 행사기획부터 현장지도까지 한다. 또한, 상처 등 응급조치와 도시공원에서 해야 할 것과 하지 말아야 할 것을 판단하는 관계법령에 관한 지식 등, 폭넓은 기술과 지식을 필요로 한다.

(2) 도시공원에서 플레이파크의 운영

공원에서 어린이의 놀이 및 다양한 체험기회를 계속해서 제공하는 사례로서, 플레이파크 운영이 있다.

플레이파크는 모험놀이터라고 부르기도 하며, 덴마크에서는 폐자재를 넘어뜨리는 놀이터에서 시작되었다. 일본에서는 1979년 세타가야 구립하네기공원(世田谷区の立羽根木公園)에 도시공원으로는 처음으로 상설 모험놀이터인 '하네기 플레이파크'가 개설되었다. 도시공원 이외에서 운영한 것을 포함하면, 2013년 기준으로 전국에 400군데 이상의 장소에서 플레이파크 활동이 이루어지고 있다(특정비영리법인 일본모험놀이터만들기협회, 「제6회 전국모험놀이터 활동 실태조사」, 2013).

플레이파크의 특징은 기존의 놀이기구는 하나도 설치하지 않고, 서 있는 나무(立木), 풀밭, 흙 등 자연소재나 폐자재 등을 활용해 공구나 불을 사용하면서, 어린이들이 자유롭게 노는 것이다. 플레이파크에서는 플레이리더로 불리는 어른이 배치되며, 대부분은 지역 부모들의 손으로 운영된다.

도시공원에서는 공원의 한 구획을 플레이파크로 정비하거나 지정하고 있으며, 그중 요일이나 시간을 정해 플레이파크 활동을 하는 경우가 많다. 대부분은 시민참여를 통해 운영위원회나 협의회 조직이 교육위원회 등 관련 부처와 연계해 관리 운영을 하고 있다.

플레이파크 활동 모습

©미야타플레이파크

---

48) 저출산으로 인해 아이의 수가 적어지는 현상을 이르는 말.

49) 야생생물과 그 서식환경에 대한 환경교육 프로그램이다. 미국 WRECC(서부지역 환경교육협의회)와 WAFWA(서부지역 어류및야생생물국협회)가 공동으로 만든 어린이지도 교육자를 위한 환경교육 프로그램으로서, 1980년부터 개발해 1983년에 정식으로 공표되었다. 일본에서는 1999년에 재단법인 공원녹지관리재단(현 공원재단)이 인재양성사업의 하나로서 이 프로그램을 도입했다.

50) 지도와 나침반을 이용해 지정 지점을 통과, 목적지에 이르기까지 시간을 겨루는 경기.

6. 공평·평등한 이용

6-1. 공공시설의 평등한 이용과 배리어프리

(1) 공평·평등한 이용

「지방자치법」제244조 제2항에는 "보통지방자치단체(다음 조 제3항에 규정하는 지정관리자를 포함한다. 다음 항목에 대해서도 같다)는 정당한 이유가 없는 한, 주민이 공공시설을 이용하는 것을 막아서는 안 된다.", 동법 제3항에서는 "보통지방자치단체는 주민이 공공시설을 이용하는 것에 대해서 부당한 차별적 취급을 해서는 안 된다."라고 평등한 이용에 대해 명시하고 있다. '공공시설'인 도시공원에서는 어린이부터 어른, 고령자, 장애인 등 누구나 평등하게 공원을 이용하도록 지방자치단체뿐만 아니라 지정관리자도 적절한 관리운영을 해야 한다.

(2) 배리어프리와 유니버설디자인

도시공원에서 공평·평등한 이용을 확보하려면, 특히 이용약자인 고령자·장애인·임산부·외국인 등에 대한 배려가 필요하다. 고령자와 장애인의 이용을 원활히 하기 위해, 1994년 「고령자, 신체장애인 등이 원활하게 이용할 수 있는 특정 건축물의 건축 촉진에 관한 법률」[하트빌(heartful＋building)법] 및 2006년 「고령자, 장애인 등의 이동 등 원활화 촉진에 관한 법률」(일명 배리어프리 신법), 2010년 「도시공원의 이동 등 원활화 정비 가이드라인」이 책정되어 장애인 및 고령자의 사회활동에 대한 참여를 지원하는 제도가 정비되었다. 또한, 지방자치단체에서도 「복지마을 만들기 조례」 등의 책정매뉴얼 작성이 진행되어 장애인 및 고령자의 이용을 배려한 시설정비가 꼭 필요하게 되었다.

도시공원에서도 다양한 이용자에 응대하고자 보행로의 폭이나 기울기 등을 궁리하기 시작했으며, 손잡이나 기저귀교환대 등을 설치한 다기능·다목적화장실을 정비하는 등, 기본적인 시설의 충실을 도모하고 있다.

그래서인지 공원관리에서도 고령자 및 장애인을 시작으로 다양한 이용자 니즈를 만족하고 공원이용을 촉진하며, 나아가서는 이용 폭을 넓히려 다양한 이용에 대한 지원을 실시하고 있다.

배리어프리와 유니버설디자인

배리어프리란 고령자나 장애가 있는 사람이 자력으로 사회활동을 영위하는 데 여러 가지로 방해가 되거나 장벽(barrier)이 되는 것을 제거하는 것을 말한다. 건물이나 공원의 출입구, 계단의 단차(段差) 해소 등 하드웨어적인 시설에 관한 내용이 중심이 된다. 넓은 의미로는 장애인 등의 사회참여를 곤란하게 하는 장벽을 제거하는 것으로, 장애가 있는 사람을 특별한 시선으로 바라보는 소프트웨어적인 심리 장벽의 해소도 목표로 한다.

유니버설디자인은 배리어프리 대책과 같이 특별한 목적이 있는 설계는 아니며, 연령이나 성별, 능력 등에 상관없이 가능한 한 모든 사람이 이용하기 쉬운 환경을 만드는 것과 그러한 제품의 디자인을 목표로 한다.

또한, 노멀라이제이션(normalization)은 모든 사람이 인간으로서 보통의 생활을 하도록, 더불어 생활하고 더불어 살아가는 것을 목표로 하는 사회가 노멀(normal, 정상)인 사회라는 인식을 목표로 한다.

6-2. 공원의 배리어프리와 유니버설디자인 현황

「2015년도 공원관리 실태조사」를 통해 살펴본 배리어프리 및 유니버설디자인의 현황은 다음과 같다.

'보행로의 배리어프리화(化) 및 유니버설디자인 도입'과 '다목적화장실의 정비' 등은 모든 종류의 공원에서 어느 정도 정비되어 있다. 다음으로는 '벤치 및 음수대에 유니버설디자인 도입', '놀이기구의 배리어프리화 및 유니버설디자인 도입'인데, 시설정비 면에서 이미 실시하고 있다.

관리 면에서는 '휠체어 대여'가 종합공원과 운동공원에서 실시비율이 비교적 높고, 그 밖에 '장애인용 팸플릿 작성'과 '장애인 참여 행사 실시', '장애인 지원 자원봉사자 육성' 등은 일부 공원에서 실시하고 있었다.

표 3-6-1. 배리어프리, 유니버설디자인의 도입 상황

구분		가구공원	근린공원	지구공원	종합공원	운동공원	특수공원	광역공원
보행로 배리어프리화, 유니버설디자인 도입	대부분	20.8	26.6	31.3	38.1	38.4	22.5	52.7
	일부	36.7	26.2	20.7	14.3	11.9	15.0	10.9
다목적화장실 정비	대부분	10.1	36.4	46.4	64.6	59.7	31.3	69.1
	일부	56.5	39.3	26.8	14.3	15.1	19.4	7.3
놀이기구 배리어프리화, 유니버설디자인 도입	대부분	5.8	7.0	5.0	4.8	6.3	2.5	14.5
	일부	12.1	7.5	7.3	8.5	4.4	3.8	7.3
벤치 및 음수대 유니버설디자인 도입	대부분	11.6	16.8	19.6	27.5	22.6	12.5	30.9
	일부	36.7	27.1	19.6	14.3	10.1	10.6	7.3
힐링가든, 높임화단 (raised-bed) 등 정비	대부분	0.0	0.0	1.7	1.6	1.9	0.0	1.8
	일부	1.9	2.8	2.2	3.7	1.3	1.9	9.1
점자안내, 음성안내 등 사인 (sign) 고안	대부분	1.4	2.3	5.0	7.4	12.6	4.4	23.6
	일부	4.3	6.1	4.5	10.1	6.3	2.5	18.2
휠체어 대여	대부분	0.0	0.9	2.8	18.5	18.2	6.3	41.8
	일부	0.5	0.0	5.6	14.3	5.7	9.4	14.5
장애인용 팸플릿 작성 및 홈페이지 이용안내	대부분	0.0	1.4	1.1	3.2	3.8	1.3	7.3
	일부	0.5	0.9	2.2	3.7	2.5	3.8	12.7
원예복지, 원예요법 실시	대부분	0.0	0.0	0.0	0.0	0.0	0.0	0.0
	일부	0.5	0.0	0.0	1.6	0.6	0.6	7.3
장애인 참여 행사 실시	대부분	0.0	0.5	0.0	1.6	2.5	0.0	7.3
	일부	0.5	0.5	1.1	3.7	1.3	2.5	5.5
장애인 활동 프로그램 제공	대부분	0.0	0.5	0.0	0.5	0.0	0.0	1.8
	일부	0.5	0.5	0.0	2.1	0.6	0.6	5.5
장애인 지원 자원봉사자 육성	대부분	0.0	0.0	0.0	0.0	0.0	0.0	0.0
	일부	0.5	0.0	0.6	0.5	0.0	0.0	1.8

※ 응답한 지방자치단체 중 해당 종류별 공원이 있는 지방자치단체 수를 모수로 한 구성비(%), 복수응답
※ 위 칸의 '대부분'은 50% 이상의 공원에서 실시, 아래 칸의 '일부'는 1~3개소의 공원에서 실시
출처: 「2015년도 공원관리 실태조사」

6-3. 공원관리의 배리어프리와 유니버설디자인 방식

공평·평등한 이용을 확보하려면, 고령자·장애인·임산부·어린이·외국인 등 소위 이용약자의 공원이용을 지원하는 관리체계뿐만 아니라 모든 사람이 이용할 수 있는 즐거운 체계를 생각해 내는 것이 중요하다.

배리어프리 및 유니버설디자인의 추진은 보행로나 화장실의 정비·개선 등 시설을 중심으로 대응하고 있으나, 이는 다수의 서적이나 매뉴얼에도 나와 있으므로, 여기서는 공원관리 운영업무에서 다뤄야 할 배리어프리 및 유니버설디자인에 대해서 장애인 대응을 예로 들어 기술하기로 한다.

(1) 정보의 수집

장애인 등이 공원을 이용하면서 생기는 문제나, 좀 더 다양한 이용이 가능하려면 필요한 것을 파악한다. 그 방법으로는 다음과 같은 것이 있다.

① 시각·언어장애 특수학교 및 복지시설 입소자 등을 위한 설문지 조사, 인터뷰 조사
• 장애인 본인 이외에 부모나 특수학교 교원 등에게 공원 이용상황, 비이용(非利用) 이유, 이용평가, 관리 요구사항 등을 조사한다.
② 공원현장에서 동행조사
• 다양한 장애가 있는 장애인 및 관계자와 함께 공원으로 나가서 출입구, 보행로, 시설을 실제로 이용하고 평가를 받아 본다.
③ 장애인의 시점에서 점검조사
• 배리어프리의 관점에서 점검항목을 사전에 작성하고, 항목에 따라 조사원이 평가한다. 또한, 장애인이 참여하는 공원 워크숍을 개최함으로써 장애인 입장에서 이용상 어떤 문제가 있는지, 어떤 지원이 필요할지에 대해 장애인과 비장애인이 의견을 교환함으로써 서로 깊이 이해할 수 있다.

(2) 시설 및 관리의 개선

위의 조사결과를 바탕으로 각 시설 및 관리운영 방법을 개선한다.

이때 모든 시설을 동시에 배리어프리화하는 것은 어려우므로, 공원이나 공원시설에 따라 우선순위를 정하고 공원 내 일정 영역을 정해서 배리어프리를 추진한다.

화장실이나 보행로의 개보수 등 대규모의 시설개선 대책 이외에 관리운영상 가능한 배리어프리 대책으로는 다음과 같은 것이 있다.

① 장애인 등을 위한 정보제공
• 배리어프리 구역 안내지도 및 휠체어 이용지도 작성
• 음성가이드 및 공원 내 방송에 의한 안내시스템 구축
• 점자안내판 및 점자팸플릿 등 작성
② 기구 대여
• 휠체어, 전동휠체어, 유모차, 실버카(silver car)[51]의 대여
• 장애인용 스포츠용구·기구의 대여
③ 입장 등의 완화
• 입장료, 시설이용료 등의 할인
• 안내견 및 보조견의 공원 입장 허가
④ 인적 지원
• 요양보호사
• 수화 통역자의 배치
• 휠체어 도우미
• 자원봉사가이드 등 배치
⑤ 이용프로그램 및 행사의 제공
• 장애인 스포츠교실 개최(휠체어테니스, 전동휠체어축구, 수영 등)
• 원예요법 실시
• 장애인 스포츠대회 등의 실시

(3) 시민참여와 연계

복지활동에 관련한 자원봉사자단체나 NPO법인은 많이 있으며, 또한 개인이라도 이런 활동에 관심을 두고 있는 사람도 많다. 배리어프리를 추진할 때, 예를 들어 시각장애인용 점자블록을 정비하고, 시각장애인이 있을 경우에는 가까이 있는 사람이 바로 에스코트하는 환경 및 의식 양성이 더욱 중요하다.

이와 같은 인적 지원을 추진하려면, 공원관리에 참여하는 시민단체와 복지활동을 하는 자원봉사자단체 등과 연계해서 장애인 등이 공원을 이용하는 기회를 늘리고, 공원을 즐겁게 이용하도록 관리체제를 정비하는 것이 중요하다. 또한, 일반시민의 계발활동과 연계하는 것도 중요하다.

그리고 장애인 참여 워크숍처럼 장애인이 스스로 관리운영에도 참여함으로써, 그들의 니즈 파악이나 이용 및 관리 프로그램 개발의 피드백이 가능해진다.

---

51) 거동이 불편한 노인이 실외에서 활동할 때 이용하는 보행 보조기구.

7. 이용지도

7-1. 이용지도의 목적

이용지도란 넓은 의미로는 '이용프로그램의 제공' 등 여러 가지 니즈에 대응한 공원의 유효이용을 촉진하기 위한 행위를 포함해서 공원이용자가 안전·쾌적·적정하게 공원시설을 이용하도록 환경을 유지하고, 또한 공원시설을 양호하게 보전하려고 하는 행위다. 여기서는 위험행위나 민폐행위의 금지 및 주의사항 등에 따른 '안전·쾌적한 이용'과, 법령 등에서 금지한 행위의 금지 및 주의사항에 따른 '공원의 보전'을 목적으로 한 관리에 한정해서 이용지도를 다룬다.

7-2. 이용지도의 내용과 방법

이용지도에는 <표 3-7-1>과 같은 내용이 있다.

안내·주의환기용 팸플릿이나 전단지 작성, 간판·표식 설치 및 상근스태프 배치가 가능한 공원에서는 순회지도와 순찰이 실시된다.

또한, 특수시설의 이용은 기일을 정해서 정기지도도 실시하고 있다.

표 3-7-1. 이용지도의 내용

목적	내용	대상이 되는 행위·시설의 예
공원의 보전	법령 등에서 금지하는 행위의 금지 및 주의	• 도시공원의 손상, 오염훼손: 화장실, 정자(亭子), 조명 등 • 동식물의 채취: 초화나 산나물 채취, 낚시 등 • 출입금지 구역의 진입: 회복지(양생지), 위험구역 등 • 화기 사용: 직화(直火), 장작, 불꽃놀이 등 • 무단점유 및 사용: 노숙인, 강좌개최, 물건판매 등
안전·쾌적한 이용	위험행위, 민폐행위의 금지 및 주의	• 위험한 스포츠: 골프연습, 스케이트보드, 인라인스케이트 등 • 동물 사육: 반려견 방치, 들새 먹이주기 등 • 자동차, 오토바이 등의 출입 • 불법 투기: 가정 쓰레기, 대형 쓰레기, 차량 방치 등 • 기타: 야간 소음 등
	특수한 시설 또는 위험을 동반하는 시설의 바른 이용방법 지도	• 물 이용 시설: 물놀이장, 보트연못, 수영장 등 • 운동시설: 트레이닝 기구, 각종 경기장 등 • 놀이기구: 필드애슬레틱(Field Athletic)[52], 플레이파크 등 • 기타: 동식물원, 캠프장, 전시시설 등

7-3. 이용지도의 과제와 앞으로의 방향

이용지도의 대상으로 구체적으로 예시한 항목은 공원관리 현장에서 큰 문제가 되거나 민원·요청으로 많이 들어오는 사항들이다. 그중 많은 것이 이용자 인식이나 매너 부족, 혹은 장난 등이다. 간판 설치에 의한 주의나 계몽 등 일반적으로 시행되는 이용지도는 매너문제 해결에 그다지 효과가 좋지 않다.

이용지도에서는 공원이용자의 매너 향상을 기대하는 부분이 크며, 다음과 같은 것이 중요하다.

(1) 이용규칙에 대한 이용자·주민 간 공통인식 구축

이용지도의 근거가 되는 이용규칙에는 도시공원 조례 및 시행규칙 등에 정해진 규칙 이외에 공놀이, 반려견 산책 등 이용자 간의 갈등 조정, 노상주차·야간이용·소음 등 이용자와 주민 간에 발생하는 갈등 조정과 같은 세 가지 측면이 있다.

규칙을 결정할 때는 공원관리 방침에 대해 이용자·주민의 충분한 이해를 얻어야 하며, 관리자와 이용자 등 관계자가 협의하는 장을 만들어 공통인식을 가지도록 하는 것이 중요하다. 이용상 갈등의 대부분은 이용매너에 관계된 것이 므로, 이용자 간 그리고 지역주민과 의견을 조정하는 장을 만들어 당사자들이 자주적으로 규칙을 정하는 것이 매너 향 상에 효과적이다.

(2) 규칙위반 대응방침의 명확화

규칙위반에 대한 대응으로는 공원관리자 등에 의한 순찰 및 구두지도가 중심이 된다. 지도를 할 때는 단순히 조례 등에 정해져 있다는 이유보다는 그 행위가 규칙위반인 까닭을 충분히 설명해서 이용자가 이해하도록 하는 것이 중요 하다. 그러려면 지도하는 사람이 금지사항 등의 배경이나 내용을 파악해 두는 것이 필요하다.

이용지도 현장에서 적절히 대응하기 위해 방침을 명확하게 하고, 사안별로 대응매뉴얼을 작성한 사례도 있다.

(3) 이용자·주민 협동에 의한 이용지도 대처

이용매너 향상을 위해서는 규칙 만들기부터 공원이용자·주민 등에게 맡겨서 잘 운영되는 경우도 있다. 공원에서 안전하고 쾌적한 이용을 즐기고픈 시민이 그 실현을 위한 회의 등을 개최하거나, 협의에 따라 공원의 자주적인 이용 규칙을 정해 게시판에 설치하거나 전단지를 배포하는 등, 그들의 활동이 이용지도의 새로운 방법으로 평가되고 있다 ('8. 이용조정' 참고).

또한, 공원관리자 등에 의한 순찰을 배치할 수 있는 공원이 한정되어 있고, 야간이나 이른 아침 시간에 이루어지는 행위에 대한 대응은 어렵다는 한계가 있으므로, 이용자와 주민의 협력을 얻어 주민단체에 관리를 위탁하거나 자원봉 사활동 및 이용자들이 조심하도록 하는 체제를 만들어 가는 것이 필요하다.

7-4. 공원 노숙자

공원에서 노숙자[홈리스(homeless)]를 둘러싼 문제의 발생상황은 지방자치단체나 공원에 따라 다르지만, 노숙자의 정주(定住) 등 위법적인 점거상태는 공원이용자나 이웃주민에게 불안을 준다. 이는 공원관리자만 대응할 수 있는 문제 가 아니라, 관계기관이나 각 부처의 연계가 필요한 부분도 많고, 공원관리자로서는 시설 이외에 운영관리 면에서도 대 응할 필요가 있다.

(1) 공원에서 노숙자 문제의 발생상황

일본 정부(후생노동성)는 노숙자 대책으로 2002년에 제정한 「노숙자 자립의 지원 등에 관한 특별조치법」을 바탕으 로 2003년에는 「노숙자의 자립지원 등에 관한 기본방침」을 책정하였다. 이 기본방침은 2007년 이후에 실시되고 있는 「노숙자 실태에 관한 전국조사」 결과를 근거로 내용이 수정되어, 현재는 2013년도에 개정한 것이 최신판이다. 2015 년의 「노숙자 실태에 관한 전국조사」를 살펴보면, 도시공원·하천·도로·역사 등에서 지내는 노숙자 수는 6,541명이 다. 노숙자 수는 최근 수년간 조사 때마다 감소하고 있으며, 오사카 - 도쿄 - 가나가와(神奈川)의 순으로 많다고 보고되었 다. 그중 공원에서 주로 생활하는 노숙자는 위의 조사에서 1,583명인데, 이는 전체 노숙자 수의 24.2%에 달한다. 다른 장소로는 하천 30.9%, 도로 18.3%, 역사가 4.8%다.

공원 노숙자로 인한 문제는 주로 아래와 같은 행위나 태도 등이 있으며, 공원이용자나 지역주민이 민원을 제기하 는 원인이 된다.

① 벤치, 정자, 화장실, 놀이기구 등 공원시설 점유
② 누더기집 따위를 설치해 보행로·광장·식재지 등 점용, 주차장 내 버려진 차 점유
③ 쓰레기 풀어헤침, 분뇨 처리, 감염증 발생 등 위생상 문제 발생
④ 모닥불 부주의로 불씨 발생 등 화기취급 불안

⑤ 노숙자의 불쾌한 행위, 노숙자 간 다툼 등으로 사건·사고 발생

⑥ 짐을 쌓아두거나 세탁물을 말리는 등 공원미관 저해

(2) 공원 노숙자의 향후 대응방책

위와 같은 문제에 대해, 현재 공원관리 부처에서 강구하는 대책으로는 다음과 같은 것이 있다.

① 입간판 설치, 전단지 배포에 의한 지도

② 공원 순찰과 구두에 의한 지도

③ 노숙자 실태조사, 설문지조사 등 실시

④ 정기청소, 특별청소 등에 의한 물건 철거

⑤ 행정대집행, 약식대집행 등 법적조치에 따른 물건 제거

⑥ 공원이용 일시정지, 야간폐쇄

⑦ 임시로 일시수용시설 설치와 운영

그러나 이들 대책은 노숙자의 일시적 감소 또는 노숙자를 다른 공원이나 시설로 옮기는 대증요법(對症療法)[53]에 지나지 않는다. 또한, 공원이용 일시정지나 야간폐쇄 등은 일반 공원이용자에게도 불편을 주는 경우가 있다.

역사나 도로에서 쫓겨난 노숙자가 공원으로 오는 등, 공원은 노숙자에게 최후의 공공공간이다. 공원 노숙자 문제의 근본적인 대응책은 노숙자가 자립하도록 지원하는 것이다.

앞서 기술한 「노숙자 자립의 지원 등에 관한 특별조치법」 제11조에는 "도시공원, 그 밖의 공공용으로 제공하는 시설을 관리하는 자는 노숙자가 해당 시설을 기거하는 장소로 사용함으로써 그 적정한 이용을 방해하는 경우에는 노숙자의 자립 지원 등에 관한 시책과 연계를 도모하고, 법령 규정을 바탕으로 해당 시설의 적정한 이용을 확보하기 위해 필요한 조치를 취한다."라고 규정되어 있다.

이와 같은 상황 속에서 공원관리자로서의 대책을 다음과 같이 정리한다.

① 공원 노숙자의 실태 파악

• 공원에서 노숙자 대책을 세우려면 실태를 파악하는 일이 꼭 필요하지만, 복지 관련 부처 등에서 실시하는 조사는 공원관리자 시점이 아니어서 공원관리상 문제가 파악되지 않는 경우가 있다. 따라서 공원관리자가 조사를 실시함으로써 실태를 파악함은 물론이고, 조사를 통해 노숙자와 대화를 주고받으면서 관계를 개선하는 것도 기대할 수 있다.

② 관계기관, 부처와의 연계

• 노숙자는 다양한 사정을 안고 있어서 필요로 하는 지원도 다르다. 직업을 가진 노숙자에게는 거주 장소가 필요하고, 직업을 구하고 있는 노숙자에게는 직업 알선이 필요하다. 건강이 나쁜 노숙자에게는 의료 지원이 필요하며, 끼니가 걱정인 노숙자에게는 음식 확보가 필요하다.

• 이에 대한 종합적인 방안으로서 경찰·보건소·복지부처, 그리고 지방자치단체 및 정부가 연계해 노숙자의 사회복귀를 위한 자립지원을 단계적으로 추진해야 한다. 이는 노숙자의 직업 알선, 거주지 확보, 건강 유지를 목표로 하지 않으면 안 된다.

③ 시민참여로 대응

• 노숙자 문제의 대부분은 일반 공원이용자 및 주변 주민의 민원에서 시작되므로, 공원기능의 물리적 지원이 아닌 이용자 등의 이해를 얻어 대응책을 추진해 가는 것이 중요하다. 이미 시민참여가 이루어지고 있는 공원에서는 노숙자 조사와 현장지도 등에 시민이 나서는 경우도 있다. 또한, 노숙자 지원활동을 하고 있는 NPO단체 등과 연계해 시민에게 노숙자 실태를 설명하고 있는 사례도 있다. 이렇게 시민이 공원 노숙자의 실태를 바르게 인식하게 함으로써 막연한 불안이나 과잉반응 해소에 도움이 되기도 한다.

④ 일자리 확보

• 실업은 노숙자를 만드는 큰 원인이므로, 중앙정부나 관계부처에서도 고용촉진이나 생계지원사업을 추진하고 있다.

• 다른 나라의 경우, 실업자 대책의 일환으로 공원사업에서 청소나 제초 등 간단한 유지관리 업무에 노숙자를 고용하는 사례 등을 볼 수 있다. 이러한 방법은 이미 업무 담당자가 있는 공원에서 조속히 실현하기는 곤란하지만, 신설 공원이나 미조성 공원에서는 가능한 부분에서 노숙자 채용을 검토하는 것이 필요하다.

⑤ 각종 대책의 효과적 실시

• 장소와 기간을 한정해서 공원시설 개선이나 현장지도 등의 대책을 실시함으로써, 일정 효과를 기대할 수 있다.

• 예를 들어, 공원의 얼굴이 되는 장소나 어린이놀이터 주변, 혹은 어린이들이 노는 시간대나 행사 기간 중에는 노숙자가 자리를 옮기게 하는 등, 장소나 시간대의 이동에 따라 효과를 볼 수 있는 사례가 많다.

---

52) 자연을 가까이하면서 체력을 단련하는 레저스포츠의 일본식 조어.
53) 그때그때의 증상에 따라 치료하는 요법.

8. 이용조정

8-1. 이용조정

종래의 공원관리에서 '이용조정'이란, 운동시설이나 숙박시설 등 이용자 수가 정해져 있는 시설의 이용중복을 피하거나 원활한 이용을 촉진하는 것이 주된 것이었다. 여기에는 예약시간 추첨이나 특정단체 등의 우선이용 등 특수한 조정이 필요한데, 이에 대해서는 다음의 '9. 공원시설의 운영'에서 다루기로 한다.

여기에서 말하는 '이용조정'이란 공원이용자·이용자와 주변 주민 사이, 이용자와 관리자 사이, 또는 관리에 있어 공적(公的) 기관 간 의견이 달라서, 관리방침 등을 정하는 데 난관이 되거나 문제로 발전할 것 같은 내용의 조정을 말한다.

예를 들어 공원 수목의 경우, 주변 주민은 낙엽이나 일조량 부족을 이유로 벌채를 요구할 수 있는데, 공원관리자는 도시녹지의 역할과 중요성의 관점에서 나무의 적절한 생육을 유지하고자 하고, 공원이용자는 녹음이나 단풍, 꽃을 즐기고 싶어할 수도 있다. 또한, 반려견을 데리고 산책하는 견주(犬主)와 일반 이용자의 갈등, 광장을 이용하는 어린이의 놀이, 고령자의 집단적 이용, 행위허가에 의한 이용중복 등 여러 가지 상황이 발생할 수 있는데, 이를 관리하는 것을 이용조정이라고 한다.

공원이용자와 관리자 간의 문제는 공원정비 단계부터 시설에 대한 요구까지 다양한데, 이것의 조정은 관계자 간에 이루어져 왔다. 또한, 공원이용자 간이나 이용자와 주민 간의 이해 및 의견대립도 당사자 간 일상대화나 커뮤니티 활동 속에서 해결되어 심각한 상황까지 발전하지 않았다.

그러나 도시환경이 과밀화한 환경에서, 공원을 향한 니즈나 이용의 다양화에 따른 물리적 충돌이나 이용자 및 주민의 가치관이 다양화하면서, 심리적인 압력이 뚜렷하게 나타나고 있다. 희박해진 공동체의식 속에서는 해결책이 없으므로, 공원관리자가 쌍방 의견을 듣고 중개해서 해결하는 것이 필요하다.

이용조정과 관계된 사항은 각각의 의견과 요구에 대해서 어느 쪽이 맞는 것인지도 판단할 수 없는 사항이 대부분이며, 공원관리자도 포함하여 당사자 간에 조정하는 것이 중요하다.

8-2. 이용조정의 사례

<표 3-8-1>은 이용조정과 관계된 상황의 발생에 대해, 당사자(관계자)와 그 주장의 내용을 정리한 것이다.

공원관리 과제의 하나로, '공원에서 반려견의 산책 등 반려동물을 둘러싼 갈등'이 있다. 도시에 중요한 자연이 있는 공원에서, 반려견을 산책하게 하거나 자유롭게 놀게 하려는 견주와 개를 싫어하고 어린이가 두려워하는 등 일반 이용자 사이에서 발생하는 이용의 대립, 분뇨처리 등 견주의 나쁜 매너가 각지에서 문제가 되고 있다. 또한, '낙엽과 햇빛 등 식재의 유지관리를 둘러싼 갈등'은 인근 주민과 공원관리자 혹은 이용자 간에 발생하고 있다. 나무그늘이나 단풍 및 꽃을 즐기고 싶어 하는 공원이용자와 나무를 있는 그대로 보이고 싶어 하는 공원관리자는 일조장애와 낙엽처리를 곤란해 하는 주변 주민의 목소리에 대한 대응책 때문에 곤란한 상황이다. 또한, 방범상의 문제로 경찰에서는 후미진 곳에 있는 나무의 철거를 요구하는 경우도 있다.

'게이트볼(gate ball)이나 어린이 야구 등 스포츠를 둘러싼 갈등', '야간에 공원을 이용하는 사람이 발생시키는 조명이나 소음, 풍기문란 등의 갈등'도 이용자 및 주변 주민으로부터 민원이 끊이지 않는 문제다.

표 3-8-1. 이용조정의 사례

항목	관계자	내용(주장)
공원 주변 수목의 식재관리	공원이용자	• 그늘이나 경관을 제공하는 나무는 필요하다.
	공원관리자	• 나무는 필요하며, 나무는 그 모양을 유지하며 성장해야 한다.
	경찰, 주변 주민	• 일조장애 및 낙엽처리가 곤란하므로, 철저하게 강전정(강한 가지치기)을 하면 좋겠다. • 시야를 가리므로, 방범·교통안전의 문제로 철거하면 좋겠다.
반려견 산보	견주	• 강아지가 자유롭게 산보할 장소는 공원밖에 없다.
	일반 이용자	• 목줄을 매지 않으면 어린이가 무서워하고, 분변처리도 하지 않아 곤란하다.
동물에 먹이제공	먹이를 주는 사람	• 가여우니까 먹이를 주고 싶다.
	일반 이용자	• 까마귀나 비둘기가 모여 있어 어린이가 무서워한다.
운동광장 이용	고령자	• 게이트볼이나 그라운드골프(ground golf)를 즐기고 싶다.
	청소년	• 캐치볼이나 축구를 즐기고 싶다.
	일반 이용자	• 영유아 어린이들도 자유롭게 놀게 하고 싶다.
	주변 주민	• 게이트볼장의 이른 시간 이용이나 농구장의 야간이용은 소음을 일으킨다.
악기 연주, 가라오케	일부 애호가	• 악기 연습이나 노래를 하고 싶다.
	주변 주민, 일반 이용자	• 소음이 된다.
야간 공원이용	청소년	• 밤에도 자유롭게 놀 수 있는 곳은 공원뿐이다.
	공원이용자	• 불꽃놀이가 가능한 넓은 장소는 공원뿐이다.
	주변 주민	• 풍기가 문란해지고, 쓰레기와 소음이 발생한다.
스케이트장 정비	청소년	• 다른 데는 없으므로 공원에서 꼭 만들어 주면 좋겠다.
	공원이용자	• 영유아 어린이들한테는 위험하고 불필요하다.
	주변 주민	• 멀리서도 청소년들이 오게 되고, 소음을 일으키므로 불필요하다.

8-3. 이용조정의 방법

공원이용의 다양화와 더불어, 이용조정이 필요한 상황은 앞으로도 증가할 것으로 보인다. 그래서 공원에서 골프 연습, 이용자가 많은 장소에서 반려견 방목 등 주위에 위험을 끼치는 행위에 대해서는 조례에 따라 금지, 금지표지 설치, 순찰에 의한 주의 등 지도를 강화해 대처하는 한편, 계몽사업에 의한 매너 향상을 꾀한다.

(1) 당사자 간 대화 추진

• 반려견 산책이나 스포츠 이용 등의 문제는 관계된 당사자끼리, 식재에 관한 문제는 주변 주민과 공원이용자, 관리자가 대화를 나누고, 공원관리자는 대화의 장을 마련하는 것이 해결책이 되기도 한다.

• 반려견 산책 문제는 애견가와 이용자 간 대화의 자리를 마련하여, 의견을 나누면서 상호이해를 돈독히 하고 자주적인 이용규칙을 만들어 가는 사례도 있다.

• 공원식재의 문제는 민원이 발생했을 때 바로 가지치기하는 것으로 처리하지 말고, 주민이나 관계자 입회하에 나무의 효과에 대해 설명하여 최소한의 가지치기를 하는 것으로 하고, 서서히 주민 이해를 구하여 민원을 감소시킨다.

• 관계자가 모두 만나서 대화하려면, 아주 세심히 대응할 수 있는 체제정비가 필요하다. 주제에 따라 게시판이나 전단지 등을 이용한 상호 의견교환도 가능하다.

(2) 관계기관과 연계

- 공원은 다양한 시민이 모이고 다양한 활동이 이루어지고 있으므로, 공원에서 발생하는 여러 가지 문제는 경찰, 환경, 복지, 보건위생, 시민 부처 등과 연계해 해결해야 하는 경우도 많다.

(3) 공간의 분리

- 공원에서 반려견의 산책, 광장에서 스포츠 및 어린이 놀이 등 이용중복에 관한 정비는 장소 및 시간대의 분리로 해결하는 것도 가능하다.
- 반려견의 산책과 방목을 둘러싼 갈등에서는 장소를 분리해 애견운동장을 설치하는 방안도 여러 곳에서 실시하고 있다. 이는 '반려견을 자유로이 뛰놀게 하고 싶다'고 하는 애견가의 의향도, '위험한 개를 방목하지 않았으면 좋겠다'고 하는 일반 이용자의 의향도 모두 충족할 수 있기 때문에, 설치의 찬반(贊反)이나 정비, 관리상 문제 등의 논의도 있지만, 도입 가능한 환경이 정리되면 성과를 기대할 수 있는 방법이다.

(4) 원인분석과 발생의 예방

- 공원식재에 대한 문제로는 '낙엽과 떨어진 나뭇가지', '일조', '병해충 발생', '시야차단으로 인한 사건과 교통사고 발생(우려)' 등으로 구별할 수 있으며, 원인이 되는 나무의 종류, 높이, 모양, 심은 형태(독립수·산울타리·밀식 등), 식재위치 등은 예측 가능하다.
- 대책 사례로는, 공원을 새로 조성하거나 재정비할 때 주변에 주택이 있으면 대경목(大徑木) 낙엽수의 식재는 피하는 방법이 있다. 또한, 사고방지를 의식해서 시야를 가리지 않게 하고 방재기능(화재 시 복사열 차단)을 높이는 등, 어느 쪽이든 우선순위를 충분히 검토하지 않으면 안 된다. 그리고 병해충의 발생 시기를 사전에 입수해 세심히 작업을 실시하는 등, 이용조정 사항의 발생이 예상되는 사태를 미리 파악하는 연구가 필요하다.

(5) 정보발신에 의한 방법

- 입간판을 설치해 일방적으로 금지사항을 알리지 말고, 이해관계가 대립하는 쌍방의 의견을 정중히 소개하거나, 관련 정보를 제공해 이해를 돕도록 한다.
- 공원 식재를 둘러싼 갈등에서도, 녹지의 중요성이나 관리방침 등의 내용을 공원 주변 주민에게 충분히 전함으로써 주민에게 어느 정도 이해를 얻어 벌채하지 않은 사례도 있다. 또한, 반려견의 방목 대책으로써 애견운동장 정비에 대한 여러 사람의 의견이나 조사결과 등을 중립적으로 소개함으로써, 일반 공원이용자의 이해를 단계적으로 얻어갈 수 있다.
- 이와 같이 이용조정이 발생하고 있는 국면을 공개해 관련 정보 및 상호의견을 공표해 감으로써, 앞서 언급한 '당사자 간 대화 추진'과 연결이 가능하게 된다.

8-4. 애견운동장

공원에서 반려견의 산책이나 방목에 대한 견주와 일반 이용자 간 갈등은 이용조정이 필요한 사항이다. 이 대립은 주인과 일반 이용자 사이에 대화의 기회를 마련해 이용규칙을 만드는 등의 조정이 중요하며, 일반 이용자와 반려견의 이용장소를 분리하는 전용시설 설치가 요구된다.

여기에서는 이용조정 해결방책의 한 예로 애견운동장에 대해서 기술한다.

(1) 애견운동장

① 애견운동장이란

• 애견운동장이란 일정 넓이에 울타리를 두른 애견 전용 놀이터로서, 일정 규칙을 바탕으로 목줄을 풀어 개를 자유롭게 운동시키는 것이 가능하다. 1990년 시민운동을 통해 뉴욕주 맨해튼공원에 처음 정비된 것으로 알려져 있으며, 일본을 시초로 하여 세계 각국으로 보급되고 있다. 일본에 있는 애견운동장은 도시공원 외에도 쇼핑센터나 휴게소 등 다양한 장소에 설치되었으며, 유료 시설도 있다.

② 애견운동장의 효과

• 반려견의 주인은 반려견을 자유롭게 놀게 할 수 있으며, 교육이나 훈련의 장, 반려견 주인 간 정보교환의 장, 그리고 매너를 계발하는 장으로서 효과를 기대할 수 있다.

• 한편, 일반 공원이용자로서는 애견운동장 이외의 장소에서 안전성이 확보되고, 주택사정으로 반려견을 키울 수 없는 사람이나 아이들에게는 반려견을 접할 수 있는 장소가 되기도 한다.

• 그리고 장애인이나 고령자에게 애니멀테라피(동물요법)의 장으로 활용할 수도 있다.

③ 애견운동장의 시설내용

• 도시공원의 규모에 따라 다르나, 도시공원에서는 약 1,000m² 이상이 일반적이며, 여유가 있으면 대형견과 소형견의 두 공간으로 구분하는 것이 필요하다. 울타리 높이는 1m 정도로 설치하고, 바닥 포장은 흙이나 모래, 잔디 등 반려견이 운동하기 쉬운 것으로 한다.

• 시설로는 견주용 벤치, 반려견용 음수장, 분변을 처리할 쓰레기통, 그늘을 제공하는 나무 식재, 게시판 등이 필요하다. 그 밖에 허들이나 막대(pole) 등 애견 훈련도구나 놀이기구, 야간조명을 설치한 사례도 있다.

④ 애견운동장의 정비와 이용상황

• 각지에서 애견운동장 정비에 관한 진정서 및 요구서가 지방자치단체에 접수되고 있으며, 조성이 증가하고 있다. 시험운영이나 행사로 실시한 사례도 있으며, 국영공원은 17곳 중 6곳에 애견운동장이 정비되어 있다. 또한, 도쿄의 도립공원 안에 있는 애견운동장은 2004년도 공원 2곳에서 2015년에는 12곳으로 증가되는 등, 공원의 매력 향상을 향한 프로젝트의 하나가 되었다(도쿄도, 「파크 매니지먼트 마스터플랜」, 2015. 3.).

(2) 애견운동장의 관리

① 시설보수

• 애견운동장 정비요구의 대부분은 일상적으로 반려견 산책에 이용되고 있는 곳이 공원이기 때문에, 보수하는 방식으로 시설정비가 이루어지고 있다. 일반적으로 애견운동장으로 전환 가능한 공간은 잔디광장이나 운동장 등으로 한정되어 있어서, 현재 일반 이용자와 조정·동의가 필요하다. 이것은 이용상 조정하는 것 이외에도 공적 자금을 특정 이용자를 위해 투자하는 것에 대한 비판, 반려견이 모이면서 분뇨를 제대로 처리하지 않는 등의 상황이 증가하기 때문에, 반대 의견에도 귀를 기울여야 한다.

② 관리운영

• 관리상 문제로는, 유지관리 부담은 적으나 운영관리 면의 관리체제가 필요하다. 견주의 매너 향상을 위해서 반려견의 예의범절 교실이나 매너 교실을 개최함과 더불어, 애견운동장에 입장할 때 반려견의 성격 확인이나 애견운동장 내 갈등 방지를 위한 감시 등이 필요하다. 실제로 반려견끼리 무는 사고가 각지에서 발생하고 있으며, 민간 시설에서는 시설관리자가 손해배상을 하게 되는 사례도 볼 수 있다.

• 공원관리자가 관리할 새 인력을 배치하는 것은 곤란하며, 애견운동장을 정비하기엔 운영관리 체제가 문제되어 실현되지 않는 곳도 있어서, 이용자가 자원봉사로 운영에 참여하도록 하는 시민참여를 포함한 관리체제가 필요하다.

애견운동장 이용 모습

요요기공원(代々木公園)의 애견운동장 이용규약

이용안내

1. 애견운동장 안에서는 이용등록증이 보이도록 몸에 부착하여 주십시오.

2. 이용등록을 하지 않은 분, 반려견을 데려오지 않은 분은 이용할 수 없습니다.

3. 이 애견운동장은 체중별 영역으로 되어 있습니다. 프리(free) 영역이 아닙니다.

   • '중·대형견용 영역(10kg 이상)'

   • '소·중형견용 영역(~12kg)'

   • '초소형견 전용 영역(~5kg)'이므로, 적합한 영역으로 입장 부탁합니다.

4. 견주 한 사람이 이용 가능한 반려견은 원칙으로 한 마리(최대 두 마리)입니다. 단, 투견종은 주인 한 사람당 한 마리입니다. 엄수해 주시기를 바랍니다.

5. 투견종은 입마개 장착을 부탁합니다.

6. 반려견에게 눈을 떼지 말고, 언제나 필요한 제어가 가능하도록 해 주십시오.

7. 변 등의 배설물은 되가져가시고, 견주가 책임을 가지고 처리하십시오.

금지사항

1. 투견, 무는 버릇이 있는 애견, 발정기의 수캐(약 1개월), 병이 있는 반려견의 입장은 금지입니다.

2. 유모차, 카트(견용 카트 포함), 그 밖에 애견이 격돌하거나 분쟁 소지가 되는 물건을 가지고 오는 것은 금지입니다.

3. 0~6살의 유아 입장은 금지입니다(반려견을 데리고 보호자 동반이라도 입장 금지). 또한, 보호자 동반이 없이 12살 이하 어린이만 입장하는 것도 금지입니다.

4. 반려견 이외의 반려동물 입장은 금지입니다(반려견 동반이라도 입장금지).

5. 반려견만 애견운동장 안에 방치하는 행위는 금지입니다.

6. 반려견의 운동용구, 장난감, 음식은 갈등 방지를 위해 금지입니다.

7. 시설 안에서 취식, 흡연은 금지입니다.

8. 훈련사 등의 영업활동이나, 허가 없이 집단으로 이용하는 것은 금지입니다. 또한, 특정 그룹(오프 모임 등)에 의한 점유는 하지 마십시오.

9. 적합한 영역 이외에서 이용하는 것은 갈등의 원인이 되므로, 단호하게 사절합니다.

기타

1. 반려견에게 물리는 사고 등의 문제는 당사자 간에 합의하여 해결하십시오.

2. 위에 기재한 것뿐만 아니라 다른 반려견이나 견주에게 방해가 되는 행위는 주의하여 주십시오.

3. 시설 안에서는 서포터에게 협력을 부탁합니다.

　관리상 지장이 있을 경우, 담당자 지시에 따르지 않을 경우, 이용규약을 지키지 않을 경우에는 이용을 제한할 수 있습니다.

출처: 요요기공원 애견운동장 공식 홈페이지(http://yoyogidogrun.net/?page_id=40) (2016. 3. 1. 열람)

9. 공원시설의 운영

　도시공원의 운영관리는 공원 안에 설치된 시설을 개별적으로 관리하는 경우가 있다. 공원 안에 정비하는 개소 수가 많은 시설, 고도로 전문적인 관리를 실시할 필요가 있는 시설의 사례로서 운동시설, 바비큐 광장, 매점, 음식점이 있다. 여기에서는 대표적인 공원시설을 중심으로 운영방침을 기술하기로 한다.

9-1. 운동시설의 운영

(1) 운동시설의 관리업무

　운동시설 중에도 야구장, 테니스코트와 같은 야외 운동시설의 관리업무를 정리하면, <표 3-9-1>과 같은 사항이 있다.

표 3-9-1. 야외 운동시설의 관리업무

관리구분		내용
유지관리	노면 관리	• 청소, 정지(整地), 지반다짐, 살수, 도로포장, 표토보충, 보수 등
	식재(잔디) 관리	• 잔디 깎기, 김매기, 거름주기, 살수, 에어레이션, 목토(目土)[54], 메워심기(보식) 등
	관객석 관리	• 일상청소, 정기청소, 특별청소, 수리, 점검 등
	부대시설 관리	• 청소, 기계운전, 설비관리, 수리, 점검, 법정점검 등
운영관리	접수	• 예약접수, 이용조정, 요금수수, 시설·용구 대여, 사후점검 등
	홍보	• 시설안내, 강좌안내, 미예약 정보제공 등
	행사·이용프로그램 제공	• 이용프로그램, 강좌·행사의 기획 및 실시, 지도 등
	시설운영	• 시설 개보수 및 개선 제안, 서비스시설 운영 등

　위에서 유지관리의 각 항목 중에는 테니스코트의 포장면 관리 등 특수한 관리도 일부 있지만, 공원 전체의 유지관리 업무는 거의 대부분 공통이다. 그래서 여기에서는 운동시설 고유의 운영관리 업무를 중심으로 설명한다. 단, 수영장에 대해서는 정부(문부과학성, 국토교통성)에 의해 2007년 「수영장 안전 표준지침」이 제정되는 등 특히 안전관리를 중시하는 시설이기 때문에, 제5장의 공원관리와 안전대책에서 다루기로 한다.

(2) 접수

비어 있는 시설의 정보발신 등 일부 홍보를 포함한 접수의 일반적인 흐름은 다음과 같다.

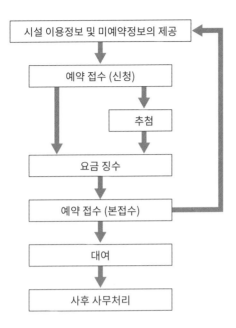

'추첨 등의 이용조정', '이용요금의 징수·환불', '등록제도' 등 운영업무에 관한 문제의 다수가 이 단계에서 발생한다. 이 흐름에 따라 현상과 대응책에 대해 설명한다.

  ① 시설 이용정보·미예약 정보의 제공

• 실시간 정보의 발신과 인터넷 이용

- 시설의 내용이나 이용에 관한 정보는 공원의 기타시설 정보와 합쳐서 발신하는 것이 대부분이나, 미예약 정보는 실시간 정보를 제공하는 것이 필요하다. 과거에는 관리대장 등으로 정리한 미예약 정보를 전화나 창구에서 제공하는 대응이 주된 것이었으나, 현재는 미예약 정보를 웹사이트 등으로 제공하는 방법이 주류다.

- 일반적으로 정보관리는 전자화하는 것이 용이하다. 이용자에게 제공하는 것도 인터넷으로 수·발신을 하는 등 다양한 방법을 선택하면 관리자와 이용자 쌍방이 편리하다. 시스템 구축에 일정 시간과 초기투자가 드는 한편 하드웨어와 소프트웨어 둘 다 유지보수 관리도 필요하기 때문에, 이용 니즈나 도입 목표 등을 정밀히 조사해 미예약 정보 제공시스템을 검토할 필요가 있다. 특히 인터넷상으로 발신할 때는 갱신 빈도가 낮으면 의미 없는 정보가 되므로, 이에 대응할 시스템 구축과 동시에 정보발신을 추진하지 않으면 안 된다.

• 시설 간, 소관 부처 간 연계

- 또한, 시설이용자는 특정 시설을 지명해서 이용하는 경우도 있지만, 가까운 곳에 비어 있는 시설이라면 어디든 관계없이 이용하는 경우도 많다. 그래서 미예약 정보의 발신이나 예약접수는 공원 간 연계, 교육위원회 등 타 부처 간 시설 연계, 지방자치단체 연계 등을 통해 되도록 폭넓게 네트워크를 형성하면 편리성을 높이게 된다.

  ② 예약접수

• 예약접수는 <표 3-9-2>와 같은 방법이 있으며, 각기 장점과 단점이 있다.

표 3-9-2. 예약접수 방법

접수방법		방법·특징
직원에 의한 접수	창구	• 행정창구 및 시설창구에서 직원이 접수하는 방법 • 이용자는 창구까지 나갈 필요가 있으나, 시설이 비어 있으면 그 장소에서 확실하게 예약할 수 있다. • 복수의 시설을 네트워크화해 창구를 연결하면, 이용자 편리성이 높아진다. • 대응 시간이 한정되는 경우가 있다.
	전화	• 직원에게 전화로 접수하는 방법 • 접수방식에 따라 다르지만, 그 장소에서 예약확인을 하는 것도 가능 • 복수 시설의 이용신청을 집약하는 것도 가능하다. • 신청이 집중되는 시기·시간대에는 연결하기 어려운 경우도 있다. • 대응 시간이 한정되는 경우가 있다.
	팩스	• 소정의 용지에 필요한 사항을 기입해서 팩스로 송신하는 방법 • 예약확인을 나중에 하지 않으면 안 된다. • 신청이 집중되는 시기·시간대에는 연결하기 어려운 경우도 있다.
자동 접수	전화	• 전화신호에 의해 자동적으로 접수하는 방법 • 이용자는 음성안내에 따라 전화기를 조작하여 신청·변경 실시 • 예약확인을 나중에 하지 않으면 안 된다. • 신청이 집중되는 시기·시간대에 연결되기 어려운 경우도 있다.
	전용단말	• 공공시설이나 거리에 설치된 전용단말기를 사용해서 예약한다. • 이용자는 단말화면에 표시되는 지시에 따라 조작해 신청·변경 실시 • 미예약정보의 검색도 가능하게 하면, 예약확인을 할 수 있다. • 단말이 설치된 장소까지 나가야 한다. • 전자기기에 익숙하지 않은 고령자 등이 쉽게 사용하도록 연구 필요 • 대응 시간이 한정되는 경우가 있다.
	인터넷	• 예약접수 전용 사이트 및 페이지를 마련해 여기서 필요한 정보를 입력·송신하는 방법 • PC나 스마트폰 등 인터넷 접속이 가능한 기기가 있으면 언제라도 신청 가능하다. • 미예약 정보나 요금결제 시스템과 연계해 예약확정까지 가능하다. • 시스템 구축 및 일상적인 보수관리가 필요하다.
오퍼레이터		• 직원 접수와 자동 접수의 중간으로, 기계조작 등이 불편하거나 장애가 있는 사람을 위해 자동접수의 기계 입력을 직원이 해 주는 방법

• 사전등록 방식의 활용

- 여러 가지 방법을 채택하는 경우가 있지만, 이용자가 사전에 등록하도록 하여 등록번호로서 정보를 관리하는 것이 필요하다. 사전등록 방식은 관리자에 따라서 이용정보의 전자화와 일괄관리 등이 쉬운 장점이 있으며, 이용자도 한 번만 등록하면 신청할 때 필요한 사항(주소, 이름 등)을 다시 쓰지 않아도 되므로, 신청 시간이 절약되는 장점이 있다.

③ 추첨

• 보통은 선착순으로 접수하지만, 이용이 집중하는 특정 시기나 요일, 시간대는 모든 시민이 공평·평등하게 이용하도록 적정하게 선정하기 위한 조치로 추첨을 실시한다.

• 인터넷 등을 활용한 경우에는 이용신청, 추첨결과의 확인이 가능하다.

• 다만, 추첨 그 자체는 아니지만 이용조정에 관한 문제로서 일반 이용자와 경기단체의 조정이 있다. 연간 스케줄로 대회 개최나 강화훈련이 짜여 있는 경기단체의 이용을 우선으로 한 결과, 일반 이용자의 이용범위가 제한되는 사례를 볼 수 있다.

• 이 문제에 관해서는 각종 경기단체의 연간 일정이 연초에 확정되므로, 연간 이용계획을 조기에 작성하고 그중 일반의 이용범위를 사전에 마련해 놓는 등의 대응이 필요하다.

④ 요금징수

• 예약 시 납입의 보급

- 요금징수에는 <표 3-9-3>과 같이 '예약을 실시할 때 납입(요금납입으로 예약을 확정)', '실제 이용할 때 창구 등에서 납입'의 두 가지 방법이 있다.

- 각기 장점과 단점이 있으나, 선점해 놓고 취소하는 것을 방지하기 위해 입금확인증으로 예약을 확정하는 방식이 필요하다. 다만, 회원제 스포츠클럽 등 취소 위험이 적은 시설은 이용할 때 납입하는 것으로 하고 있다.

표 3-9-3. 요금의 징수방법(납부시기)

	장점	단점
예약 시 요금납입	• 예약만 하고 실제로 이용하지 않는 소위 '노쇼(No-Show)'의 억제를 기대할 수 있다.	• 이용하지 않은 경우, 환불 방법이 번잡하다. • 예약 시간대에 이용자가 나타나지 않는 경우, 다른 사람이 이용하게 하는 것이 어렵다.
이용 시 납입	• 실제로 이용할 때 지불하므로, 환불 절차가 필요 없다.	• 현금출납의 장소가 증가해 창구업무가 번잡하다. • '노쇼'가 발생하기 쉬우므로, 취소 시 불이익에 대한 조치를 마련할 필요가 있다. • 관리자 상주 시설이 아니면 대응할 수 없다.

• 무통장입금 등 현금을 다루지 않는 방식

- 요금을 받는 방법으로는 현금, 전자화폐, 자동인출, 신용카드, 편의점 지불, 회수권이나 정기권 등에 의한 사전 납입형이 있으며, 그 장점과 단점은 <표 3-9-4>와 같다.

- 실제로 현금지불이 많이 이용되고 있으며, 창구에서 출납사무가 번잡하다. 회원제로 이용하는 시설은 사전등록에 의한 계좌이체나 신용카드, 편의점 지불의 방법이 있으며, 등록번호 관리를 포함해 직접 현금을 지불하지 않는 구조가 좋다.

- 한편, 예약변경이나 취소 시 환불 문제가 있다. 취소 사유로는 이용자 자신의 상황에 의한 경우와 야외 운동시설에서 악천후나 운동장 상태에 따라 이용할 수 없는 경우가 있다. 전자의 경우에는 이용날짜 며칠 전까지로 기일을 정해서 취소를 접수하는 방법, 자신의 상황에 의해 취소하는 경우에는 불이익을 부과하는 등, 페널티 제도를 마련한 시설도 있다.

- 어느 쪽이든 취소가 접수되면 환불 업무가 발생하므로, 자동이체나 창구에서 환불처리를 하는 구조가 필요하다.

- 이 문제에 대해서는 '당일 또는 며칠 전 이후 취소는 전액부담', '날씨에 의한 당일 이용불가는 전액환불로 하며, 이것은 관리사무소에서 판단해 전화문의에 대응' 등 요금 환불규정을 정해 놓고 계좌이체 도입 등으로 창구 사무를 간소화할 수 있다.

표 3-9-4. 요금 징수방법(결제방법)

구분	장점	단점
현금	• 이용자로서는 무엇보다도 간단하고 쉽다.	• 이용자는 이용할 때마다 지불해야 하는 수고가 발생한다. • 관리자는 현장에서 출납 사무작업이 번잡하다.
전자화폐	• 이용자 및 관리자 둘 다 지불할 때, 잔돈이 생기지 않는다.	• 전자화폐가 있는 사람과 그렇지 않은 사람도 있다. • 관리자는 판독기 설치 및 수수료 부담이 있다.

구분	장점	단점
신용카드, 편의점 지불 등	• 이용자는 이용할 때마다 지불 절차가 없다. • 관리자는 출납관리를 일원화할 수 있으며, 　일이 줄어든다.	• 취소 등 환불이 발생할 경우, 절차가 복잡하다.
자동이체 (계좌이체)	• 이용자는 이용할 때마다 지불 절차가 없다. • 관리자는 출납관리를 일원화해 일이 줄어든다.	• 이용자는 사전에 계좌를 등록해야 한다. • 취소 등으로 환불할 때는 절차가 복잡하다.
회수권	• 이용자는 이용할 때마다 지불 절차가 없다. • 관리자는 출납관리 일이 줄어들고, 사업수익을 　안정적으로 예측할 수 있다.	• 이용자 전출 등으로 이용할 수 없게 될 경우, 　조치를 마련해야 한다.
정기권	• 이용자는 이용할 때마다 지불 절차가 없다. • 관리자는 출납관리 일이 줄어들고, 사업수익을 　안정적으로 예측할 수 있다.	• 주로 개인 이용이므로, 예약이 필요한 시설에는 　적절하지 않다.

⑤ 대여

• 일반인에게 개방하지 않은 시설에서는 열쇠 전달과 용구(테니스코트의 그물, 야구의 베이스 등) 대여가 필요하나, 관리자가 상주하지 않는 시설이나 이른 시간에 이용하는 시설에서는 사전에 전달하는 방법 등으로 대여에 관해 일정한 규칙을 마련하는 것이 필요하다.

• 또한, 연속해서 다른 단체가 이용하는 테니스코트나 야구장에서는 다음 이용자가 계속해서 사용할 경우 간단한 시설관리가 필요하다. 주로 코트나 그라운드를 고르는 것이지만, 이용자 상호 간의 배려로 불편함 없이 이용하도록 해야 한다.

⑥ 사후 사무처리

• 시설별로 신청자 수, 추첨 결과, 이용자 수, 취소상황 등을 기록해 데이터베이스화함으로써 시설의 가동상황이 파악되면 향후 이용계획 작성에 도움이 된다.

(3) 홍보

운동시설에 관한 홍보는 시설(시설의 장소, 규모, 상세 등)과 이용방법(이용시간대, 신청방법 및 창구, 이용규칙 등), 운영상황(시설의 미예약 정보, 강좌 개최 등) 등 세 가지로 구분된다.

이 중에서 시설과 이용방법의 소개는 홈페이지, 홍보지, 팸플릿, 전단지 등으로 공원정보와 함께 홍보하는 경우가 많다.

(4) 행사·이용프로그램의 제공

운동시설에서는 시민의 체력향상과 건강유지, 스포츠 커뮤니티의 형성 이외에 경기 참여 인구의 증가, 비수기의 이용촉진 등 시설의 유효활동을 목적으로 한 행사 및 이용프로그램을 제공한다. 이용프로그램의 내용으로는 스포츠 강좌, 스포츠대회 개최, 일반 이용 시 지도사(指導士)에 의한 것이 있다.

지도사에 의한 이용프로그램 제공의 경우, 체육관에 늘 지도사가 배치되어 있는 경우가 많다. 체력향상이나 기술향상을 위한 지도 이외에 식생활 개선이나 정신적인 분야의 조언 등 종합적인 건강 만들기에 대한 지도가 요구되는데, 그렇게 하기 위해서는 스포츠 프로그래머나 건강운동지도사 등 자격증이 있는 사람들의 활동이 필요하다.

① 강좌 개최

• 강좌 개최는 이용이 적은 평일 야간 시간대를 효과적으로 활용하기 위해 실시하는 것과 동호인 증가를 목적으로 하는 것, 고령자나 장애인, 어린이와 부모를 대상으로 하는 것, 저명한 지도자를 강사로 초청해 실시하는 것 등이 있다.

이러한 강좌는 시설관리자가 주최하는 것뿐만 아니라 지도자를 모시거나 참가자 모집을 고려해, 예를 들면 경기종목의 협회가 실시하는 편이 효과적인 경우도 있기 때문에, 관계 단체와 연계하는 것이 중요하다.

   ② 대회 개최

   • 참가자에게 자신의 기능향상을 격려하거나 참가자끼리 친목을 도모하는 기회로서 대회를 개최한다. 이때는 선수·관람객 등의 참가자와 운영을 지원하는 진행요원이 하나가 되어 기획부터 운영까지 시민참여로 실시하는 것이 효과적이다.

   • 대규모 시설에서의 스포츠 관전은 많은 관람객이 예상되므로, 시설의 이용촉진에 효과적이다. 또한 상업적 효과도 예상할 수 있는데, 공원관리자 이외의 사람이 주최하는 것이 많다.

(5) 접수관리 체제

운동공원은 체육관 등 이용서비스의 거점이 되는 시설이 있는 경우가 많지만, 관리자는 교육위원회나 외곽단체[55]가 되는 사례가 많다. 다양한 레크리에이션 활동의 하나로 스포츠시설을 제공하고 있는 광역공원에서는 지정관리제도의 도입으로 민간조직이나 NPO단체 등 다양한 주체가 관리에 참여하게 되었다.

향후 운동시설의 운영관리에서는 이용시간대의 연장, 강좌운영 등 다양한 니즈에 대응하기 위한 유연한 체제가 필요하다.

가까운 공원의 운동시설은 열쇠 전달이나 접수 등 가벼운 관리업무를 공원애호회 모임이나 주민자치회 등에 의뢰하는 사례도 볼 수 있다. 그리고 공원시설이 지역의 스포츠 활동 추진이나 고령자 건강증진 등을 위한 지역거점으로 활용될 수 있는 자주적인 운영조직 만들기로 발전해 가는 것도 필요하다.

9-2. 바비큐 광장 등의 운영

(1) 바비큐 광장 등의 관리에서 유의점

가벼운 아웃도어 활동으로 야외에서 조리하는 바비큐 이용의 니즈가 높아지고 있다. 이러한 상황을 반영해 도시공원에서도 전용시설 신설이나 일부 구역을 구분해 바비큐 광장으로 정비하는 곳도 있다.

이러한 시설의 특징은 종래에는 도시공원 내 제한된 '화기 사용'을 전제로 하고 있다는 것이다. 또한 그 장소에서 식재료를 조리해 먹으므로, 기존 공원시설과 다른 면에서 관리가 요구된다.

(2) 불의 사용과 뒤처리

일반적으로 도시공원 안에서는 화기 사용을 인정하지 않으나 바비큐 광장에서는 허용하고 있으며, 지방자치단체에서도 그 관리에 주의를 기울이고 있다. 일반적으로는 전용 화로를 설치해 조리하는 것은 인정하고 있으나, 그 이외의 직화(直火) 사용이나 화로의 뒤처리 미비 등이 문제가 되고 있다. 특히 숯은 소화(消火)가 불충분할 경우 다시 불붙을 가능성이 있어서 꼼꼼한 뒤처리가 필요하나, 물을 뿌려 소화하는 것은 화로 균열의 원인이 되므로 금지한 곳이 많다.

직화 사용이나 지정 장소가 아닌 곳에서 불을 사용하는 것에 대해서는 팸플릿이나 표지판 등에 주의를 알리고, 공원관리자에 의한 지도가 필요하다. 그 밖에 이용매너도 공통적인 사항이다. 불의 뒤처리는 꺼진 숯을 모으는 장소를 지정하거나 모아서 운반할 수 있는 집게, 쓰레받기 등을 빌려주는 것도 실시할 필요가 있다.

또한, 모은 숯은 쓰레기를 줄이는 뜻에서 토양개량재로 다시 사용하는 것도 생각해 볼 수 있다.

(3) 쓰레기 처리

바비큐 광장에서는 식재료 포장재(스티로폼, 비닐봉지)나 일회용 식기(종이접시, 나무젓가락), 남은 음식(고기, 채소), 캔, 병 등 다양한 쓰레기가 배출된다. 쓰레기는 되가져가는 것을 원칙으로 하는 곳도 있으나, 물기 있고 냄새나는 음식물 쓰레기가 많아서 공원 안이나 주변에 버리고 가는 경우도 잦아 주민이 민원을 제기해 공원관리자가 처리하는 경우도 많이 볼 수 있다.

쓰레기의 대량발생 자체가 문제가 되기 때문에 지도를 철저히 할 수 있는 시설에서는 되가져가지만, 주위에 버리고 가는 상황이 벌어질 경우 분리수거로 대응하는 경우도 있다. 운반하기 성가신 쓰레기가 많아서 쓰레기통까지 거리가 길면 의도적으로 방치되기 쉽다. 그러므로 쓰레기통을 설치하는 것이 이용자 편리성을 높이는 경우가 되지만, 수집하는 데 수고를 덜기 위해 적절한 장소에 대형 분리수거 장소를 설치하는 것이 합리적이다. 또한, 장시간 쓰레기를 방치하면 주위가 지저분해지고 까마귀나 개와 같은 동물이 모이는 원인이 되므로, 이용이 많은 시기에는 부지런히 회수해야 한다.

회수한 쓰레기는 지방자치단체의 분리수거 방법에 따라 적절하게 처리하여, 음식물 쓰레기는 퇴비를 만들거나 처리기계를 설치하고 재활용 시스템을 도입해 쓰레기 감량과 퇴비화를 위해 노력해야 한다.

또한, 쓰레기 비용의 증가에 대해서는 이용자에게 유료로 쓰레기봉투를 판매하고 이용자한테 청소 협력금을 징수하는 방식으로 비용의 일부를 부담하도록 한다.

(4) 기자재 등의 제공

식재료나 숯을 제공하는 바비큐 광장도 있으나, 특히 식재료의 경우에는 매일매일 갖춰 놓아야 해서 위생관리, 냉장고 등의 설비시설이나 체제가 갖추어진 공원 및 오토캠핑장으로 한정하게 된다.

(5) 뒤처리 시 물의 오염 방지

하천변에 있는 공원이나 조정지(調整池)·연못이 있는 공원의 바비큐 광장에서는 석쇠나 불판 세정을 물 주변에서 하기 때문에 수질에 영향을 주게 되며, 물가에 쓰레기가 쌓이는 등 문제가 된다. 매너 계도와 더불어 전용 세척장을 설치하는 것으로 대응할 수 있다.

(6) 배리어프리 대응

고령자나 장애가 있는 사람도 사용할 수 있는 바비큐 시설의 정비는 화장실이나 보행로의 대응 등 공원 전체 시설에서 진행하고 있다. 잔디로 된 보행로의 일부는 휠체어가 통행하기 쉽게 포장하거나, 야외 탁자나 세척장도 휠체어 바퀴가 들어갈 수 있는 구조로 하는 등, 장애인 관점에서 세심한 대응이 필요하다.

(7) 지정 공원, 구역 이외에서 이용 시비의 명확화

바비큐 광장으로 허가받은 구역 이외에서 바비큐를 하는 경우도 있다.

이와 같은 장소에서는 우선 이용실태를 파악해 관리의 균형 차원에서 바비큐 이용에 대한 옳고 그름을 판단해 볼 필요가 있다.

바비큐 광장으로 할 경우, 필요한 정비를 실시해 관리체제를 구축한 다음 이용하게 해야 한다. 이용을 금지할 경우에는 표지판을 설치하거나 전단지 배포, 관리자 순찰에 의해 철저히 금지한다. 이용상황에 따라서 계절 한정으로 개방하는 것도 생각해 볼 수 있다.

어쨌건 묵인의 상태가 장기화할수록 해결은 어려워진다.

(8) 앞으로의 과제

도시공원의 바비큐 광장은 생활권에 가까운 공간에서 일상적이지 않은 체험을 할 수 있으며, 자연과 만나고 가족과 단란하게 보낼 수 있는 매력적인 시설이므로, 이에 대한 수요는 계속될 것으로 생각된다.

현재 바비큐 광장 등이 설치되어 있지 않은 공원에서도 꽃을 볼 수 있는 시기에 바비큐를 하는 일이 있어서, 이에 대응을 고려하고 있는 공원도 많다. 이에 대해서는 시기나 장소를 한정해 문제 발생을 최소화하려는 곳도 있다.

신규 바비큐 광장의 정비에 대해서는 현재 발생하고 있는 문제, 화기의 사용문제 등을 충분히 고려한 시설의 정비와 관리방식의 확립이 필요하다.

공원 안에 설치된 바비큐 광장

9-3. 매점, 음식점의 운영

(1) 매점, 음식점 운영관리의 유의점

공원 안에 있는 매점, 음식점의 관리운영은 직영이나 임대(전문업자)에 의한 경우가 있으나, 어느 쪽이든 이용자에게 제공하는 물품, 특히 식품 안전에 대해서 유의하지 않으면 안 된다. 또한, 안정된 경영을 지속하기 위한 구매나 재고관리에 의한 판매관리, 서비스 수준의 설정 등은 다른 공원시설보다도 중요시해야 한다.

(2) 식품의 안전 확보

음식점의 경우 이용자에게 제공하는 식품의 안전을 확보하기 위해 다음과 같은 사항을 실시하고, 정기적인 점검을 해야 한다.

- 건강관리, 손 씻기를 철저히 하여 식품을 취급하는 사람의 청결함 유지
- 적절한 온도와 상태에서 보관, 유효기간·소비기한을 엄수해 식재료의 품질관리
- 조리기계·기구 등의 일상적인 청소, 적정한 보수·점검
- 조리실, 창고의 정리·정돈·청소
- 쥐·해충 제거
- 폐기물의 적절한 처리와 청결함 유지
- 알레르기 반응을 일으킬 가능성이 있는 원재료 명시
- 영업허가증(서)의 게시, 식품위생 책임자의 설치 등

(3) 구매주문, 재고관리

공원 내 매점에서는 잘 팔리는 상품을 파악해서 매상을 올려야 한다. 품절이나 결품(缺品)이 있는 상황을 만들지 않기 위해 정기적으로 진열장과 창고를 확인하거나 상품 보유수량을 확인하는 재고정리를 하여 재고 수를 파악한 후, 매상예측을 통해 계획적인 '구매주문'을 실시해야 한다.

(4) 접객

매점, 음식점의 이용자는 공원이 아닌 곳에서 받은 접객서비스와 같은 것을 기대하고 있으므로, 접객 매너와 접대에 특히 주의해야 한다. 그렇게 하기 위해서는 접객에 관한 다음과 같은 사항에 유의해야 한다.

- 걷는 방법, 서 있는 방법, 인사 자세에 주의한다.
- 인사, 안내, 질문 대응 등의 언어사용에 주의한다.
- 머리 모양, 화장, 수염, 손톱 등 청결하고 단정한 차림에 신경을 쓴다. 지저분하지 않고, 주름이 없는 유니폼을 착용한다.
- 입점 시에는 밝고 건강한 목소리로 인사한다.
- 계산이나 상품제공에 시간이 걸릴 때는 양해나 사과의 말을 한다.
- 계산할 때는 상품명과 금액을 확인하면서 영수증이 맞는지 확인한다.
- 잔돈은 지폐나 동전을 확인하고 금액을 전해 준다.
- 불만을 제시했을 때는 신속하게 성의 있게 대응한다.

---

54) 잔디 위에 흙이나 모래를 덧씌우는 일.
55) 공공단체나 정당 등에서 형식적으로 독립한 조직이면서도 인사와 재정 면에서 특별한 관계를 가지며, 그 단체 기능의 일부를 전문적으로 떠맡아 지원활동을 하는 단체.

제4장
법령관리

이번 장에서는 먼저 행정재산으로서 도시공원의 관리방안과 재산관리 업무의 중심이 되는 도시공원대장의 정비에 대해 기술하기로 한다. 다음으로 도시공원의 특별사용에 대한 허가방안과 절차 등에 대해 기술하기로 한다.

1. 재산관리와 도시공원대장

1-1. 도시공원 재산관리의 개념

공원은 공유재산(국영공원은 국유재산)으로서 행정재산에 속하고, 또한 공용재산으로서의 위치를 지닌다. 재산관리에 대해서는 「지방자치법」, 「국유재산법」에 정해져 있다. 행정재산의 관리는 행정재산을 유지·관리하여 해당 재산을 그 목적으로 공용(供用)하여 본래의 목적을 달성하도록 하는 작용이며, 일정한 경우를 제외하고 이것을 빌려주거나, 교환·매각·양도·출자 목적으로 신탁하거나, 또는 이것에 사권(私權)을 설정하는 것은 금지되어 있으며, 이를 위반하는 행위는 무효가 된다(「지방자치법」 제238조의4, 「국유재산법」 제18조).

재산으로서 도시공원 등의 일상적인 관리업무는 그 설치목적에 맞게 이용되도록 그 존재를 명확히 하기 위한 현황 파악과 기록정리이다. 도시공원을 구성하는 재산에는 토지, 입목(立木), 건물, 공작물 등이 있으나, 공사가 끝나 관리단계에 들어가더라도 메워심기(보식)나 보수공사 등에 의한 개변(改變), 재해나 그 밖의 요인에 의한 손모(損耗), 자연생장 등 변화요소가 많기 때문에, 도시공원대장의 개정작업을 원활하게 하기 위해서도 관리기록은 중요하다. 특히 도시공원을 포함한 일본의 사회자본은 고도 경제성장기 등에 집중적으로 정비되었기 때문에, 앞으로 급속하게 노후하거나 중대한 사고 및 치명적인 손상 등이 발생할 위험이 높아질 우려가 있다. 따라서 시설상황을 정확하게 파악해 적절한 시기에 적절한 수리나 시설 개선을 위해서도 도시공원대장은 필요한 자료다. 또한, 공원재산 가운데 토지관리는 적정한 용지관리를 하기 위해 용지경계의 확인, 입회, 측량, 경계석의 확인, 경계 침범의 유무 확인 등 손이 가는 작업이다.

재산관리는 도시공원 특유의 관리작업은 아니지만, 공용용지 부족으로 인해 공원 부지를 단순히 공지로 본다거나 각종 부지용지로서 전용(轉用)할 수 있다는 것, 또한 도시공원의 역사에서 보면 도시공원에 반드시 적합하지 않은 시설이 도입되었던 것 등, 도시공원 특유의 문제를 떠맡는 업무가 되고 있다. 한편 2013년 12월에 공포·시행된 「국가전략특별지역법」에 기초한 국가가 정한 국가전략특별지역에서는 2015년 7월부터 보육 등 복지서비스 수요증가에 대응하기 위해, 일정 기준을 만족하면 도시공원관리자가 국공립 어린이집 등에 점용허가를 내줄 수 있게 되었다. 특히 국공립 어린이집 부족이 과제가 되고 있는 도시지역에서, 도시공원에 국공립 어린이집 설치 등을 시작하고 있다. 앞으로 이용의 경합 등에 대해 눈여겨볼 필요가 있다.

공원관리에 관한 법령

공원관리에 관계된 주요한 법령은 다음과 같다.
- 도시공원 전반에 관련: 「도시공원법」 및 동법 시행령·시행규칙, 각 지방자치단체의 도시공원 조례 등
- 재산관리와 도시공원대장 관련: 「지방자치법」, 「국유재산법」
- 점유 및 사용 관련: 「행정대집행법」
- 공원관리와 안전대책 관련: 「국가배상법」
- 지정관리자제도 도입: 「지방자치법」

※ 이 밖에 각 지방자치단체에서 방치 자동차 발생방지 및 적정처리를 규정한 「방치 자동차 방지 조례」, 개를 풀어놓아 기르는 것을 금지하는 「동물애호 조례」 등 공원관리에 관련한 개별 조례가 있다.

1-2. 도시공원대장, 공원시설 이력서 및 건전도 조사표

(1) 도시공원대장

① 도시공원대장의 의의

• 도시공원대장은 「도시공원법」 제17조에 따라 작성 및 보관을 의무화하고 있으며, 공원관리자는 그 열람을 요구받으면 반드시 응하도록 되어 있다. 도시공원대장의 목적은 해당 공원의 경위나 연혁 등에 대한 이해를 돕고, 공원의 구역, 지형, 공원시설이나 점용물건 등의 현황을 파악해 도시공원의 관리를 정확하게 하기 위한 것이다. 특히 공원 재정비, 공원시설의 수명 장기화 계획 책정 등 유지관리를 정확하게 하려면 공원에 대한 정확한 현황파악이 필요하다. 또한, 시민들에게는 도시공원의 토지물건 등이 권리관계에 영향을 미치는 경우도 있기 때문에, 도시공원 현황을 알기 위한 도시공원대장이 지니는 의의는 크다고 할 수 있다.

② 도시공원대장의 기재사항

• 도시공원대장에 기재하는 사항에 대해서는 「도시공원법 시행규칙」 제10조에 규정되어 있다. 이 밖에도 시행규칙 제10조에는, 도시공원대장은 조서와 도면으로 작성할 것, 조서 및 도면의 기재사항 변경이 있을 때 공원관리자는 신속하게 정정해야 한다고 규정하고 있다.

도시공원대장의 기재사항(「도시공원법 시행규칙」 제10조)

(1) 조서에 기재하는 사항
 ① 도시공원 명칭
 ② 소재지
 ③ 설치 연월일(이미 설치된 공원의 경우, 공원 또는 녹지로서 설치된 연월일)
 ④ 연혁 개요
 ⑤ 부지면적(토지소유자별 내역), 부지에 대해 공원관리자가 가지는 권원(權原)[56]
 ⑥ 공원시설로서 설치된 건축물(가설 공원시설을 제외), 기타 주요한 공원시설에 관한 다음 사항
 • 종류·명칭
 • 공작물의 구조
 • 건축물의 건축면적
 • 운동시설의 부지면적
 • 설치·관리허가 물건에 대해, 허가받은 사람의 이름·주소, 설치·관리 기간(시작일 및 종료일)
 ⑦ 공원시설로서 설치된 건축물의 건축면적 총계에서의 건폐율, 허용 건축면적의 특례에 해당하는 건축물
    (「도시공원법 시행령」 제6조 제1항 제1호~제3호)의 건축면적 총계에서의 건폐율
 ⑧ 운동시설 부지면적 총계에서의 건폐율
 ⑨ 주요 점용물건에 관한 다음 사항
 • 종류·명칭
 • 구조
 • 건축물의 건축면적
 • 이미 설치된 지하 점용물건(「도시공원법」 제8조 제2항)의 점용면적 총계에서의 건폐율
 • 점용허가를 받은 사람의 이름·주소, 점용 허가기간(시작일 및 종료일)

(2) 도면[1/1,200 이상의 평면도(입체도시공원에서는 평면도, 종단면도 및 횡단면도)에서 부근의 지형, 방위, 축척을 표시]의 기재사항
 ① 도시공원의 구역 경계선
 ② 공원보전입체구역의 경계
 ③ 행정구획명, 대자(大字)[57]명, 자(字)[58]명 및 그 경계선
 ④ 지형

⑤ 부지의 토지소유자별 구분
⑥ 주요 공원시설
⑦ 주요 점용물건
⑧ 공원 일체건물

③ 도시공원대장의 과제

• 오늘날과 같이 공원관리가 다양·복잡해지고 방재 관련 시설의 설치를 시작으로 공원에 대한 여러 가지 요청이 높아지고 있는 상황에서, 도시공원대장의 정리와 활용은 날이 갈수록 중요해지고 있다. 또한, 시민에게 공원정보 제공이나 민원·요구에 적절하게 대응하는 것은 물론이고 도시공원대장을 유효하게 활용하는 것도 바람직하다.

• 그러나 「2015년도 공원관리 실태조사」에서, 도시공원대장 관리의 문제점과 과제(그림 4-1-1)로서 '도시공원대장의 갱신이 충분하지 않음'(71.6%), '일상점검 등의 결과와 연동되지 않음'(56.0%), '도시공원대장에는 공원관리에 필요한 정보가 망라해 있지 않음'(38.3%) 등의 답변은 그 상황을 보여주는 것으로, 도시공원대장 관리와 활용이 충분하게 이루어졌다고 할 수 없다. 이 결과는 2002년 조사결과와 거의 달라지지 않았다. 안전점검이나 수리 등의 결과를 기록하고 장기적으로 적정관리하기 위해서는 공원시설 이력서나 건전도(健全度) 조사표와 양식을 공유하는 등 계획적으로 작성하고 보관할 필요가 있다.

그림 4-1-1. 도시공원대장 관리의 문제점과 과제

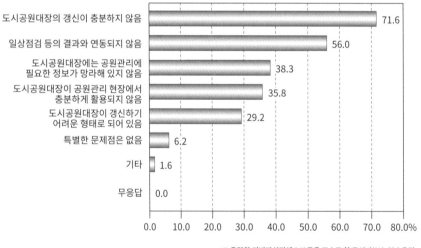

※ 응답한 지방자치단체 243곳을 모수로 한 구성비(%), 복수응답
출처: 「2015년도 공원관리 실태조사」

④ 도시공원대장 활용방안

• 도시공원대장을 공원관리 현장에서 활용하기 위해서는 다음과 같은 것이 필요하다.

- 이용빈도가 높은 정보를 사용하기 쉬운 형태로 정리한다.

- 일상 관리업무나 예산 관련 자료 등 작성에도 이용하기 쉽고, 열람·검색·집계·출력이 용이하도록 자료로 만든다.

- 수목대장이나 수리·개수 등 관리이력, 민원처리 정보 등 유지관리에 필요한 정보를 도시공원대장에 추가 또는 관련해서 자료로 만든다.

- 현황을 언제나 반영하도록 대장을 갱신한다(식재나 수리·개수 등 관리이력, 민원처리 등의 관리정보는 담당 현장사무소에서 데이터를 입력할 수 있게 하면 갱신이 쉽다).

• 이와 같이 도시공원대장 관리를 충실하게 함으로써, 데이터를 활용한 효율적·계획적인 공원관리나 시민에 대한 정보제공에 도시공원대장을 활용하는 것도 쉽게 된다. 다음에 기술하는 도시공원대장의 전자화는 이를 위한 방안의 하나라고 할 수 있다.

(2) 도시공원대장 등의 전자화

① 도시공원대장의 전자화 상황

• 「2015년도 공원관리 실태조사」에서는 도시공원대장의 전자화에 대해 필요성은 느끼고 있으나 구체적으로는 검토하지 않고 있다는 대답이 26.7%이지만, '일부 전자화되어 있음'(22.6%), '거의 전자화되어 있음'(29.2%)을 합쳐 50% 이상을 차지하고 있다. 2002년 조사에서는 전자화되어 있다고 응답한 것이 20% 정도였던 것에 비하면 비율이 증가하였다(그림 4-1-2).

그림 4-1-2. 도시공원대장 전자화

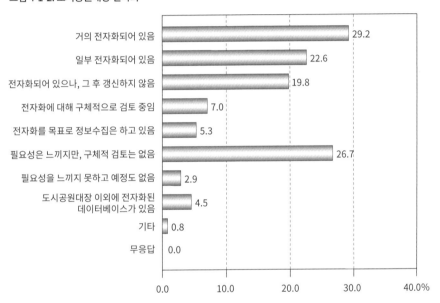

※ 응답한 지방자치단체 243곳을 모수로 한 구성비(%), 복수응답
출처: 「2015년도 공원관리 실태조사」

② 도시공원대장 전자화의 장점

• 도시공원대장의 전자화에 따른 장점은 다음과 같은 것을 들 수 있다.

- 조서, 도면에 대한 정보가 디지털화되어 대장관리가 쉬워지고, 정보 갱신이 용이하게 된다.

- 검색·열람·집계 기능이 향상되어 일상의 공원관리에서 활용하기 쉽다. 또한, 각 공원의 관리계획이나 정비·재정비계획의 입안, 사업평가 등에도 기초 데이터로 활용하기 쉽다.

- 본청과 공원사무소, 지정관리자, 외곽단체와 네트워크함으로써 실시간 정보를 공유할 수 있다.

- 공원정보의 데이터화로 시민 문의나 민원에 대한 신속한 대응이나 정보제공이 쉬워진다. 또한, 공원별로 수리나 민원대응의 이력데이터를 축적하면, 민원·요구에 일관성 있는 적절한 대응을 위해 활용할 수 있다.

③ 도시공원대장을 전자화할 때 유의점

• 도시공원대장의 전자화 시스템을 구축·도입할 경우는 그 장점을 살리기 위해 다음과 같은 점에 유의해야 한다.

- 시스템 구축·도입이나 시스템 유지관리를 위해 많은 비용과 인재 확보가 필요하다. 관리하고 있는 공원의 규모·

수량에 따라 대장관리 업무를 효율화하고, 관리현장에 활용할 수 있는 효과적인 대장 전자화 방법을 검토한다.

　- 실시간 데이터 갱신이 필수적이며, 직원이 일상적으로 관리 가능한 시스템으로 도시공원대장의 데이터베이스화를 추진한다.

　- 직원이 일상적으로 이용할 수 있는 조작성을 중시하고, 활용하기 쉬운 데이터베이스와 검색·집계 기능을 검토한다.

　- 공원 관리부서의 여러 PC에서 직원 누구라도 사용할 수 있는 시스템을 활용하기 쉽다. 공원사업소 등과 네트워크화하면 대장의 데이터 열람 등 정보공유 외에 현장에서의 입력에 의한 관리이력의 데이터화 등도 쉽게 이루어진다.

　- 시청 전체 차원에서 도시정보·지도정보 데이터베이스 시스템과의 연계 및 네트워크화도 염두에 두고, 범용성 있는 시스템과 데이터 형식을 검토한다. 또한, 시스템 이행기에는 종이대장과 전자대장의 두 가지 대장을 동시에 수정할 필요가 있다.

　- 시스템은 운용하면서 필요에 따라 개량할 수 있도록 한다. 데이터의 디지털화에서는 도면의 현황조사나 측량을 하면 수년의 기간을 필요로 하는 경우가 있기 때문에, 단계적인 시스템 정비와 데이터 정비를 검토한다.

　- 데이터의 백업 등 안전시스템을 검토한다.

　- 시스템 구축을 업자에게 맡기는 경우는 필요한 데이터 항목, 어떠한 집계·출력이 필요한지 또는 그 빈도, 각각 데이터의 갱신·수정빈도 등을 명시하고, 사용빈도가 높은 것에 대해서는 응답시간을 단축하도록 지시하는 등 시스템 설계단계에서 의견교환을 충분히 한다. 또한, 시스템의 개요설계서, 상세설계서, 소스코드 등의 제출을 요구하고, 이를 보관할 필요가 있다.

　- 공원대장 시스템의 정보에는 점용허가, 경계확정의 개인정보가 포함되어 있으므로, 개인정보 보호 및 행정정보 관리라는 관점에서 엄격하게 다루어야 한다.

(3) 공원시설 이력서

　공원시설 이력서는 「공원시설의 안전점검에 관한 지침(안)」(국토교통성, 2015. 4.)에 따라 그 작성·보관 및 안전점검의 연속적인 재검토에 활용할 수 있다는 것이 바람직한 점으로 여겨진다. 공원시설 이력서에는 공원시설의 명칭, 설치장소, 설치연월, 제조자, 시공자 등을 기재한다. 「2015년도 공원관리 실태조사」에서 '공원시설이력서' 작성에 대한 대처상황은 '안전점검의 대장으로서 작성을 검토하고 있음'은 13.6%에 불과하고, '필요성은 느끼지만, 구체적인 검토는 없음'이 59.7%로 가장 높은 비율을 차지하고 있으며, '필요성을 느끼지 않고 취급할 예정도 없음'이라는 대답도 2.1%였다. 반면, '공원시설 이력서 이외에 전자화된 데이터베이스가 있음'은 14.8%였다(그림 4-1-3).

그림 4-1-3. 공원시설 이력서 작성에 대한 인식상황

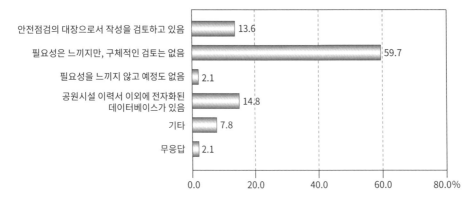

※ 응답한 지방자치단체 243곳을 모수로 한 구성비(%), 복수응답
출처: 「2015년도 공원관리 실태조사」

건전도 조사표와 양식을 공유한 공원시설 이력서의 사례

공원시설 이력서			
No.			
공원명	공원		
공원시설 종류	시설 (시설)		
공원시설명			
시설코드			
수량	동		
규모	m²		
주요 부재 (사용소재를 명기)			
설치연월	년도		
제조자, 시공자			
경과연수	년		
처분 제한시간	년	촬영일 년 월 일	
수명 장기화 계획에서 관리유형	형		
이용·관리상황과 관리자의 의향			

기준적합 상황 (유구지침, 이동 등 원활화 정비가이드라인에 적합)					
유구지침					
이동 등 원활화 정비가이드라인					
건전도 (A > B > C > D : A가 가장 건전)			조사일 (제 1 회) 년 월 일		
건전도 판정	A·B·C·D	지표고려* (특히 우선도가 높은 경우, 높은 것으로 할 것)	고·저	긴급도 판정	고·중·저
사용금지 판정	사용금지·사용				

노후화 상황		
부재	구조부재	소모부재

미관 상황

그 밖에 건전도 판정에서 특기사항

안전점검 이력			
점검 이력	연도·월	일상	정기
이용 상황**			

* '지표고려'란 긴급도를 판정할 때 고려하는 지표로서, 이용자 수가 많거나 역사적 가치가 있는 등 공원시설별 상황에 따라 공원관리자가 임의로 설정하는 사항

** 공원이용자가 이용하는 공원시설만 기재하는 사항

출처: 「공원시설의 안전점검에 관한 지표(안)」
(국토교통성, 2015년 4월 일부개정)

(4) 건전도 조사표

건전도 조사표는 공원시설의 구조부재 및 소모 부자재 등의 노후화나 손상 상황을 눈으로 확인하는 건전도 조사를 실시할 때 사용하는 조사표다. 건전도 조사표는 지방자치단체에 의한 도시공원의 계획적인 유지관리에 대한 노력을 지원해야 하며, 국토교통성이 공표한 「공원시설 수명 장기화 계획 책정지침(안)」(2012. 4.)에 따라 공원별·공원시설별로 작성하는 것이 바람직하다. 또한, 공원시설 이력서 및 건전도 조사표를 작성할 때는 도시공원대장의 정보를 활용하면서 양식을 공유하는 등 계획적으로 작성해 보관하는 것이 바람직하다.

---

56) 어떤 행위를 정당화하는 법률적인 원인.

57) 일본의 말단행정구역 단위로, 정(町)과 촌(村)의 아래.

58) 일본의 정(町)과 촌(村) 가운데 한 구획의 이름. 우리나라의 리(里) 정도에 해당한다.

2. 점유 및 사용

도시공원의 사용관계는 다음과 같이 정리할 수 있다.

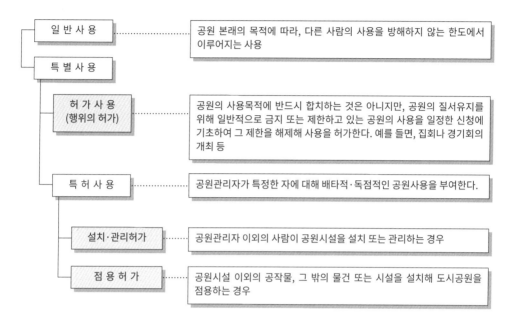

위에서 기술한 특별사용에 대해, 공원관리자는 공원의 보전, 일반이용자에게 미치는 영향, 필요성 등을 고려해 허가 여부를 정확하게 판단해야 한다. 2004년 6월의 일부 개정된 「도시공원법」에서는 공원관리자 이외의 자가 설치하는 공원시설을 허가할 수 있는 경우로서, '해당 공원관리자 이외의 자가 설치 또는 관리하는 것이 해당 도시공원의 기능 증진에 이바지한다고 인정되는 경우'가 추가되었다(「도시공원법」 제5조). 지금까지 공원시설의 설치관리 허가는 공원관리자가 스스로 설치 또는 관리하는 것이 적당하지 않거나 곤란한 경우로 한정되어 있었으나, 이 개정은 다양한 주체에 의한 공원관리 구조의 정비를 인정하는 것이다. 부가적으로 PFI(Private Finance Initiative, 민간투자사업)나 지정관리자제도의 도입 등 민간사업자가 자금이나 노하우를 공원사업에 활용하는 것도 요구되고 있으므로, 그와 같은 시점에서도 도시공원에서 특별사용 허가에 관해서는 유연한 대응이 필요하게 되었다. 점용허가, 설치관리허가, 행위허가의 사무처리는 허가신청을 받아 허가 여부를 판단하고, 허가할 경우는 허가서를 발행해 사용료를 징수하고 또한 허가조건을 붙여 지도감독을 하게 된다.

2-1. 허가기준

(1) 점용허가의 판단기준

도시공원에 공원시설 이외의 공작물, 그 밖의 물건 또는 시설을 설치해 도시공원을 점용하고자 하는 사람의 허가신청에 대해서는 다음과 같이 세 가지 요건을 만족하는 경우에 한해 허가할 수 있다(「도시공원법」 제7조).

① 「도시공원법」 제7조 각 호에 열거하는 공작물, 그 밖의 물건 또는 시설에 해당할 것
② 해당 도시공원의 공중이용에 현저하게 지장을 주지 않고, 또한 필요하다고 인정되는 것
③ 「도시공원법 시행령」에서 정하는 기술적 기준에 적합할 것

점용물건 또는 시설로서 「도시공원법」 제7조(아래 표 ①~⑥) 및 「도시공원법 시행령」 제12조(⑦~⑳)에 다음과 같은 것이 규정되어 있다.

「도시공원법」 제7조 및 「도시공원법 시행령」 제12조에 규정된 점용물건

① 전신주, 전선, 변압탑, 기타 이와 유사한 것
② 수도관, 하수도관, 가스관, 기타 이와 유사한 것
③ 도로, 철도, 궤도, 공공주차장, 기타 이와 유사한 시설로서 지하에 설치된 것
④ 우체통, 서신수집함[59] 또는 공중전화 박스
⑤ 비상재해 시 수재민을 수용하기 위한 가설공작물
⑥ 경기대회, 집회, 전시회, 박람회, 기타 이와 유사한 것을 개최하기 위해 설치한 가설공작물
⑦ 표식
⑧ 재해 응급대책용 비축창고 및 내진성 저수조 및 발전시설로서 지하에 설치된 것
⑨ 환경부하 저감에 기여하는 태양전지 발전시설 및 연료전지 발전시설로서 지하에 설치된 것
⑩ 방화용 저수조로서 지하에 설치된 것
⑪ 축전지로서 지하에 설치된 것
⑫ 수도시설(배수지, 펌프시설), 하수도시설(처리시설, 펌프시설), 하천관리시설(유수지, 방수로), 변전소 및 열공급시설(도관은 제외)로서 지하에 설치된 것
⑬ 교량 및 도로, 철도 및 궤도로서 고가(高架)인 것
⑭ 삭도 및 강삭철도
⑮ 경찰서의 파출소 및 부속 물건
⑯ 천체, 기상 또는 토지 관찰시설
⑰ 공사용 거푸집, 비계, 대기소, 기타 공사용 시설
⑱ 토석, 죽목, 기와, 기타 공사용 재료 적치장
⑲ 시가지 재개발사업 또는 방재가구 정비사업에서, 시공구역 내 거주하는 사람으로 시설 건축물에 들어가서 살게 된 사람을 일시적으로 수용하기 위해 필요한 시설
⑳ 그 밖에 도시공원별 지방자치단체가 조례로 정한(국영공원에서는 국토교통대신이 정함) 가설물건 또는 시설

그리고 동법 시행령에서 점용기간, 점용물건의 외관·배치·구조·공사 등에 대해 제한사항이나 필요사항을 규정하고 있다. 공원관리자는 점용허가 시 이러한 사항을 엄격하게 심사하는 것은 물론이고 이용자에게 위험·불편함은 없는지, 공사의 실시방법, 점용기간, 도시공원의 복구방법 등은 적절한지에 대해 유의하고, 또한 미관·풍치 등을 특히 중시하는 등 공원 각각의 특성을 훼손하지 않도록 배려해 허가를 결정해야 한다.

또한, 앞에서 말한 세 가지 요건을 충족하고 있는 경우에도 공원관리자는 점용허가에 대한 재량권이 있어서 반드시 허가해야 하는 것은 아니다. 도시공원의 점용은 도시공원의 본래 목적은 아니지만, 향후 예를 들면 대도시의 도심지역에서 효율적인 토지이용을 도모할 필요가 있는 경우 등 공원이 열린 공간으로서 기능을 유지하는 데 충분히 유의한 후에 개별 공원의 특성, 면적, 입지조건 등에 따라 점용허가의 가부를 정확히 판단하는 것이 필요하다.

(2) 설치·관리허가의 판단기준

공원관리자는 그 관리에 관련해 도시공원에 설치되는 공원시설에서 자신이 설치하거나 관리하는 것이 적당하지 않거나 곤란하다고 인정되는 경우, 또는 공원관리자 이외의 사람이 설치 또는 관리하는 것이 해당 도시공원의 기능 증진에 기여한다고 인정되는 경우에 한해, 공원관리자 이외의 사람이 해당 공원시설을 설치 또는 관리할 수 있다고 규정되어 있다(「도시공원법」 제5조). 또한, 제3자가 설치하는 공원시설이라도 「도시공원법」상 그 공원시설 설치기준(「도시공원법」 제4조, 동법 시행령 제4조~제8조)에 적합해야 한다. 공원시설을 설치할 것인가에 대한 판단은 원래 공원계획상 그 시설이 필요한 것인가에 대한 것으로, 제3자로부터의 신청이 있을 때마다 법령 및 설치기준에 기초하여 처리해야 한다. 또한,

허가기준은 일반적인 기준이 아니라 공원별로 공원 계획방침, 시설현황, 이용상황 등을 고려해 판단한다. 공원계획과 정합성(整合性) 확보를 조건으로 하면서 허가하는 시설 및 허가의 상대가 갖춰야 하는 요건의 설정 등이 고려될 수 있다. 관리허가의 경우는 그 시설 관리자로서의 자격요건, 관리방법 등이 공원시설로서 적격한 것인가가 판단기준이 된다. 물론, 설치허가의 경우에도 이러한 점은 고려해야 한다. 2004년 6월의 「도시공원법」 일부개정에 의한 공원시설의 설치·관리허가 요건의 완화와 2003년 6월의 「지방자치법」 일부개정(지정관리자제도의 신설)에 의해 공공시설의 관리를 NPO법인이나 민간사업자도 할 수 있게 되었다. 이에 지역 주민단체에 의한 지역상황에 맞는 섬세한 관리나 민간사업자 등의 전문적인 노하우와 기획력에 의한 질 높은 서비스의 제공을 기대할 수 있게 되었다. 도시공원의 기능을 증진하고 이용을 촉진하기 위한 관점에서도 공원시설의 설치·관리허가에 대한 허가의 판단에서 탄력적이면서도 적정한 운용이 요구된다. 이 경우의 판단기준으로서는 다음과 같은 사항을 들 수 있다.

① 공원시설 이용자의 편리성 향상이 이루어질 것
② 이용 니즈에 맞는 개관일, 개관시간 확대 등 서비스 내용의 충실이나 민간사업자 등의 노하우 활용을 기대할 수 있을 것
③ 시설이 제공하는 서비스의 전문성·특수성, 시설 규모 등을 감안해 민간사업자 등의 운영에 적합할 것
④ 공원시설의 공공성·공평성·공정성을 담보할 수 있을 것
⑤ 공원시설의 효율적인 관리운영을 할 수 있을 것
⑥ 공원시설의 관리운영을 안정적으로 할 수 있는 실적 및 능력을 가지고 있을 것

민간사업자 등에 대한 설치·관리허가 시에는 이들 사항을 종합적으로 판단할 필요가 있다.

(3) 행위허가의 판단기준

공원관리자 이외의 자가 공작물, 그 밖의 물건 또는 시설을 설치하거나 관리하는 경우 외에 이와 같은 공작물 등이 존재하지 않는 경우에도, 도시공원 사용이 자유사용의 범위를 넘어 공원을 이용하는 다른 사람에게 방해가 될 우려가 있는 경우에는 공원관리자로서 그와 같은 행위를 제한하거나 그 사용관계를 조정할 필요가 있다. 지방자치단체는 도시공원 조례에 이와 같은 행위를 하려고 할 때는 공원관리자의 허가를 받아야 한다고 규정하고 있다(국영공원에 대해서는 「도시공원법」 제12조).

이 허가를 필요로 하는 행위제한의 내용은 도시공원별로 다르지만, 일반적으로 다음과 같은 행위사례를 볼 수 있다. 또한, 「2015년도 공원관리 실태조사」 결과에서는 '지역 축제나 운동회'가 가장 비율이 높아 88.9%의 지방자치단체가 허가해 주었다. 다음으로 '직업으로서 사진·영화 촬영'이 82.7%. '흥행·상업 이벤트, 경기대회, 전시회, 박람회 등 개최(무료)'가 67.5%의 순서였다(그림 4-2-1).

행위허가의 항목 예

- 영리행위(음식물 및 기타 물품판매, 행상, 가판, 출점), 기타 이와 유사한 행위
- 모금, 서명활동, 기타 이와 유사한 행위
- 연설 또는 선전을 위한 행위
- 흥행을 하는 행위
- 경기대회, 전시회, 박람회, 집회 및 기타 이와 유사한 것을 개최하기 위해 도시공원 전부 또는 일부를 독점해 사용하는 행위
- 불꽃놀이, 캠프파이어 등 화기를 사용하는 행위
- 지정장소 이외에서 차량에 탄 채로 들어가거나 차량을 세워두는 행위
- 그 밖에 수장(首長)이 공원관리에 지장을 줄 우려가 있다고 인정하는 행위

그림 4-2-1. 행위허가의 항목

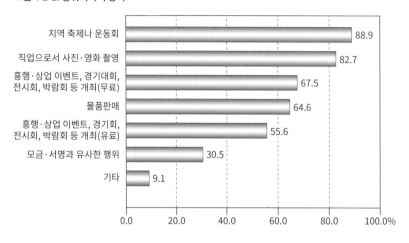

지역 축제나 운동회 — 88.9
직업으로서 사진·영화 촬영 — 82.7
흥행·상업 이벤트, 경기대회, 전시회, 박람회 등 개최(무료) — 67.5
물품판매 — 64.6
흥행·상업 이벤트, 경기회, 전시회, 박람회 등 개최(유료) — 55.6
모금·서명과 유사한 행위 — 30.5
기타 — 9.1

0.0   20.0   40.0   60.0   80.0   100.0%

※ 응답한 지방자치단체 243곳을 모수로 한 구성비(%), 복수응답
출처:「2015년도 공원관리 실태조사」

이와 같은 행위 신청에 대한 허가의 판단기준으로는 ① 행위 자체의 문제, ② 행위의 장소가 되는 공원의 문제를 들 수 있다.

　　① 행위 자체에 관해서는, 예를 들면 공공의 복지·미풍양속에 반하는 것이나 민간기업의 영리활동으로 판단되는 것은 배제한다.

　　② 행위의 장소가 되는 공원에 관해서는, 공원 규모, 공원의 성격에 적합한 것인가가 판단기준이 된다.

　　행위허가의 운용에 대해서는 각 공원관리자에 따라 대응이 달라진다. 영리 목적의 행위를 허가하지 않는 공원관리자도 있지만, 공원 규모나 이벤트 광장·주차장 등의 시설상황 및 주변 지역에 미치는 영향이 적어 일정 조건을 갖춘 공원에서는 상업행사도 허가하고 있는 사례, 벚꽃축제 시기에 한정된 포장마차, 노점상도 허가하고 있는 사례 등 탄력적인 운용을 하고 있는 공원관리자도 있다. 또한, 벼룩시장에 대해서는 리사이클이나 복지를 목적으로 하는 것으로 한정하는 대응을 볼 수 있으나, 실시목적이나 주최단체의 실태 파악이 곤란하거나 주차장 확보문제 등을 판단에 고려하는 경우도 있다. 이들 행위의 허가에 대해 지방자치단체 담당자가 직접 수속을 수행하고 있으나, 일부는 공원의 지정관리자가 수속을 대체해 수행하고 있는 경우도 있다.

　　앞으로는 시민의 다양한 필요에 대응한 서비스 제공이나 공원이용 활성화를 도모하는 시점에서 행위허가의 탄력적인 운용에 대해 행위의 내용이나 주체, 각 공원이나 주변 지역의 상황에 대응해 검토할 필요가 있다. 예를 들면, 광역적으로 이용하는 대규모 공원에서는 이용촉진의 방법으로 외부 행사의 유치를 적극적으로 하는 것도 생각할 수 있다. 또한, 지역의 역사나 문화자원을 살려 행사나 축제, 지역교류를 위한 행사 등 지역 활성화나 공원을 즐기는 시민의 창의적 노력을 살린 활동을 촉진하는 방향에서 행위허가 등 탄력적인 운용이 중요하다. 예를 들면, 지바(千葉)시에는 「주변 공원의 공원관리」 사업과 같이 청소 협력단체 또는 자치회 등 현재 공원에서 활동하는 지역조직을 공모해, 1헥타르 미만의 가까운 공원에서 유지관리 작업이나 행사 개최 등을 할 때 시와 협동사업으로 비용을 보조할 수 있는 제도가 있다.

2-2. 허가조건
(1) 점용허가의 조건

　　점용허가의 신청에는 점용목적, 기간, 장소, 점용물건의 구조, 그 밖에 지방자치단체가 설치한 도시공원은 조례로, 국영공원은 국토교통성령에서 정하는 사항을 기재한 신청서를 공원관리자에게 제출해야 한다(「도시공원법」 제6조 제2항,

「도시공원법 시행규칙」 제5조).

　　이 경우 조례에서는 점용물건의 외관, 관리방법, 공사실시 방법, 공사의 착수 및 완료 기간과 함께 앞에서 언급한 허가기준에 기초하여 엄격하게 심사해 허가를 결정한다. 그렇게 할 경우 교부되는 허가서에는 위의 각 사항에 대해 허가된 내용을 명기하는 것 이외에 도시공원 관리를 위해 필요한 범위 안에서 조건을 붙일 수 있다.

점용허가에 통상적으로 부가하는 조건

① 관계 법령의 준수
② 허가내용(구역, 목적, 기간)의 준수
③ 원상복구의 의무
④ 점용료 납부의 의무
⑤ 허가취소, 효력정지, 조건변경, 공사중지, 점용물건의 개축 및 이전 등 그 밖의 감독처분(「도시공원법」 제11조에 근거)
⑥ 관리의 적정, 책임
⑦ 공사의 안전확보
⑧ 전대(轉貸), 양도의 금지 등
⑨ 표식 설치(허가서 명시)

---

(2) 설치·관리허가의 조건

　　공원시설 설치 및 관리허가 신청 시에는 통상 각 지방자치단체의 조례를 근거로 다음과 같은 사항을 기재한 신청서를 제출해야 한다(「도시공원법」 제5조).

공원시설 설치신청서의 기재사항

① 설치목적
② 설치기간
③ 설치장소
④ 공원시설의 규모, 구조, 외관
⑤ 공원시설의 관리방법
⑥ 공사의 실시방법 및 기간
⑦ 도시공원의 복구방법
⑧ 기타

공원시설 관리신청서의 기재사항

① 관리목적
② 관리기간
③ 관리장소
④ 관리방법
⑤ 기타

　　또한, 위의 관리방법으로서 관리조직, 제공품목과 그 가격, 영업시간, 이용수속 등을 구체적으로 기입하는 것 외에 그 관리에 따르는 수입지출 계획 등도 함께 제출하도록 하는 사례도 있다. 허가 시에는 이들 각 사항에 대해 허가내용을 명기하는 것 외에 도시공원 관리에 필요한 범위 안에서 조건을 붙일 수 있으며, 그 조건으로서 다음과 같은 사항을 들 수 있다.

설치·관리허가에 통상적으로 부가하는 조건

① 관계 법령의 준수

② 허가내용(구역, 목적, 기간)의 준수

③ 원상복구의 의무

④ 사용료 납부의 의무

⑤ 허가취소, 효력정지, 조건변경, 공사중지, 시설의 개축 및 이전 등 그 밖의 감독처분

⑥ 관리의 적정

⑦ 관리책임, 경비부담

⑧ 전대, 양도의 금지

⑨ 제3자에 끼치는 손해에 대한 해결책임

⑩ 도시공원의 훼손 등에 대한 손해배상책임

⑪ 요금 등의 규제

⑫ 경영상황 등의 보고

⑬ 출입검사, 자료제출 등

⑭ 허가서의 명시 등

⑮ 변경의 경우 신청의무

⑯ 청결, 위생, 품질관리 등

---

(3) 행위허가의 조건

행위허가 신청 시, 보통은 행위의 종별, 일시 또는 기간, 장소, 목적, 내용, 그 밖의 사항을 기재한 신청서를 제출해야 한다(국영공원에 대해서는 「도시공원법 시행규칙」 제9조, 지방자치단체에 대해서는 도시공원 조례에서 정한 바에 따른다).

허가 시 이러한 사항에 대해 허가된 내용을 명기하는 것과 함께 다음과 같은 조건을 붙이고 있다.

행위허가에 통상적으로 부가하는 조건

① 청소 등 뒷마무리를 철저히 하고, 쓰레기는 되가져갈 것

② 일반이용자, 인근 주민에 민폐·지장을 끼치지 않을 것

③ 허가내용(목적, 장소, 기간 등)의 준수

④ 관계 법령의 준수

⑤ 안전조치, 사고방지책임

⑥ 관계자의 지시에 따를 것

⑦ 공원시설 파손 등의 손해배상책임

⑧ 제3자에 대한 피해의 해결책임

⑨ 허가취소, 변경 등의 감독처분

⑩ 제3자에게 권리의 전대, 양도 등 금지

⑪ 사용료

⑫ 허가증의 제시·휴대

이 밖에도 허가행위의 내용이나 공원, 주변 지역의 상황에 따라 '차량출입의 제한·금지', '화기 사용의 제한·금지', '주최자 측에서 임시주차장 확보', '사전협의 의무 부과', '공원관리단체에 연락' 등의 조건을 부가하고 있다.

또한, 가설공작물을 설치하는 경우는 별도로 점용허가가 필요하다.

2-3. 지도감독 내용

공원관리자는 이상과 같은 특별사용에 대한 허가 시 정확하게 판단해 필요한 조건을 부과하는 것으로 충분한 것이 아니라, 그것이 허가범위 안에서 올바르게 운영되고 있는가를 현지에서 확인해 위반·부정 등이 있으면 개선하도록 지도해야 한다. 지도감독의 실태는 다음과 같은 것이 있다.

(1) 점용 및 설치·관리허가의 지도감독

① 공사의 지도감독

• 점용 및 설치허가는 공작물, 시설 등의 설치공사가 수반되는 경우가 있다. 따라서 이 공사가 허가내용이나 조건대로 착수해 완료했는지를 확인하여 공사 중의 안전확보가 적절하게 이뤄지도록 지도해야 한다. 공사종료의 확인 등은 공사입회, 공사기록, 사진제출, 공사개시 및 종료 시 보고서 제출, 실태확인 등의 방법이 있다.

② 그 밖의 허가기간 중 지도감독

• 허가기간 중에는 순회차량 등에 의해 허가의 내용·조건을 위반하고 있는가, 위험은 없는지, 기타 공원이용에 지장을 주고 있지 않은지, 미관·풍치·위생상 문제는 없는지 등을 확인해 주의지도를 수행한다. 또한, 설치·관리허가의 경우 대부분 공원이용자를 대상으로 한 서비스 업무이기 때문에, 종업원의 태도, 이용자의 공평성 확보, 가격의 적정 등에 대해서도 마땅히 조사한다. 이와 같은 지도감독이 적정하게 이루어지기 위해서 간단히 허가수속을 해 주는 직원뿐만 아니라 순회순찰 등에 관련이 있는 스태프(공원관리 위탁자도 포함)도 허가내용·허가조건을 숙지할 필요가 있다.

(2) 행위허가의 지도감독

행위허가의 경우는 기간이 짧은 경우가 많으므로, 임기응변적인 지도감독이 요구된다. 따라서 스태프가 하는 순찰 외에 감시원의 입회나 행사 등에서 특수하거나 대규모인 것은 순찰을 강화하는 등의 방법을 취하는 경우도 있다. 또한, 지도내용에서 행사 등에 관해서는 행사장 정리, 주변 주택 등에 대한 민폐 여부, 이용자 안전, 물품판매에 관해서는 판매품목이나 가격, 식품 안전위생, 그 밖에 방범, 방화, 차량출입 등에 대해서 적정하게 대응할 필요가 있다.

(3) 허가기간 종료 시의 지도감독

허가기간이 종료되었을 때는 설치·관리허가, 점용허가의 경우는 원상복구가 필요하며(「도시공원법」 제10조), 이에 대한 이행확인을 해야 한다. 마찬가지로 행위허가에 대해서도 허가조건으로서 청소·뒷마무리의 의무를 부여한 경우, 그에 대한 확인을 한다. 또한, 공사착수, 공사완료, 공원시설의 설치·관리 또는 점용의 폐지, 원상회복, 권리의 변동 등에 대해서는 그 취지를 제출하는 것을 조례에 규정해 둘 필요가 있다.

2-4. 불법점유·사용

「도시공원법」 제27조에는 감독처분에 대해 규정되어 있다. 감독처분을 할 수 있는 것은 '이 법률 또는 이 법률에 기초한 시행령의 규정 또는 이 법률 규정에 기초한 처분을 위반한 자', '이 법률 규정에 따른 허가에 부가된 조건을 위반한 자', '허위, 기타 부정한 수단으로 이 법률 규정에 따른 허가를 받은 자'에 대해서다. 따라서 이와 같은 불법점유·사용 등을 발견한 경우는 위반의 정도, 악의의 정도, 공원관리자가 입은 손실 정도를 감안해 허가취소, 효력정지, 조건변경 또는 행위·공사의 중지, 공작물 등의 개축·이전·제거, 필요한 시설의 설치, 원상회복 명령을 할 수 있다. 나아가

「도시공원법」제37조~제40조에는 이것을 위반한 사람 등에 대한 벌칙규정이 있다. 도시공원 조례에서도 조례를 위반한 자 등에 대해 마찬가지의 감독처분, 벌칙규정이 있다. 또한, 2004년 6월 「도시공원법」의 일부개정에서는 감독처분 시 공원관리자가 필요한 조치를 명하도록 하는 자를 확실하게 알 수 없기 때문에, 그 조치를 자신이 하였을 때(약식 대집행)는 해당 조치에 관련된 공작물 등을 보관해야 한다는 것 외에 공시, 매각, 대금의 보관, 폐기 등의 절차가 정비되었다(「도시공원법」제27조).

(1) 불법점유·사용 현황

불법점유·사용의 상황으로서 「2015년도 공원관리 실태조사」에서는 46.1%의 지방자치단체에서 '폐기차량이나 산업폐기물 등의 불법투기', 34.2%의 지방자치단체에서 '텃밭이나 경작지, 화단, 게이트볼장, 물건 적치, 집회소 등에 의한 불법점용'이 있다는 것을 보여주고 있다. 또한, 2002년도 조사에서 60% 가까운 답변이 있었던 '노숙자에 의한 불법점용'은 약 30%로 줄어들었다(그림 4-2-2).

그림 4-2-2. 도시공원에서의 불법점용·사용 현황

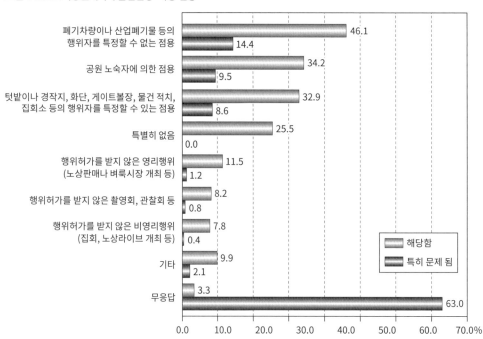

※ 응답한 지방자치단체 243곳을 모수로 한 구성비(%), 복수응답
출처: 「2015년도 공원관리 실태조사」

(2) 불법점유·사용에 대한 대응

불법점유·사용에 대한 현실적인 대응은 많은 경우에 구두 또는 문서에 의한 권고지도를 통해 대응하며, 악의가 없는 사람에 대해서는 소정 절차를 밟지 않는 등의 대응이 이루어지고 있다. 청문(聽聞), 감독처분, 대집행, 부동산침탈 죄로 고발까지 이루어지는 경우는 적다.

① 차량·산업폐기물·조대쓰레기[60]의 유기·방치

• 공원 주차장에 차량을 버리거나 방치할 경우 경고장을 부착하고, 이동하지 않을 경우에는 경찰 협조를 받아 차량번호로 소유자를 조사해 소유자의 비용부담으로 철거요청을 하고 있다. 그러나 차량번호를 떼어버리고 방치해 소유자

를 알 수 없는 경우나 산업폐기물, 가정에서 대형 쓰레기 등을 투기한 사람을 알 수 없는 경우에는 최종적으로 지방자치단체가 처분하고 있다. 그럴 때는 「자동차 리사이클법」, 「가전 리사이클법」, 「소형가전 리사이클법」 등에 기초하여 적정한 처리와 자원으로 활용한다. 유기·방치방지 대책으로서 공원주차장의 야간폐쇄, 전동게이트에 의한 관리·순찰 등이 이루어지고 있으나, 인원·비용 면에서 부담이 문제가 된다. 불법투기에 대해서는 공원만의 문제가 아니라 하천·도로·환경 관련 부처과 연계한 방지대책, 처리체제가 필요하다. 불법투기 대책으로서 공원에 한정하지 않는 처리방법을 규정하는 것과 더불어, 시민의식 향상을 꾀하기 위해 조례를 제정하고 있는 지방자치단체도 있다.

② 경작지·화단, 창고·집회소 등의 설치

• 공원 내 텃밭을 만드는 등 공원을 사적으로 불법점용하는 행위에 대해서는 행위자에 대해 공원구역 안이라는 것을 확인하고 원상회복하도록 지도한다. 개인이나 단체가 공원 안에 화단이나 식재를 원하는 경우에는 지역 주민이나 이용자가 서로 협의하는 등 공원관리에 대한 시민참여를 통해 유연하게 대응해야 한다. 주변 마을자치회 등에서 허가 없이 물건을 적치하거나 집회소[61]를 설치한 경우에는 공원관리자, 지역 주민, 공원이용자 간 협의로 대응할 필요가 있다. 주구기간공원 등 생활권 가까이에 있는 공원은 앞으로 지역 주민에 의한 관리·운영의 비중이 높아질 것으로 예상되며, 공원이 방재활동 등 지역 거점이 되므로, 공원의 일반적인 이용에 지장을 주지 않는 경우는 설치를 허가하고, 지역 주민에 의한 관리·운영의 원활화·활성화를 꾀하는 등 지역 상황에 맞는 대응이 필요하다. 물건 적치나 집회소에 대해서는 설치공원의 면적, 설치시설의 면적·형상, 설치단체 등의 설치기준을 마련해 허가하고 있는 지방자치단체도 있다. 집회소 등의 경우, 일반 시민의 이용이나 화장실을 공원이용자에게 개방할 것 등을 설치요건으로 하고 있는 사례도 있다.

③ 공원 노숙자에 대한 대응

• 노숙자가 머물기 위해 설치하는 시설물 등 공원의 불법점용은 전국적으로 문제가 되고 있으나, 이에 관한 지역 주민이나 공원이용자의 민원에 대해서는 공원관리자로서 유효한 대응책을 찾아내는 것이 곤란한 상황이다. 그러므로 복지관련 부처 간 연계나 지역 주민, 공원이용자의 이해와 협력을 구하기 위한 대응이 요구된다(제3장에서, '7-4. 공원 노숙자' 참고).

2-5. 사용료 징수, 감면

「도시공원법」 제5조의 허가를 받아 공원시설을 설치하거나 관리할 경우의 도시공원 또는 공원시설 사용료, 동법 제6조의 허가(제9조의 국가와 공원관리자와 협의도 포함)를 받아 도시공원을 점용하는 경우의 도시공원 사용료, 유료 공원·공원시설 이용료 등에 관한 사항은 지방자치단체에서 조례로 규정하는 것으로 되어 있다(「지방자치법」 제228조). 또한, 국영공원에서는 징수에 관한 필요사항은 국토교통대신이 정하도록 되어 있다(「도시공원법 시행령」 제20조). 도시공원 조례 등에는 사용료 액수, 징수방법, 감면에 관해 규정되어 있으며, 이것을 기초로 하여 사용료의 징수·감면이 이루어진다. 사용료의 액수는 지방자치단체에서 조례로 정하고 있으므로, 그 금액은 지방자치단체에 따라 다르다. 도시공원 조례에서는 사용료 감면에 관해 '공익상 기타 특별한 이유가 있다고 인정되는 경우는 사용료 또는 점용료의 전부 또는 일부를 감면할 수 있다' 등의 일반규정을 두고, 세부적인 사항은 규칙에서 정하고 있는 사례가 비교적 많다. 감면요건이나 운용에 대해서는 지방자치단체마다 다르다. 참고로 「2002년도 공원관리 실태조사」에서 사용 감면요건을 구체적으로 정한 사례를 살펴보면 다음과 같다(표 4-2-1).

표 4-2-1. 사용요금의 감면요건을 구체적으로 정한 주요 사례

감면요건
• 시가 행정목적을 위해 사용할 때
• 국가 또는 다른 지방자치단체가 공용 또는 공공용으로 사용할 때
• 공공적 단체가 공공 또는 공익목적을 위해 사용할 때
• 지역적인 시민 조직이나 그 조직에 속하는 시민일반의 이용에 제공하기 위해 사용할 때
• 시내의 공공적인 단체가 공공의 이익용으로 제공하기 위해 사용할 때
• 「사회복지사업법」에서 규정하는 사업을 위해 사용할 때
• 「학교교육법」 및 「아동복지법」의 규정에 따른 학교(유치원 포함) 또는 국공립어린이집 등이 교육·보육 목적으로 사용할 때 　※ 시내 학교 등으로 한정하는 경우, 대학교는 제외하는 경우도 있음
• 시 또는 시의 기관이 주최하는 행사
• 시가 공동개최·후원하는 행사를 위한 사용
• 많은 시민에게 이익이 되는 것(지역 시민을 대상으로 하는 행사, 축제 등)
• 사회봉사 활동

---

59) 청구서·납품서·영수증·신청서·견적서·초대장·허가증·증명서 등과 같이 특정 수취인에게 보낸 사람의 의사를 표시하거나 사실을 통보하는 문서.
　를 '서신'이라 하는데, 민간 택배회사에서 이를 수집하기 위해 법령에 따라 설치한 함을 말한다.

60) 텔레비전·냉장고·세탁기·자동차 따위와 같은 내구(耐久) 소비재의 폐물.

61) 지역에서 학습, 문화, 교류·만남 활동을 위해 마련한 공공장소.

제5장
공원관리와 안전대책

1. 공원관리의 안전대책

1-1. 안전대책의 개요

공원관리에서 가장 중요한 항목의 하나로 '안전·안심의 확보'를 꼽을 수 있다. 도시공원은 이용자가 안전하게 공원에서 시간을 보낼 수 있도록 관리해야 하지만, 여러 가지 연령층이 주로 옥외에서 다양한 활동을 하고 있는 공원에서는 돌발적·우발적 사고를 100% 저지할 수 없다. 또한, 최근 공원이나 학교 등에서 놀이기구 이용에 따른 사고나 어린이가 피해자가 되는 범죄의 발생과 관련해 어린이 출입이 많은 공원의 안전에 대한 관심이 높아지고 있다. 이와 같은 공원에서의 사고·사건 발생을 예측해 사전에 발생을 억제하는 것과 함께, 만일 사고·사건이 발생한 경우 그 피해를 최소한으로 줄이고 재발하지 않도록 하는 것이 공원관리자의 중요한 책무다.

이와 같은 사고·사건에 대한 대응은 제2장의 시설관리에서 기술한 것과 같은 시설의 안전점검이나 제3장에서 기술한 이용지도 등에 의해 이루어지지만, 이와 같은 작업·업무단위의 개별 대응에 머물지 않고, 조직의 장을 지도자로 하는 조직적인 대처가 중요하며, 과거에 일어났던 사고(다른 사례를 포함)나 위험했던 사례(이용자가 피해를 입지는 않았으나, 일상의 서비스 중에서 사업자가 가슴 철렁했거나 깜짝 놀랐던 사실과 현상)에 관한 정보의 수집·분석, 사고발생 시의 신속한 대응, 사실관계 파악·조사, 사고정보의 기록·공유화 등을 일체적인 매니지먼트시스템으로서 구축하는 것이 바람직하다.

공원관리에서 일어나는 사고·사건에는 공원이용자가 당하는 신체적·정신적 손해 외에 공원시설 등의 물적 자산의 손실, 관리작업자의 부상 등도 포함되지만, 이번 장에서는 주로 공원이용자의 안전대책에 대해 다음과 같은 관점에서 기술하기로 한다.

① 공원시설이나 관리 미비에 의한 사고, 이용자 자신이나 동반자, 타 이용자 등의 부주의에 의한 사고 등 공원이용에 수반되는 사고방지대책
② 공원을 이용하는 어린이·여성·고령자 등 약자에 위해를 주는 범죄, 기물 손괴·도난 등의 방범대책
③ 태풍, 강풍, 호우, 눈 등의 기상현상이나 지진, 벼락 등의 돌발적인 자연재해 발생에 대비한 방재대책

이번 장에서는 먼저 도시공원을 설치·관리하는 국가나 지방자치단체의 사고 책임에 대해 주로 「국가배상법」상 책임을 개략적으로 기술한 후, 위의 세 가지의 관점에서 안전대책에 대해 기술하기로 한다. 또한, 공원시설의 안전관리에 대해서는 일상의 점검과 수리·수선이 불가결한 대응이 되지만, 시설관리상의 위생관리와 함께 제2장에서 기술하였으므로 모두 참고하기 바란다.

먼저 도시공원은 도시 방재상 중요한 기능을 하고, 지방자치단체가 책정하는 지역방재계획 등 방재계획에 따른 위치를 차지하며, 지진 등 재해 시에 피난지·피난경로·재해대책거점·재해의 완화나 방지, 방재교육의 장으로서의 역할을 하는 방재공원으로 정비가 진행되고 있다. 재해발생 시는 광역방재거점, 지역방재거점, 광역피난지, 일시피난지 등의 기능에 따른 역할이 정확하게 이루어질 필요가 있다. 이번 장에서는 상기의 안전대책 항목에서, 일시피난지의 기능을 하는 공원 및 가까운 방재활동거점의 기능을 하는 공원의 재해 시 관리운영의 기본적 사항을 정리했다.

1-2. 사고와 법적 책임

(1) 사고의 법적 책임

일반적으로 사고가 발생했을 때 관리상 문제가 되는 법적 책임은 「민법」, 「국가배상법」 등에 기초한 책임으로서, 불법행위책임(「민법」 제709조), 사용자책임(「민법」 제715조), 토지공작물의 점유자·소유자의 책임(「민법」 제717조) 및 공권력 행사에 기초한 손해배상책임(「국가배상법」 제1조)과 공공 영구물의 위치, 관리하자에 따른 손해배상책임(「국가배상법」 제2조)이 있다.

또한, 「형법」상의 책임으로는 과실상해(「형법」 제209조), 과실치사(「형법」 제210조), 업무상과실치사상(「형법」 제211조) 등이 있다.

(2) 공원관리에 관련된 주체의 법적 책임

　① 국가 또는 지방자치단체의 책임

　•공원관리자로서 국가 또는 지방자치단체가 부담해야 하는 책임에 대해서는 「국가배상법」에 정해져 있으며, 공권력의 행사에 따른 손해배상책임(동법 제1조)과 공공의 건축물 설치·관리의 하자에 의한 손해배상책임(동법 제2조)이 있다.

　•공권력 행사에 기초한 손해의 배상책임은 1) 국가 또는 지방자치단체가 공권력을 행사함에 있어 2) 공무원이 그 직무를 수행하는 것에 대해 3) 고의 또는 과실로 위법하게 4) 다른 사람에게 손해를 끼쳤을 경우, 국가 또는 지방자치단체가 그 손해배상 책임을 부담하는 것이다. 판례에서는 교육활동이나 행정지도라고 하는 비권력적인 행정작용도 공권력의 행사라고 보아 교육행정에 관한 사례(예를 들면, 공립중학교의 체육수업에서 수영장 입장지도 등)에도 적용하고 있다.

　•공공의 건축물 설치·관리하자에 기초한 손해 배상책임은 1) 도로나 하천 등과 같은 공공건축물에 2) 설치 3) 또는 관리에 4) 하자가 있어 5) 다른 사람에게 손해가 발생하였을 때, 국가 또는 지방자치단체가 그 손해배상책임을 지는 것이다.

　② 그 밖의 다른 주체의 책임

　•도시공원의 관리는 외곽단체에 위탁하는 경우와 민간사업자나 NPO법인 등 다양한 주체가 공원관리와 관련되어 있으나, 사고에 따른 법적 책임은 공원관리자인 국가나 지방자치단체 이외에 이들 주체도 그 일부를 부담하는 것이 고려되고 있다.

　•공원관리자 이외의 주체가 공원관리와 관련된 경우, 보통 업무위탁계약이나 협약서 등을 기초로 일정한 관리행위를 수행하는 경우가 많지만, 「국가배상법」 제2조 제2항에는 "그 밖에 손해의 원인에 대해 책임져야 하는 사람이 있는 경우는 국가 또는 지방자치단체는 이것에 대해 구상권을 가진다."라고 규정되어 있어 위탁업무계약 등의 내용 여하에 따라서는 수탁자 측에 어느 정도의 하자가 명확한 경우에 도시공원의 설치주체인 국가 또는 지방자치단체가 수탁자에게 손해배상청구를 하도록 되어 있다. 만약 수탁자나 지정관리자에게 어느 정도의 잘못이 있다고 하더라도 공원관리자인 국가 또는 지방자치단체가 사고발생에 대한 사회적 책임이나 지도감독책임을 면제받는 것은 아니다. 복수의 주체가 공원을 관리하고 있는 경우에는 공원관리자 및 수탁자 등의 쌍방이 사고발생 책임에 대해 충분히 유의할 필요가 있다.

1-3. 사고·사건의 현상과 원인

(1) 공공의 건축물 설치·관리하자와 배상책임에 대한 공원 관계 판례의 동향

　① 공공의 건축물 설치·관리하자와 배상책임의 개요

　•공공의 건축물

　- 공공의 건축물이란 국가 또는 지방자치단체가 공공의 목적으로 제공하는 유체물(有體物) 및 물적 시설로, 판례에서는 동산도 여기에 포함하고 있다. 도시공원 및 공원시설 등도 공공의 건축물이다.

　•하자의 의미

　- 하자란 결함이라는 것이다. 설치하자란 건축물의 모든 시설·설비에 대해 설계나 공사 또는 건설·건축상의 결함 또는 구조면이나 기자재에 결함 등이 있는 것이고, 관리하자란 건축물의 관리나 보전, 수리수복 등에 불완전하거나 불충분한 점이 있는 것이다. 하자의 의미에 대한 판례는 "건축물이 통상 가져야 하는 안전성이 결여되어 있는 것을 말하며, 이것에 기초하여 국가 또는 지방자치단체의 배상책임에 대해서는 그 과실의 존재를 필요로 하지는 않는다."라고 되어 있어 설치자나 관리자의 과실여부와 관계가 없다(최고재판소 제1소법정 판결, 1970.8.20.).

　•설치·관리하자에 대한 해석과 적용

- 공공의 건축물이 통상 갖추어야 하는 성질이나 설비를 갖추지 않고, 이로 인해 안전성이 결여된 곳이 있는 경우는 그 건축물에 하자가 있다고 본다. 하자 여부는 건축물 위험성의 정도 이외에 건축물의 구조, 용법, 장소적 환경, 이용상황 등의 제반 사정을 종합적으로 고려해 구체적·개별적으로 판단한다. 하자책임의 한계에 대해 통상의 용법에 적합하지 않은 행동의 결과로서 사고가 발생한 경우는 그 행동이 설치관리자에 있어서 통상 예측 가능한지 여부를 판단해야 한다고 되어 있다(최고재판소 제3소법정 판결, 1978. 7. 4.).

- 결국 하자책임은 해당 구조물 자체에 물리적·외형적인 미비나 결함이 있어 위해를 가할 위험성이 있는 경우뿐만 아니라, 해당 구조물이 공용 목적에 따라 이용되는 것과의 관련에 있어 1) 사고위험성이 평상시에 존재하고, 2) 발생예측이 가능하며, 3) 발생회피가 가능한데도 설치관리자가 이의 회피설치를 마련하지 않았다라고 하는 요건에 해당하는지 여부에 따라 판단하게 된다. 공공의 건축물은 각각의 상태나 이용되는 상황이 다르기 때문에, 실제 논의에는 사고가 발생한 상황이나 배경을 상세히 검토해야 한다.

② 공원 등의 사고 판례

• 「도시공원법」에는 도시공원의 관리자와 공원시설이 규정되어 있다. 공공의 건축물 설치·관리하자의 책임을 물을 때는 이들 시설이 통상의 이용방법에 있어 안전한 강도·구조를 가지고 있으며, 충분한 유지·관리가 이루어지고 있는가가 논의의 중심이 된다.

• '통상 가져야 하는 안전성'은 일반적으로 보호자의 감시에서 벗어나 독립적으로 행동하는 것이 사회통념상 공인되는 자를 대상으로 한 안전성을 고려하면 충분하다. 보호자의 감시 아래 있는 어린아이 등이 보호자 감시에서 벗어나 행동하는 경우까지 예상해 위험을 방지하는 구조·설비를 요구하는 것은 특별한 사정이 없는 한 고려할 필요가 없다(삿포로지방재판소 판결, 1978. 1. 27.).

• 다만, 울타리를 설치하는 경우에는 사람이 기대는 것이 예상되므로 체중을 가해도 부러지지 않는 강도가 필요하며(도쿄지방재판소 판결, 1978. 9. 18.), 울타리 밖에 위험한 연못이나 절벽이 있는 경우에는 유아가 이해할 수 있는 진입금지 조치나 쉽게 넘어가지 못하는 구조의 울타리가 필요하다. 그저 주의를 요한다는 삽화가 그려진 표지판으로는 유아에게 효과가 없다고 판단하였다(오사카지방재판소 판결, 1981. 4. 24.).

안전조치·설비에 관한 사례

【공원 내 연못에 빗물을 유입하는 콘크리트 배수로를 미끄러져 내려오던 어린이가 연못에 빠져 사망한 사고】

이 사건의 배수구 및 수로는 초등학교 3년생 정도라면 쉽게 진입할 수 있고, 그 구조상 어린이의 호기심을 불러일으킬 수 있는 놀이장이 되기 쉬우며, 실제로 어린이가 들어가 경사 부분에서 미끄러져 암거(暗渠) 부분에 들어가거나 하여 놀이터로서 사용되어 왔다. 게다가 배수로 앞쪽 끝 부근의 연못 깊이는 2.6m로, 어린이가 떨어지면 익사할 위험성이 높은 곳이었다. 관리자는 이 사건과 같은 익사사고를 예상할 수 있었다고 할 수 있으며, 이를 방지하기 위해 배수시설 진입을 물리적으로 저지하기에 충분한 울타리를 설치하는 등 진입방지에 충분한 조치를 취했어야 했다. 이 사건의 배수시설이 사람 출입이 많은 공원부에 있었는데도 주의 간판 및 울타리가 설치되지 않았다는 것은 배수시설의 접근방지시설로서 충분하지 않았고, 시설관리에 하자가 있다고 본다(후지야마지방재판소 판결, 1996. 11. 6.).

【인공연못공원 물놀이장에서 놀던 어린이가 물놀이장과 물길 사이의 울타리를 넘어가 물길로 떨어져 사망한 사고】

인공연못공원은 어린이가 물 가까이에서 노는 것을 예정하고 설치된 것이다. 물놀이장과 물길 부분의 경계에는 35cm 간격으로 콘크리트 가로봉과 와이어로프가 있으나 어린이가 쉽게 넘어 들어갈 수 있고, 울타리로부터 60cm 앞의 물길로부터 급격하게 깊어진다는 점(수심 1m) 등에서 공원의 설치·관리에 하자가 있다고 본다(우라와지방재판소 판결, 1991. 11. 8.).

공원 내 수경지(修景池) 등에서의 사고에 관한 사례

【도시공원 내 수경지 부근에서 어린이가 놀다가 잘못하여 연못에 떨어져 익사한 사고】

수경지[일본 정원풍의 설계, 물가까지 보행로가 있고, 호안(護岸)이 수면과 수직으로 돌을 쌓아 수심 1.5~1.8m]가 본래 어린이의 놀이장소로 이용할 목적으로 설치된 것은 아니지만, 연못에는 어린이의 흥미를 유발하는 집오리나 오리가 있기 때문에 보호자를 동반했다고 하더라도 눈 깜짝할 사이에 어린이가 혼자 연못 가까이 가서 다리가 미끄러지는 등 물속으로 넘어지는 것을 예측 가능하다. 연못이나 호안에서 어린이가 일단 넘어지게 되면 자신의 힘으로 올라오는 것은 불가능하고 성인이 이것을 도와주는 것도 대단히 곤란하므로, 굴러 떨어지는 것을 방지하는 방호울타리 등을 설치했어야 하지만, 보행로에는 '위험'이라고 적힌 간판만 있고 울타리 등이 없었다는 것은 통상 갖추어야 하는 안전성을 결여한 것으로 설치·관리상 하자가 있다고 본다(오사카고등재판소 판결, 1994. 12. 7.).

시설의 파손이나 구조상 미비에 관한 판례

- 회전시소의 정지장치와 받침대 사이에 충격을 완화하는 덮개 등의 완충장치가 설치되지 않아 손가락을 끼어 부상당한 사고(후쿠오카지방재판소 가마쿠라지부 판결, 1983. 8. 26.)

- 그네 발판이 떨어져 나간 것을 방치했기 때문에, 아동이 그네 등받이 위에 타다가 떨어져 그네와 머리가 충돌하여 사망한 사고에 있어서 관리하자가 있다고 본다(나가노지방재판소 스와지부 판결, 1984. 3. 19.).

- 4인승 그네의 받침대와 수직봉의 간격이 얼마 되지 않아서, 변칙적인 강인한 흔들림으로 인해 받침대와 수직봉에 피해자의 손가락이 낀 사고에 대해 설치관리상 안전성을 갖추지 않은 하자가 있다고 본다(오카야마지방재판소 판결, 1988. 5. 27.).

- 요람형(상자형) 그네에서 놀던 아동이 그네와 지면의 사이에 끼어 상처를 입은 사고[요코하마지방재판소 판결(2001. 12. 5.), 도쿄고등재판소 판결(2002. 8. 7.), 최고재판소 제1소법정 판결(2003. 1. 30.), 나고야고등재판소 판결(2003. 2. 19.)]

설치·관리 방법의 미비에 관한 판례

【어린이가 손잡이를 놓치자, 회전시소가 균형을 잃어 손잡이에 머리를 맞아 부상당한 사고】

회전시소는 초등학교 저학년용 놀이기구가 있는 교내 광장에 설치되었음에도, 주위에는 방호울타리가 설치되어 있지 않았다는 점, 이전에도 두 차례 같은 사고가 발생하였다는 점에서 설치·관리에 하자가 있었다고 본다(야마구치지방재판소 시모노세키지부 판결, 1997. 3. 17.).

【자전거를 탄 아동이 공원 출입구에서 도로로 나오다, 자동차에 충돌하여 사망한 사고】

공원에서 놀던 아동이 자전거를 타고 공원 출입구에서 도로로 나와 자동차에 충돌해 사망한 사고에 대해, 공원 출입구의 형상이 튀어나가기 좋다는 점과 나무를 방치해 시야를 가린 상태였다는 점으로 공원관리에 하자가 있다고 본다(나고야지방재판소 판결, 2009. 3. 6.).

통상적이지 않은 사용에 따른 사고의 판례

> **【보호자가 테니스를 하고 있는 사이, 코트 가장자리 심판대에 올라간 아동이 좌석 부분 등받이의 철제 파이프를 잡고 뒤쪽으로 내려오다가 넘어지는 바람에, 그 아래에 깔려 후두부를 지면에 강타해 사망한 사고】**
>
> 사고 시 유아의 행동은 심판대의 본래 용법과 달라 시설관리자의 통상예측이 어려운 것으로 보아, 설치·관리상 하자가 아니라고 본다(최고재판소 제3소법정 판결, 1993. 3. 30.).

어느 정도의 위험이 예상되는 놀이기구의 사고 사례

> **【타잔 밧줄의 출발대에서 순서를 기다리고 있던 초등학생이 출발대 후방의 울타리에서 출발하다가 자세가 흐트러진 다른 아이와 충돌하는 바람에, 출발대에서 떨어지며 측두부를 지면에 부딪혀 실명한 사고】**
>
> ① 자세를 갖춰 출발하는 조치를 강구하지 않았다는 점, ② 출발대 측면에 떨어짐을 방지할 수 있는 울타리를 설치하지 않았다는 점, ③ 출발대 주변의 지반이 부드럽지 않았다는 점에 대해 현재 상황 이상으로 안전성을 요구하는 것은 곤란하며, 설치관리에 하자가 있었다고 볼 수 없다(도쿄지방재판소 판결, 1991. 4. 23.).

공원 내에 심어진 나무에 의한 사고 사례

> **【국립공원의 너도밤나무 가지가 떨어져, 부근을 지나던 관광객이 부상을 입은 사고】**
>
> 국립공원 안에 있는 너도밤나무 가지가 떨어져 부근을 지나던 관광객이 상해를 입은 것에 대해, 해당 사고현장 부근을 사실상 관리하고 있는 지방자치단체에 관리하자가 있었던 것으로 보아 손해배상책임을 인정하고, 또한 해당 너도밤나무의 지지에 하자가 있었다고 보아 해당 나무를 포함한 국유림을 관리하고 있는 국가가 공작물 책임을 부담하는 것으로 한다(도쿄지방재판소 판결, 2006. 4. 7.).

이용자 간 사고

> • 공원에서 캐치볼을 하고 있던 초등학생의 투구(投球)로 부근에서 놀던 다른 초등학생을 맞혀 사망한 사안으로, 아버지에게 감독자책임이 있다고 본다(센다이지방재판소 판결, 2005. 2. 17.).
>
> • 애견운동장의 중앙을 가로지르던 사람이 개와 충돌한 사고에 대해, 견주는 상당한 주의를 기울였다고 보아 손해배상 청구를 기각하였다(도쿄지방재판소 판결, 2007. 3. 30.).

수영장에서의 사고 사례

【아동이 수영장 흡수구에서 흡수관 안으로 빨려 들어가 사망한 사고】

수영장의 유수(流水) 풀에서 놀던 당시 일곱 살 여자 아이가 방호울타리 탈락으로 노출된 흡수구에서 흡수관 안으로 빨려 들어가 사망한 사고에 대해, 수영장의 유지관리 및 보수하는 사무를 주관한 시의 담당자가 업무상 과실치사죄로 책임을 물었다(도쿄지방재판소 판결, 2008. 5. 27.).

【수영장 익사 사고】

공원 내 수영장에서 익사한 사건에 대해, 감시원의 부주의가 원인이기 때문에 감시원의 고용회사에 사용자책임, 관리자인 재단법인에 안전배려의무 위반이 있다고 요청된 손해배상 청구가 기각되었다(나고야지방재판소 판결, 2012. 1. 27.).

공원이나 어린이놀이터에 인접한 수로에서의 사고에 대한 판례

【단지 내 공원 가장자리 수로의 다리에서 유아가 떨어져 익사한 것으로 추인(追認)되는 사고】

공원과 수로는 시에서 소유·관리하고 있다. 시는 어린이가 수로에 들어가 떨어질 우려가 있다는 것을 충분히 예측할 수 있었음에도 수로를 암거로 하지 않고, 다리 난간의 철망을 설치하면서 방호철책 하부 간격의 개선 등 어떠한 대책도 강구하지 않아, 수로의 다리 및 방호울타리의 추락방지 기능이 통상 갖추어야 하는 안전성을 가지고 있었다고 할 수 없다. 이에 그 설치·관리에 하자가 있다고 본다(우라와지방재판소 판결, 1981. 1. 30.).

【성 안에 있는 수로의 취수구 부근에서, 아동이 공을 주우려다 발이 미끄러져 익사한 사고】

취수구는 하천제방 끝에 있는 산책로에서 경사계단까지 통행하는 데 지장이 없는 구조이며, 그 아래의 사석(捨石)[62] 끝도 보행이 약간 곤란한 점은 있으나 간조(썰물) 전후에는 물리적으로 진입이 가능한 구조였다. 둑마루에 설치한 쇄석에는 위험성의 경고기능이 있었다고는 할 수 없고, 초등학교 학부모회로부터 취수구 부근의 위험성을 지적받고 있었음에도 위험인식능력·판단능력이 낮은 어린이가 흥미로 쉽게 접근할 수 있는 상황이 방치되어 있었다는 점은 그 설치관리에 하자가 있다고 본다(히로시마지방재판소 판결, 1998. 2. 16.).

【하천에서 놀고 있던 아동이 익사한 사고】

아동이 하천을 사이에 두고 설치된 공원에서 하천으로 뛰어들어 놀다가 상류부의 깊은 곳에 빠져 익사한 사건에 대해, 현과 시의 하천 및 공원관리상 하자가 있다고 하여 국가배상책임이 인정되었다(마에바지방재판소 판결, 2009. 7. 17.).

(2) 공원의 사건·사고 현황과 원인

「2015년도 공원관리 실태조사」는 과거 5년간 도시공원에서 사건·사고로서 다뤄져 기록으로 정리되어 있는 것이 있는지를 조사했다. 공원에서 발생한 상황으로서 '화재 발생이나 잔불'이 56.8%로 많았고, '다툼이나 상해 등 경찰이 관계된 사건'도 27.6%의 지방자치단체에서 발생했다.

사고가 일어난 상황으로는 '놀이기구 관련된 사고'가 응답한 지방자치단체의 56.0%에서 발생했다. 이어서 '놀이기구 이외의 공원시설이 관련된 사고'가 43.2%, '스포츠활동 중의 사고'가 21.4%, '말벌이나 살무사 등 위험생물에 의한 사고', '자전거·오토바이 등의 운전 중 사고'가 응답한 지방자치단체의 각각 20% 정도에서 발생했다(그림 5-1-1).

그림 5-1-1. 도시공원의 사건·사고 발생현황

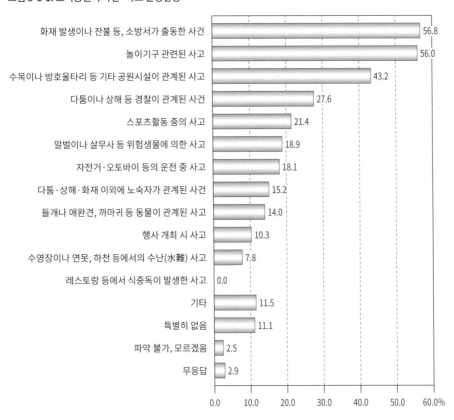

※ 응답한 지방자치단체 243곳을 모수로 한 구성비(%), 복수응답
출처: 「2015년도 공원관리 실태조사」

(3) 사고의 원인

일반재단법인 공원재단이 지방자치단체를 대상으로 실시한 과거의 설문조사 결과에서, 도시공원에서 발생한 사고의 원인은 '이용자 자신의 부주의한 이용', '유지관리의 미비', '다른 사람의 가해에 의한 사고' 순이었다.

주구기간공원의 대부분은 관리자가 상주하고 있지 않아서 공원관리자에게 사고 발생에 대한 정보가 들어오는 것은 병원에서 요양이 필요하다고 할 정도의 사고, 공원관리자에게 그 책임이 있다는 의혹이 있는 것 등의 순으로 편차가 있지만, 국영공원에서는 순찰자 배치 등으로 사고나 환자 발생에 대응하고 있기 때문에 여러 가지 사례가 있다. 놀이기구·스포츠시설·자전거도로의 이용에 따른 사고 외에 마라톤대회 등의 스포츠행사에 참가했을 때 몸 상태의 이상, 벌레 물림, 열사병, 식중독(지참한 도시락 등), 지병 악화 등이 발생하고 있으며, 주차장에서의 차량 사고·도난 등 공원이용자가 피해를 당하는 경우도 있었다. 사고사례 등의 원인은 다음과 같이 정리할 수 있다(표 5-1-1).

표 5-1-1. 도시공원 사고의 원인

설치하자	• 시설 구조 자체의 결함 • 시설 시공의 미비 • 시설 배치의 미비
관리하자	• 시설의 노후·파손 • 위험 장소에 대한 안전대책 불충분 • 위험물 방치 • 감시·지도의 불충분
관리자의 부적절한 행위	• 부적절한 지도·유도
이용자, 보호자, 주최자의 부주의·불충분	• 이용자 자신의 부주의, 능력 부족, 부적정 이용, 부적절한 복장 등 • 다른 이용자의 행위 • 보호자·지도자의 부주의 • 행사주최자의 관리 불충분
기타	• 자연재해 등

---

62) 방파제, 방사제(防沙堤), 안벽(岸壁) 따위의 중량 구조물을 건설하기 전에 지반 보강을 위해 땅에 까는 쇄석.

2. 공원시설 이용에 관련된 사고방지대책

2-1. 사고방지대책의 개념

국토교통성에서는「도시공원 놀이기구의 안전확보에 관한 지침」(이 장에서는 이하 '본 지침'이라고 한다)을 작성하고 있다 [2002년 3월에 작성, 2008년 8월에 개정(제1판) 후, 2014년 6월에 개정(제2판)].

본 지침은 어린이의 놀이에 특화되어 있다. 특히 '놀이의 가치'에 유의하여 '리스크를 적절하게 관리'하는 것과 함께 '생명에 위험이 있는가, 또는 영구적 장애를 유발하는 사고에 관련될 위험이 있는 물적 해저드를 중심으로 제거'할 것, 또한 '어린이·보호자 등과 연계해 인적 해저드의 제거에 노력한다'는 것을 공원관리자의 의무로 하고 있다.

본 지침에서 말하는 '리스크(risk)'는 '어린이가 노는 데 내재하는 위험성이 놀이 가치의 하나라고 하는 것에서, 사고의 회피능력을 키우는 위험성 또는 어린이가 판단 가능한 위험성'이며, '해저드(hazard)'란 '사고에 관련된 위험성 또는 어린이가 판단 불가능한 위험성'이다. 즉, 어린이가 놀이를 통해 위험회피능력을 키우는 기회를 망치지 않고 놀이기구의 설계나 구조 또는 유지관리 면에서 위험성을 제거하고, 이용자 안전에 대한 이해·관심을 키워가는 것이 중요하다는 것이다. 어린이의 놀이에 관계없이 공원에서는 레크리에이션과는 다르게 해방감이 있는 활발한 활동, 예를 들면 스포츠활동·자연체험활동 등 모험적·전략적 요소를 지니는 것이 많으며, 이와 같은 공원 본래의 이용기회를 훼손하지 않고 해저드 제거에 세심한 주의를 기울이는 것이 사고방지대책을 목적으로 하는 안전관리의 기본이라고 할 수 있을 것이다.

「도시공원 놀이기구의 안전확보에 관한 지침(개정 제2판)」(국토교통성, 2014. 6.)

- 놀이기구의 안전확보에 관한 기본적 생각
  - a. 놀이기구의 안전확보는 어린이가 모험이나 도전 가능한 시설로서의 기능을 해치지 않도록 놀이의 가치를 존중하며, 리스크를 적절하게 관리함과 동시에 해저드 제거에 노력하는 것을 기본으로 한다.
  - b. 공원관리자는 리스크를 적절하게 관리하는 것과 함께 생명에 위협이 되거나 영구적인 장애를 유발하는 사고('중대한 사고'라고 한다)와 관련될 우려가 있는 물적 해저드를 중심적으로 제거하고, 어린이·보호자 등과 연계해 인적 해저드 제거에도 노력한다.
  - c. 어린이와 보호자는 놀이에는 일정한 자기책임이 따른다는 점을 인식해야 하며, 보호자는 특히 판단력이 부족한 어린이의 안전한 이용을 위해 충분한 주의를 기울여야 한다.
  - d. 공원관리자와 보호자, 지역 주민은 연대해 어린이의 놀이를 지켜 주고, 해저드 발견이나 사고 발생 등에 대응하는 것이 바람직하다.

- 리스크와 해저드
  어린이는 놀이를 통해 모험과 도전을 하며 심신의 능력을 높여 나간다. 이것은 놀이의 가치 중 하나이지만, 모험과 도전에는 위험성도 도사리고 있다. 어린이의 놀이에서 안전확보 문제는 어린이 놀이에 내재하는 위험성이 놀이의 가치 중 하나라는 점에서 사고의 회피능력을 교육하는 위험성 또는 어린이가 판단 가능한 위험성인 리스크, 사고에 관련되는 위험성 혹은 어린이가 판단할 수 없는 위험성인 해저드로 구분한다.

또한, 시설이나 이용상황의 순회점검은 사고발생에 관련된 물적 해저드를 발견하는 것과 동시에 사고에 연관이 있을 법한 부적절한 이용상황이나 연령·체력 등에 적합하지 않는 이용을 발견하여 사고를 미연에 방지하는 것을 주요 목적으로 한 관리업무다. 이와 같은 순회점검을 통한 정보나 그 밖의 관리작업자나 이용자로부터의 정보(민원도 중요한 정보)를 그 중요도나 긴급도를 분석해 필요한 조치에 연결하는 것이 중요하다.

게다가 사고가 발생한 경우의 긴급연락체제, 구조체제, 관계자에 대한 대응, 사고원인 규명 등이 원활하게 이루어지도록 지침서나 조직체제를 정비하는 한편, 관계자에 대한 철저함도 꾀해야 한다. 유지관리단계에서는 보수·점검에 의한 시설의 안전대책과 맞물려 이용자·보호자에게 이용방법을 제시하는 것과 이용자·보호자·지역 주민과 연계해 안전확보를 위한 공통인식(이념)을 형성하여 안전관리에 협력을 구하는 것이 중요하다.

특히 자연환경 보전에 중점을 둔 공원이나 모험놀이장 등 종래의 도시공원과 다른 요소를 지니는 공원의 관리자는 이용자·보호자, 지역 주민, 관계하는 자원봉사자 등과 안전 및 안전확보에 대한 의견을 모으고, 그에 따른 협력을 얻는 것이 반드시 필요하다. 예를 들면 자연환경 보전에 중점을 두어 설치한 공원에서는 설계·공법·관리 등을 조합해 자연환경 보전에 유의하면서 필요한 안전성을 확보할 필요가 있다. 또한, 모험놀이장에서도 일정 정도의 위험을 전제로 하여 자기책임을 기초로 이용하는 것을 기본으로 하면서 안전확보, 사고발생 시의 적절한 대응을 어떻게 할 것인지에 대한 이용자·보호자, 그 밖의 관계자와의 공통인식이 필요하다.

2-2. 사고방지대책
(1) 시설의 설치하자에 의한 사고방지대책
시설의 설치하자에 의한 사고를 미연에 방지하기 위해서는 시설 결함을 조기에 발견하여 그 결함을 제거하는 것이 필요다. 시설을 설치할 때는 시설의 구조·재질·시공·배치가 통상의 이용에서 안전하다는 것을 확인해야만 한다. 특히 놀이기구에 대해서는 낙하방지, 끼임에 대한 주의, 마무리나 모서리 처리 등 위험방지에 관한 배려가 필요하다. 배치에 관해서는 이용 동선이나 구역과의 정합(整合)을 도모하고, 놀이기구에 대해서는 각 시설이 적정하게 이용되도록 시설별로 필요한 안전영역을 확보해 두어야 한다. 설치 후에도 실제 이용방법, 이용빈도 등의 이용상황을 관찰해 안전을 확인할 필요가 있다. 구조·재질상 안전하지 않은 경우에는 개량 또는 철거가 필요하다. 시공이 미비한 경우는 보강 등의 처치가 필요하다. 또한, 안전영역이나 배치에 문제가 있는 경우에는 배치전환 등의 처치가 필요하다.

(2) 시설의 관리하자에 따른 사고방지대책
시설의 노후·파손이나 위험물의 방치에 의한 사고를 방지하기 위해서는 시설관리 업무의 일환으로서 계획적·체계적으로 순시·점검하여 이상이 발견된 경우에는 즉시 필요한 조치를 취하는 체제를 구축할 필요가 있다.

시설의 안전점검은 공원관리자에 의한 일상점검, 전문기술자에 의한 정기점검, 필요에 따라 이루어지는 정밀점검으로 구분된다. 이러한 점검을 체계적으로 실시하여 적절한 보수를 하기 위한 유지관리계획의 책정이나 공원시설에 관한 관리대장·점검지침서·점검리스트의 작성이 유효하다. 또한, 특히 관리자가 상주하지 않는 공원에서는 이용자나 지역 주민으로부터 정보를 얻을 수 있도록 하는 것이 중요하다.

2013년도에 국토교통성이 수행한 「도시공원 놀이기구 등의 안전관리에 관한 조사」(응답 지방자치단체 수: 1,411)에 따르면, 지방자치단체 도시공원 등의 놀이기구 점검실시상황은 일상점검을 한 달에 한 번 하는 경우가 52.2%로 가장 많고, 평균적으로는 약 월 4회였다. 정기점검은 연 1회가 가장 많았고(60.7%), 평균적으로는 약 연 2회 실시하였다. 또한, 다른 공원의 사고정보를 입수한 경우에는 특별점검을 실시하여 같은 종류의 사고발생 가능성이 없는지를 확인한다.

점검을 통해 시설의 이상을 발견한 경우, 공원관리자는 이용자의 안전확보 차원에서 시설사용의 가부(可否) 등을 판단해 즉시 필요에 따른 위험방지 조치를 취한다. 점검 시에 명확하게 사용금지의 긴급조치가 필요할 때는 안전로프나 그물 등을 이용해 사용할 수 없게끔 처리한다. 위험방지조치를 시행한 시설에 대해서는 신속하게 수리·부품교환 또는 파기·철거·갱신을 해야 한다. 위험장소에 대한 안전대책에 대해서는 공원의 설치목적, 이용상황 등을 고려해 위험을 판단할 필요가 있다. 안전대책에 대해서도 주의를 환기하는 표시나 울타리의 구조·형상 등 상황에 따른 조치를 찾아야 한다. 시설이용의 감시·지도에 대해서는 특히 수영장의 감시원·지도원은 시설의 규모·내용·이용상황에 따른 적정한 배치가 필요하다. 또한, 위험을 동반하는 놀이시설 등에 대해서도 안내판, 방송 등에 의한 이용지도가 필요하다.

(3) 이용자, 보호자, 주최자에 의한 사고방지대책

공원이용에서 사고를 미연에 방지하기 위해서는 특히 공원이용자·보호자에게 공원시설의 안전한 이용을 위한 정보제공이 중요하다. 이를 위해서는 공원관리자가 순찰할 때 안전지도 외에 공원이용 시 지켜야 하는 안전관리나 안전지도에 지역 주민의 협력을 구하는 것이 필요하다. 특히 관리자가 상주하지 않는 공원에서는 지역 주민이나 이용자에 의한 놀이기구 등 공원시설의 고장이나 이용상황 등에 관한 정보제공이 중요하고, 관리자에 대한 연락방법·연락처를 표시하는 등의 대책이 필요하다. 또한, 놀이기구 등의 이용상 주의사항(놀이 시 주의, 놀이기구의 대상연령, 복장주의 등)을 어린이라도 쉽게 알 수 있도록 표시하는 것도 필요하다.

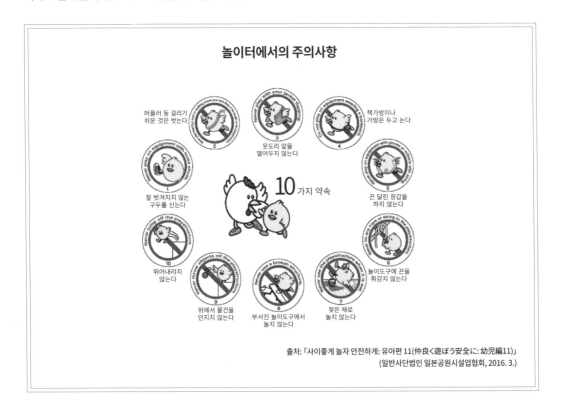

놀이터에서의 주의사항

10 가지 약속

2 머플러 등 걸리기 쉬운 것은 벗는다
3 웃도리 앞을 열어두지 않는다
4 책가방이나 가방은 두고 논다
1 잘 벗겨지지 않는 구두를 신는다
5 끈 달린 장갑을 하지 않는다
10 뛰어내리지 않는다
6 놀이도구에 끈을 휘감지 않는다
9 위에서 물건을 던지지 않는다
8 부서진 놀이도구에서 놀지 않는다
7 젖은 채로 놀지 않는다

출처: 「사이좋게 놀자 안전하게: 유아편 11(仲良く遊ぼう安全に: 幼児編11)」
(일반사단법인 일본공원시설업협회, 2016. 3.)

일반사단법인 일본공원시설업협회에 의한 놀이기구 안전표시

일반사단법인 일본공원시설업협회에서는 공원 등의 놀이기구에서 일어나는 사고를 방지하기 위해, 놀이방법의 주의점에 대해 한눈에 알아보기 쉽도록 어린이를 상대로 하는 '주의 실(seal)'을 만들고 있다.

실은 연령표시 실 3종류, 그네나 미끄럼틀, 정글짐 등 14종류의 놀이기구를 대상으로 한 개별주의 실 42종류, 일반주의 실 20종 등이 있다. 놀이 시 주의점이나 대상연령, 복장주의 등을 이해하기 쉬운 말과 일러스트로 기재하고, 어린이도 한눈에 알 수 있는 표시내용으로 되어 있다. 외국인도 알 수 있도록 영어도 함께 적고 있다. 협회에서는 가맹을 희망하는 제조사를 배려해 출하하는 놀이기구에 부착하는 것 외에 기존의 놀이기구에 대해서도 지방자치단체 등의 요구가 있으면 회원기업을 통해 유포하고 있다.

이러한 실 이외에도 협회에서는 놀이터의 중요한 주의사항을 집약한 '10가지 약속'과 사고 시에 소방이나 경찰에 연락하는 긴급대응에 관한 정보(가장 가까운 공중전화의 장소 등)나 공원관리자의 연락처 등을 표시한 '놀이터 안전표시'도 작성하고 있다.

이는 협회에서 책정해 공개하고 있는 「놀이기구 안전에 관한 규준 JPFA-SP-S: 2014」에 기초하여 '놀이기구의 안전이용 표시'를 체계화하여 제품화한 것이다.

놀이기구 개별 실의 주요 내용

놀이기구	주의사항
그네	• 뛰어내리지 않기, 근처에서 놀지 않기, 매달리지 않기
미끄럼틀	• 밑에서부터 타지 않기, 내리는 곳에서 놀지 않기, 서서 타지 않기
정글짐	• 높은 곳에서 뛰지 않기, 다른 사람이 노는 근처에 가지 않기, 꼭대기에 서지 않기
스프링 놀이기구	• 혼자 앉기, 손을 놓지 않기, 다른 사람이 노는 근처에 가지 않기
철봉	• 위에 서지 않기, 다른 사람이 노는 근처에 가지 않기, 젖으면 놀지 않기
시소	• 서서 타지 않기, 손을 놓지 않기, 밑에 숨지 않기

연령표시   놀이기구 개별주의

출처: 「놀이기구 안전에 관한 규준(遊具の安全に関する規準) JPFA-SP-S: 2014」
(일반사단법인 일본공원시설업협회, 2014. 6.)

(4) 관리작업상의 사고방지대책

공원의 관리작업은 통상의 공원이용과 병행해 이루어지는 경우가 많으므로, 이용자의 안전확보는 시공관리 상 중요하다. 공원관리작업에서 발생할 가능성이 있는 위험요인에는 다음과 같은 것이 있다.

① 가지치기한 가지 등의 낙하

② 제초기 등에 의한 돌의 비산

③ 차량 운전이나 기계조작 실수에 의한 접촉 및 충돌 등

④ 작업기계나 약제 등 위험 유해물과의 접촉

⑤ 작업공간 출입에 의한 넘어짐·떨어짐 등

이러한 사고를 방지하기 위해서는 먼저 시공이 적절하게 이루어졌는지가 중요하다. '안전관리'는 일반공사에서 품질관리·공정관리 등과 함께 이루어지는 시공관리의 첫째 항목이다. 공법이나 기기·기구의 선정, 작업순서, 기계·기구의 정비점검, 작업현장의 정리정돈, 작업자의 복장이나 건강관리, 기계운전자 등의 자격기준 준수나 안전훈련 등 전반에 걸쳐 안전을 충분히 배려함으로써 공원이용자에 미치는 피해는 물론이고 작업자 자신의 사고도 방지할 수 있다.

공원에서의 관리작업은 스태프의 직영작업, 외주 전문업자, 자원봉사자나 지역 주민에 의한 작업 등 실시방법이 다양하다. 또한, 지정관리자나 공원시설의 설치·관리허가에 따라 제3자가 행하는 작업 등도 있다. 일차적으로는 작업주체의 책임 아래 이루어져야 하는 것이지만, 필요에 따라 관계된 조직, 기관과 안전에 관한 협의기관 설치나 공동훈련·안전교육 등 사고방지에 대한 관계자의 안전행동과 책임의식을 철저하게 하는 것도 필요하다.

2-3. 사고대응

만일 사고가 발생했을 경우에는 부상자 등의 신속한 구호나 재발방지대책을 강구할 필요가 있다. 그러려면 관리자가 상주하지 않는 공원에서는 관계 부처·기관이나 공원관리자의 연락처를 게시할 것, 또한 공원에서의 사고에 구급출동이 있다면 소방부처에서 공원관리자에게 연락이 갈 수 있도록 하는 등의 연락체제를 정비해 둘 필요가 있다.

(1) 부상자의 구호

사고가 발생했다는 통보를 받고 부상자의 보호·구호가 필요할 경우에는 즉시 현지로 가서 응급조치, 병원으로 이송, 구급차 요청 등 적절한 조치를 취해야 한다. 특히 공원사무소가 있는 공원에서는 공원관리자에게 사고통보가 가장 빠르게 가야 하므로, 병원·소방서·경찰서와의 연락체제를 정비하고, 직원은 구급훈련·구급조직의 편성 등의 대응을 하는 것이 필요하다.

또한, 부상자 대응이나 가족·보호자 연락은 적절히 성의 있게 이루어져야 한다. 수영장과 같은 시설에서는 안전 감시체제를 갖추고, 물에 빠진 것을 발견했을 시 구조할 수 있는 요원의 배치 및 훈련이 이루어지고 있다. 시설 규모에 따라서는 간호사 배치 등을 통한 응급처리가능 체제를 갖추고 있는 경우도 있다. 스태프나 관계자가 구명강습을 수강하고, 심폐소생법과 AED(자동제세동기)의 조작방법을 습득하는 등 공원 특성에 맞는 응급조치용품의 구비 및 사용훈련을 수행하면 좋다.

(2) 사고의 재발방지

사고의 재발방지대책으로 사고가 발생한 시설에 대해 즉시 사용제한 조치를 취함과 동시에 신속하게 수리·철거 등 적절한 조치를 취한다. 또한, 사고가 일어난 공원 이외에서도 유사한 시설의 안전을 재점검하고, 경우에 따라서는 사용제한 조치도 필요하다. 사고 재발방지대책에 대해 공원관리자 외 관계 부처·기관과 지역단체, 학식경험자로 구성하는 위원회 등을 만드는 사례도 있다. 안전대책은 널리 관계자의 협력하에 수행하는 것이 바람직하다. 또한, 사고 상황을 파악한 후 사고 기록을 작성하고 사고재발방지 및 시설 개선을 위해 활용하는 것이 중요하다. 국토교통성에서는 「도시

공원의 사고방지 정보」(1990년 2월 19일자 건설성도공록발 제22호, 도시국 공원녹지과장 통지), 「도시공원의 안전관리 강화에 대해」(1999년 12월 24일자 건설성도공록발 제89호, 도시국 공원녹지과장 통지) 및 「도시공원의 안전확보에 대해」(2014년 4월 1일자 국도공경 제1호, 도시국 공원녹지·경관과장 통지)에서 놀이기구를 포함한 공원시설로 인해 30일 이상의 치료를 요하는 중상자 또는 사망자가 발생한 사고의 경우에는 그 상황 등을 조사 후 즉시 보고하도록 공원관리자에게 의뢰하고 있다.

사고 정보를 공유하기 위해서는 사고의 발생일시, 장소, 부상자 본인의 정보, 부상 부위, 부상 종류와 정도, 사고원인 등의 필요사항을 알기 쉬운 서식을 정해서 기록하면 좋다.

기록해 두면 좋은 항목의 예

- 사고발생 일시, 장소(공원명, 공원 내 구역·시설), 날씨
- 부상자 본인 정보(이름, 주소·연락처, 나이, 성별, 복장, 소지품을 포함한 착용물)
- 부상 부위, 종류(예: 타박, 골절 등), 정도(예: 봉합 ○○바늘, 입원 △△일)
- 사고 형태(예: 굴러 떨어짐, 낙하, 충돌, 강타 등)
- 사고발생 원인(예: 지면 상태, 시설의 명칭·개소·제조자, 인적요인 등)
- 사고발생 시 현장에 있던 이용자(어린이·성인)의 수, 동반자·보호자의 유무
- 사고발생 경위, 사고발생 시 주변 상황, 현장 사진
- 사고 후 대응(응급처치 내용·처치자, 병원으로 운송·치료 상황, 경찰·소방에 연락, 보호자·가족에게 연락, 현장점검·출입금지 조치 등)
- 발견자, 통보자의 이름, 주소·연락처
- 기록자 이름

※ **특히 사고원인이나 사고발생 시의 상황은 자세히 기재하는 것이 좋다.**

---

(3) 손해배상에 대한 대응

부상자에 적절히 대응하고, 시설 결함이나 관리하자에 기인하는 손해배상 등에 대비해 설치한 시설에 적용되는 보험에 가입하는 등의 대응이 바람직하다. 또한, 제조자가 「제조물책임법」(「PL법」)에 대응하는 보험에 가입하고 있는지를 확인해 두는 것도 필요하다.

표 5-2-1. 도시공원에서 사고발생 시 주요 단체별 배상보험

피보험자	보험 명칭	보험 내용
시(市)	전국시장회시민종합배상보상보험 : '배상책임보험', '보상보험'으로 구성	• 시가 소유·사용·관리하는 시설의 하자 및 시의 업무수행상·과실에 기인하는 법률상 손해배상책임을 부담하는 경우의 피해를 종합적으로 보상하는 보험제도로서, 전국시장회가 손해보험회사와 가입한 시를 피보험자로 하는 단체보험계약을 체결해 실시하고 있다. 손해배상책임보험의 대상으로 하는 시설에 공원이 명기되어 있다.
정·촌(町·村)	전국정촌회종합배상보상보험 : '배상책임보험', '보상보험', '공금종합보험'으로 구성	• 정·촌이 소유·관리하는 시설의 하자 및 정·촌의 업무수행상 과실에 기인하는 법률상 손해배상책임을 부담하는 경우의 피해를 종합적으로 보상하는 보험제도로서, 전국정촌회장이 손해보험회사와 가입한 정·촌을 피보험자로 하는 단체보험계약을 체결해 실시하고 있다. 피해배상책임보험의 대상으로 하는 시설에 공원이 명기되어 있다.

피보험자	보험 명칭	보험 내용
일반사단법인 일본공원시설업협회 회원 : 협회원은 보험가입을 의무화	일반사단법인 일본공원시설업협회 '공원시설단체배상책임보험' : '제조물배상책임보험', '공사중배상책임보험'으로 구성	• '제조물배상책임보험'은 보험가입 회원기업이 설계·제조·판매·시공·점검·수리를 행하는 공원시설·체육시설·놀이기구·모뉴먼트 등 공원시설 대상품목의 결함 및 하자에 기인해 보험기간 중 다른 사람의 신체나 재물에 손해를 끼쳐 동 기업이 법률상 피해배상책임을 부담하는 경우에 대응한다. 이 보험은 「PL법」, 「민법」 모두에 대응할 수 있다. • '공사중배상책임보험'은 보험가입 회원기업이 보험기간 중 공원시설 등의 설치공사 중 또는 점검이나 수리업무 중에 다른 사람의 신체나 재물에 손해를 입혀 동 기업이 법률상 손해배상책임을 부담하는 경우에 대응한다.
지정관리자	민간 보험회사 등에 의한 시설배상책임보험	• 민간보험회사 등에 의한 '시설배상책임보험'은 소유 또는 관리하고 있는 시설이나 설비 등의 구조상 결함이나 관리상 미비 및 시설의 용법에 따른 업무수행에 기인하는 법률상 손해배상책임을 지는 경우의 손해를 보상하는 보험제도로서, 지정관리자제도에 대응하는 것과 지정관리자를 위한 배상책임보험도 있다.

놀이기구 사고방지대책 -놀이기구 사고제로(0) 계획-

(개요)
실시자: 일반재단법인 오사카부공원협회

1. 대책 내용
일반재단법인 오사카부공원협회에서는 '미연에 놀이기구 사고를 예방한다', '동일한 사고를 두 번 다시 반복하지 않는다'는 것을 목적으로 놀이기구 사고를 없애기 위한 대책을 시행하고 있다.
놀이기구 사고를 줄이기 위해서는 위험의 발견, 즉 매일의 점검과 적절한 이용방법을 알려주는 것이 중요하다. 협회의 '놀이기구 사고제로 계획'의 대책은 '품질관리·이용관리·정보관리'의 3가지 관점에서 매일 적정하고 정확한 이용촉진을 도모하기 위한 종합적인 관리를 실천하고, 언제나 PDCA 사이클을 의식하여 실제의 관리경험을 계획에 반영하고 있다.

2. 관리의 3가지 관점
• '품질관리'의 관점
 - 놀이기구 본체와 부대시설의 점검품질 확보나 점검기술 향상 등을 목적으로 하여 개개의 놀이기구뿐만 아니라 놀이기구가 있는 놀이장 전체를 파악해 관리하도록 하고 있다.
• '이용관리'의 관점
 - 놀이기구 그 자체를 충분히 관리하고 있다고 하더라도, 예방할 수 없는 이용방법의 잘못 등에 의한 사고를 예방하기 위해 사용자인 사람에 대한 정보발언이나 이용지도를 적극적으로 시행한다.
• '정보관리'의 관점
 - 놀이기구를 관리하기 위한 기초 데이터로서 놀이기구대장이나 도면 등의 정리를 행하여 사고나 수리 등의 이력을 축적·갱신하는 것으로, 일상의 놀이기구 관리나 사고발생 시 동종 놀이기구의 신속한 점검이나 이용정지 등의 조치를 꾀하는 것을 목적으로 하고 있다.

(1) 품질관리 대책
• 놀이기구 안전관리 강습회 개최
 - 협회 직원이나 오사카부 기초자치단체의 공원관리담당자의 놀이기구 점검기술의 향상을 꾀하기 위해 '공원시설제품안전관리사'나 '공원시설제품정비기사'를 초빙해 실습을 포함한 강습회를 해마다 계속하여 실시하고 있다.
• 놀이기구 점검지침서 작성
 - 놀이기구의 점검은 담당자나 순시자의 경험에 따라 그 정도에 편차가 생길 우려가 있다. 또한, 놀이기구는 종류가 다양하고 이용형태도 각기 다르기 때문에 단일한 점검표만으로는 점검품질의 확보가 어렵다. 따라서 놀이기구의 점검에 대해 체계적으로 정리한 지침서를 독자적으로 작성하여, 놀이기구의 점검에 도움이 되고 있다.

(2) 이용관리 대책
• 놀이기구 안전이용 팸플릿 작성 및 활용
 - 놀이기구의 안전한 이용방법을 나타낸 팸플릿을 '선생·보호자용', '어린이용' 두 종류로 작성하여 정보발신이나 이용지도에 활용하고 있다. 이들은 동 협회의 홈페이지에서 다운로드 받을 수 있다.
• 놀이기구 안전이용 행사의 개최
 - 아이들에게는 처음으로, 어른에게는 그리운 거리 그림연극으로, 놀이기구의 올바른 사용방법을 재미있게 배우는 오리지널 그림연극을 상연하는 등 놀이기구의 안전사용에 대한 계몽활동을 실시하고 있다.
• 이용실태 조사
 - 필요에 따라 놀이터 이용자의 분포상황과 행동궤적, 혼잡상황, 이용자 의식 등 이용실태를 조사하고 놀이기구의 안전관리 등에 반영하고 있다.

(3) 정보관리 태세
• 놀이시설 관리시스템의 구축 및 활용
 - 기존에는 놀이기구를 공원관리소마다 또는 놀이기구 개별로 관리했기 때문에 사고 시의 대응, 수리시기의 파악, 점검유무 파악 등의 효율적인 관리가 어려웠다. 그래서 일괄로 효율적인 관리를 가능하게 하는 놀이기구대장의 통일화 및 데이터베이스화를 실시했다.
 - 정기점검의 기록이나 수리기록 등의 관리를 효율적으로 수행하고, 관리하는 공원과 전국에서 일어난 사고 사례를 공유하고 사고재발 방지에 활용하고 있다.
 - 데이터의 입력과 검색에는 놀이기구 관리에 직접 종사하는 직원이 입력하기 쉽도록 일반적으로 널리 사용되는 데이터베이스 소프트웨어와 표 계산 소프트웨어를 사용하고 있다.

3. 성과
지금까지 놀이기구 사고를 없애기 위한 노력이 평가되어 제23회 국가도시공원 경연대회(2007년도) 관리운영 부문에서 국토교통대신상을 수상했다.
2006년도부터 2015년도까지 실시한 놀이기구 안전관리 강습회에는 총 461명이 참가하여, 협회가 관리하는 공원 직원뿐만 아니라 오사카부 기초자치단체 공원관리담당자의 검사기술 향상을 도모함으로써, 지역 전체에 '놀이기구 사고제로'의 확대에 기여하고 있다.

놀이기구 안전이용 팸플릿(선생·보호자용, 어린이용)

놀이기구의 올바른 사용방법을 재미있게 배우는 종이연극

실습을 포함한 놀이기구 안전관리 강습회

사진제공: 일반재단법인 오사카부공원협회

수영장 담당자에 대한 안전교육 대책 -레저풀(Leisure Pool) 관리자 양성 프로그램-

(개요)
주최자: 공익재단법인 사이타마현공원녹지협회
후 원: 일반사단법인 국제구명구급협회, 일반사단법인 일본워터슬라이드안전협회, 공익사단법인 일본풀어메니티협회

1. 사업내용

(1) 발족 경위
사이타마 현영공원의 레저풀을 관리하는 공익재단법인 사이타마현공원녹지협회는 2007년부터 외부 강사에 의한 수영장 감시원 교육을 실시하고, 지금까지 사고 발생 시의 대처 중심에서 사고를 내지 않는 환경 만들기 중심으로 변화를 시도했다. 그 결과 4곳 수영장의 사고는 줄었지만, 전체로 보면 여전히 수영장 사고가 끊이지 않는 데 근거하여, 수영장 사고를 방지하기 위해 2011년에 독자적 수영장 관리 양성 프로그램(자격)을 창설했다.
또한, 국토교통성·문부과학성에서 나온 「수영장 안전 표준지침」 관리체제의 정비책임자, 보건관리자, 감시원 및 구호원의 역할분담, 선임기준을 충족하는 자격이 되었다.
※ 2015년까지의 수강 실적 수강생 115명(사이타마현을 비롯한 6개 지방자치단체, 42개 법인이 수강)

(2) 특색

프로그램은 사고를 내지 않는 환경을 만들기 위해 설치·관리자 및 감독자들의 인간관계 형성을 중시하고 있다. 구조의 지식과 기술 등 사고발생 시의 대처법을 가르칠 자격제도는 많지만, 관리자의 마음가짐에 주안점을 둔 프로그램은 전국에 사례가 없었다.

(3) 실시 내용

본 프로그램은 ① 마음가짐(Mind), ② 구명기술(Skill), ③ 시설의 위기관리(Risk Management)로 구성되며, 모두 수강할 경우 '관리자 인정증'을 발행한다.

구분	내용
마음가짐	• 현장관리자로서의 리더십, 의사소통 방법 • 워터리스크 관리의 개념을 체득하고 사고를 일으키지 않는 환경을 만드는 마인드 조성 • 인재(人災)라 할 수 있는 수난 사고와 그 현황을 배우고, 사고를 일으키지 않는 환경 만들기
구명기술	• 실제 수영장을 사용한 라이프가딩(Life-guarding): 육상 안전기술 • 감시 시스템의 확립, 감시 기본기술 • 실제 풀을 사용한 라이프가딩: 기술 • 수중·수면의 구조, 수영장을 비롯한 수상의 구조
시설의 위기관리	• 수영장시설의 일반지식·점검·관리·유지에 관한 노하우 • 워터슬라이드의 일반지식·점검·관리·유지에 관한 노하우 • 워터리스크 관리 • 법령을 준수하기 위한 위험관리

강습회 실시상황

사진제공: 공익재단법인 사이타마현공원녹지협회

3. 도시공원의 방범대책

도시공원에서의 범죄방지에 대해서는 각기 공원의 설치목적, 시설내용 및 이용상황 등에 따라 경찰 및 지역 주민과 협력해 적절한 방범대책을 갖출 필요가 있다.

3-1. 공원공간의 위험요인과 안전을 위한 요건

나카무라 오사무(中村攻)가 쓴 『어린이들은 어디에서 범죄에 맞닥뜨리는가(子どもたちはどこで犯罪にあっているか)』(2000)에서는 마을의 어떠한 장소에서 범죄가 발생하는가에 대한 어린이 설문조사를 통해 위험장소를 조사하고, 거기에서 얻어진 공간적 식견에 대해 구체적인 사례를 들고 있다. 그 가운데 공원에 대한 기술을 정리하여 소개한다.

(1) 공원공간의 위험요인

범죄를 유발하는 위험장소가 되는 공원은 물리적으로 주위 시선이 단절되어 사람의 눈이 닿지 않는 공원이나, 사람 눈이 가지 않는 고립된 공원이라고 할 수 있다. 구체적으로는 공원이 위험한 공간이 되는 요인으로서 <표 5-3-1>과 같은 것을 들 수 있다.

표 5-3-1. 공원공간의 위험요인

공원의 식재나 시설배치 등에 의해 시야가 차단되거나, 낮부터 어두운 공간이 됨
• 관리가 되지 않아 우거진 저·중·고목 밀식 • 성토 등으로 인해 주위보다 높은 공원 • 어린이의 모습을 가리는 공원의 대형 놀이기구나 장벽, 창고 등 • 대낮에도 희미하고 왕래가 드문 고가(高架) 밑 공원
공원에 인접한 건물로 인해 주위로부터 눈에 띄지 않음
• 인접한 주택이 공원을 등지고 있음 　: 창문이 없는 건물 벽과 접하고 있음, 집합주택의 복도측과 벽이 공원을 향하고 있음 • 인접한 주택의 베란다에 가려져 있음 • 공원과의 경계에 높은 담, 빽빽이 심어진 수목, 헛간 등이 있음 • 창고와 주차장, 농지 등에 인접한 공원
공원과 인근의 관계: 활력을 잃어버린 공원은 위험한 공간이 됨
• 공원 밖 주변도로에 노상주차: 공원 내부가 보이지 않음 • 지역 주민에게 버림받아 기피시설이 된 더러운 공원 　: 어지럽게 흩어진 쓰레기, 놀이기구의 파손, 낙서, 방치 자전거 등 • 지역이 활력을 잃고 공원 주변공간이 황폐화해 있음 　: 낮부터 셔터가 닫힌 채로 있는, 주거·상업·공업지역이 뒤섞인 기성 시가지 등

(2) 공원공간 안전에 대한 요건

범죄가 일어나지 않는 안전한 공원은 이용자에게도 주위로부터도 전망이 좋은 공간으로 자주 이용되며, 지역에서 사랑받는 공원이라고 할 수 있다. 안전한 공원의 요건으로 <표 5-3-2>와 같은 것을 들 수 있다.

표 5-3-2. 공원공간 안전을 위한 요건

공원관리에 관한 것
• 잘 손질한 관목과 가지치기가 잘된 교목으로 전망이 좋은 공간을 유지 • 공원관리사무소가 있어서, 일상적으로 공원관리와 관련된 전문직원이 있음 • 인근 주민이 공원의 관리운영에 깊이 관여하고 있음

공원이용에 관한 것

- 하루 내내 인근 주민들이 잘 이용하고 있음
- 나이 드신 분들이 일상적으로 이용하는 것을 볼 수 있음

공원 주변환경에 관한 것: 인접한 민가나 지역 간 관계가 양호함

- 민가가 공원에 대해 폐쇄적이지 않고, 거주자가 있음이 느껴짐
- 집회소나 어린이집 등 지역 사람이 모이는 시설이 인접하고 있음
- 지역 주민이 매일 이용하는 가게(식료품점, 편의점 등)가 인접하고 있음

3-2. 도시공원 방범대책의 현황

「2015년도 공원관리 실태조사」에서는 도시공원의 방범을 위한 노력으로 무엇을 실시하고 있는지를 공원 종류별로 조사하였다.

조사대상 중 대부분(50% 이상)의 공원에서 실시하고 있는 대책인 '전망 확보를 위한 식재의 가지치기나 벌채'는 가구공원·근린공원·지구공원에서 약 50~60%의 지방자치단체가 실시하고 있었다. 종합공원에서는 약 50%의 지방자치단체가 실시하고 있으며, 가구기간공원 및 종합공원의 실시율이 높아지고 있다. '금지간판, 경고간판 등의 설치'는 가구공원에서 약 60%, 근린공원·지구공원·종합공원에서는 각각 약 50%의 지방자치단체가 실시하고 있었다. '조명등 증설, 조도를 높이는 등의 개선'은 가구공원 및 근린공원에서 약 10%의 지방자치단체가 실시하고 있었다. '공원의 순찰강화'는 가구기간공원과 도시기간공원에서 20~30%, '경찰과의 연계강화'는 가구기간공원에서 약 10%의 실시율이었다(표 5-3-3).

도시공원에서의 방범대책은 지역에 가까운 주구기간공원을 중심으로 실시되고 있는 것을 알 수 있다. 그러나 '지역과 협의회 설치'와 '다른 부서와의 연락·협의 실시'와 같은 지역과 행정이 연계된 방범체제 만들기에 노력하고 있는 지방자치단체는 적었다.

또한, 새로운 방범대책으로 감시 및 동영상 촬영을 하는 '방범카메라'를 공원에 설치하는 사례와 그 설치 및 운영을 위한 지침과 요령을 규정하고 있는 곳도 있었다.

표 5-3-3. 도시공원의 방범에 대한 대처상황

대책 \ 공원 종류	가구공원	근린공원	지구공원	종합공원	운동공원	특수공원	광역공원
전망 확보를 위한 식재의 가지치기나 벌채	67.6	62.1	57.0	57.1	49.1	43.8	56.4
금지간판, 경고간판 등의 설치	61.4	57.5	55.3	56.6	44.0	38.8	61.8
공원의 순찰강화	26.1	25.2	26.8	31.7	29.6	20.0	50.9
경찰과의 연계강화	13.5	15.9	14.0	19.6	13.2	11.3	21.8
조명등 증설, 조도를 높이는 등의 개선	12.6	10.3	7.8	10.6	8.8	6.9	18.2
공원시설의 철거	9.2	5.6	3.9	4.8	5.0	4.4	9.1
공원이나 일부 시설의 야간폐쇄	3.9	4.2	7.8	19.0	13.8	7.5	32.7
다른 부서와의 연락·협의 실시	3.4	3.7	2.2	3.7	4.4	1.9	5.5
순찰 등 주변 주민에 대한 협력요청	1.9	0.9	0.6	2.1	1.9	1.9	3.6
지역과 협의회 설치	0.5	0.5	0.0	1.1	0.6	0.6	1.8

※ 대상 공원이 있는, 응답한 지방자치단체 수를 모수로 한 구성비(%), 복수응답

출처: 「2015년도 공원관리 실태조사」

3-3. 도시공원의 방범대책

(1) 안전·안심마을 만들기의 방범대책

도시공원의 방범대책, 범죄를 미연에 방지하는 것에 대해서는 공원 내부의 대응뿐만 아니라 공원 외부와의 관계에 눈을 돌릴 필요가 있으며, 마을 전체의 노력이 필요하다. 여기에서는 마을만들기의 방범에 대해, 『안전·안심마을 만들기 핸드북: 방범마을 만들기 편(安全·安心まちづくりハンドブック: 防犯まちづくり編)』(1998)을 활용하여 소개한다.

이 중 범죄가 발생하는 환경(상황)에 주목하고 범죄유발 요인을 제거하여, 보다 안전하고 쾌적한 환경조성을 목표로 하는 '안전하고도 쾌적한 환경 만들기'(하드웨어)와 '안심하며 살 수 있는 커뮤니티 만들기'(소프트웨어)의 양면에서 진행한다.

하드웨어 측면에서는 건물이나 도로, 공원 등의 설계를 궁리해 기능성과 쾌적성을 손상하지 않고 방범성을 높일 수 있다.

소프트웨어 측면에서는 자치회·반상회·노인회·어린이회·공원애호회 등에 의한 방범순찰, 인사하거나 안부를 묻는(고에카케, 声掛け) 활동, 주민참여에 의한 지역방범 진단, 안전지도 만들기 등 작은 노력을 쌓아 '안심하며 살 수 있는 커뮤니티 만들기'를 진행한다.

(2) 도시공원 방범대책의 방향

① 공원 방범대책에서 유의점

• 「안전·안심마을 만들기의 추진에 대해」(경찰청, 2000. 2. 24.)는 경찰청의 도도부현(都道府縣) 경찰에 대한 지시사항으로서, 공원관리자의 판단을 직접 속박하는 것은 아니지만 공원의 방범기준으로 다음과 같이 표시되어 있다.

  - 주변의 도로, 주거 등의 전망이 확보되어 있다.
  - 공원 주변의 파출소, '아이 110번의 집(子ども110番の家)'[63]이나 공원에 방범벨이 설치되어 있다.
  - 야간에 사람행동을 관측할 정도의 조도가 확보되어 있다.

• 또한, 『안전·안심마을 만들기 수법조사보고서: 방범마을 만들기 편』(건설성 도시국 도시재개발방제과, 경찰청 생활안전국 생활안전기획과, 1998)은 공원녹지에 관한 유의점으로 다음과 같은 사항을 들고 있다.

  - 녹지와 전망의 확보
  - 공원 위치 및 주위환경
  - 친숙한 공원 만들기
  - 공원에 인접한 건물과의 경계: 진입대책에 유의
  - 공중화장실에 대해: 주변에서의 전망, 야간조명

• 2000년에 경찰청에서 제정한 「안전·안심마을 만들기 추진요강」은 도로·공원 등의 공공시설이나 주거의 구조·설비·배치 등에 대해 범죄방지를 배려한 환경설계를 함으로써, 범죄피해를 당하기 어려운 마을 만들기를 추진해 왔다. 2014년 8월의 개정에서는 안전·안심마을 만들기의 추진에 관한 기자재로서, 방범등·방범벨 등뿐만 아니라 방범카메라가 추가되었다. 또한, 공원에 관한 방범상의 유의사항으로 다음의 사항을 들고 있다.

공원 정비·관리에 관한 방범상의 유의사항

'사람의 시야' 확보(감시성의 확보): 많은 사람의 시야(시선)를 자연스런 형태로 확보할 것

① 조도
- 야간에 사람행동을 눈으로 인식하도록, 광해(光害)에도 주의하는 방범등 등에 필요한 조도(대략 3lx 이상)를 확보할 것
- 조명이 수목에 가리거나 더럽혀지고 손상되는 등 예정된 조도를 유지하지 못할 우려가 있으므로, 제때 점검할 것

② 시야
- 공원 주변의 식재 계획단계에서, 통행인이나 주변 주민의 시야를 배려해 배치나 수종 선정에서 적합한 것을 고른다. 예를 들어, 눈높이보다도 위에 수관(樹冠)이 있는 큰 나무나 눈높이보다 낮은 수종을 선정하는 것, 시선을 연속해 차단하지 않는 배치 등을 고려할 것. 또한, 식재 시점에서는 문제가 없어도 생장에 따라 가지와 잎이 번성해 시야를 나쁘게 할 가능성이 있으므로, 제때 점검하는 것과 함께 필요에 따라 가지치기 등의 나무관리를 이행할 것
- 공원 내에도 식재·놀이기구 등으로 시야가 나쁜 공간이 없도록 배려한다. 특히 공중화장실은 위험이 큰 장소가 될 수 있으므로, 주변 도로·주택 등으로부터의 시야를 확보할 것
- 공중화장실에 대해서는 건물의 입구 부근 및 그 안에서 사람 얼굴이나 행동을 명확하게 인식할 정도 이상의 조도(대략 50lx 이상)를 확보할 것

출처: 「안전·안심마을 만들기 추진요강」의 개정에 대해(통달)(경찰청, 2014. 8. 26.)

② 도시공원의 방범대책
- 도시공원에서의 방법대책은 공원의 입지특성이나 범죄가 일어나는 환경(상황)에 착안해 범죄의 유발요인을 제거하고, 보다 안전하고 쾌적한 환경을 만드는 것이다. 시설의 설계나 유지관리(하드웨어 측면)에서의 노력을 포함해 소프트웨어 측면에서 주민에 의한 지역안전·방범활동 등 '안심하며 살 수 있는 커뮤니티 만들기'와 연계나 관계기관과의 연계가 중요하다.
- 도시공원 방범을 위한 대응책으로는 <표 5-3-4>와 같은 것을 들 수 있다. 이는 각기 공원의 시설목적, 시설내용 및 이용상황 등에 따라 적절하게 수행할 필요가 있다. 소프트웨어 측면의 대응에서는 공원을 지키는 사람의 눈이 매우 중요하다. 공원이 안전한지는 인근 지역 주민의 일상적인 이용과 관리운영 참여가 핵심이다. 지역 주민에게 사랑받는 매력적인 공원 만들기를 추진하는 것과 함께 공원이 지역의 다양한 활동의 거점이 되어, 유지관리 활동 등에 지역 주민이 적극적으로 참여하도록 지역의 마을만들기 가운데 친근한 공원 만들기에 노력하는 것이 중요하다.
- 이러한 대책은 방범에 한정된 것이 아니라, 공원에서의 사고방지 등 안전대책으로서도 유효하다. 지역 주민과 공원관리자 외에도 경찰, 학교 등 관계기관과 연계한 대책을 추진하는 것이 필요하다.

표 5-3-4. 도시공원에서의 방범대책

하드웨어 측면	• 공원의 시야를 좋게 하는 식재의 가지치기 • 조명등의 밝기를 확보하기 위해 개량: 대략 3lx 이상의 조도를 확보 • 화장실은 주위에서 잘 보이게 하고, 조명을 밝게 한다: 대략 50lx 이상의 조도를 확보 • 경계 부분은 주위 시선을 가리는 높은 담장이 아닌, 펜스나 낮은 울타리 등으로 한다. • 청소용구 창고 등은 주위 시선을 가리지 않도록 배치에 신경 쓴다. • 사람이 많이 출입하는 공공건물에 인접하는 경우는 공원과의 일체성을 확보한다. • 공원에 방범카메라를 설치해 운용한다. • 슈퍼 방범등: 긴급통보장치가 부착된 방범등 시스템 • 어린이 긴급통보장치의 설치

	공원이용 활성화에 따른 안전을 확보하는 방책
소프트웨어 측면	• 어린이회, 노인회 등의 활동 활성화에 따른 이용촉진 • 고령자의 레크리에이션 활동(게이트볼 등)에 따른 고령자의 일상적 이용촉진 • 공원에서의 행사(축제나 바자회) 등에 의한 공원이용 활성화
	지역 주민에 의해 공원을 지키는 환경을 만드는 방안
	• 공원의 관리운영에 적극적인 주민참여를 유도 • 공원의 이용이나 관리에 대해 주민과 행정 관계기관 등에서 만나는 기회 만들기 • 지역 주민의 참여에 의한 지역방범 진단 등 안전상의 문제점을 점검 • 외주도로의 노상주차 대책 등 지역의 자주적인 노력 촉진 • 공원애호회 등 지역 자원봉사자에 의한 공원 안전지도나 순찰, 인사하거나 안부를 묻는 활동 • 민간 비영리 예비지도자나 자원봉사자를 배치하는 등, 안심하며 어린이가 놀 수 있는 공원 만들기

③ 공원의 야간이용과 방범대책

• 유료 공원 등을 제외한 많은 공원이 24시간 개방되어 누구라도 자유롭게 출입할 수 있다. 특히 도시 지역에서는 새벽부터 늦은 밤까지 또는 밤새 이용되는 공원도 볼 수 있다. 이것은 공원이용 다양화의 하나로서 나타나는 것이지만, 한편으로는 다양한 관리문제를 일으키고 있다. 가장 위험한 것이 사건·사고의 발생이다. 공원이 심야에 청소년들이 모이는 장소가 되어 청소년문제 발생의 온상이 되고 있는 경우도 있다. 시설의 파손, 낙서, 불 피우기 등 심야에 공원시설을 더럽히고 손상하는 행위도 증가하고 있다. 게다가 늦은 밤에는 무서워서 공원 주위를 통행하지 않는다거나, 소음으로 시끄럽다는 민원이나 주변과의 마찰 등도 발생하고 있다.

• 야간과 새벽에는 관리자 상주나 정기순찰은 어려워서, 민원이 많은 때의 부정기적인 순찰이나 경찰에 의뢰해 중점순찰 등이 이루어지고 있는 곳도 있다. 또한, 모임장소가 되기 쉬운 장소를 폐쇄하거나 조명을 끄는 등의 방법도 사용되고 있다. 이와 같은 대책은 주민의 이해를 구하도록 지역 주민과 충분히 협의해 주민 스스로 지역방범 활동이나 청소년 건전육성 활동 등과의 연계를 기본으로 수행할 필요가 있다.

도시공원에서의 방범대책: 가가와현(香川県)의 사례

여러분 주변의 공원을 체크해 보세요.

공원 방범대책의 포인트

공원 안에 화장실을 설치한 경우
1. 산책로나 도로에서 가까운 곳 등 주변에서 전망이 좋은 장소에 있는가?
2. 건물 입구 부근이나 내부에서, 사람 얼굴과 행동을 명확히 식별할 정도 이상의 조도인가?

놀이기구
놀이기구의 위치가 주변의 도로나 주택 등에서 전망이 좋은가?

외부에서 전망이 나쁜 장소
외부에서 전망이 나쁜 장소에, 필요에 따른 방범벨·긴급통보장치 등이 설치되어 있는가?

식재
그 수종 및 배치를 고려하는 동시에 적절히 유지관리를 실시해서, 주변의 도로와 주택 등에서 전망이 좋은가?

주변에서 놀고 있는 아이들이 보이나요?

야간통행 또는 이용이 예상되는 경우
야간통행이나 이용이 예상되는 장소에서, 공원등 등으로 사람행동을 알수 있는 조도가 있는가?

출처: 카가와현 안전·안심 마을만들기 추진협의회, 「지향하는 방범마을 만들기: 도로, 공원, 주차장 및 자전거주차장에 관한 방범상의 지침(めざせ防犯まちづくり／道路、公園、駐車場及び駐輪場に関する防犯上の指針)」

63) 학부모회와 지방자치단체 등이 주요 활동주체가 되어 아이가 위험을 느끼거나 도움을 요청할 때, 아이를 보호하고 경찰 등에 통보하도록 협력해 주는 집이나 시설이다. 지역과 협력단체에 따라 명칭이나 스티커 디자인은 다르지만, 최근에는 편의점이나 슈퍼마켓, 주유소, 버스영업소, 택시 등 다양한 기업과 공공시설 등에서 협력하는 곳이 많아지고 있다. 이들은 모두 자원봉사 활동을 통해 이루어지고 있다. '아이 110번의 집'은 아이가 도움을 요청하며 뛰어들어 왔을 때, 아이를 보호하고 사정을 들은 후 경찰에 신고하는 일을 비롯해 학교와 가정에 연락하고, 구급상황인 경우에는 119로 통보도 해 준다.

4. 도시공원의 방재대책

여기에서는 도시공원의 방재대책에 대해 주로 「방재공원의 계획·설계에 관한 가이드라인(안)(2015년 9월 개정판)」(국토교통성 도시국 공원녹지·경관과, 국토기술정책종합연구소 방재·메인터넌스기반연구센터 녹화생태연구실)의 내용을 활용하여 기재한다.

4-1. 재해 시 공원의 역할

(1) 녹지와 오픈스페이스가 방재 시 수행하는 역할

녹지와 오픈스페이스가 도시방재 시에 수행하는 주요 역할은 일반적으로 다음과 같다.

① 재해 시의 피난 장소

• 피난지, 피난로

• 귀가곤란자 수용공간 등

② 화재·폭발에 의한 재해의 방지·완화

• 화재의 연소 지연·방지

• 폭발에 의한 재해의 경감·방지 등

③ 재해대책의 거점

• 구호활동의 거점

• 복구·부흥의 거점 등

④ 자연재해의 방지·완화

• 풍해·조해(潮害)·설해(雪害)·수해·절벽붕괴에 의한 피해의 완화·방지

• 재해위험지역의 보호 및 토지이용의 규제 등

⑤ 방재교육장

• 과거의 재해기록과 교훈을 방재문화로 계승하여 국내·외에 정보 발신

• 재해 유구(遺構) 등을 도입한 공원 디자인으로 재해의 규모나 두려움을 전달 등

(2) 과거의 자연재해 시 녹지와 오픈스페이스가 방재를 위해 수행한 역할

녹지와 오픈스페이스는 에도(江戸)시대부터 불 끄는 곳으로서 화재 시 연소방지의 역할 등을 하고 있었고, 관동대지진 이후 도시방재의 역할이 입증되어 근간시설로서 인식되고 있다.

① 관동대지진 시 역할

• 화재 시 화재저지를 통한 연소지연 효과 및 연소방지 효과

• 약 157만 명의 피난처로 활용 등

② 한신·아와지대지진(阪神·淡路大地震) 시 역할

• 가로수와 주택 등의 산울타리에 의한 연소방지 기능

• 응급 피난생활 장소로 이용

• 이재민 구호활동 장소로 이용

• 복구·부흥 거점으로 이용

• 지진재해 쓰레기의 임시적치장으로 이용 등

③ 니가타현(新潟県) 주에쓰지진(中越地震) 시 역할

• 긴급피난 장소로 이용

• 자위대의 피해지역 후방지원기지로서의 기능 등: 국영에치고구릉공원(国営越後丘陵公園) 등

④ 도호쿠(東北)지방 태평양해역지진(동일본대지진) 시 역할

• 수림지에 의한 쓰나미(津波)에너지의 감쇠 기능

• 수림지에 의한 표류물 포착

• 시가지 등으로 대량의 물이 흐르는 것을 방지해 담수(湛水)의 장으로서 기능

• 고지대가 있는 공원에서, 쓰나미의 피난지·피난로로서 기능

• 자원봉사자 등이 집결하는 복구·부흥지원 기능

• 귀가곤란자의 임시숙소로서 기능 등

도호쿠지방 태평양해역 지진: 동일본대지진

일본 도호쿠지방 태평양 앞바다의 지진은 2011년 3월 11일 14시 46분, 수심 24km에서 발생했다. 지진규모(magnitude) 9.0으로, 미야기현(宮城県) 구리하라시(栗原市)에서 진도 7, 미야기현·후쿠시마현(福島県)·이바라키현(茨城県)·도치기현(栃木県)의 4개 현 37개 시·정·촌에서 진도 6강(強), 그밖의 동일본을 중심으로 홋카이도에서 규슈지방에 이르는 넓은 범위에서 진도 6약(弱)~1이 관측되었다. 이 지진으로 도호쿠지방에서 간토(関東)지방에 걸친 태평양 연안에서 매우 높은 쓰나미가 일어나 막대한 피해가 발생했다. 각지의 쓰나미 관측시설에서는 후쿠시마현 소마(相馬)에서 9.3m 이상, 미야기현 이시노마키시(石巻市) 아유카와(鮎川)에서 8.6m 이상 등 동일본의 태평양 연안을 중심으로 매우 높은 쓰나미가 관측되었고, 홋카이도에서 가고시마현(鹿児島県)에 걸친 태평양 연안과 오가사와라제도(小笠原諸島)에서 1m 이상의 쓰나미가 관측되었다.

또한, 광범위한 지진피해가 나타났다. 이바라키현과 지바현(千葉県) 등은 액상화로 인한 건물이나 도로의 피해도 다수 파생했다.

수도권에서는 철도 대부분이 운행을 중지하고, 도로에서 큰 혼잡이 발생해 버스나 택시 등의 교통기관 운행에도 차질이 생겼다. 그 결과, 발생시간이 평일이었던 것에 맞물려 철도 등을 이용해 통근·통학하는 사람들의 귀가수단이 막혀 수도권에서 약 515만 명(내각부 추산)에 이르는 귀가곤란자가 발생했다.

출처: 「방재공원의 계획·설계에 관한 가이드라인(안)(2015년 9월 개정)」

수림대(樹林帶)에 의해 저지된 표류물

사진출처: 「동일본대지진에서 공원녹지 등의 이용실태 등 조사보고서」, 일반사단법인 일본공원녹지협회
[도호쿠대학 재해과학국제연구소 이마이 켄타로(今井健太郎) 제공]

4-2. 방재공원

도시공원의 방재기능 발휘를 위한 1993년 6월 30일의 「도시공원법 시행령」개정에 따라 재해 응급대책에 필요한 시설(비축창고, 내진성 저수조, 방송시설, 헬리포트)이 공원시설로 자리매김하였고, 재해 시 피난장소나 피난로가 될 도시공원이 '방재공원'으로 지칭되었다.

방재공원

방재공원은 「방재공원의 계획·설계에 관한 가이드라인(안)(2015년 9월 개정판)」(국토교통성 도시국 공원녹지·경관과, 국토교통성 국토기술정책종합연구소 방재·메인터넌스기반연구센터 녹화생태연구실)에서, '지진으로 인해 발생하는 시가지 화재와 쓰나미 등의 2차 재해, 또는 수해 시 국민의 생명과 재산을 보호하고 대도시지역 등에서 도시의 방재구조를 강화하기 위해 정비되는 방재거점, 피난장소, 피난로 등으로서 역할을 하는 도시공원 및 완충녹지'라고 하여 다음의 일곱 종류로 구분하였다.

① 광역방재거점의 기능을 하는 도시공원
② 지역방재거점의 기능을 하는 도시공원
③ 광역피난장소의 기능을 하는 도시공원
④ 1차 피난장소의 기능을 하는 도시공원
⑤ 피난로의 기능을 하는 도시공원
⑥ 귀가 지원장소 기능을 하는 도시공원
⑦ 석유 콤비나트(kombinat)[64] 지역 등과 배후의 일반 시가지를 차단하는 완충녹지

또한, 이 가이드라인(안)에서는 그밖에도 가까운 방재활동 거점의 기능을 하는 도시공원을 포함해 '방재공원 등'이라고 칭하고 있다.

여기에서는 1차 피난장소의 기능을 하는 도시공원과 귀가 지원장소 기능을 하는 도시공원, 주변의 방재활동거점 기능을 하는 도시공원에 대해 간략하게 설명한다.

(1) 1차 피난장소의 기능을 하는 도시공원

도시에 체계적으로 정비된 주구기간공원(가구공원, 근린공원, 지구공원)은 주민들에게 친숙한, 안심할 수 있는 오픈스페이스이며, 재해 시에 일시적으로 이용할 수 있는 시설 중 하나다.

1차 피난장소의 기능을 하는 도시공원은 평상시에는 방재에 관한 지식을 배우는 장소이다.

대지진·화재·쓰나미 등의 재해 시 긴급 대피장소, 인명구조 및 초기 소화 등 초기 활동의 거점으로서, 또한 화재 시 광역피난장소로 피난하는 주민의 집합장소·피난중계소로 활용되는 곳이다.

재난이 발생한 이후에는 공원 입지 및 규모에 따라 응급·피난생활, 구제물자의 집적·공급, 지역의 방재정보의 수집·전달 장소, 복구·부흥물자의 접수처, 가설주택 용지 등 다양한 이용이 예상된다.

재해발생에 대비해 주변 주민이나 지역의 방재조직, 공원애호회를 포함한 관리체제 만들기가 중요하다. 구체적으로는 역할분담이나 시설의 활용·사용방법, 대응순서 등의 규칙 만들기를 미리 검토하는 것 등을 들 수 있다. 이러한 주민조직은 평상시 공원이용이나 관리·운영을 맡은 조직과 동일한 것이 바람직하다.

(2) 귀가 지원장소 기능을 하는 도시공원

재해 발생 시에 철도 등 교통시설의 운행정지나 도로정체·통행금지로 인해 도심에서 교외지역까지 원거리 귀가가 곤란해진 '귀가곤란자'에 대해, 교통수단이 복구될 때까지 일시적인 피난·휴식·정보제공 등의 지원장소가 된다.

1차 피난장소의 기능을 하는 도시공원뿐만 아니라 주변 주민이나 지역의 방재조직, 공원애호회 등의 관리체제를 정비하고, 일시적인 대피나 귀가 도중 휴식이용이 예상되는 사람들도 포함하여 재해 시 이용방법을 확인하는 것이 바람직하다. 구체적으로는 상업지구나 집객시설 인근에 위치한 공원은 주변 사업자 등과 역할분담 및 시설의 활용·사용방법, 대응절차 등의 규칙 만들기를 미리 검토할 것, 도보 귀가훈련에서 공원을 이용하는 것 등을 들 수 있다.

(3) 가까운 방재활동거점의 기능을 하는 도시공원

가까이에 있는 소규모의 가구공원 등은 제도상 방재공원에는 해당하지 않지만, 일상적인 커뮤니티를 기반으로 하는 초기 활동의 거점으로 활용이 기대된다. 시민의 방재의식이 비교적 높고, 일상적으로 긴밀한 커뮤니티가 형성된 지역에서는 구급·구조부대가 도착하기 이전이나 직후 단계에서 주민에 의한 구출 활동과 초기 소화 활동의 거점이 되는 등 방재에 매우 중요한 역할을 할 수 있다. 따라서 초기 활동에 대응한 방재기자재를 갖춘 방재창고, 방화수조 등을 설치하는 것이 바람직하다.

재해 발생 시에는 야외로 대피하는 임시집결지, 긴급 대피장소의 기능을 담당하고, 인근의 정보교환·전달에 따라 긴급적인 구출·구호활동, 소화 등 초기 활동의 거점으로서 기능을 발휘한다. 시간이 경과한 응급단계에서는 피난생활을 하는 것도 예상된다.

또한, 연소활동·방지효과를 기대한 식재를 함으로써 큰 화재 등의 불기운을 다소 감소시키거나 화재 저지선의 역할을 하는 것, 인접한 건물의 붕괴를 나무를 심어 방지하고, 대피공간을 확보하는 등의 기능도 있어서, 도입 수종·배치 등에 대한 고려도 필요하다.

관리 시에는 주변 주민에 의한 자주적인 관리나 시설운용, 이용에 대한 규칙 만들기가 요구된다.

4-3. 방재공원의 관리업무

「방재공원의 계획·설계에 관한 가이드라인(안)(2015년 9월 개정판)」의 내용을 활용해 방재공원을 관리하기 위해 유의해야 할 사항을 다음에 기재한다.

(1) 방재에 관한 상위 계획 및 관련 계획과의 정합

행정기관의 일원으로서 공원관리자가 재해발생 시 취해야 할 행동을 매뉴얼 등에 정리할 경우에는, 방재 관련 부처와의 조정을 실시해서 지역방재계획 등 상위 계획이나 기타 관련 계획 등에 정해진 구호(救護)나 시설이용 등의 내용을 따르거나, 혹은 일치시킬 필요가 있다.

(2) 재해 시 공원 활용의 전체 조정

재해가 발생했을 때 공원은 일시적인 피난이용이나 장기 피난이용 외에 소방서나 자위대, 기타 관계기관 등, 다양한 조직과 단체가 이용한다. 공원관리자는 공원 및 공원시설에 관한 다양한 정보를 파악·관리하고, 재해 시 공원이 유효하게 활용되도록 관계자와의 조정 및 전체적인 조합이 이루어지도록 체제를 정비한다.

필요에 따라서는 구호에 관한 방재기관 등과 사전에 재해 시 이용조정·이용협정 등을 체결하는 것도 검토한다.

(3) 평상시의 계발, 훈련, 이용체험 및 학습

재해 시 공원과 공원시설을 효율적으로 활용하기 위해서는 평상시 학습기회의 제공과 지역합동훈련을 실시하는 것이 중요하며, 이것은 방재계획 참가와 평상시 이용을 통해 인근 주민의 방재의식과 의욕을 높이는 중요한 요소가 된다. 또한, 방재에 관련된 행사와 훈련을 함께하거나 시설·기구의 조작이나 피난생활 체험 등을 실시하는 등 실천적인 학습방법도 필요하다.

(4) 평상시의 유지관리

저수조, 살수시설, 펌프, 자가발전설비, 비축창고 등의 시설·설비에 대해서는 평상시에 일반적인 시설관리뿐만 아니라 방재기능을 고려한 유지관리가 필요하다. 특히 이러한 시설·설비는 장기간 작동하거나 사용하지 않은 것이 많으므로, 정기적으로 작동확인·점검·수리·교환 등 적절한 관리를 수행한다.

(5) 지역과의 역할분담과 협력체제

야간을 포함해 관리자가 상주하고, 지진 등에 언제든지 대응할 체제를 갖춘 공원은 많지 않다. 재해 시 공원에 필요한 인력을 신속하게 파견하는 것은 어려움이 예상되므로, 방재기능의 발휘를 지정관리자 등을 포함한 공원관리자만 하는 것은 곤란하다. 따라서 재해 시의 공원이용과 관리는 공원관리자인 지방자치단체 등과 지정관리자가 역할분담을 미리 정해 두고, 관계기관이나 주변 주민을 포함한 연계에 따라 실시할 필요가 있다. 특히 초동(初動) 시에는 주변 주민이 주체로 활동하는 것도 상정되므로, 소화훈련이나 취사훈련 등 방재 관련 활동 또는 평소 공원에서 레크리에이션 등을 통해 주변 주민과의 관계를 구축하는 것이 중요하다.

특히 소규모 공원에서는 공원시설의 잠금, 방재시설의 작동, 공원공간의 질서유지 등에 대해서도 지역공동체에 의한 자주적인 관리·조정에 의지하지 않을 수 없다. 주변 주민 등의 시설이용을 고려한 조작법 표시나 보관방법 등을 검토한다. 또한, 재해발생 시 누가 공원의 공간이용을 관리·조정할 것인가를 미리 지역의 자주방재조직에서 정해 놓는 것도 필요하다.

(6) 시간경과에 따른 이용변화에 대한 유연한 대응

재해 시에는 재해발생 후부터 복구·부흥대응까지 시간경과에 따라 이용목적이나 이용형태가 변화할 것으로 예상된다. 따라서 상황에 따라 유연하고 적절한 시설이용 등을 할 수 있도록 적절한 관리운영을 하는 것이 필요하다.

(7) 노인, 장애인에 대한 배려

재해 시, 그중에서도 특히 피난 시에는 누구라도 공원을 이용하기 쉽도록, 고령자나 유아·어린이·장애인 등을 포함해 누구나 쉽게 이용할 수 있는 체제와 규칙을 만드는 것도 필요하다.

재해 시 시간경과에 따른 주요 관리업무: 지진화재의 경우

단계	예방 단계		직후 단계	긴급 단계	응급 단계	복구·부흥 단계
시간 비율	• 재해발생 전		• 재해발생 후 대략 3시간 정도	• 대략 3시간 ~ 3일 정도	• 대략 3일 이후	
방재 목표	• 대책 준비		• 생명 확보	• 생명 유지	• 생활 확보	• 생활 재건
방재 공원의 관리내용	• 관계기관과의 연락·협력체제 구축 • 방재훈련 실시 • 자주방재조직 육성 • 방재의식 보급 및 계발활동 실시	재해발생	• 인명구조: 공원 내 부상자 구조 • 피난유도 • 방재기구창고 사용 • 방수총(放水銃)이나 (내진성) 방화수조 등 사용 준비 • 내진성 저수조, 비상용 우물 등 방재시설의 사용 준비 • 피해상황 조사 • 적절한 정보제공	• 피해상황 조사 • 적절한 정보제공 • 비상용 화장실, 비축창고 등 사용개시 및 이용유도 • 음료수, 구조물자 등 확보 • 수도·화장실 등 응급생활에 필요한 시설 수복 및 가설물 설치 • 위험장소 출입규제	• 피해상황 조사 • 적절한 정보제공 • 의료, 급수, 욕조, 폐기물처리, 가설주택 신청소 등 구조활동 및 지원 • 자원봉사자 등 활동지원	• 가설주택 건설, 입주지원 • 공원 내 피해복구

출처: 사단법인 도시계획학회의 자료 등에 따라 작성

방재기자재가 갖추어져 있는 방재(비축)창고

방재공원의 관리 노력 -도립공원의 사례-

(공원 개요)

공원명: 도쿄도립공원(東京都立公園) 지정관리그룹명 '방재공원그룹' [요요기공원(代々木公園), 기누타공원(砧公園), 고마자와올림픽공원(駒沢オリンピック公園), 젠푸쿠가와녹지(善福寺川緑地), 와다호리공원(和田堀公園), 조호쿠중앙공원(城北中央公園), 히카리가오카공원(光が丘公園), 기바공원(木場公園), 히가시시라히게공원(東白鬚公園), 시

오이리공원(汐入公園), 토네리공원(舎人公園), 미즈모토공원(水元公園), 시노자키공원(篠崎公園), 가사이임해공원(葛西臨海公園), 고가네이공원(小金井公園), 무사시노중앙공원(武蔵野中央公園), 후츄노모리공원(府中の森公園), 무사시노모리공원(武蔵野の森公園), 히가시무라산중앙공원(東村山中央公園), 히가시야마토미나미공원(東大和南公園), 아키루다이공원(秋留台公園)]

설치·관리자: 도쿄도

지정관리자: 공익재단법인 도쿄도공원협회

1. 실시 내용

(1) 방재공원그룹의 공원 특징
- 도쿄도 지역방재계획에서 대규모 구출·구조 활동거점 또는 그 후보지로 자리매김하는 등 방재에 중요한 역할을 하는 공원으로서, 피난장소로 지정되어 있다.
- 비상용 화장실이나 긴급차량 진입로, 태양광조명등 등 도쿄도에 의해 방재관련 시설의 정비가 진행되고 있다.
- 대규모 공원으로, 이용자가 많고 행사 등을 많이 실시하고 있다.

(2) 대규모 구출·구조 활동거점
- 경찰, 소방, 자위대, 해상보안청 등 구출·구조기관의 베이스캠프, 헬리콥터의 이착륙 공간, 집결거점
- 다치카와(立川) 지역방재센터, 도립공원 등 25개소, 청소공장 21곳이 지정되어 있다.
- 재난발생 시에는 활동거점의 확보, 이용기관의 지원을 도쿄도 현지 기동반과 연계해 실시
- 평상시에는 도쿄도나 구출·구조기관 등과 연계한 훈련 실시 및 활동거점으로서의 기능 등에 대해 이용자에게 알려 준다.

(3) 피난장소
- 지진재해 시 대규모 시가지화재 등의 피난장소로 대규모 공원과 녹지가 지정되어 있다.
- 재난발생 시 피난장소로의 안전확보, 피난민 지원에 노력한다.
- 평상시 피난장소의 운영주체인 지역구·시와의 연계, 주변 주민 등과의 연계, 직원의 대응력 향상에 노력한다.
- 지역구·시와의 연계강화 일환으로 공원이 위치한 구·시와 방재협정 체결을 추진

2. 성과
- 동일본대지진 때 귀가곤란자의 임시휴식, 재해정보의 제공장소 등으로 기능했다.
- 지역 주민과 연계한 방재훈련 및 방재행사 실시로, 공원을 중심으로 한 지역의 방재력 향상에 기여하고 있다.

대규모 구출·구조 활동거점 운용훈련

지역 주민과의 방재훈련: 방재화장실 조립

사진제공: 공익재단법인 도쿄도공원협회

---

64) 생산 과정에서 상호보완적인 공장이나 기업을 한 지역에 모아 놓은 기업 집단.

제6장
공원관리의 시민참여·협동

1. 공원관리의 시민참여·협동의 개요

1-1. 공원관리의 시민참여·협동의 의의와 목적

(1) 마을만들기(まちづくり)와 시민참여

전후 일본의 고도 경제성장은 경제발전에 따른 풍요로움을 가져온 반면, 공해문제와 도시문제라는 왜곡현상을 일으켰다. 공해·도시문제는 1960년대 후반부터 다발적으로 발생했으며, 공해 반대와 자연환경파괴 반대운동 등 각지에 저항·생활방위형의 주민운동(반대운동)을 불러왔다. 이러한 가운데 시민참여가 본격적으로 논의되기 시작하였다.

1970년대 들어서도 우회도로(bypass road)와 맨션아파트 건설 반대 등 보다 생활과 밀접한 환경 악화가 문제되고, 주민운동은 행정에 진정(요구)하는 형태를 취하는 것으로 나타났다. 1970년대 후반부터는 행정 측에서도 단순한 진정의 대응이 아닌 참여의 제도화가 시도되고, 대도시에서는 주민협의회 방식 등 직접참여의 장이 마련되었으며, 시설의 주민관리와 커뮤니티 참여에 의한 지역만들기 등이 전개되었다. 1980년대에는 도쿄도 세타가야구(東京都 世田谷区)의 마을만들기 조례 등 계획에 참여하는 제도를 정한 '마을만들기 조례'가 제정되는 한편, '마을만들기협의회'라는 계획과 사업에 주민참여 조직이 만들어지는 등, 시민참여의 제도화가 추진되어 주민주체에 의한 대화형의 마을만들기 활동이 전개되었다. 1998년에는 「특정비영리활동촉진법」(NPO법)이 제정되어 시민의 자주적인 참여활동을 기본으로 하는 NPO법 등의 민간 비영리조직이 공공적 활동을 하며 공공서비스를 제공하는 새로운 주체로서 급속히 발전했다. 2015년 3월 말 현재 NPO법인의 인증 수는 50,868건에 달하며, 그 수는 제정 직후인 1999년의 1,726건에서 2004년 21,280건, 2009년 39,732건로 증가되었다(출처: 내각부 NPO 홈페이지).

지방자치단체에서는 시민활동 지원조례, 마을만들기 조례, 시민자치 기본조례 등 '시민참여·협동'에 관한 조례의 제정이 추진되고 있다. 그 내용에는 참여·협동의 이념과 원칙을 정하는 것에서부터, 다양한 참여·협동의 방법을 체계화하는 것, 시민과 NPO법인의 활동 지원방법을 정하는 것 등이 있으며, 협동 제안사업의 규칙을 만드는 지방자치단체도 있다(오른쪽의 '참가·협동 조례의 제정 상황' 참고).

현재는 행정주체의 사업에 부분적으로 참여하는 것뿐만 아니라, 지역의 독자성을 살려 시민의 다양한 요구에 보다 세부적으로 대응하기 위해 행정과 시민, NPO법인, 기업 등의 다양한 주체가 대등한 파트너로서 지역의 문제 발견, 시민 요구를 만족하는 서비스 제공, 사업 집행방법의 선택 등을 현장에서 같이 고민하고 실천하는 협동을 하고 있다.

(2) 도시공원과 시민참여

도시공원은 도시 내 생활환경과 자연환경을 지키는 휴식의 장이 되는 동시에 경관에 윤택함을 더하며, 유사시에는 피난장소가 되는 등 시민생활에 대단히 밀접한 도시시설이다. 따라서 종래부터 공원행정에서 시민참여는 일정 부분 배려되어 왔다. 공원을 정비할 때 지방자치단체는 주민설명회를 열어 주민의 요청사항을 듣고, 또한 관리에서도 공원애호회 활동 등 지역 주민에 의한 공원 청소 등에 참여·협력이 있었다.

그러나 공공시설을 관리하는 행정의 입장에서는 시민 대응에서도 관리자의 관점을 우선하기 쉽고, 공원애호회 등 종래의 참여 형태가 유명무실화하고 있다는 비판도 있다. 한편으로는 도시공원을 보다 생활과 밀접한 시설로 만들고 싶어 하는 시민에 의한 '공원만들기'와 관리운영 등에 적극적인 참가활동도 일어나고 있다.

이런 상황에 입각해, 1995년 7월 도시계획중앙심의회의 답신 「향후 하수도정비와 관리는 어떻게 할 것인가? 또한, 앞으로 도시공원 등의 정비와 관리는 어떻게 할 것인가?」에서는 '시민참여에 의한 공원의 육성·관리'를 제안하고 있다. 공원의 정비와 관리에 대해 행정의 입장에서 시민참여는 필수이며, 또 시민 측에서는 불만, 고충, 요망 수준에 그치지 않고 스스로 책임감을 가지고 적극적으로 공원만들기에 관계할 수 있도록 요청한 것이다.

2004년 「도시공원법」 개정에서는 공원관리자 이외의 자가 공원시설을 설치·관리하는 것이 가능하도록 허가조건이 완화되어, 지금까지의 '공원관리자가 직접 설치하거나 관리하는 것이 적당하지 않거나 곤란하다고 인정될 경우'에 추가로 '해당 도시공원의 기능 증진에 이바지한다고 인정되는 경우'가 포함되었다. 이에 따라 지금까지 제한적으로 규정되어 있었던 제3자의 공원관리 참여에 대해, 본 규정을 근거로 적극적인 공원관리 참여가 가능하게 되었다. 공원관리에서 다양한 형태의 시민참여 활동이 행해지고 있는 가운데, 이 조례를 활용해 관리의 내용과 책임을 명확히 함으로써 보다 활발하고 안정적인 협동의 활성화를 기대할 수 있다.

공원행정에서 시민참여의 목적은 다양화·고도화된 공원을 향한 요구에 대해 시민참여에 의한 공원정비와 관리를 추진함으로써, 이용하기 쉽고 매력이 있는 공원 만들기와 공원이용 활성화를 도모하는 것이다. 더불어 공원을 무대로 한 참여·협동의 경험을 통해 시민과 행정의 파트너십을 형성하고, 공원에서의 활동으로부터 지역커뮤니티 활성화와 마을만들기로 공원 바깥의 활동이 확대되는 것을 기대하고 있다.

그 효과로 행정에서는 시민의 공원에 대한 생각을 키우고, 장소와 지역 특성을 살려 유연성과 창조성이 풍부한 공원관리를 실현하여, 결과적으로 공원관리의 효율화로 이어지는 것을 목표로 하고 있다.

또한, 다양한 기능을 가진 공원을 무대로 한 참여와 협동의 경험을 통해 지역의 과제를 공유하고 해결하는 계기가 되며, 지역에서의 신뢰관계 형성, 지역 애착심 양성, 공원에서의 활동을 통한 삶의 보람 찾기에도 연결된다.

공원관리에서도 종래의 행정 주도 시민참여에서 시민에 의한 자주적·주체적인 활동으로 발전하는 협동의 시대를 맞고 있다.

참여·협동 조례의 제정 상황

오쿠보 노리코(大久保規子)의 연구는 각지의 참여·협동 조례를 아래와 같이 분류하고 있다.

① 자치 기본조례, 마을만들기 기본조례 등 자치의 기본원칙을 정하는 것
② 참여·협동의 이념·원칙을 정하는 것
③ 워크숍으로부터 일반적인 논평, 심의회까지 다양한 참여·협동방법의 종합적인 체계화를 도모하는 것
④ 일반적인 논평 등 각각의 참여·협동방법의 구체적 시스템을 정하는 것
⑤ 시민·NPO활동의 지원·촉진에 관한 것
⑥ 참여·협동에 관한 규정과 NPO활동의 지원·촉진에 관한 규정을 하나로 정리한 것
⑦ 주로 커뮤니티 조직에 있어서 정한 것
⑧ 환경보전, 마을만들기, 복지 등 개별 분야에 있어서 참여·협동의 제도를 정하는 것

출처: 오쿠보 노리코, "시민참여·협동 조례의 현황과 과제", 『공공정책연구』 4, 일본공공정책학회, 2004, pp.24~37.

자원봉사활동의 참여 상황

총무성의 「2011년 사회생활 기본조사(平成23年社会生活基本調査)」 결과를 보면, 1년간 '자원봉사활동'을 한 사람은 2,995만1천 명으로 전체 조사자 중 활동가 비율이 26.3%였다. 2006년도 조사와 비교하여 20~59세의 광범위한 연령 계급에서 활동가 비율이 상승했다. 자원봉사활동의 종류에서 가장 활동가 비율이 높았던 것은 도로·공원의 청소와 지역 활성화 등의 '마을만들기를 위한 활동', 그다음이 '어린이를 대상으로 한 활동', '안전한 생활을 위한 활동', '자연과 환경을 지키기 위한 활동'이었다.

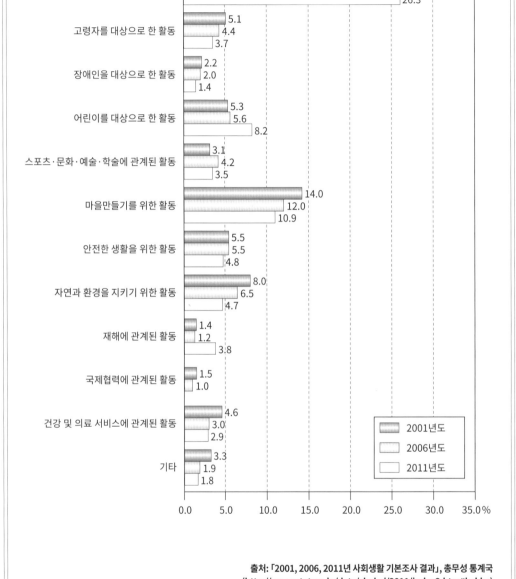

자원봉사활동 종류별 활동가 비율: 2001, 2006, 2011년

출처: 「2001, 2006, 2011년 사회생활 기본조사 결과」, 총무성 통계국
(http://www.stat.go.jp/data/shakai/2011/index2.htm#kekka)

1-2. 공원관리의 시민참여·협동의 경위

(1) 공원애호회

일본 공원의 역사는 1873년의 '태정관포달'에서 시작하지만, 이와 동 시기에 주민에 의한 자주적인 공원관리 조직도 탄생하였다. 이들은 명승·사적 등에 개설된 공원의 보전과 애육(愛育)을 주요한 목적으로 하며, 오늘날 공원관리에서 시민참여와는 성격이 약간 다른 부분이 있다.

그 후 본격적인 공원관리 운영에의 시민참여 활동은 '공원애호회'로 시작한다.

1962년에 나온 건설성 도시국장 통달 「도시공원 관리 강화에 대하여」의 제7항에는 "게시판을 비치해 공원이용자의 주의를 환기시키는 것과 함께 홍보를 활용하며, 경우에 따라서는 공원동호단체를 결성하는 등의 방법을 강구해 일반의 계몽에 힘쓸 것"이라고 언급하고 있다. 공원애호회는 그 후 각 지방자치단체의 공원관리에 명확히 자리 잡으며 서서히 증가하기 시작해, 1972년 「도시공원 등 정비 5개년 계획」이 시작된 후 도시공원 수의 급속한 증대에 맞추어 보급되었다.

그러나 1990년대에 들어서면서부터 공원애호회의 활력이 떨어지며 애호회 자체의 해산이 문제되기 시작하였다. 그 이유는 모체가 되었던 반상회(町內会)·자치회 등의 커뮤니티 조직 자체의 약체화가 큰 영향을 미쳤다.

(2) 공원어답트

공원애호회와 가까운 시스템으로 공공시설의 유지관리 방법으로 활용된 것이 공원어답트[65] 제도이다.

이것은 도로·하천·해안선 등의 공공시설과 어답트(Adopt: 양자를 삼음)로서 주민·기업 등이 이친(里親: 수양부모)으로 규약해 그 관리를 맡는 것으로, 공익사단법인 식품용기환경미화협회의 조사에 따르면 본격적인 운용은 1985년에 미국 텍사스주에서 시작되었다. 현재는 이것이 거의 미국 전체 주와 캐나다, 뉴질랜드 등에도 보급되어 있다.

일본에서는 1998년 도쿠시마현 가미야마무라(徳島県 神山村)의 '클린업(Clean up) 가미야마'에서 도로어답트가 시작되었고, 공원에서는 그 다음해인 1999년 '젠쓰우지(善通寺)시 아돕션 프로그램'이 제1호였다. 2015년 조사에서는 374개 지방자치단체에서 약 520개 프로그램[66]이 운영되고 있었고, 참가단체 수는 약 40,000곳 이상, 활동가 수는 약 250만 명 이상에 달했다. 이들의 활동장소는 도로, 공원이 많았다(표 6-1-1).

이 제도는 유지관리를 중심으로 한 활동이라는 점에서는 공원애호회와 유사하지만, 애호회가 일반적으로 자치회·반상회 등 기존 지역커뮤니티 단체가 주체가 되어 활동한 것에 비해, 공원어답트는 다양한 단체와 기업, 개인, 가족 등 보다 폭넓은 참여가 가능한 시스템이 구축되어 운영되는 협동시스템으로, 보상금 등의 금전적인 지원을 동반하지 않는다는 점이 특징이다.

표 6-1-1. 어답트의 활동 장소

활동 장소	도도부현(都道府県)	시구정촌(市區町村)	합 계
도로	46.8%	75.3%	69.6%
공원	17.7%	66.0%	56.3%
하천 변	38.7%	43.7%	42.7%
역 앞	3.2%	39.7%	32.4%
공공시설 등	0.0%	29.1%	23.3%
번화가	4.8%	23.1%	19.4%
도심부	3.2%	20.0%	15.9%
해변, 해안	24.2%	19.0%	13.6%
항만	17.7%	7.3%	9.4%
호안(湖岸)	17.7%	2.4%	2.9%
기타	11.3%	9.7%	10.0%

※ 복수 응답
출처: 「어답트 프로그램 도입 지자체 조사(2015년도)」, 공익사단법인 식품용기환경미화협회

전국 어답트 프로그램의 개요

공익사단법인 식품용기환경미화협회에 따르면, '어답트, 어돕트 계(系)'의 명칭 외에 제도의 내용을 알기 쉽게 표현하기 위해 '거리미화', '환경미화', '클린(clean)' 등 청소·미화활동을 나타내는 단어와 '서포트(서포터)', '파트너', '자원봉사' 등 시민협력을 나타내는 단어가 사용되었다.

1. 모체

공원애호회는 반상회·부인회·노인회 등 지역커뮤니티 단체의 참여가 대부분이었지만, 공원어답트 등은 그 외의 참여도 많았다.

「어답트 프로그램 도입 지자체 설문조사(2015년)」에서는 참여한 약 40,000개 단체 중 기업이 30%를 차지하였고, 다음으로 반상회·자치회가 21.6%, 환경 자원봉사단체 14.3%, 서클·애호회 6.9%의 순이었다.

또한, 구간을 정해서 활동하는 도로어답트 등에서는 개인과 가족 단위의 참가를 인정하는 예도 있어, 이것도 애호회와는 다른 점으로 들 수 있다.

구체적으로는 다음과 같은 단체 등의 참여 사례가 있다.

도로·하천·공원 등에서 어답트 참여단체 등의 사례

- 공공 공익적 단체: 시청, 구청, 우편국, JA(Japan Agricultural Cooperatives), 라이온즈클럽, 사회복지협의회 등
- 임의단체: 각종 자원봉사단체, 애호회, 마을만들기회의, 녹화추진단체 등
- 학교 관계 단체: 대학생 기숙사, 전문학교, 고등학교, 중학교, 초등학교, PTA(Parent-Teacher Association) 등
- 커뮤니티 단체: 자치회, 부인회, 노인클럽 등
- 그 외 단체: 스포츠소년단, 보이스카우트, 양로원(老人ホーム) 등
- 민간 기업: 은행, 호텔, 병원, 건설회사, 철도회사 등
- 그 외: 개인, 가족, 친우그룹, 기업 유지(有志) 등

2. 활동내용

「어답트 프로그램 도입 자치단체 설문조사(2015년)」를 보면, '청소+김매기(제초)+화단 가꾸기'가 가장 많은 34.4%, '청소+김매기+식재관리' 30.0%, '청소' 17.7%의 순으로 공원애호회에서 행해지는 경미한 유지관리 활동과 거의 동일한 내용의 활동을 하는 것으로 파악되었다.

다만 공원어답트의 경우 청소 등의 작업에 직접 참가하는 것이 아니고, 청소에서 나온 쓰레기를 지역의 쓰레기처리 기업이 처리하는 등 간접적인 참가형식도 갖추고 있는 것이 특징이다.

(3) 다양한 공원자원봉사

1980년대 말경부터 대도시권을 중심으로 애호회와는 분명히 구별되는 조직의 설립이 시작되었다. 이것이 요코하마시의 마이오카(舞岡)공원과 나가야몬(長屋門)공원, 도쿄도의 노가와(野川)공원과 사쿠라가오카(桜が丘)공원에서의 활동이다.

그 특징은 ① 환경보전, 이용가이드 등 하나의 주제를 기본으로 광역으로부터 참여자가 자발적으로 모인다. ② 활동목표·활동계획 등에 대해서도 시민 주체, 혹은 참여자의 의견을 반영해 결정한다는 두 가지 점이다.

이러한 활동과 모임의 결성은 농작업, 전통놀이의 승계, 잡목림의 관리 등 주제성이 강한 활동으로 모였던 것이었기

에 교외입지형의 비교적 규모가 큰 공원과 특색이 있는 공원으로 한정되었다. 그러나 가구공원과 같이 집 가까이에 있는 공원에서도 공원정비에 시민참여에 의한 워크숍 작업 등을 계기로 이러한 움직임이 확산되는 한편, 화단·식물관리와 가드닝 등에 참여하기 쉽거나 취미·관심이 있는 계층을 대상으로 한 활동 등도 각지에서 나타났다.

또한, 지정관리자제도 도입에 따라 '지역과의 연계'가 선정에 영향을 미치는 심사기준의 하나가 되는 사례[67]도 많아, 각 지정관리자의 창의적인 아이디어에 의한 시민참여, 자원봉사활동의 도입이 계획되었다.

표 6-1-2. 공원애호회, 공원어답트, 그 외 공원자원봉사의 특징

항목	공원애호회	공원어답트	공원자원봉사
참여자	• 자치회, 반상회, 노인클럽, 부인회, 어린이회 등 주로 커뮤니티단체가 주체	• 지역 커뮤니티단체에 그치지 않고, 학교와 기업, 개인, 가족, 그룹 등 참여자의 폭이 넓음	• 지역 커뮤니티에 한정되지 않는 광역에서의 참가, 활동에 흥미가 있는 불특정 다수의 참여
활동장소	• 가구공원, 근린공원 등 가까운 공원이 중심	• 공원 외에도 도로, 하천 등을 포함하여 제도화된 사례가 많음	• 광역공원 등 교외입지형의 비교적 대규모인 공원과 꽃, 아동놀이, 문화, 역사 등의 주제성 있는 공원시설을 가진 공원에서 전개
활동내용	• 청소, 김매기·풀베기, 놀이기구 훼손 등의 정보 제공, 부적절한 공원이용에 대한 주의 등	• 청소, 김매기, 화단·식재의 돌봄 활동 등	• 비오톱과 마을숲 관리, 특정 동식물의 보전, 농경, 전통놀이의 승계 등 주제성이 강한 활동
활동의 특징	• 지역에 밀착한 활동이어서 공원에 애착을 가지고 일상적인 지킴이 등 +α(알파)의 관리도 기대됨. 주민 동지애의 관계가 희박한 장소에서는 활동이 활발하지 못함. 20~40대 주민의 참여가 적음.	• 기존 조직에 한정되지 않기 때문에, 활동참여에 대해 자발적인 의사결정에 따라 쉽게 참여해 활동이 가능	• 활동주제, 내용 등에 공감해 자발적으로 참여하고, 활동을 통해 지식·기술의 습득, 인적 교류, 보람등으로 만족감을 얻음. 모임 운영과 활동내용에 참여자가 적극적으로 관여하고 자발적으로 활동
행정적 지원	• 보상금 등의 지불, 용구·기재 등의 제공·대여 등	• 보상금 등의 금전적인 지원은 없음. 용구·기재 등의 제공·대여 등	• 용구·기재 등의 제공·대여, 활동 거점장소의 제공, 기술 면과 조직운영 면에서의 조언, 활동의 홍보 등

(4) 참여에서 협동으로

시민참여에서 협동으로의 움직임 중에서 유지관리 작업에 참여하는 관계에 그치지 않고, 공원관리 운영의 목표와 방침 만들기로부터 시민참여의 기회를 만드는 사례가 나타나게 되었다. 그 하나가 '관리운영협의회'와 '관리운영위원회'이다.

요코하마시에서는 예전부터 다목적광장과 소년야구장 등 지역에 개방하고 있는 시설이 있는 공원에 대해서 지역과 이용단체에 의한 '공원시설관리운영협의회'를 결성하고, 이용조정 등의 일상적인 관리를 해 왔다(사례금 지출). 이와는 별도로 공원시설로 고민가(古民家: 오래된 민가)를 이축정비 하는 공원 등에서 워크숍 등에 의해 고민가의 활동과 운영

에 대한 기본방침, 운영체계와 공원정비 이미지를 검토하고, 여기에 참여해 온 시민을 중심으로 개원 후 고민가의 운영을 맡는 조직을 결성해 관리운영을 위탁했다. 조직 명칭은 '관리운영위원회' 혹은 '벗들의 모임' 등으로, 운영위원을 중심으로 수림의 관리와 자연관찰회, 가루타카이(かるた会)68) 등의 각종 행사를 기획하고, 자원봉사자로서 관계한 회원과 지역 주민의 참가에 의해 일상의 관리운영과 행사기획 등이 행해지게 되었다.

효고현(兵庫県)에서는 '아리마후지(有馬富士)공원운영·계획협의회'를 시작으로, 2015년도 현재 개설되어 있는 15개 공원 중 8개 공원에서 '관리운영협의회'가 설치되어 있다. 아리마후지공원에서는 1999년도에 책정한 「아리마후지공원 운영계획」에 따라 현(県), 현 교육위원회, 인간과자연의박물관, 미타(三田)시, 미타시 교육위원회, 전문가, 공모에 의해 선발된 주민 및 재단법인 효고현 원예·공원협회(현재 공익재단법인 효고현 원예·공원협회) 등에서 동(同) 협의회가 설치되어, 단계적으로 정비된 공원의 시설정비 및 공원운영의 상태에 관하여 협의, 주민참가계획의 구조 만들기와 조정 등의 실무도 담당해 왔다(이번 장 4절의 '아리마후지공원운영·계획협의회' 참고).

이들 두 가지 사례는 시민이 관계하는 조직을 결성해 공원정비(재정비 포함)와 관리운영 방침을 의논하는 것뿐만 아니라, 공원 활성화와 시민참여·협동의 실현을 위한 구체적인 방법에 대한 대응, 자원봉사자와 주민이 참여한 관리작업과 행사의 운영에 맞추어 조직체의 하부 조직으로 실무단을 만들고, 행사와 프로그램을 운영하는 각종 코디네이터를 한다거나 하는 것처럼 협동에 의한 공원관리 실천의 장으로서 실적을 쌓고 있어, 타 공원에도 같은 형태의 대응이 확대되고 있다.

---

65) '어답트 시스템(Adopt System)' 혹은 '어답션 프로그램(Adoption Program)'이라고 불리는 것도 있지만, 이 책에서는 고유명사로 사용되는 명칭을 제외하고 '공원어답트'를 사용한다.

66) 각 지방자치단체에서 어답트 프로그램 제도의 수. 도로 프로그램, 하천 프로그램 등 복수의 제도·구조를 갖춘 지방자치단체가 있다.

67) 지정관리자 모집 요강에 기재된 사례
    ① 오사카시 쓰루미료쿠치(鶴見緑地) 및 사쿠야코노하나칸(咲くやこの花館) 외 6개 시설의 지정관리자 모집 요강(2014. 7.)
    : '시설의 유효 활용'이라고 하는 선정항목의 심사기준으로서, '타 시설이나 지역과의 제휴를 도모하고 있는가', '시민이나 NPO와의 협동, 시민참여가 제안되어 있는가'가 기재되어 있다.
    ② 요코하마시 2015년도 네기시(根岸)산림공원 선정기준
    : '시민참여 촉진, 시민협동의 활동'이라는 선정항목의 심사기준으로, '시민참여, 시민협동에 기여하는 대책이 제시되고 있는가', '공원지역 과제에 시민의 의견과 견해를 받아들여 협동으로 대응하는 계획이 제시되고 있는가'가 기재되어 있다.
    ③ 야마가타현 니시자오(西蔵王)공원 지정관리자 모집 요강(2015. 8.)
    : '관리운영에 유익한 지역에서의 활동(지역 공헌)'이라고 하는 심사항목의 선정기준으로서, '지역과의 관계가 강한 활동이나 지역과 일체된 활동 등', '지역, 관, 담당기관, 자원봉사자와의 제휴는 충분한가'가 기재되어 있다.

68) 짧은 문구(文句)가 있는 카드를 사용하는 일본의 전통놀이.

2. 공원애호회, 공원어답트

2-1. 공원애호회, 공원어답트의 활동 상황

(1) 공원애호회, 공원어답트의 도입 상황

「2008년도 공원관리 실태조사」결과에 따르면, 응답한 지방자치단체 중 공원애호회는 61.9%, 공원어답트는 23.4%의 지방자치단체에서 도입하고 있다. 지방자치단체의 규모별로 공원애호회는 특히 정령지정도시와 30만 명 이상의 도시에서 도입이 많았다(표 6-2-1).

도입한 공원 수를 살펴보면, 공원애호회 등에 의해 관리가 이루어지고 있는 비율은 가구공원이 가장 많고, 다음으로 근린공원과 광장공원·녹도(緑道)도 50%에 가까운 곳에서 활동이 행해지고 있다(표 6-2-2).

공원어답트는 늘어나고 있지만, 전체 공원 수에서 차지하는 비율은 약 3%로 아직은 적은 편이다.

표 6-2-1. 공원애호회, 공원어답트 제도를 도입한 지방자치단체

구 분	도도부현	정령지정도시	인구 50만 명 이상	인구 30만 명 이상	인구 20만 명 이상	인구 10만 명 이상	합 계
공원애호회	6	12	6	28	22	48	122
	16.2	92.3	6.0	90.3	75.9	62.3	61.9
공원어답트	7	1	6	4	7	21	46
	18.9	7.7	6.0	12.9	24.1	27.3	23.4
응답 지방자치단체	37	13	10	31	29	77	197
	100.0	100.0	100.0	100.0	100.0	100.0	100.0

※ 위 칸: 지방자치단체 수, 아래 칸: 응답 지방자치단체를 모수로 한 구성비(%)
출처: 「2008년도 공원관리 실태조사」

표 6-2-2. 공원애호회, 공원어답트 제도를 도입한 공원 수

	가구공원	근린공원	지구공원	종합공원	운동공원	특수공원	광역공원	레크리에이션 도시	도시 녹지 등	광장공원 ·녹도	합 계
공원애호회	19,309	923	169	69	21	146	31	1	1,074	1,138	22,881
	59.0	46.9	37.5	18.4	11.1	24.8	20.3	25.0	24.1	45.4	52.7
공원어답트	948	75	15	18	13	36	4	0	76	26	1,211
	2.9	3.8	3.3	4.8	6.9	6.1	2.6	0	1.7	1.0	2.8

※ 위 칸: 공원 수, 아래 칸: 공원 종류별 수를 모수로 한 구성비(%)
출처: 「2008년도 공원관리 실태조사」

공원애호회와 공원어답트의 도입 연도에 대해 응답한 지방자치단체 수를 해마다 비교해 보면, 공원애호회는 거의 일정한 비율로 도입한 지방자치단체가 증가하고 있으며, 공원어답트는 2000년부터 해를 거듭할수록 급속히 증가하고 있다(그림 6-2-1).

그림 6-2-1. 공원애호회 및 공원어댑트의 도입 연도

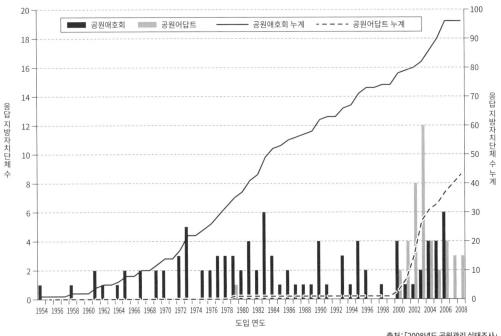

출처:「2008년도 공원관리 실태조사」

(2) 조직 및 활동 상황

① 명칭

• 공원애호회의 조직 명칭은 공원애호회 또는 공원애호협력회, 공원애호위원회 등 '애호'라는 단어를 넣은 이름이 많지만, 그 외 조직명으로 공원관리회, 공원관리협력단체 등에서 '관리'와 '협력'이라는 단어를 사용하고 있다.

• 또한, 관리협정 등에 기초하여 지방자치단체명과 단체명 등을 그대로 사용하는 예도 있다.

• 한편 어댑트제도에 대해서는 공익사단법인 식품용기환경미화협회의 조사에 따르면, '어댑트, 어돕트 계'의 명칭으로 되어 있는 것이 40% 이상이며, 다음으로 '이친'이라는 단어를 사용하고 있는 것이 10%를 상회하는 수준이다[식품용기환경미화협회의 「어댑트 프로그램 도입 지자체 설문조사(2014년도)」 결과에서 공원이 활동장소가 되어 있는 프로그램을 정리].

② 모체

• 「2008년도 공원관리 실태조사」에 따르면, 공원애호회의 모체가 되는 것은 반상회·자치회가 63.6%로 가장 높았고, 그 외로 노인회·부인회가 12.5%, 청년회·어린이회가 6.5%로 대다수가 지연(地緣) 조직을 모체로 하고 있다.

• 한편 공원어댑트는 가장 많은 구성모체가 반상회·자치회였지만 29.9% 정도였고, 기업·학교·개인 등 다양한 조직이 참가하고 있다(그림 6-2-2). 명칭은 종래의 공원애호회일지라도 활동단체의 다양성을 목표로 어댑트 형태로 변경하고 있는 지방자치단체도 보였다.

그림 6-2-2. 활동모체의 구성비 평균

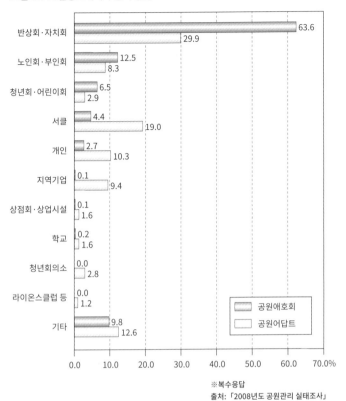

※복수응답
출처:「2008년도 공원관리 실태조사」

③ 활동내용

• <그림 6-2-3>을 보면, 활동내용에 대해서는 전반적으로 애호회가 실시율이 높은 경향이 있고, 공원어답트에서는 '불분명'이라는 응답도 많았다. 이는 애호회에서는 보상금 등의 지출 시 활동보고가 의무로 되어 있는 점이 실시율이 높은 이유의 하나라고 여겨진다.

• 수집한 공원애호회의 요강이나 협정서 등에서 활동내용을 살펴보면, 다음의 다섯 항목이 거의 공통으로 포함되어 있다.

- 청소 및 쓰레기 수집

- 제초(김매기) 및 예초(풀베기)

- 놀이기구 파손, 병충해 발생 등의 관리정보 제공

- 부적절한 공원이용에 주의·지도

- 그 외 애호활동의 목적달성을 위해 필요한 사항

• 이 중 청소와 제초 및 예초에 대해서는 협정서 등에 그 빈도까지 정해져 있는 사례가 많으며, 청소는 월 1회 이상, 제초 및 예초는 연 3회 이상으로 하는 사례가 비교적 많았다.

• 공원어답트의 활동내용은 애호회 등과 중복되는 부분이 많았으나, 참여하고 싶은 단체와 협의를 통해 내용·빈도 등을 정하기 때문에 각 단체가 가능한 범위에서 활동하는 것이 전제가 된다.

그림 6-2-3. 공원애호회, 공원어답트의 활동내용

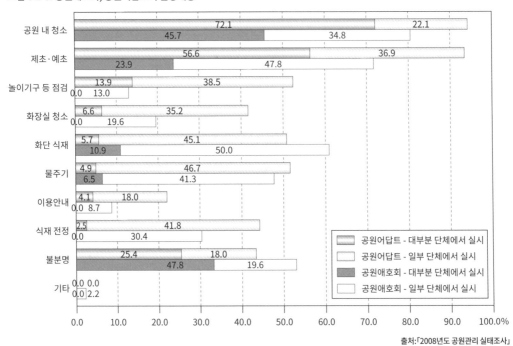

범례:
- 공원어답트 - 대부분 단체에서 실시
- 공원어답트 - 일부 단체에서 실시
- 공원애호회 - 대부분 단체에서 실시
- 공원애호회 - 일부 단체에서 실시

출처:「2008년도 공원관리 실태조사」

2-2. 행정과의 관계

(1) 설립

공원 신설과 재정비에 맞추어 지역 자치회와 노인회·부인회 등에 대해 애호회를 결성하도록 요청하여, 여기에 응한 단체와 관리협정이나 관리계약을 맺어 유지관리를 중심으로 한 공원관리 업무의 일부를 위임하게 된다.

워크숍 방식 등의 시민참여형으로 계획·정비된 공원에서는 참여자가 애호회 등의 관리단체를 만드는 경우가 많다. 계획·정비단계부터의 시민참여는 공원에 친근감을 갖게 하고, 이는 공원의 적극적인 이용으로 연결되며, 자신들이 공원을 스스로 관리운영 하고자 하는 활동으로 이어진다.

공원어답트에서는 어답트라고 하는 제도 자체가 신규 구조가 되는 경우가 많기 때문에, 이 제도의 시작과 함께 참여단체의 모집이 이루어지고 있다.

애호회와 어답트라고 하는 두 가지의 제도가 공원에서 공존하는 사례는 매우 드물며, 공원어답트는 지금까지 애호회 활동을 하지 않았던 지방자치단체에서 받아들이고 있다. 이것들이 공존하는 예로는, 공원애호회 제도와는 별개로 환경부처 등에서 공공시설의 어답트를 목표로 이 대상시설의 하나로서 아직까지 애호회가 설치되지 않은 공원을 대상으로 삼는 경우가 있다.

즉 공원이라는 장소에서 두 제도가 공존하는 사례는 드물지만, 지방자치단체 중에서는 기존의 공원애호회도 지원하면서 애호회가 아직 없는 공원을 대상으로 어답트제도를 도입해 지원하는 공존 사례가 있다는 것이다.

(2) 설치요강 등

① 공원애호회의 표준적인 설치요강

• 공원애호회의 설치에 관한 결정은 크게 '공원애호회 활동실시 요강', '공원애호업무 위탁계약서' 그리고 '공원애호회 보상금 교부 요강'의 세 가지로 나누어진다.

• 요강 등에서 결정되는 기본적인 사항은 다음과 같다.

표준적인 공원애호회 실시요강 등의 항목

(목적)
'공원애호사상의 보급', '공원애호단체의 육성' 혹은 '공원애호단체에 대한 보상금 교부' 등 요강의 목적을 정한다.

(애호회의 설립)
애호회의 정의와 애호회를 설립할 수 있는 단체를 명확히 한다. 또한, 애호회의 대표로서 회장을 둘 것과 '1 공원당 1 애호회의 원칙', '애호회의 명칭은 공원명을 사용한다' 등의 사항을 정하는 곳도 있다.

(설립신고서)
애호회를 설립할 때 신고설명서(공원애호회 설립신고설명서 등)의 제출을 정한다.

(수리의 통지)
신고설명서를 심사하여 적당하다고 인정되면 수리통지서로 수리했음을 해당 애호회에 통지하고, 등록한 것을 인정한다.

(대상공원)
애호회 활동의 대상이 되는 공원을 정한다. '지방자치단체가 관리하는 가구공원'으로 하는 예가 많다.

(활동내용)
애호회 활동내용을 정한다. 일반적으로 '공공시설 애호사상의 보급', '공원의 청소 및 예초', '공원시설의 점검과 연락', '공원이용 지도', '기타 필요한 활동' 등이 내용으로 담기는 경우가 많다. 또한, 필요한 경우 청소와 제초 등의 빈도도 여기에 정한다.

(변경 등의 신고)
애호회 명칭과 임원의 변경, 실시단체의 변경, 활동대상이 되는 공원의 변경과 애호회 해산 등이 있을 경우, 소정의 신고설명서에 의한 변경신고의 제출을 정한다.

(지도 및 연락)
공원애호활동 실시상황의 조사와 이에 기초한 지도와 조언을 할 경우를 정한다. 또한, 활동보고 등 활동내용에 관한 연락처를 정한다.

(활동보고)
애호회 활동의 내용을 소정의 양식으로 제출할 것과 그 시기, 횟수 등을 정한다.

(보상금의 교부)
활동보고 등을 심사하여 적당하다고 인정될 때 애호회에 교부하는 보상금(보장금, 사례금, 조성금 등)의 교부에 대해 정한다. 보상금 등의 용도와 지불방법, 시기 등을 정하기도 한다. 보상금 등의 금액은 '별표'와 '교부기준'으로 정하는 경우가 많다.

(보상금 교부와 취소 및 변경)
애호회의 해산이나 활동의 휴·정지, 허위보고를 했을 경우 등 보상금 등의 취소와 감액 등에 대해서 정한다.

(부칙)
요강에서 정한 것 이외의 것에 대한 대응('지방자치단체의 장이 정한다', '협의해서 정한다' 등)과 요강의 시행시기를 정한다.

- 또한, 요강에서 정해진 필요한 신고설명서 등에는 다음과 같은 것이 있다.
- 공원애호회 결성신고서(설립신고서)
- 공원애호회 설립신고수리통지서
- 공원애호회 변경·해산신고서
- 공원애호회 활동계획서·활동보고서
- 공원애호회 보상금교부신청서
- 공원애호회 보상금교부결정통지서

② 공원어답트의 표준적인 설치요강

- 공원어답트는 어답트 프로그램 혹은 이친제도의 '실시요강'으로 책정되는 경우가 많으며, 이 요강에 근거하여 '협정서' 또는 '합의서'라고 하는 형태로 관리에 관한 협정이 맺어지게 된다.
- 요강에 정해져 있는 기본적인 사항은 다음과 같다.

표준적인 공원어답트 설치요강 등의 항목

(목적)
'어답트 프로그램의 실시에 필요한 사항을 정한다' 등 요강의 목적을 정한다.

(대상시설)
어답트 프로그램은 도시공원 이외의 도로, 하천, 공중화장실 등 폭넓은 공공시설을 대상으로 하는 경우가 많으므로, 이러한 대상시설을 정한다.

(대상자)
이친에 익숙한 자로서 '해당 지방자치단체 안에 거주, 재직 또는 재학하는 자 또는 이러한 자들로 구성되는 단체' 등으로 정하는 것 외에 이친에 익숙한 단체의 자격으로 최소한의 참여자 수, 대표자의 설치 등을 포함하는 경우도 있다.

(신고서)
프로그램에 참여하는 자는 소정의 신고설명서를 제출하고, 사퇴하는 경우에는 사퇴신고서를 제출하는 것 등을 정한다. 또한, 신고설명서에 근거한 협정의 체결과 연간활동보고서 제출 등에 대해서 정한다.

(활동내용)
일반적으로는 '청소', '쓰레기 수집', '식물관리', '정보제공' 등의 항목이 정해진다. 또한, 영리활동·선전활동 등의 금지행위를 정하는 것도 있다.

(지방자치단체의 역할)
어답트 활동에 대해 지방자치단체의 지원으로 '청소도구와 쓰레기봉투 등의 제공', '자원봉사보험 등의 가입부담' 등을 정한다. '어답트 사인(간판)의 설치'를 실시하고 있는 지방자치단체에서는 여기에 이 내용을 기록하고 있다.
또한, '활동에 대한 금품을 제공하지는 않는다'라는 내용을 정하는 경우도 있다.

(서무)
어답트 프로그램에 관한 서무를 담당하는 곳을 정한다.

(표창)
특히 공적이 있는 단체 등에 대해 표창을 정하는 경우도 있다.

(잡칙)
요강에서 정하지 않은 사항의 처리 및 요강의 시행 연월일을 정한다.

• 또한, 요강에서 정해진 필요한 신고설명서 등에는 다음과 같은 것이 있다.
- 어답트 프로그램 참가신고서(이친신고서)
- 어답트 프로그램 변경·사퇴신고서
- 협정서(합의서)
- 어답트 프로그램 활동계획서·활동보고서

(3) 협정서 등의 항목

'애호회 활동 실시요강' 등에 근거하여 지방자치단체와 참여단체 간 협정 혹은 계약이 맺어지면, 활동이 개시된다. 협정서에는 일반적으로 다음과 같은 사항이 포함되어 있다.

① 목적이나 취지
② 협정의 요건: 협정체결이 가능한 단체, 협정을 맺는 장소 등
③ 협정의 체결과 해지: 협정 기간과 갱신, 해제의 이유와 방법 등
④ 협정단체의 업무: 작업내용과 그 빈도 등
⑤ 지방자치단체의 역할: 심사·승인과 지도·조언, 조성 등
⑥ 실적보고: 보고의 시기, 방법 등
⑦ 보상금의 교부: 교부 방법, 시기, 산출기준 등

공원어답트도 거의 같은 수준의 항목으로 협정 등이 체결되고 있지만, '⑥ 실적보고'와 '⑦ 보상금의 교부'에 관해서는 기술(記述)이 없거나 혹은 '금전 등에 의한 지원은 어떠한 형태로도 행해지지 않는다'라고 기술하는 경우가 있다.

(4) 활동지원

「2008년도 공원관리 실태조사」에서 활동에 대한 지원내용으로는, 공원애호회 등의 86.9%가 보상금 등의 금전적인 지원을 받았으며, 45.1%가 용구 등의 제공, 38.5%가 자원봉사보험에 가입하고 있었다. 한편 어답트제도에서는 자원봉사보험의 가입(82.6%), 용구 등의 제공(71.7%)이 주요한 지원내용이었다(그림 6-2-4).

그림 6-2-4. 지방자치단체의 공원애호회, 공원어답트 지원내용

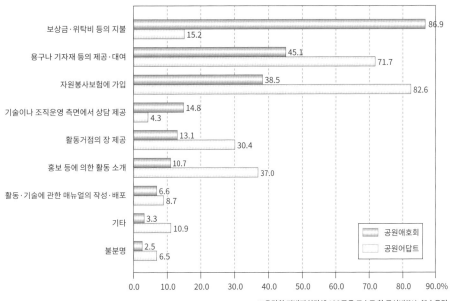

※응답한 지방자치단체 122곳을 모수로 한 구성비(%), 복수응답
출처:「2008년도 공원관리 실태조사」

① 보상금

• 전술한 바와 같이, 공원애호회에서 애호회 활동에 필요한 기자재의 구입과 활동 시 찻값(茶代) 등의 지출에 충당된 보상금 등을 80% 이상의 지방자치단체에서 지불하고 있었다.

• 지불은 보상금 외에 '보장금(報奨金)', '사례금', '조성금', 위탁계약의 경우는 '위탁료' 등의 명칭으로 지불되고 있다.

• 이 지불기준에는 다음의 네 가지 유형이 있다.

- 정액제: 단체 1곳당 혹은 공원 1곳당 금액을 정하고 있다.

- 면적할당: 관리하는 공원의 면적비율에 따라 m² 단가 혹은 면적규모 순위에 따라 공원을 구분해 지불한다.

- 조합형: 기본료+면적할당, 여기에 작업내용과 관리대상시설(화장실 등) 등을 추가해 지불한다.

- 작업항목별: 청소, 제초, 화장실 청소, 화단, 전정(가지치기), 나무 이름표 제작, 모래놀이터 관리 등 작업항목별로 금액을 정하는 방법이 있으나, 사례는 많지 않다.

• 「2008년도 공원관리 실태조사」에서 지급기준에 대해 응답한 25개 단체의 경우, 공원 1곳당 지급액은 500m²에 8,000~45,000엔, 2,000m²에 10,000~100,000엔까지 폭이 있었다. 중간치는 500m²에 20,000엔, 2,000m²에 38,000엔이며, 평균치는 각각 20,700엔과 41,500엔이었다.

• 지급 시에는 협정서에 '활동보고' 등의 제출이 의무사항으로 되어 있는 것이 일반적이다. 보고의 내용은 애호활동을 행하는 날짜, 활동참가자 수 등의 기재와 함께 활동하는 사진을 제출하도록 되어 있는 경우도 있다.

② 자원봉사보험

• 공원애호회 등에서는 38.5%, 어댑트제도에서는 82.6%가 자원봉사보험 가입을 지원하고 있었다(그림 6-2-4).

• 자원봉사보험은 자원봉사활동을 하는 개인이 가입하는 보험으로, 통상 1) 자원봉사활동 중 사고에 의한 자원봉사자 본인의 사망 또는 상해, 2) 자원봉사활동 중 타인에게 입힌 손해를 배상하기 위해 보상하는 구조이며, 사회복지협의회가 수속을 담당하고 있다. 이 가입비용을 지방자치단체가 부담하는 형식으로 지원하는 것이다. 또한, 애호회 등에 한정하지 않고 자원봉사활동 참여자까지 자원봉사보험의 가입을 의무화하고 있는 경우가 많다.

• 한편 시민협동 추진책의 일환으로 시민활동 중 사고에 대한 보험제도를 도입한 지방자치단체도 늘어나고 있다. 시민활동단체 등을 피보험자로 지방자치단체가 보험회사와 계약을 하고, 시민활동 중 상처를 입거나 타인에게 배상해야 하는 사고가 발생하는 경우 보상하는 제도로 지방자치단체가 보험료를 부담하며, 별도의 개인가입 수속은 필요 없다. 이 보험의 대상에는 공원애호회, 어댑트, 반상회 등에 의한 공원의 청소활동, 마을의 미화활동 등이 포함되어 있다.

표 6-2-3. 시민활동보험의 사례

명칭	개시 연도
요코하마시(横浜市) 시민활동보험	1991
나고야시(名古屋市) 시민활동보험	1993
센다이시(仙台市) 시민활동보상제도	1996
가와사키시(川崎市) 시민활동(자원봉사활동)보상제도	1996
미야자키시(宮崎市) 시민활동보험제도	2000
히로시마시(広島市) 시민활동보험	2004
구루메시(久留米市) 시민활동보험제도	2005
가시마시(鹿嶋市) 시민활동보험제도	2007
도코로자와시(所沢市) 시민활동종합보상제도	2008
도메시(登米市) 시민활동종합보장제도	2008

야나가와시(柳川市) 시민활동재해보상제도	2008
오사카시(大阪市) 시민활동보험제도	2010
신주쿠구(新宿区) 커뮤니티활동보상제도	2010
고리야마시(郡山市) 마을만들기(まちづくり)활동보험제도	2011
오카야먀시(岡山市) 시민활동보험제도	2013
히로사키시(弘前市) 시민활동보험제도	2015
사세보시(佐世保市) 시민활동보험	2015

③ 그 외의 지원

• 공원애호회

- 공원애호회에서 보상금 다음으로 많은 것이 '용구나 기자재 등의 제공·대여'였다(그림 6-2-4). 빗자루, 갈퀴, 쓰레받기, 모종삽 등의 용구는 협정체결 시에 지급하고, 쓰레기봉투 등의 소모품은 활동 때마다 지급하는 경우가 많았다. 또한, 나무에 가지치기를 하는 경우는 톱 등을 대여하고, 놀이기구를 도색할 경우에는 페인트를 지급하는 사례도 있다.

- '기술이나 조직운영 측면에서 상담 제공', '활동거점의 장 제공', '홍보 등에 의한 활동소개'라고 하는 지원내용에 대해서는 어느 쪽이나 10%대(그림 6-2-4)로, 공원애호회에 대한 지원조치는 활동자금과 기자재 등의 물적인 측면이 중시되었다.

- 그 외의 지원 사례로는 요코하마시의 지원내용을 <표 6-2-4>에 정리하였다.

표 6-2-4. 요코하마시의 공원애호회 지원내용

구분	내용
물품지원	• 음료 • 애호회 완장, 명찰, '애호회 활동 중' 간판 • 청소용구 • 이중 날 예초기 대여, 안전한 이중 날 헤드의 교환: 예초기 안전강습 수강 필수 • 톱, 전정가위, 전지가위 등: 관리강습 수강 후 배포
기술지원	• 화단 만들기 • 중·저목의 관리 강습 • 비료적치장 만들기 지원 • 이중 날 예초기 사용에 대한 안전강습 • 나무 이름표 만들기 지원 • 행사 지원 • 놀이기구의 안전한 사용방법 강습 등
홍보지원	• 애호회 소개 리플릿 • 애호회 게시판 • 모집광고용 문례집(文例集), 일러스트(illustration)집 등

• 공원어답트

- 한편 공원어답트에서는 '자원봉사보험에 가입' 다음으로 약 70%가 '용구나 기자재 등의 제공·대여'라고 답했다(그림 6-2-4). 보상금 등 금전적인 지원이 없는 대신에 필요한 자재가 제공되고 있었다. 또한, '활동거점의 장 제공', '홍보 등에 의한 활동 소개'도 공원애호회 등의 실시율보다는 높았다.

2-3. 공원애호회, 공원어답트의 문제점과 대응
(1) 조사결과로 본 현상의 문제점

「2008년도 공원관리 실태조사」에서 현상의 문제점을 나타낸 데이터로 활동의 증감상황을 단체 수, 활동가 수, 활동 빈도로 나누어 찾아본 결과, '증가', '보합(保合, 橫ばい)'이라고 응답한 지방자치단체가 많았다(표 6-2-5). 다만 공원애호회에서는 활동단체 수의 증가에 비해 활동가 수의 증가비율이 낮은 경향을 보였다.

표 6-2-5. 시민참여 활동의 증감상황

구분		증가	보합	감소
공원애호회	활동단체 수	28.1	27.1	3.9
	활동가 수	18.7	28.1	9.9
	활동 빈도	7.9	46.8	3.0
공원어답트 제도	활동단체 수	14.3	6.4	-
	활동가 수	12.8	6.4	1.0
	활동 빈도	5.4	14.8	-

※응답한 지방자치단체 수의 구성비(%)
출처: 「2008년도 공원관리 실태조사」

활동단체 수의 증가 원인으로는 공원정비의 진전에 따른 공원 수 증가를 바탕으로, 홍보 등 적극적인 독려, 공원과 환경에 대한 시민의식 향상을 들 수 있다. 또한, "건설공사종합평가 낙찰방식(종합평가점 산정기준)의 평가항목에 '지역활동 실적의 유무'가 있어서 기업의 등록이 증가하고 있다.", "지정관리자의 대응에 의한 영향이 크다." 등의 응답도 있고, 최근 공공조달제도 등의 영향도 있었다.

한편 보합 혹은 감소의 원인으로는 활동가의 고령화·고정화, 작업내용의 고정화, 활동모체가 된 노인회·어린이회 등 조직의 감소, 주민의 공동체의식 감소, 1인 가구의 증가 등에 따른 공원에 대한 관심저하 등을 들 수 있다.

개선해야 할 문제로 많은 사람이 꼽은(자유응답) 것은 고령화, 지원인력 부족에 의한 조직 해산, 활동가 수의 감소였다.

이러한 문제의 근원이 되는 것이 애호회 활동의 모체였던 자치회·부인회·노인회 등 지역커뮤니티의 약화이다. 총무성의 「금후(今後)의 도시부에 있어서 커뮤니티의 발전에 관한 연구회보고서(2014년 3월)」에 따르면, 커뮤니티의 중심적인 역할을 해 온 자치회·반상회의 가입률은 '젊은 세대', '1인 가구', '거주 햇수가 짧은 세대'에서 낮은 경향을 보였고, 또한 미가입 세대일수록 '지역활동에 관심이 없다'는 경향이 있다는 조사결과가 보고되었다.

또한, 지역활동에 대해서 모르는 사람이 많고, 지역활동 내용과 지역이 안고 있는 문제에 대해 주민 간의 정보공유가 충분히 되지 않으며, 이웃 간의 교류 감소, 담당자 부족 등의 문제도 들 수 있다.

요코하마시의 조사에서 공원애호회 측이 제기한 문제점을 보면, 운영 면에서는 '고령화', '참여자 부족'이 반수 가까이 차지했고, 다음으로 '지역주민의 무관심', '담당직원 부족'으로 나타났다. 이것은 지방자치단체 측이 문제점으로 제시한 사항과 일치한다. 또한, 애호활동을 하고 있는 공원의 문제로는 반수 정도의 응답에서 '쓰레기 문제', '반려견의 분뇨'를 들었고, 이 외의 문제를 포함하여 이용자의 매너 저하가 애호활동에 부담이 되고 있다는 정황이 엿보였다 (그림 6-2-5).

그림 6-2-5. 공원애호회 활동의 과제

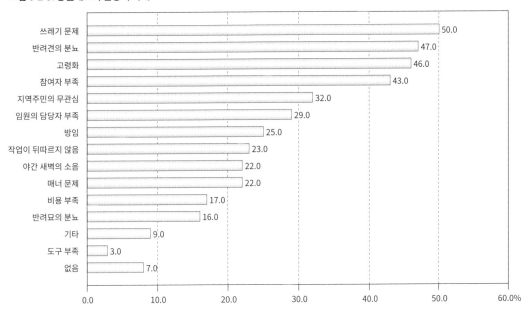

※시내 공원애호회장을 대상, 응답율 77.2%(발송 수 2,262건, 회신 수 1,747건)
출처: 요코하마시, 「2007년 요코하마시 공원애호회 설문(平成19年度横浜市公園愛護会アンケート)」

또한 시민의 애호회 활동에 대한 인지상황을 나타낸 데이터로서, 욧카이치시(四日市)의 시정모니터에 의한 설문조사(2014년도 「욧카이치의 공원에 대하여」)에서는 '공원애호회를 알고 있다'는 응답이 3.4%, '말은 알고 있지만, 활동내용은 모른다'는 4.7%로, 인지도가 극히 '낮다'는 결과가 있었다(그림 6-2-6).

이들 데이터에서는 반상회 등 지역단체를 모체로 한 애호회 활동을 지속적으로 해 왔으나, '고령화'와 '지역의 관계 희박화'라고 하는 큰 문제를 맞닥뜨리면서 활동에 대한 관심과 인지를 높이기 위한 방안, 활동 참여욕구를 충족할 방법 등의 연구가 꼭 필요하다는 것을 알 수 있다.

그림 6-2-6. 공원애호회의 인지상황

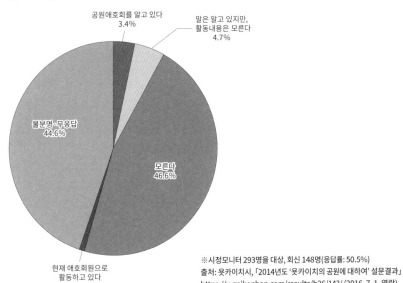

※시정모니터 293명을 대상, 회신 148명(응답률: 50.5%)
출처: 욧카이치시, 「2014년도 '욧카이치의 공원에 대하여' 설문결과」
https://y-goikenban.com/results/h26/143/ (2016. 7. 1. 열람)

한편 지역단체에 한정하지 않고 기업·서클·학교 등 다양한 형태의 단체가 참여하는 공원어답트 제도에서는 어떠한 문제가 있는지를 살펴보면, 공익사단법인 식품용기환경미화협회가 어답트 프로그램을 실시하고 있는 지방자치단체를 대상으로 한 설문조사 결과에서는 '제도의 주지(周知), 제도의 홍보 부족'이 가장 많았고, 애호회에 비해 도입한 역사가 짧은 제도라는 점, 지역단체 이외의 조직이 참여하도록 적극적으로 홍보할 필요성 등이 엿보였다. 또한, '활동 참여자의 고령화', '활동의 매너리즘화'의 응답도 많았고, 공원애호회 등과 유사한 문제도 파악되었다(그림 6-2-7).

그림 6-2-7. 어답트 프로그램의 과제와 문제점

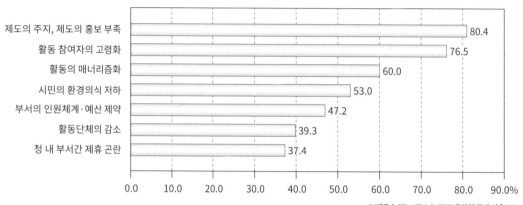

※'매우 높다', '다소 높다'고 응답한 합계 비율(%)
※프로그램 도입 483개 지방자치단체를 대상, 응답률 45.8%(221개 지방자치단체 회신)
출처: 공익사단법인 식품용기환경미화협회, 「어답트 프로그램 도입 지자체 설문결과(2011년도)」
[アダプト·プログラム導入自治体アンケート結果](2011年度)]
https://www.kankyobika.or.jp/adopt/survey-report/jichitai/2011report (2016. 7. 1. 열람)

(2) 조사결과로 본 애호회, 공원어답트 활동의 활성화를 위한 대응 실태

「2008년도 공원관리 실태조사」 결과에 따르면, 활동상황은 답보(踏步) 경향이 높았다. 활동가 층의 고령화와 가족구성의 변화 등으로 인해 활동이 활발히 이루어지지 않는다는 문제점에 대한 대응방안은 <그림 6-2-8>과 같다. 애호회와 공원어답트 둘 다 용구 등의 제공 측면에서의 충실이 가장 많았다. 애호회에서는 표창제도 등에 의한 현창(顯彰)과 활동단체 간 커뮤니케이션 강화 등, 공원어답트에서는 홍보 강화 등이 행해지고 있었다. 특히 공원어답트에서는 제도가 시작된 지 아직 몇 년 지나지 않았고 활동모체가 지역조직에 한정되지 않았기에, 보다 폭넓게 홍보해 활동을 넓혀가는 것이 과제이다. 한편 애호회의 경우는 활동을 지속적으로 유지해 간다는 측면에서 현창(공원이용자 등의 제3자로부터 이해·공감도 포함)과 커뮤니케이션을 통한 의식향상이 과제이다.

그림 6-2-8. 공원애호회, 공원어답트 활동 활성화를 위한 활동

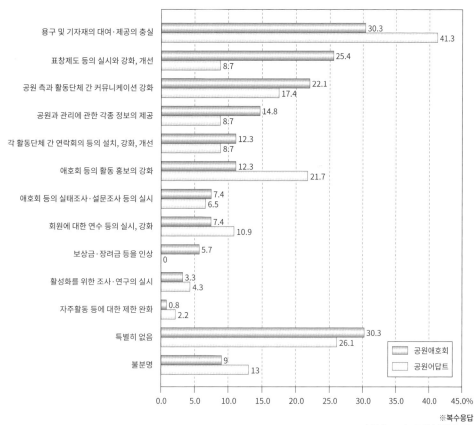

※복수응답
출처: 「2008년도 공원관리 실태조사」

「2008년도 공원관리 실태조사」에서 기타 대응으로서 기입된 응답에도 같은 관점에서의 대응책이 제시되고 있었다(표 6-2-6).

표 6-2-6. 기타 대책 사례

응답 지방자치단체	대책
후지시(富士市)	• 2008년부터 공원애호회 표창제도를 도입, 수상한 단체 3곳에는 표창장과 기념품 증정
마에바시시(前橋市)	• 애호회 상호 간의 친목과 협조를 꾀하고자, 연합회를 조직하고 활동정보 교환, 연수, 표창 등의 사업을 실시
이코마시(生駒市)	• 커뮤니티파크 사업: 개원 10년이 넘는 공원을 주민참여 워크숍에서 정리한 계획안(공원애호회)에 근거하여 리뉴얼(renewal) 공사 추진
니하마시(新居浜市)	• 활동단체가 희망한다면 '자원봉사활동 중'이 기재된 깃발을 제공
사가미하라시(相模原市)	• 활동 간판 제작, 활동가에게 완장 지급
미야기현(宮城県)	• 참여 단체명이 들어간 표지판을 제작해 화단에 설치
시즈오카현(静岡県)	• 활동단체 내 커뮤니케이션의 장을 제공
네리마구(練馬区)	• 공원 청소업무 이행점검 등의 기회를 이용하여 요구 및 개선점 해소를 위해 노력
사카이시(堺市)	• 애호위원에 대해 연 1회 연수회로 각 위원의 수준향상을 꾀하고, 각 교구 애호위원의 대표자 회의(운영위원회)에서 의견교환 등을 하여 활발한 활동이 이어지도록 격려
요코하마시(横浜市)	• 각 구의 토목사무소에서 활동지원·상담창구가 되는 '공원애호회 코디네이터'를 배치, 전문직원이 공원 현지에서 공원애호회에게 화단 만들기나 중·저목 관리기술 등을 실기지도 하는 '기술지원'을 실시

출처: 「2008년도 공원관리 실태조사」

2-4. 공원애호회, 공원어답트의 활성화를 위한 방향
(1) 공원애호회, 공원어답트의 활성화를 향한 과제

지금까지 살펴본 공원애호회, 공원어답트 현상의 문제점과 과제는 다음 7가지 사항으로 정리할 수 있다.

【활동단체가 안고 있는 문제점】

① 모체가 되는 지역커뮤니티 단체의 쇠퇴에 따른 조직의 해산과 활동의 감쇠

• 자치회와 노인회 등을 모체로 하고 있는 공원애호회는 회원의 고령화와 활동 참여자의 감소 등으로 작업효율이 떨어지고 있다. 이는 동시에 신규 결성을 추진하는 데도 난관이 되고 있다.

② 참여동기의 약화에 따른 활동력 저하

• 자치회와 반상회 등의 회원 수는 많지만, 실제로 활동에 참여하는 참여자 수는 줄어들고, 의욕적으로 참여하고 있는 사람만 있는 것이 아니라는 것 또한 문제이다. 회장과 회원의 대(代)가 바뀌면서 당초의 참여동기는 희석되고, '자치회 업무의 하나로서 계속했다'고 하는 소극적인 이유로 활동하고 있는 곳도 많다. 이것이 활동력 저하로 이어지고 있다.

【지방자치단체 측에서 지켜본 관리체계와 제도상의 문제점】

③ 활동의 수준 차 발생

• 애호회 활동이 주로 이루어지고 있는 주구기간공원은 관리자가 상주하는 곳이 적고 순찰 등도 빈번히 이루어지는 곳이 아니므로, 정해진 청소작업 등이 실시되고 있는지 여부의 확인은 자기신고에 맡겨져 있다. 결과적으로 관리활동의 수준 차, 즉 공원관리 수준의 차이가 발생하고 있다.

④ 보상금 등의 부담 증가

• 공원애호회의 수, 관리작업 항목 및 관리시설이 증가할수록 보상금 등의 전체 금액은 증가한다. 공원애호회의 활동을 활성화하기 위해서 보상금 등을 올리는 지방자치단체도 있어서 지방자치단체의 부담이 늘어나는 경향이 있다.

• 보상금 등은 공금에서 지출하기 때문에, 보상금을 받는 측인 애호회에 적정하게 지출할 것과 처리의 투명성이 요구되고 있다.

⑤ 활동의 홍보 부족

• 애호회 결성의 요청은 자치회 등의 커뮤니티단체에 대해 이루어지기 때문에, 이런 단체에 소속되지 않거나 적극적으로 참여하지 않는 일반 주민은 공원이용자와 이웃 주민이라도 애호회의 존재 자체와 모집상황 등을 알지 못하는 경우도 있다.

• 또한, 쓰레기와 반려견 분뇨의 미처리 등 이용자의 매너 부족이 애호활동 참여자의 의욕을 꺾기도 하며, 공원이용자에 대한 애호활동의 홍보도 필요하다.

• 어답트제도에 관해서도 제도의 주지에 의한 참가단체 증대가 과제가 되고 있다. 특히 기업, 학교, 청소년단체 등 다양한 참여자 계층에 홍보할 수 있는 방법을 선택할 필요가 있다.

• 활동의 의의, 즉 활동이 각각의 조직과 참가자들에게 어떤 이점(利點)을 제공하는지를 정확하게 전달하는 것이 과제이다.

【지방자치단체 측에서 지켜본 활동의 확대·전개를 도모하는 상황에서의 과제】

⑥ 행정과 활동단체의 파트너십 형성

• 행정과 애호회·어답트단체 등과의 관계가 위탁이라고 하는 관계에 머물러 협동의식이 떨어지는 것은 아닐까? 또한, 연락이나 의사소통, 대상이 되는 공원의 관리방식에 대한 정보제공은 충분히 제공되고 있는지? 공원애호회와 공원어답트 제도를 값싼 관리수단의 하나로 보지 않고, 공원 운영계획에의 참여 또는 공원의 이용활성화의 발판으로 받아들일 필요가 있다.

• 또한, 상호 커뮤니케이션 부족도 큰 문제가 된다. 공원과 지역을 둘러싼 문제, 참여자와 지역 주민의 의식 등 활동단체와 함께 공유해야 할 것이 많다.

⑦ 제도의 개혁과 운용의 탄력화

• 현재 행해지고 있는 청소·제초라고 하는 활동수준에서 벗어나 지역 주민, 시민과 함께 보다 나은 공원으로 가꾸어 가는 방향으로 유연하게 전환해 가는 것도 중요하다. 활동단체로부터 화단이나 용구창고 등의 신설요청이 있을 경우, 또는 자주적인 행사 등의 개최요구가 있을 경우, 이것을 지원하기 위한 제도와 절차에서 가능한 한 편의를 제공함으로써 공원에서의 관계가 한층 더 나아질 것이 기대된다.

(2) 공원애호회, 공원어답트의 활성화를 향한 구체적인 대책

공원 관리운영에 시민참여의 기회가 되는 공원애호회와 공원어답트는 다양한 문제를 내포하고는 있지만, 이후 공원관리에 시민참여를 추진하는 데는 이들의 기존 조직과 시스템을 효과적으로 활용하는 것이 최단 코스라고 말할 수 있다.

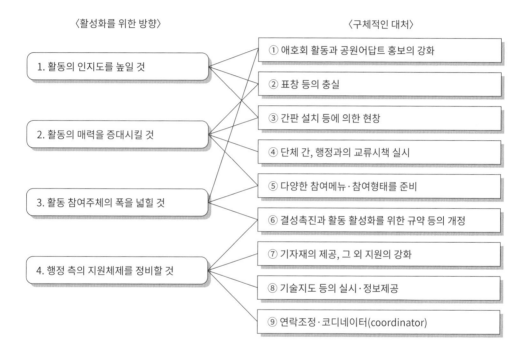

행정에서는 애호회를 값싼 청소 위탁기관으로 받아들여서는 안 될 것이며, 시민 측에게 의무적인 작업의 강요로 받아들여지는 것은 피해야 한다. 그리고 지역의 미화, 안전, 건전한 육아를 통해 지역교류로 이어지는 유효한 활동이라는 것을 양자가 공유하고, 활성화를 향한 다양한 방안을 모색할 필요가 있다.

활동의 활성화 방향으로는 홍보·표창·현창 등에 의해 '1. 활동의 인지도를 높일 것', 운영관리와 주제가 있는 활동 등 활동내용의 다양화를 통해 '2. 활동의 매력을 증대시킬 것', 지역커뮤니티 이외의 단체·개인에게도 '3. 활동 참여주체의 폭을 넓힐 것', 그리고 이들을 향해 '4. 행정 측의 지원체제를 정비할 것'을 들 수 있다.

① 애호회 활동과 공원어답트 홍보의 강화

• 홍보의 직접적인 목적은 활동참여의 촉진이지만, 활동모체가 되는 각종 단체의 참여요청 외에도 시민의 이해와 공감을 얻는 관점에서도 홍보는 필요하다.

• 반상회·자치회 등에 대한 홍보의 한 방법으로, 지방자치단체의 지역활동 추진 담당과 등에서 작성한 반상회와 자치회 활동안내서, 매뉴얼이 있다. 그중 반상회·자치회 활동지원에 관한 제도의 하나로 공원애호회 활동과 청소활동에 대한 지원내용을 기재하고 있지만, 그 정보량은 한정적인 경우가 많다. 공원담당과 등의 홈페이지나 팸플릿으로 홍보

하고, 활동참여 추진 외에 구체적인 절차를 포함한 상세한 매뉴얼을 작성하고 있는 지방자치단체도 있다.

• 공원어답트와 같이 지역단체에 한정되지 않고 다양한 조직의 참여를 원하는 경우는 기업·학교·청소년단체 등 각각의 조직을 대상으로 홍보수단을 선택하는 것도 효과가 있다.

• 또한 "재미있어 참여한다.", "그 결과가 사회에 도움이 되어 기쁘다."라고 하는 공원관리 참여자의 의식변화에 착안해 홍보지 등을 통해 공원 애호의식을 계발하는 한편, 애호단체·어답트단체의 소개, 공원행사를 활용한 공원단체의 소개코너 설치, '공원애호회 축제'와 같은 활동단체의 교류행사 개최, 활동사진전(활동풍경 등을 소개)과 작품전 개최 등으로써 다양하게 공원 환경미화와 안전을 지원하고 있는 활동임을 일반 시민에게 어필하고, 활동의 의의를 전달하는 것도 중요하다.

• 애호회 활동 등으로 열심히 청소해도 쓰레기나 반려견 분뇨 방치 등 이용자 매너가 나쁘다면 활동참여자의 의욕이 꺾이게 된다. 애호회 등의 협력도 얻으면서 이용자의 매너 향상을 위한 홍보활동에도 적극적으로 임할 필요가 있다.

요코하마시 공원애호회 홍보지

요코하마시 공원애호회 홍보캐릭터 '아이고퐁'

출처: 요코하마시 환경창조국 홈페이지
[https://www.city.yokohama.lg.jp/kurashi/machizukuri-kankyo/midori-koen/koen/aigokai/ (2016. 7. 1. 열람)]

② 표창 등의 충실

• 애호회 활동단체에 대한 표창을 애호회제도에 포함하여 운영하고 있는 지방자치단체도 있다. 여기에서는 활동내용을 평가한 표창과 활동기간에 따라 표창을 수여함으로써 참여자에게 커다란 격려가 되고 있다. 또한, 어답트제도 도입 지방자치단체에 있어서도 같은 형태의 감사장과 표창을 수여하고 있다.

• 애호회만을 대상으로 하는 표창제도가 아니라, 지방자치단체 등에서 행하고 있는 녹화단체와 시민활동단체의 표창에 적극적으로 공원애호회 등을 추천하는 것도 효과가 있다.

• 더불어 전국적으로 실시되는 '녹화추진운동 공로자 내각총리대신 표창', '전국 초록(みどり)의 애호 공로자 국토교통대신 표창' 등의 제도도 있고, 특히 '초록의 애호 모임(みどりの愛護のつどい)'에서는 많은 공원애호회가 매년 표창을 받고 있어 이러한 기회의 활용도 확대해 나가야 할 것이다.

전국 '초록의 애호' 모임과 전국 초록의 애호 공로자 국토교통대신 표창

1. 전국 '초록의 애호' 모임

• 일본의 자연과 문화를 가꾸어 온 귀중한 초록을 지키고 가꾸어 친근하게 함과 더불어 그 은혜에 감사하고 풍요로운 마음을 자라게 하도록 기원하면서, 1990년부터 춘계 도시녹화 추진 운동기간 중 '초록의 기념일'을 최종일로 하는 '초록의 주간(週間)'에 전국 '초록의 애호' 모임이 개최되고 있다.

• 최근 제25회(2014년)는 도쿠시마현(徳島県)에서, 제26회(2015년)는 미야자키현(宮崎県)에서 개최되었다.

2. 전국 초록의 애호 공로자 국토교통대신 표창

• 꽃과 초록의 애호에 특히 현저한 공적이 있는 전국의 민간단체에 대해 그 공적을 기리고, 국민운동으로서 녹화추진 활동의 모범으로 표창을 하고 있다.

• 수상은 도도부현, 정령지정도시, 지방정비국 등의 각 장(長)이 추천한 민간단체를 국토교통성 내 심사위원회에서 심사를 거쳐 결정한다.

• 표창은 '공원녹지 초록의 애호단체', '도로 초록의 애호단체', '하천 등 초록의 애호단체', '지역의 녹화·녹지보전 등의 활동단체'로 구분한다.

• 제25회에서는 103개 단체, 제26회는 87개 단체가 수상했으며, 공원애호회의 수상이 많았다.

• 이 국토교통대신 표창은 개최한 도도부현의 지사가 개최지에서 꽃과 초록의 애호단체에 대해 표창을 수여하고 있다.

③ 간판 설치 등에 의한 현창

• 표창제도와는 별개로, 자신들이 활동하는 공원에 활동단체명 등의 간판이 걸리는 것은 활동에 커다란 자극이 된다. 이것은 공원어답트에서 보급하고 있는 방법이다. 간판 디자인 등도 크기와 기재하는 내용 등에 일정한 제한을 두고 각 단체의 자주성에 맡기는 것도 검토하고 있다.

요코하마시의 애호회 활동 간판

도쿄도 다이토구(台東区)의 '거리미화 어답트제도' 간판(signboard)

출처: 다이토구 홈페이지(https://www.city.taito.lg.jp/kenchiku/machibika/oedoseisotai/bikasatooya/satooyaseido.html)
(2016. 7. 1. 열람)

④ 단체 간, 행정과의 교류시책 실시

• 행정과의 제휴가 밀접한 애호회일수록 활동이 활발하고, 또한 애호회에서도 행정이나 다른 애호회 간 정보교류(활동내용, 참여자 계층, 보다 나은 공원을 위해 실시하고 있는 새로운 활동, 참여자는 어떻게 모집하고 있는가 등)와 제휴가 요구되고 있다. 이를 위해 공원애호회의 연락회를 조직하고, 종(縱, 행정과의)과 횡(橫, 다른 애호회와의)의 제휴를 강화하고 있다.

• 구체적으로는 '공원애호회연락회'와 '공원애호회연합회' 등을 조직하여, 행정은 애호회와 어답트단체에 행정의 방침과 타 도시의 관련정보 등을 제공하고, 애호회와 어답트단체는 행정에 관리하는 공원의 실정과 요청사항 등을 상세히 전달한다. 애호회와 어답트단체 등의 사이에는 상호 간 활동정보 등을 교환하는 장이 된다.

• 이러한 교류촉진·정보교환의 수단으로「애호회소식(愛護会だより)」등의 홍보지 발행과 친목을 겸한 시설의 합동 견학회, 연수회의 개최도 효과가 있다.

히라쓰카시(平塚市) 공원애호회 연락협의회

1973년에 6개 단체에서 공원애호회가 시작되었고, 1984년에 공원애호 활동을 확대하기 위해 단체 상호 간의 정보교환 및 운영에 관한 지식 등을 넓히는 장으로서 히라쓰카시 공원애호회 연락협의회를 설립. 총회·연수회 등의 행사를 통해 공원애호 활동의 활성화를 도모하고 있다. 봄에 개최하는 녹화축제에 부스 설치(패널 전시, 애호회에 관한 안내지·애호회보 배포, 음식물 찌꺼기로 만든 퇴비 배포), 강습회, 시외 공원의 시찰연수회 개최, 회보 발행(연 3회)을 행하고 있다.
또한, 2014년도에는 '지금부터의 공원관리 -행정·애호회의 연계체제-'를 주제로 시 직원에 의한 강연과 그룹토의(주제: '이상적인 공원관리'를 실현하기 위해 공원관리에서 역할분담을 어떻게 할 것인가?)를 2부 구성으로 실시하였다.

요코하마시 도쓰카구(戸塚区) 공원애호회 연락협의회

2008년에 '도쓰카구 공원애호회 연락회'를 창립, 그 후 2012년에 지역 담당자로서 활동하는 '도쓰카구 공원애호회 연락협의회'를 설립. 소동물(小動物) 육성부[학교와 연계하여 새집(巣箱) 만들기 등], 그림엽서부(공원에 그림엽서 작성·배포), 꽃과 초록의 부(꽃모종 육성·배포), 그림연극부(공원을 무대로 한 그림연극을 만들어 학교·지역행사에 활용), 워킹(Walking)부(연 2회의 걷기, 코스 개발), 교류부(애호회 동료 간의 정보교환)를 설치하는 한편, 공원을 알고 이용할 수 있도록 연 1회 토쓰카구 공원애호회의 모임과 공원애호회 회원이 응모한 사진 등을 모아서 전시회를 개최하는 등, 각 공원의 애호활동을 뛰어넘는 활동을 하고 있다. 모임에는 활동에서 교류하고 있는 학교와 연계해 수백 명이 참여하는 경우도 있다.

2016년 도쓰카구 공원애호회 연락협의회의 활동상황

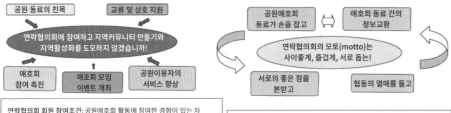

연락협의회 회원 참여조건: 공원애호회 활동에 참여한 경험이 있는 자

조직: 회장, 부회장, 서기, 회계, 연락협의회 회원

활동:
① 정보교환: 득이 되면서 재미있는 정보의 제공
② 홍보 이벤트: 애호회 모임, 구민축제, 전시회 기획 실시 (행정과의 협의)
③ 공원애호회 상호 간의 정보교환: 교류회 실시 (행정과의 협의)
④ 연수회·강습회·강연 등의 기획 실시 (행정과의 협의)
⑤ 이용자서비스: 새집 만들기, 화단 만들기 실습 등
⑥ 홍보지·안내지 발행

연간계획:
① 애호회 모임: 연 1회
② 공원애호회 전시회: 연 1회
③ 구민축제에서의 홍보활동: 연 1회
④ 공원둘레길 걷기: 연 2~3회
⑤ 화단 만들기와 연수회·강연회에 참여
⑥ 새집 만들기와 보급
⑦ 홍보지「공원의 바람(公園の風)」발행: 수시로

※ 활동내용, 연간계획은 현재 예상되는 내용으로 정리한 것임.
  실제 활동내용은 이후 참여한 연락협의회 회원들과 협의 후 결정할 예정임.

도쓰카구 공원애호회 연락협의회 회장

⑤ 다양한 참여메뉴·참여형태를 준비

• 공원애호회 등의 활동을 공원운영 계획에 참여나 공원이용 활성화 방법으로서 이루어지고 있는 청소·제초 등에서 더욱 확장하여, 운영관리와 이용정비, 어린이 놀이와 비오톱 관리 등 주제가 있는 활동도 포함시킴으로써 활동내용의 다양화를 꾀하고 있다. 이에 따른 메뉴 선택방식에 따라 참여자가 보다 활동에 참여하기 쉬운 구조가 만들어졌다. 더불어 공원애호회 등이 교류회와 축제 등의 행사를 자주적으로 실시하고, 그 외 지역 주민의 발의에 따라 즐길 수 있는 공원이용을 촉진한다. 이에 대응한 사용허가 등의 유연한 운용을 하는 것도 필요하다.

• 종래의 기준으로는 애호회 설립이 곤란한 공원이더라도, 소규모 가구공원과 소공원(pocket park)은 개인으로 활동이 가능하다. 또한, 활동보고 등의 의무가 없다면 자원봉사자로서 활동하는 것도 좋을 것이라는 의견에 따라 공원어답터로 참여를 시작하는 경우도 있다.

• 또한, 작업빈도에 대해서도 주 1회, 월 1회, 연간 수차례 등 되도록 잘 실천할 수 있는 것으로 하는 한편, 각 단체의 체제에 맞추어 가지치기, 모래놀이터 관리, 칠 작업, 화장실 청소, 길도랑(측구)의 흙모래 청소 등 폭넓은 활동을 선택(필요에 따라 보상금 가산도 허가)할 수 있도록 하는 등, 유연한 활동지원 시스템을 구축하는 것도 효과가 있을 것이다.

• 공원에서 청소·제초 등의 직접적인 노력을 제공하는 것 외에 금전적 활동지원, 기자재 및 노하우 제공 등 다양한 활동참여 형태를 준비함으로써, 개인과 기업 등 활동참여자의 폭을 넓히는 것도 가능하다.

• 이러한 참여의 활성화를 위해서는 처음부터 다양한 참여형태를 의도한 제도를 갖추어 시민과 기업 등이 쉽게 참여할 수 있도록 하는 것이 필요하다.

⑥ 결성촉진과 활동 활성화를 위한 규약 등의 개정

• 공원애호회제도가 설치되어 있는 지방자치단체에서는 애호회 존속을 담보하기 위해 참여모체를 자치회 등의 지역커뮤니티 단체로 제한하고, 최저 설립인 수를 정하고 있는 경우가 많다.

• 현재 커뮤니티 활동의 실태와 시민의식 변화를 살펴보면, 이러한 조건에 얽매이지 않고 자유발의의 개인과 그룹에서도 애호회 활동의 참여가 가능하도록 필요한 규약 등을 개정할 필요도 있다.

• 각 애호회의 활동수준 차에 대한 문제도 활동내용에 따른 지원 등 차별화를 하는 것으로 다양한 애호회의 존속을 인정하는 것이 가능하다. 활동내용을 평가해 당근과 채찍에 의한 지원을 함으로써 참가자의 노력에 부응해 가는 것이 가능하다.

⑦ 기자재의 제공, 그 외 지원의 강화

• 애호회·어답트 활동의 빈도를 높이고 폭을 넓히려면 그것에 대응하는 자금 등이 필요하지만, 현재의 재정 상태에서는 매우 어려운 측면이 있다.

• 따라서 일반적으로 지급되고 있는 용구 외에 자주 사용하지 않는 관리용구(예초기, 전동공구 등)는 대여하고 꽃과 비료 등은 녹화단체와 기업 등의 지원을 구하는 등, 세밀한 대응으로 해결해 가고 있다.

• 또한, 관리에 직접 필요한 물건은 아니지만 완장과 모자, 앞치마, 티셔츠 등의 제공은 참여자에게 격려가 되며 애호회 활동의 홍보도 되기 때문에, 요구에 응해 지급을 검토하고 있다.

• 특정 단체에 의한 공원의 배타적 이용과 점유가 문제되기도 하지만, 애호회 등 활동에 관한 현실적인 문제로서 청소용구 보관장소가 부족하여 가까이 살고 있는 직원의 집에 맡겨 놓는 상황도 보인다. 따라서 최소한의 보관시설 등에 대해서는 설치를 인정하도록 필요한 조례를 개정하고, 기존 시설을 이용하는 경우에는 절차의 간소화 등을 검토하고 있다.

• 동시에, 애호회가 관리하고 있는 공원을 이용한 커뮤니티 행사 등을 개최하는 경우 등에도 사용허가와 절차 등에 대해서 이용이 촉진되도록 하는 방향으로 탄력적인 운용을 하도록 한다.

⑧ 기술지도 등의 실시·정보제공

• 애호회 활동은 지금까지의 청소·제초 중심에서 수목 가지치기 등의 식재관리, 화단관리, 놀이기구의 간단한 보수

와 페인트칠 다시 하기 등의 시설관리, 여기에 자주적인 행사 개최 등의 공원운영으로 확대되고 있다. 앞으로는 공원어 답트에서도 같은 방향으로 전환될 것으로 보인다.

• 이와 같이 공원의 관리운영을 하는 것은 전문적인 지식과 기술이 필요하고, 또한 작업할 때의 안전관리 등도 중요 하게 다루어지고 있다.

• 이러한 활동을 지원하기 위해 '수목 가지치기 기술', '화단 가꾸기와 토양 만들기' 등의 기술강습회를 개최하고, 매 뉴얼 등을 작성할 필요가 있다. 또한, 전화와 인터넷 등을 이용한 상설 상담창구의 설치 등도 검토하고 있다. 여기에 자 주적인 행사 등의 기획과 운영에 있어서도 적절한 조언이 가능한 체제를 구축하는 것으로 한다.

• 공원의 자주적인 관리운영을 위해 해당 공원을 어떻게 관리하고 운영할 것인가에 대해 시민과 공원관리자가 공통 의 인식을 가질 필요도 있다. 공원의 관리운영 방침에 대해 관리자, 관리운영 활동단체와 시민, 이용자도 포함하여 정 보를 공유하고, 같이 생각을 나누는 기회를 마련하는 것이 필요하다.

⑨ 연락조정·코디네이터(coordinator)

• 일반적으로 자원봉사 추진에서는 자원봉사자와 자원봉사를 구하는 측과의 관계 조정과 쌍방의 목적 조정, 활동지 원 등을 하는 코디네이터의 필요성이 지적되고 있다.

•「2008년도 공원관리 실태조사」에서, 공원 담당자에게 공원애호회와 어답트단체 등과의 연락조정 및 코디네이 터로서의 역할에서 중요한 점은 무엇인가를 물어본 결과를 살펴보면, '활동가의 의견·요청 등을 직접 들을 수 있는 기 회'가 중요하다는 응답이 많았다. 공원애호회와 공원어답트 둘 다 공원과 활동가 간 의사소통의 중요성을 인식하고 있 는 것으로 파악되었다(그림 6-2-9).

• 더불어, 활동내용에 놀이기구 등의 점검이 들어 있는 애호회 등에 대해서는 놀이기구의 고장상황 등의 연락에 대 한 신속한 대응체제 및 이를 포함하여 지역의 다양한 요청에 응하지 못하는 경우의 성의 있는 대응 등, 활동단체와의 관 계를 잘 유지하려는 배려가 드러난다.

그림 6-2-9. 공원애호회, 공원어답트 활동단체와의 연락조정·코디네이터 역할에서 중요한 점

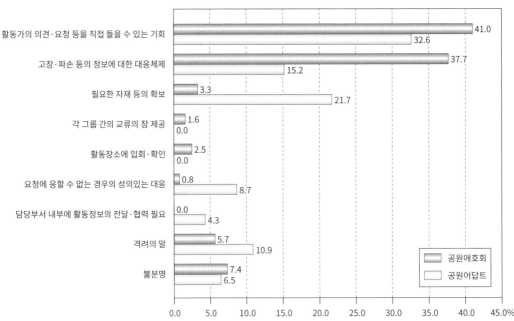

출처:「2008년도 공원관리 실태조사」

　　애호회 수가 2,000개 단체를 넘는 요코하마시에서는 2005년도부터 애호회제도를 새롭게 정비하고 있다. 그 일환으로 애호회 창구를 공원관리를 맡고 있는 각 구의 토목사무소·공원녹지무소로 하고, 활동지원·상담창구가 되는 '공원애호회 등 코디네이터'를 배치하는 것 외에도 기술지원 담당자로서 '공원유지 관리지원반'도 별도로 두는 등, 코디네이터의 역할을 명확히 하고 있다. 이와 같은 노력이 구내 애호회의 활성화를 꾀하는 연계·지원조직의 설립으로 발전하고, 구의 토목사무소와 연계한 지원체제가 마련되는 사례도 있다.

　　공원애호회 등의 지원을 시 공원협회 등이 담당하는 사례도 있지만, 충분한 조직과 인재가 부족한 지방자치단체더라도 코디네이터 기능을 명확히 하여 시민과의 원활한 협동체계 구축이 요망된다.

3. 공원자원봉사

3-1. 활동 개요

(1) 활동의 배경과 현상

넓은 의미로는 지금까지 이야기한 공원애호회 활동 등도 공원자원봉사의 하나라고 할 수 있다. 그러나 애호회처럼 지역커뮤니티를 모체로 하지 않고, 또한 공원애호회와 공원어답트가 가까이 있는 공원을 중심으로 관리활동을 하는 것과는 달리, 특정한 목적의 활동을 하는 시민이 멀리에서부터 와서 공원관리에 참여하는 일이 늘어나고 있다.

이것은 복지와 환경 분야에서 앞서 활동해 온 자원봉사활동의 노력이 생활에 매우 밀착한 도시시설의 하나인 공원으로 파급된 것이다. 이들은 자신들이 이용하기 편한 공원을 만들기 위해 정비와 관리운영에 참여하거나 보람 또는 자기실현의 무대로서 공원을 이용하고 있다.

이런 유형의 공원자원봉사의 특징은 '논 경작과 잡목림의 관리활동 등 특정 주제를 중심으로 인근 지역뿐만 아니라 광역으로부터도 참여한다'는 점, '청소 등의 유지관리 업무에 그치지 않고 공원이용 서비스 제공과 운영관리에도 참여한다'는 점을 들 수 있다.

이러한 참여는 '마을숲이 있다', '반딧불이가 서식한다' 등 특징적인 자연 혹은 활동의 거점이 되는 고민가 등의 자원을 가진 비교적 규모가 큰 공원에서 이루어지는 경우가 많다. 특히 자연과의 일상적인 접촉이 없는 대도시에서 많이 나타난다.

일반적으로 활동조직의 규모가 크고, 회원 중심으로 모임을 운영하며, 자주적인 사업으로서 자연관찰교실이나 각종 행사 등을 기획하여 운영한다. 활동영역의 면적 등이 정해져 있는 곳에서는 정원(定員)을 정해 참가자를 모집하는데, 응모자가 많아 매회 추첨하는 곳도 있다.

조직 이름은 '○○공원운영협의회', '○○공원클럽', '○○공원자원봉사', '○○공원 벗들의 모임' 등 다양하다.

한편 가까운 공원에서 가드닝, 플레이파크, 애견운동장 등 공원의 다양한 이용형태를 지원하는 자원봉사자도 나타나고 있다.

이러한 각종 자원봉사활동을 받아들이기 위해서 '공원파트너', '서포터', '초록의 자원봉사' 등의 명칭을 붙여 실시요강 및 지침서 등의 시스템을 만들고, 단체등록 등의 절차를 거쳐 활동하는 사례도 늘어나고 있다.

공원자원봉사는 ① 공원 측에서 활동장소·활동내용 등을 정하고 조직화하여 참가자를 모집한다. ② 각종 자주적인 그룹으로부터 활동요청을 수시로 접수한다. ③ 자원봉사자와의 협동을 추진하기 위해 시스템을 만들고 활동참여를 촉진하는 등의 방법으로 확대되어 가고 있다.

(2) 활동 상황

「2008년도 공원관리 실태조사」에 따르면, 공원애호회 등과 공원어답트 이외의 자원봉사조직과 시민참여활동이 있는지를 조사해 본 결과, 응답한 지방자치단체의 40%가 있다고 답했다. 특히 도도부현, 정령지정도시에서 실시율이 높았다. 전체 공원 수의 1.2%에서 활동이 이루어지고 있었으며, 공원 종류로는 광역공원이 37.9%로 특히 높았고, 다양한 자연자원·문화자원 등을 가진 공원의 자원봉사활동이 활발하다는 것이 파악되었다(표 6-3-1, 그림 6-3-1).

표 6-3-1. 공원관리에서 시민참여활동의 실시개요

지방자치단체 구분	응답 지방자치단체	실시 지방자치단체	%
도도부현	37	23	62.2
정령지정도시	13	6	46.2
인구 50만 명 이상	10	1	10.0
인구 30만 명 이상	31	9	29.0
인구 20만 명 이상	29	7	24.1
인구 10만 명 이상	77	32	41.6
계	197	78	39.6

공원 종류	공원 수	실시 공원 수	%
가구공원	32,706	293	0.9
근린공원	1,969	37	1.9
지구공원	451	25	5.5
종합공원	375	40	10.7
운동공원	189	10.7	6.9
특수공원	588	17	2.9
광역공원	153	58	37.9
레크리에이션도시	4	0	0
도시녹지 등	4,465	31	0.7
광장공원·녹도	2,505	11	0.4
합계	43,405	525	1.2

그림 6-3-1. 공원관리에서 시민참여활동의 실시개요

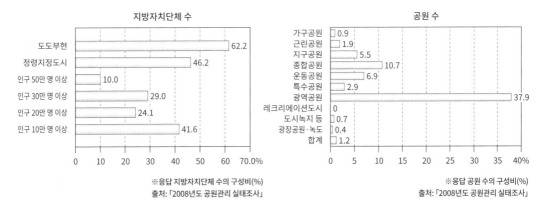

※응답 지방자치단체 수의 구성비(%)
출처:「2008년도 공원관리 실태조사」

※응답 공원 수의 구성비(%)
출처:「2008년도 공원관리 실태조사」

(3) 공원자원봉사의 활동내용

「2008년도 공원관리 실태조사」에서 ① 공원 측에서 자원봉사조직을 기획하고, 시민·이용자에게 참여를 요청하여 실시하고 있는 활동, ② 시민그룹·시민단체 등의 공원자원봉사활동 신고에 대해 협력지원을 하는 활동으로 구분하여 사례를 찾아본 결과, ①의 사례로서는 19개 현 - 25개 시, ②의 사례로서는 16개 현 - 31개 시에서 응답이 있었다.

②의 사례에서는 '청소·제초'를 주 활동내용으로 하는 곳이 많지만, 청소 빈도 등에 차이가 있고 연 1회 청소 행사와 같은 형태도 포함하고 있다.

①, ②가 함께 많은 활동은 '꽃 관리'로 장미, 국화, 창포 등 특정 식물을 대상으로 한 활동도 포함되어 있다.

그 외 '행사(교실, 관찰회 등) 보조', '녹지관리(벚나무, 매화나무, 사과나무 등 특정 수목 대상의 사례도 포함)', '마을숲·잡목림·산림(森) 만들기', '가이드', '식물원', '운영보조(플레이파크, 교통교실, 애견운동장 등)'를 들 수 있다.

이 조사에서 응답한 사례를 포함해 도시공원 등에서 자원봉사활동을 하는 단체를 활동주제별로 정리하면, <표 6-3-2>와 같다.

표 6-3-2. 활동주제에 따른 공원자원봉사의 구분

활동 주제	공원자원봉사	공원 이름
마을숲과 잡목림, 수변과 비오톱 관리	• 사쿠라가오카공원(桜ヶ丘公園) 잡목림 자원봉사 • 노가와공원(野川公園) 초록의 애호 자원봉사회 • 아이오이야마녹지(相生山緑地) 오아시스의 숲 클럽 • 아카바네자연관찰공원(赤羽自然観察公園) 　도토리클럽 • 난큐잡목림(南丘雑木林)을 사랑하는 모임 • 잡목림 자원봉사 • 마을숲 자원봉사	• 도쿄도립 사쿠라가오카공원 • 도쿄도립 노가와공원 • 나고야시 아이오이야마녹지 오아시스의 숲 • 도쿄도 기타구(北区) 아카바네자연관찰공원 • 도쿄도 히노시(日野市) 　미나미다이라구릉공원(南平丘陵公園) • 국영 무사시구릉산림공원 　(国営武蔵丘陵森林公園) • 후쿠오카시립 가나타케노사토공원 　(かなたけの里公園)
화단이나 꽃밭, 생물의 돌봄(世話)	• 유리가하라공원(百合が原公園) 자원봉사 • 이쿠타녹지(生田緑地) 장미원 자원봉사 • 로카공원(芦花公園) 꽃의 언덕 동호회 • 지바시 도시녹화식물원 자원봉사 　: 정원만들기 그룹, 장미가꾸기 시민회, 국화가꾸기 　시민회, 분재(盆栽) 동호회 외 총 8개 단체 • 핫토리녹지(服部緑地) 도시녹화식물원 동호회 • 양(洋, ひつじ) 돌보미(世話隊) • 아사동물원(ASAZOO) 자원봉사 • 우미노나카미치(毎の中道) 플라워 자원봉사 • 플라워파크코난(フラワーパーク江南) 동호회 • 장미자원봉사 에치고(ECHIGO)	• 삿포로시 유리가하라공원 • 가와사키시 이쿠타녹지 • 도쿄도립 로카항춘원(蘆花恒春園) • 지바시 도시녹화식물원 • 오사카부영 핫토리녹지 • 오사카부영 오이즈미녹지(大泉緑地) • 히로시마시 아사동물공원(安佐動物公園) • 국영 우미노나카미치해변공원 • 국영 기소산센공원(国営木曽三川公園) • 국영 에치고구릉공원(国営越後丘陵公園)
반딧불과 잠자리 등 특정 동식물의 보전	• 고마바노(駒場野) 반딧불 모임 • 오쿠스마공원(奥須磨公園)에 잠자리를 기르는 모임 • 요리이정(寄居町)에 잠자리공원을 만드는 모임 • 시로야마(城山) 자연관찰그룹	• 도쿄도 메구로구(目黒区) 코마바노공원 • 고베시 오쿠스마공원 • 사이타마현 요리이정 잠자리마을공원 　(トンボの里公園) 외 • 가나가와현립 쓰쿠이호(津久井湖) 　시로야마공원
고민가, 양관(洋館) 등 건축물의 관리	• 나가야몬공원(長屋門公園) 관리운영위원회 • 에도도쿄건축정원(江戸東京たてもの園)의 　자원봉사 • 가마후사(釜房) 화롯가 모임 • 농가 돌보미(お世話番) 모임	• 요코하마시 나가야몬공원 • 도쿄도립 고가네이공원(小金井公園) • 국영 미치노쿠모리호반공원 　(国営みちのく杜の湖畔公園) • 국영 기소산센공원
농업체험, 농지 보전	• 야토다(谷戸田) 모임 • 노야마키타·로쿠도야마공원 　(野山北·六道山公園) 자원봉사 • 고토탄보(江東田んぼ) 클럽 • 나뭇잎 사이로 비치는 햇빛의 마을 　(こもれびの里) 클럽	• 가나가와현립 자마야토야마공원 　(座間谷戸山公園) • 도쿄도립 노야마키타·로쿠도야마공원 • 도쿄도 고토구 요코쥬켄가와친수공원 　(償十間川親水公園) • 국영 쇼와기념공원(国営昭和記念公園)

활동 주제	공원자원봉사	공원 이름
어린이놀이, 전승놀이의 지원 등	• 니이주쿠플레이파크(にいじゅくプレーパーク) 　모임 • 가타쿠라야마우사기공원(片倉山うさぎ公園) 　놀이터관리운영위원회 • 민화(民話) 자원봉사 • 어린이의 숲 자원봉사 • 파크엔젤(パークエンジェル) 모임	• 도쿄도 가쓰시카구(葛飾区) 　니이주쿠플레이파크 • 요코하마시 가타쿠라야마우사기공원 • 국영 미치노쿠모리호반공원 　(国営みちのく杜の湖畔公園) • 국영 쇼와기넨공원(国営昭和記念公園) • 아다치구립(足立区立) 니시아라이사카에공원 　(西新井さかえ公園) 외
환경학습, 야외활동 등	• 이노카시라(井の頭) 물고기잡기단(かいぼり隊) • 다키노의 숲(滝野の森) 클럽 통역 자원봉사 • 파크센터 자원봉사 • 캠프 리더	• 도쿄도립 이노카시라은사공원 　(井の頭恩賜公園) • 국영 타키노스즈란구릉공원 　(国営野すずらん丘陵公園) • 국영 기소산센공원 • 국영 비호쿠구릉공원(国営備北丘陵公園)
공원과 동식물가이드	• 도쿄동물원 자원봉사자들 • 정원가이드 자원봉사 • 오사카동물원 자원봉사자들 • 플라워가이드 자원봉사 • 통역 자원봉사 • 들새(野鳥) 자원봉사	• 도쿄도립 은사우에노동물원 　(恩賜上野動物園) 외 • 도쿄도립 하마리큐은사정원 　(浜離宮恩賜庭園) 외 • 오사카시 덴노지동물원(天王寺動物園) • 국영 타키노스즈란구릉공원 • 국영 사누키만노공원(国営讃岐まんのう公園) • 국영 쇼와기념공원 외
장애인이나 고령자 등 지원	• 힐링 가드너 클럽 • 찌르레기집 만남의 모임 • 굿 월 가드너	• 오사카부영 오이즈미녹지 외 • 삿포로시 후지노무쿠도리공원 　(藤野むくどり公園) • 도쿄도립 기바공원(木場公園)
여러 활동분야	• 파크 클럽 • 파크 파트너 • 우미나카(うみなか) 프렌즈 • 아스카(飛鳥) 마을숲클럽	• 오사카부영 이즈미사노구릉녹지 　(泉佐野丘陵緑地) • 국영 히타치해변공원(国営ひたち海浜公園) • 국영 우미노나카미치해변공원 　(国営海の中道海浜公園) • 국영 아스카역사공원
인근 공원의 관리 및 운영	• 그룹 네코쟈라시(ねこじゃらし) • 친수공원을 사랑하는 모임 • 유실수(実のなる木)를 키우는 모임 • 신메이초(神明町) 반상회 • 생물만세(生物萬歳: いきものばんざい) 클럽 • 다함께 꾸미는 광장(みんなでつくろうひろば)의 　모임 • 아름다운 녹화 자원봉사	• 도쿄도 세타가야구(世田谷区) 　네코쟈라시공원 • 도쿄도 에도가와구(江戸川区) 　고마쓰가와사카이가와친수공원 　(小松川境川親水公園) 등 • 도쿄도 에도가와구 　우키타미나미아동놀이원 　(宇喜田南児童遊園) 등 • 가와사키시 사이와이구(幸区) 사이와이녹도 • 무사시노시 키노하나소로공원 　(木の花小路公園) • 도쿄도 오타구(大田区) 쿠삿파라공원 　(くさっぱら公園) • 고베시 시미즈공원(神戸市清水公園) 등

(4) 활동지원 상황

「2008년도 공원관리 실태조사」에서, 공원애호회 및 어댑트제도 이외의 공원관리에서 시민참여활동과 자원봉사활동을 지원하는 시스템으로서 정해져 있는 요강·기준 등을 <표 6-3-3>과 같이 정리하였다(도도부현의 사례로는 지정관리자가 정한 중요한 사항 등을 포함).

이들은 정회(町会) 등의 지역조직 이외의 개인·기업·학교 등도 참여대상이며, 활동내용 면에서는 애호회 등과 유사한 작업을 하고 있는 것과 기타 관리작업 등 공원운영에 관계된 업무까지를 포함한 것도 있었다.

표 6-3-3. 공원자원봉사자의 지원 구조 사례

지방자치단체	제도 명칭	정비 연도
후쿠시마현(福島県)	아즈마(あずま) 자원봉사등록제도 설치요강	2002
	아즈마 자원봉사등록제도 설치요강(기업 자원봉사)	2004
	오우세(おうせ) 자원봉사등록제도 설치요강	2005
이바라키현(茨城県)	공원서포터 제도	2005
군마현(群馬県)	현립 시키시마공원(敷島公園) 자원봉사 규약	2006
	군마 어린이의 나라와 함께 걷는 모임 규약	2007
사이타마현(埼玉県)	사이타마 스트리트뮤지션(street musician) 등록요강	2006
도쿄도(東京都)	도립공원 자원봉사의 설치·운영에 관한 요강	1999
	공원동호회의 설치운영에 관한 요강 [(재)도쿄도공원협회]	2007
야마나시현(山梨県)	가네가와의 숲 공원(金川の森公園) 서포터제도 실시요강(지정관리자)	2007
아이치현(愛知県)	공원자원봉사활동 매뉴얼	2005
미에현(三重県)	도시공원 미화 자원봉사활동 조성사업	2007
시가현(滋賀県)	현영 도시공원 자원봉사 등록제도 요강	2007
오사카부(大阪府)	부영공원 자원봉사자와의 협력에 관한 요강	2006
나라현(奈良県)	자원봉사·공원·서포터 사업	2003~19
후쿠오카현(福岡県)	현영 가스가공원(春日公園) 봉사활동 실시요강	2007
삿포로시(札幌市)	삿포로시 공원자원봉사 등록제도 요강	2004
요코하마시(横浜市)	요코하마시 공원시설관리 운영위원회 사무취급 요령	2000
나고야시(名古屋市)	녹색마을만들기(緑のまちづくり) 조례: 시민과의 협동, 공원 및 가로수 특정 애호회 활동 승인단체, 그린파트너 지원 등에 관하여 규정	2006
히로시마시(広島市)	가까운 주요 공원 재생사업 운용 매뉴얼	2004
구시로시(釧路市)	애국녹지수경(愛国緑地修景) 재생사업	2004
에도가와구(江戸川区)	공원자원봉사 등록제도[구(区)환경촉진사업단]	2001
무사시노시(武蔵野市)	녹색봉사단체 사업조성 요강	2000
고가네이시(小金井市)	녹색파트너십 협정	2007
히가시무라야마시(東村山市)	공원·녹지 등 자원봉사 실시요강	2000
오메시(青梅市)	녹지관리 자원봉사 실시요령	2002
	후키아게창포공원(吹上しょうぶ公園) 가이드 자원봉사 실시요령	2001
타마시(多摩市)	잡목림의 관리 등에 관한 협정서	2002
오다와라시(小田原市)	플라워가든 동호회(지정관리자)	
후지사와시(藤沢市)	후지사와시 종합공원 미화보전활동 추진 실시요강	2003
	시민활동단체 제안 협동사업(녹지보전활동)	2006
나가레야마시(流山市)	나가레야마시 꽃과 초록의 자원봉사 사업	2005
카마가야시(鎌ケ谷市)	카마가야시 도시공원 서포터제도 실시요강	1995

지방자치단체	제도 명칭	정비 연도
우라야스시(浦安市)	녹색활동 지원제도	2003
아시카가시(足利市)	꽃 자원봉사 사업	1999
니자시(新座市)	니자시 공원 화장실 클린키퍼 설치요강	2005
	니자시 소규모 공원 관리서포터 설치요강	2006
	니자시 공원파트너 '꽃의 광장' 설치 요강	2005
	니자시 공원 관목·산울타리 전지(剪枝)서포터 설치요강	2005
미시마시(三島市)	공원 등의 양호한 환경의 형성 및 유지에 관한 각서	2006
스이타시(吹田市)	공원·녹지서포터 사업	2006
가와치나가노시(河内長野市)	가와치나가노시 만남의 화단(ふれあい花壇) 정비사업 실시요강	1991
기시와다시(岸和田市)	기시와다시 공원미화 자원봉사	2003
나하시(那覇市)	공원자원봉사 (기업) 제도	2006

출처: 「2008년도 공원관리 실태조사」

구체적인 지원내용에는 아래와 같은 것이 있다.

① 공원 측에서 자원봉사조직을 기획하고, 시민·이용자의 참여를 요청하여 실시하고 있는 활동

• 강좌·연수회 등의 개최

• 교통비·사례금 등의 지급

• 유니폼 등의 제공: 점퍼, 티셔츠, 완장, 모자, 명찰 등

• 용구 등의 지급·대여

• 음료·도시락의 지급

• 정보제공: 텍스트 제공, 자원봉사 관련 정보의 제공

• 교류기회의 제공: 의견수렴회, 회보 등의 발행·송부

• 자원봉사자 공간 및 회의실 확보, 도구 보관, 회원용 로커 대여

• 유료시설의 무상사용

• 홍보

• 사무국 업무: 회원모집, 등록, 정례회의 진행, 물자운송, 자료 등의 복사

② 시민그룹, 시민단체 등의 공원자원봉사활동 신고에 대해 협력지원을 하는 활동

• 활동장소의 확보

• 용구 등의 대여

• 공원 내 발생품의 무료 제공

• 자원봉사자룸·회의실·탈의실 등의 확보, 도구의 보관

• 홍보: 공원 내 게시판, 공원 홈페이지, 공원 정보지, 안내지, 뉴스레터, 매스컴에 정보제공

• 유니폼, 완장, 모자, 명찰 등의 제공

• 쓰레기 등의 수집·폐기

• 부엽토·꽃모 등의 제공, 모종 구입의 알선

• 의견청취, 의견수렴회

• 강습회, 기술지도잡목림

• 자원봉사자만으로는 가능하지 않은 작업: 경운(耕耘, 갈이), 행사 시 안전지도

보험은 지정관리자가 부담, 회비에 포함, 개인부담, 지방자치단체의 자원봉사활동보험 등 다양한 가입방법이 있다.

3-2. 활동사례로 본 공원자원봉사의 특징

공원자원봉사활동의 계기로는 공원관리자가 잡목림 관리, 공원 내 가이드 등 특정 주제에 대해서 참여하도록 모집한 경우, 공원 안의 자원 등에 주목하여 공원이용자 등이 스스로 공원관리자로 활동하면서 조직화 및 계획참여를 한 경우가 있다.

또한, 다양한 단체의 활동을 수용할 수 있도록 지방자치단체에 지원제도를 정비하고 있는 사례 등도 있다. 여기에 지정관리자제도 도입 이후 지정관리자의 창의적인 아이디어에 따라 시민참여 기회도 다양화하고 있다.

청소·제초 등의 유지관리 활동을 중심으로 한 공원애호회와, 조직형태와 지원내용은 다르더라도 활동내용에서 애호회에 준하는 활동을 하고 있는 공원어답트에 대해, 공원자원봉사가 가진 특징으로는 다음과 같은 점을 들 수 있다.

(1) 참여 동기와 '삶의 보람 만들기', '재미있어서 참여한다'

애호회 활동과 공원어답트에는 사회봉사적인 요소가 보이는 것에 비해 여기에서 취급한 공원자원봉사는 자유시간과 여가시간을 즐기면서 의미 있는 시간을 보내는 활동의 하나로 이루어지고 있다. (재)공원녹지관리재단(현 일반재단법인[69] 공원재단)이 2008년도에 국영공원 14곳, 도쿄도립 기바공원(東京都立木場公園), 박물관시설[박물관 메이지무라(明治村), 리틀월드]을 대상으로 실시한 「자원봉사 활동가에 대한 의식조사」 결과를 살펴보면, 활동을 시작하게 된 이유로서 메이지무라와 리틀월드는 박물관이라는 시설의 성격 및 이용자의 안내·해설이라는 활동내용을 반영하여 "지식과 식견을 넓히기 위해"가 압도적으로 많았고, 도시녹화식물원 견본원(見本園) 주변이 주요한 활동장소인 도쿄도립 기바공원은 "공원의 녹지와 환경에 흥미가 있었다."라는 응답의 비율이 높았다. 국영공원에서도 이 두 가지의 이유가 거의 비슷하였고, 어느 쪽을 보더라도 "사람과 사회를 위해서 도움이 되고 싶었다."를 상회하는 결과였다(그림 6-3-2).

또한, 자유로운 시간을 흥미롭게 보내거나 특기를 살릴 수 있는 활동에 참여하거나(자연관찰 가이드, 어린이를 대상으로 한 전통놀이 지도 등) 주말의 자연 레크리에이션 활동의 하나로 참여하는(잡목림 관리, 농작업 체험 등) 경우가 있었다.

어디까지나 자원봉사이기 때문에 참여는 자유롭게 이루어지고, 탈퇴도 자유롭다. 이러한 자유로움이 새로운 참여자를 불러들이고, 모임을 활성화하며, 또 지속시키는 하나의 원인이 된다.

(2) 조직운영과 활동내용에 적극적으로 관여

자원봉사는 즐기면서 하는 활동이기에, 자원봉사자는 재미있는 조직을 만드는 것을 목표로 더욱 즐거운 활동을 찾는다. 회의운영 등도 참여자의 자주적인 운영을 바탕으로 하며, 이는 존중된다.

예를 들면, 연간 활동계획도 참여자의 협의로 결정된다. 여기에는 자신들의 즐거움과 분위기를 띄우기 위한 행사도 포함된다. 이들은 모임의 규약 작성 및 개정에도 자주적으로 참여한다.

(3) 공원운영에서 주체적으로 계획에 참여

많은 자원봉사자는 공원 내 유지관리 업무를 중심으로 활동하지만, 이것에만 제한되는 경우는 적은 편이다. 예를 들면, 잡목림을 관리하는 자원봉사에서는 일상의 관리업무를 체험교실로서 운영해 일반 참여자에게 제공하기도 하며, 숲 관찰회와 수확제 등의 행사를 개최하기도 한다.

또한, 근처의 공원을 포함하여 플레이파크 활동, 애견운동장 활동, 공원가이드와 벼룩시장, 애견매너교실, 건강교실 등의 행사를 개최하는 자원봉사 조직도 있다.

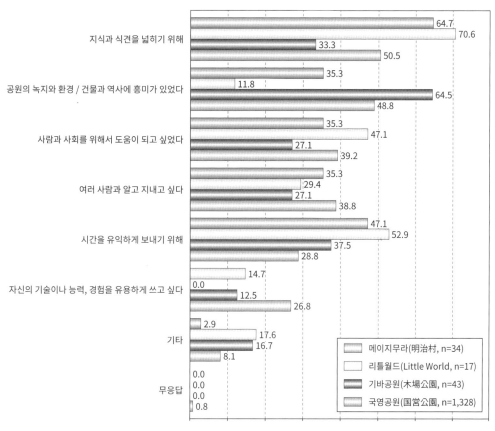

그림 6-3-2. 자원봉사활동을 시작하려고 생각한 이유

지식과 식견을 넓히기 위해 — 64.7 / 70.6 / 33.3 / 50.5

공원의 녹지와 환경 / 건물과 역사에 흥미가 있었다 — 35.3 / 11.8 / 64.5 / 48.8

사람과 사회를 위해서 도움이 되고 싶었다 — 35.3 / 47.1 / 27.1 / 39.2

여러 사람과 알고 지내고 싶다 — 35.3 / 29.4 / 27.1 / 38.8

시간을 유익하게 보내기 위해 — 47.1 / 52.9 / 37.5 / 28.8

자신의 기술이나 능력, 경험을 유용하게 쓰고 싶다 — 14.7 / 0.0 / 12.5 / 26.8

기타 — 2.9 / 17.6 / 16.7 / 8.1

무응답 — 0.0 / 0.0 / 0.0 / 0.8

메이지무라(明治村, n=34)
리틀월드(Little World, n=17)
기바공원(木場公園, n=43)
국영공원(国営公園, n=1,328)

※복수응답
출처: (재)공원녹지관리재단, 「자원봉사 활동가에 대한 의식조사(2008년도 자주연구)
[ボランティア活動者にする意識調査(平成20年度自主研究)]」

(4) 모임장소로서의 활동거점 확보

어느 정도의 활동규모를 가진 공원자원봉사에서는 공원 안에 활동거점을 가진 경우가 많다. 이곳은 회의와 연수 외에도 전시와 행사 등의 장소로 이용되며, 공원자원봉사에 유용한 것뿐만 아니라 자원봉사자 간 교류의 장으로서도 이용된다.

특히 예정된 작업 등이 없고, 공원에 특별한 용무가 없을 때도 여기에 오면 항상 활동하는 사람들을 만날 수 있는 환경이라는 점이 활동의 활성화 및 확대로 연결된다.

(5) 광역에서의 참여

잡목림의 관리체험이나 반딧불이가 날아다니는 환경 만들기와 같이, 일상생활에서 거의 체험할 수 없는 활동메뉴에 대해서는 지역 주민뿐만 아니라 이러한 활동에 흥미가 있는 불특정 다수가 참여함으로써 광역에서의 참여도 늘어난다. 이를 통해 참여자의 속성도 다양해진다. 어린이부터 고령자까지, 그리고 은퇴자부터 회사원, 학생 등에 이르기까지 여러 계층이 참여해 각자의 요구와 지식을 내놓고 맞추어 보는 과정에서 활동은 한층 다채로워진다.

(6) 다양한 참여형태

기업의 사회공헌활동, 학교의 지역활동 참가, 직장체험 등의 장으로서 공원자원봉사에 대한 관심이 높아지고 있다. 이에 기업과 학교단체에 맞는 자원봉사 체험메뉴를 준비하고 참여를 유인하며 홍보하는 공원도 있다.

또한, NPO나 연구기관 등과 연계해 체험형 행사를 기획하고 실시하여 이를 기회로 공원자원봉사에 관심을 가지도록 하는 사례도 있다. 예를 들어, 연못의 환경조사와 외래생물의 박멸행사에 자원봉사 참여를 요청하여, 참여자들은 강사의 지도를 받으면서 생물의 종류와 수 등을 조사하고, 공원 내 자원봉사단체의 기획으로 죽순채취 행사에 참가하여 대나무숲 관리를 체험하기도 한다.

이와 같이 공모·등록형이 아닌 형식이라도 공원자원봉사를 체험할 수 있는 참여형태를 연구할 수도 있다. 다만 가볍게 참여할 수 있는 활동이더라도 무엇을 할 것인지, 그 활동을 공원과 지역에 어떻게 활용할 수 있는지 등 활동의 목적을 명확히 하고, 성과의 기록과 피드백 등의 운영체계를 확립해 가지 않으면 안 된다.

3-3. 공원자원봉사제도의 도입과 운영

공원자원봉사제도의 도입은 공원관리자가 공모하는 경우와 '이런 공원을 바란다', '이런 활동을 하고 싶다'고 하는 시민의 발의를 수용한 경우가 있다. 후자의 경우에도 공원 측의 기본적인 수용체제와 시민과의 협동방법 등에 대한 기본방침, 지원내용과 절차 등을 검토하는 일이 필요하다. 여기서는 우선 공원관리자가 공원자원봉사자의 양성에 적극적으로 관계하여 공모·양성하고, 활동의 성숙도에 맞추어 자주성 높은 조직화를 목표로 하는 경우의 진행방안에 대해 서술한다.

(1) 공모에 의한 공원자원봉사제도의 실시내용

공원관리자가 자원봉사자를 공모하는 경우의 실시내용에 대해서, 기획-조정-실시준비-실시-평가의 단계에 따라 정리하였다(표 6-3-4).

① 기획단계

•공원자원봉사제도의 도입을 계획할 때는 그 목적, 목표, 활동내용을 명확히 할 필요가 있다. 공원자원봉사활동은 지속적인 것이므로, 기획단계의 검토는 충분히 해야 한다.

•기획단계에서는 담당자뿐만 아니라 관리조직 전체의 의사통일을 꾀하여 운용단계에서 자원봉사자와 마찰이 발생하지 않도록 한다.

•목표설정은 자원봉사활동 그 자체에 관한 목표(등록자 수, 활동일수 등)에 활동대상 작업과 시설 등 달성해야 하는 목표도 명확히 하여 활동 참여자에게 알리는 것도 중요하다. 이것은 자원봉사활동의 전망에 맞추어 활동가와 함께 구체적으로 설정하는 것도 가능하다.

•지정관리자를 공모할 때 지역연계, 자원봉사자와의 연계를 업무평가 항목에 넣는 사례도 많다. 하지만, 자원봉사활동 참여자가 늘어나는 것만을 성과로 생각하지 말고, 자원봉사활동에 의해 공원과 공원 주변지역, 환경, 사회가 어떻게 풍요로워지고 있는가 하는 관점을 잊어서는 안 된다.

② 조정단계

•공원자원봉사활동 실시에서, 지원내용과 관리자 측의 역할분담에 대해 본청, 공원관리사무소, 지정관리자, 관계 타 부서 등과 의견을 나눈다. 유료 공원에서의 활동의 경우, 입장료의 감면 등에 관해서도 조정할 필요가 있다.

표 6-3-4. 공모에 의한 공원자원봉사의 실시내용

단계	검토항목	작업내용	작성하는 서류 등
기획	• 활동목적 • 활동목표 • 대상 공원·영역 • 활동내용 • 대상자	• 내부 미팅	• 실시계획서
조정	• 공정 • 지원내용 • 역할분담	• 본청, 공원관리사무소, 지정관리자, 관계 타 부서 등과 의견교환 • 타 업무와의 조정	• 회의기록 • 공정표
실시 준비	• 모집방법 • 역할분담 • 활동내용 계획	• 모집 홍보활동 • 모집접수 • 필요물품 준비 • 설명회 개최 • 연수회, 오리엔테이션 실시 • 자원봉사인정서 발행 • 자원봉사자보험 수속 • 등록갱신 • 자원봉사자 공간, 탈의실, 용구보관소 등의 확보 • 개인정보 취합에 대해 규정화	• 활동규약 • 실시요령 • 활동계획서 • 모집요강 • 참여자 모집홍보 : 홈페이지, 안내지, 포스터 등
실시	• 인원배치 • 활동계획 • 실시형태	• 활동 전후의 미팅 • 진행, 감독 • 활동상황 확인 • 활동가 반응 파악 • 활동가에 활동지원 • 활동가와 정보공유	• 활동일지 • 기록사진
평가	• 활동가의 반응 • 활동가 수 • 관리담당자의 평가 • 목표달성도의 확인	• 활동상황의 기록 • 본청 등에 보고 • 반성회, 의견수렴회 • 외부로 정보발신: 홈페이지 등	• 활동기록 • 활동보고서

표 6-3-5. 공원자원봉사제도 기획단계에서 검토사항

검토사항	검토항목
활동목적 : 이 활동을 왜 하는 것일까?	• 공원관리방침과 관련성을 가질 것 • 알기 쉬운 목적일 것 • 공원이라는 장소를 활용할 것 • 자원봉사의 보람과 가치, 즐거움을 생각할 것
활동목표 : 이 활동으로 달성하고 싶은 것	• 단기적인 목표와 중장기적인 목표를 세울 것 • 명확한 수치목표 등도 설정할 것 • 활동대상의 작업수준 향상과 활동가의 습득기술, 대상시설의 목표·운영방법·체제의 존재방식 등
대상공원, 영역 : 어디를 활동장소, 활동범위로 할 것인가?	• 공원관리자와 지정관리자의 관리범위와 그 외 자원봉사자 활동구역의 업무경계를 명확히 할 것
활동내용 : 실제로 자원봉사자가 하는 일	• 공원관리자나 지정관리자와 자원봉사자 간의 역할분담을 정리할 것
대상자	• 정원, 대상연령, 모집방법, 운영조직 • 조직을 어떻게 양성해 갈 것인가

③ 실시준비단계

• 공원자원봉사활동의 실시방향으로서 참여자의 모집 이외에 필요에 따라 설명회와 연수회 등을 연다.

• 또한, 관리자와 공원자원봉사자의 관계와 역할분담을 명확히 한 후에 활동규약을 작성하는 것도 좋다. 활동규약에는 목적, 명칭, 활동내용, 자원봉사 인정, 자원봉사 인정서, 활동비, 사무국 등의 항목을 정한다.

• 실시요령에는 목적, 활동내용, 활동일시, 모집방법, 정원, 모집조건 등의 항목을 상세히 정리한다.

• 활동계획을 세울 때는 매력적인 프로그램을 검토하고, 여유 있게 일정을 짜는 것이 중요하다. 또한, 활동 실시상황에 따라 재검토도 필요하다. 활동계획서에는 활동내용, 활동 당일의 시간계획표, 연간 일정, 필요물품, 안전관리 등을 기재한다.

표 6-3-6. 공원자원봉사제도의 실시준비작업

작업내용	고려해야 할 점과 유의점
모집 홍보활동 • 홍보지에 게재 • 홈페이지에 게재 • 포스터, 안내지 작성과 배포 • 기자발표	
모집접수 • 추첨: 응모자가 많을 경우 • 추첨결과, 설명회의 알림	• 공개성을 가지게 한다.
필요물품의 조달	• 작업에 필요한 도구 등을 확인한다.
설명회 개최	• 공원관리방침, 활동의 목적 등을 이해시킨다.
연수회 실시	• 활동내용에 관한 기술적 강습 • 가이드와 행사 보조 등 일반이용자와 직접 마주치는 활동의 경우는 활동가에게 공원 스태프라는 의식을 가지게 한다.
자원봉사인정서 발행	
자원봉사자보험 수속	
등록갱신 • 자원봉사자인정서 발행 • 자원봉사자보험 수속	• 2년째 이후로 필요하다. • 연도별로 갱신의사 확인 • 참여 회수 등의 참여조건 설정, 조건을 만족하지 않을 경우의 등록삭제 등 대응검토

④ 실시단계

• 공원자원봉사활동의 실시에서, 공원관리자와 자원봉사자의 신뢰관계를 구축하고 참여자의 창의력을 살려 자원봉사활동이 점차 자립해 갈 수 있도록 한다. 자원봉사조직 운영에 관해서는 다음과 같은 사항을 유의점으로 들 수 있다.

- 도우미(공원관리자와 연락조정 등)를 둔다.

- 역할분담을 한다(활동일지, 기록작성, 자체 연수기획 등).

- 활동일정과 상세한 작업내용을 자체적으로 정하고, 공원관리자와 조정한다.

- 활동조직의 성장에 따라 자주성 높은 조직으로 이행을 검토한다.

- 작업지도 등에 관계된 담당자와 자원봉사자를 코디네이터 하는 역할의 스태프를 정한다.

⑤ 평가단계

• 공원자원봉사자의 설문조사와 인터뷰, 의견수렴회 등을 실시하여 참여자의 의견을 듣고, 이후 활동에 반영한다. 외부에 정보발신 등은 자원봉사자가 자신의 손으로 회보·홈페이지 등을 작성한다면 스스로 활동을 확인할 수도 있고, 성취감을 얻을 수 있다.

• 또한, 감사장 증정, 표창 등 외에도 공원자원봉사자의 활동을 널리 공원이용자와 지역에 알리는 것으로 활동의욕을 환기하는 것이 가능하다.

(2) 공원자원봉사자 양성프로그램

공원의 관리운영에 참여하는 자원봉사자에게 공원에 대한 지식과 관리운영의 목적, 구체적인 작업내용과 기술 등을 이해시키기 위한 공원자원봉사자 양성프로그램을 다음과 같이 예를 들 수 있다.

프로그램은 자원봉사활동의 내용에 대한 것이어야 하며, 일반적으로 공원과 자원봉사활동 그 자체에 대해 배우는 <기초편>과 전문적인 영역에 대해 배우는 <전문편>으로 나눌 수 있다.

<전문편>은 '마을숲 관리와 농작업 활동', '동식물과 공원·정원 가이드', '복지활동 지원', '어린이 놀이지도' 등 여러 분야가 있지만, 여기서는 활동 사례가 많은 '마을숲 관리'에 대해 소개한다.

　① 공원자원봉사자 양성프로그램 <기초편>

• 공원자원봉사자 양성프로그램 <기초편>에 담고 있는 항목 및 내용에는 <표 6-3-7>과 같은 것이 있다.

표 6-3-7. 공원자원봉사자 양성프로그램의 항목 예

항목	내용
• 지금부터 실시할 활동의 목적, 의의	• 활동의 목적, 목표, 내용 • 활동하는 공원 관리운영의 자리매김 • 선행활동 사례 등의 견학
• 활동공원 및 활동장소에 대해	• 공원의 설치자, 규모, 구역, 관리체제 등 • 공원의 역사, 정비과정, 자연, 시설내용 등 • 공원의 관리운영 방침 • 활동장소의 계획목표, 관리방침, 지금까지의 과정
• 도시공원에 대해	• 도시공원의 종류, 기능, 역할 등 • 「도시공원법」, 공원조례 등의 관리에 관한 법령 • 해당 지방자치단체 도시공원의 현상과 과제
• 자원봉사활동에 대해	• 자원봉사란, 자원봉사자의 역할·책임 • 자원봉사 활동사례 견학, 의견교환 • 자원봉사활동에 관한 제도에 대해: 각종 지원제도, 자원봉사자보험, NPO법 등 • 워크숍 체험 • 정보발신의 방법: 활동뉴스 등을 만드는 방법 • 접객 기술, 장애인 대응, 긴급 시 대응, 안전관리, 연락 등
• 동식물에 대한 지식 • 꽃과 녹지를 가꾸는 기본기술	• 공원의 동식물에 대한 기초지식 • 식물재료와 원예자재의 종류, 성질 • 토양 만들기, 씨뿌리기, 옮겨심기, 분갈이, 거름주기와 물주기의 효용 • 거름 만드는 기술, 병충해 방제법, 가지치기 등 • 모아심기, 화단 만들기 등 원예실습

- 양성프로그램 작성에서는 아래와 같은 점에 유의한다.
- 활동의 목적, 의의, 목표를 명확히 한다.
- 강의 외 사례견학, 워크숍과 실습 등을 선별하여 넣는다.
- 참여자의 발의 및 창의력을 살리고 즐거움을 주는 활동을 포함한다.
- 참여자의 자주성을 촉진하기 위해, 이후의 활동에 대한 구체적인 내용과 일정 등 활동계획 만들기 등도 프로그램에 포함한다.
- 참여자와 공원관리자의 커뮤니케이션을 강화하기 위해 의견교환과 친목의 기회를 마련한다.

② 공원자원봉사자 양성프로그램 <전문편>

- <전문편>의 사례로서 마을숲 관리 자원봉사자 양성프로그램의 항목·내용을 정리하였다(표 6-3-8).

표 6-3-8. 마을숲 관리 자원봉사자 양성프로그램의 항목 예

항목	내용
• 공원의 자연학습	• 식생과 동식물, 자연의 평가와 천이, 동식물의 관찰기술 등
• 자연관리 기술	• 수목의 벌채·전정 방법, 식물 키우는 방법, 생물의 사육, 식생조사, 생물조사 방법 등
• 자연관찰 등의 지도	• 환경교육 프로그램 만들기 등
• 안전학습	• 안전한 작업방법, 긴급 시 대응 등

- 양성프로그램 작성에서는 아래와 같은 점에 유의한다.
- 현장작업과 강좌학습을 번갈아 하며, 계절과 참여자의 기술에 대응한 프로그램으로 한다.
- 관리작업은 식물의 상태에 맞추어 진행한다(가지치기는 생장이 멈추는 겨울철에 한다).
- 재미있는 활동에만 치우치지 않도록 필요한 작업내용을 넣어 건물 안팎의 활동을 편성한다.
- 맛보기, 작품 가져가기, 게임 등 참여자가 즐길 수 있는 메뉴들을 편성한다.
- 참여자만의 활동이 되지 않도록 이외의 활동장소와 활동가의 이야기를 듣고, 일반이용자와 교류하는 자리 등을 마련한다.
- 날씨가 좋지 않아 야외활동이 불가능할 때도, 가능한 공예체험 등의 서브메뉴도 준비한다.

표 6-3-9. 마을숲 관리 자원봉사자 양성 강좌프로그램의 예

실시 월	내용
4월	• 오리엔테이션: 마을숲 산책 • 마을숲 강좌: 마을숲의 구조, 의의, 관리유형 등
5월	• 마을숲 관찰 '봄의 관찰회': 동식물의 관찰, 명칭, 식생 • 숲을 음미하다: 산나물 등의 채집과 요리
6월	• 활동준비: 도구의 사용과 손질방법, 나무 자르는 방법, 야외작업에서의 주의사항과 위험방지 • 관리실습: 넝쿨 자르기, 대나무 베기, 밑풀베기 등
7월	• 지도 만들기: 지도 읽는 법, 지도·식생도 만드는 방법과 작성 • 관리실습: 길 만들기, 나무이름표 만들기, 메워심기
8월	• 행사 기획회의: 주제, 장소, 체제, 준비, 홍보 등의 검토 • 견학회: 다른 마을숲 견학, 마을숲 관리그룹과의 교류 등
9월	• 행사 준비: 주제별로 활동그룹을 나누어 준비 • 마을숲 관찰 '가을의 관찰회'
10월	• 행사 실시: 도토리축제, 수확제, 관찰회, 숲에서 놀자 등 • 반성회: 행사개최 결과의 총괄, 차후 행사의 제안 등

실시 월	내용
11월	• 숲을 음미하다: 버섯과 열매, 도토리 등을 채취하여 요리 • 강연회: 마을숲, 잡목림, 환경 등에 관한 이야기를 전문가에게 배우기
12월	• 관리실습: 잔디깎기, 가지치기, 공예재료 수집 • 공예체험: 목공, 대나무·덩굴 세공, 염색 등
1월	• 마을숲 관찰 '겨울의 관찰회' • 숲속 놀이: 네이처게임, 플레이파크 만들기
2월	• 관리실습: 솎아베기, 대나무 베기 • 공작, 체험: 숯 굽기, 벤치 만들기 등
3월	• 관리실습: 묘목 만들기, 씨뿌리기 등 • 활동 반성회: 1년간의 총괄, 다음해 이후의 작업 검토

(3) 다양한 공원자원봉사활동 기회 만들기

공모형 자원봉사 이외에도 다양한 참여자가 활동 가능한 자원봉사활동의 장을 만들면, 많은 사람들이 공원에 관심을 가지고 공원과 지역의 문제를 알게 되며 더불어 해결해 가는 기회로 만드는 것이 가능하다.

① 다양한 참여자의 활동을 촉구

• 애호회 등의 활동에서 참여자의 고령화와 젊은 층의 참여가 적은 점이 문제되고 있어, 반상회 등의 지역커뮤니티 단체 이외의 개인·학교·기업에서의 참여를 촉구하는 방향으로 제도를 변경하고 있는 사례도 있다. 자원봉사 참여에 관심을 갖도록 다양한 층을 격려하는 방법을 찾는 것도 필요하다.

• 최근 몇 해 사이 학교교육에서는 자원봉사활동 등 사회봉사 체험활동과 자연체험활동, 또 기타 여러 체험활동을 추진하고 있다(아래의 '청소년의 체험활동을 추진하기 위한 지역 민간단체의 역할에 대하여' 참조). 또한, 교내 자원봉사센터를 설치하는 대학도 늘고 있다(2015년 6월 10일 현재 161개 센터, 출처: 대학자원봉사센터 정보웹 홈페이지).

• 기업에서는 사회공헌활동의 하나로 사원의 자원봉사 참여에 높은 관심을 가지고, 자원봉사 휴가제도 개설 등을 하고 있다(아래의 '기업의 사회공헌활동 개요' 참조).

• 학교 관계자와 교류, 대학자원봉사센터에 정보제공, 기업의 사회공헌사업 네트워크에 관계된 사회복지협의회 자원봉사센터, NPO단체와 정보교환 등을 통해 자원봉사활동에 대한 희망과 기대를 확인하고, 참여하기 쉬운 프로그램 및 협동에 의한 프로그램 개발을 모색하는 것이 가능하다.

청소년의 체험활동을 추진하기 위한 지역 민간단체의 역할에 대하여

「학교교육법」에는 "초등학교에서는 … 교육지도를 할 즈음 아동의 본격적인 학습활동, 특히 자원봉사활동 등 사회봉사체험활동, 자연체험활동, 그 외의 체험활동에 충실히 노력하도록 한다. 이 경우, 사회교육 관계단체, 그 외의 관계단체 및 관계기관과 연계를 충분히 배려하지 않으면 안 된다."(중학교, 고등학교, 중등교육학교, 특별지원학교에도 준용)라고 나와 있다.

여기서 2013년 1월 21일 중앙교육심의회의 「이후 청소년의 체험활동의 추진에 대하여(답신)」에서는 이후의 체험활동을 효과적으로 추진하는 방책으로 '사회 전체에서 체험활동을 추진하기 위한 기운의 양성'을 들고, 그 하나로 '학교·가정·지역의 연계에 의한 체험활동의 추진'에서는 학교 외에서 어린이 체험활동의 충실에 있어 지역의 역할을 지적했다. 또한, '민간단체·민간기업과 연계에 의한 체험활동의 추진'에서는 자연체험활동의 장 제공, 환경교육과 지속가능한 개발을 위한 교육으로서의 체험프로그램 실시 등 다양한 체험활동 프로그램을 기획·실시하고 있는 민간단체·민간기업과 연계의 필요성을 기술하고 있다.

청소년의 체험활동을 추진하기 위한 지역 민간단체의 역할에 대하여

「학교교육법」에는 "초등학교에서는 … 교육지도를 할 즈음 아동의 본격적인 학습활동, 특히 자원봉사활동 등 사회봉사체험활동, 자연체험활동, 그 외의 체험활동에 충실히 노력하도록 한다. 이 경우, 사회교육 관계단체, 그 외의 관계단체 및 관계기관과 연계를 충분히 배려하지 않으면 안 된다."(중학교, 고등학교, 중등교육학교, 특별지원학교에도 준용)라고 나와 있다.

여기서 2013년 1월 21일 중앙교육심의회의 「이후 청소년의 체험활동의 추진에 대하여(답신)」에서는 이후의 체험활동을 효과적으로 추진하는 방책으로 '사회 전체에서 체험활동을 추진하기 위한 기운의 양성'을 들고, 그 하나로 '학교·가정·지역의 연계에 의한 체험활동의 추진'에서는 학교 외에서 어린이 체험활동의 충실에 있어 지역의 역할을 지적했다. 또한, '민간단체·민간기업과 연계에 의한 체험활동의 추진'에서는 자연체험활동의 장 제공, 환경교육과 지속가능한 개발을 위한 교육으로서의 체험프로그램 실시 등 다양한 체험활동 프로그램을 기획·실시하고 있는 민간단체·민간기업과 연계의 필요성을 기술하고 있다.

기업의 사회공헌활동 개요

일반사단법인 일본경제단체연합회기업행동·CSR위원회·1%클럽이 2015년 10월에 발표한 2014년도 「사회공헌활동 실적조사(경단연 회원 기업 및 1%클럽 법인회원 기업 등을 대상)」에 따르면, 기업의 사회공헌지출 가운데 분야별 지출비율을 살펴보면 '교육·사회교육'이 15.5%로 가장 높다. 2위와 3위는 '학술·연구'와 '건강·의학·스포츠', 그다음은 '문화·예술'(13.1%), '지역사회의 활동, 사적·전통문화 보존'(9.3%)이다.

사원의 사회공헌활동을 지원하고 있는 기업은 84%로, 사원을 지원하는 이유에 대해서는 89%가 "지역사회의 유지·발전에 공헌"이라고 응답하였다.

지원하고 있는 기업의 지원내용으로는 '자원봉사 휴가·휴직제도, 표창 등의 제도 도입'을 하고 있는 기업이 83%, '자원봉사활동 기회를 제공'하고 있는 기업은 71%이며, '자원봉사활동 정보를 제공'하고 있는 기업은 69%, '금전적 지원(자원봉사자보험 가입비 부담 포함)'을 하고 있는 기업은 55%였다(복수응답). 93%의 기업은 '사회공헌활동에 관한 정보제공'도 하고 있었다.

사회공헌활동 추진을 위한 사내 제도에서는 '기본적인 방침의 명문화'(74%)와 '전문부서·담당자의 설치'(68%), '담당직원 임명'(55%) 등의 제도를 도입하고 있었다.

또한, 독립한 전문부서의 직원 수는 회사 한 곳당 평균 5.5명, 각 사업소 등의 사회공헌창구 담당자 수는 회사 한 곳당 평균 36.3명이었다.

---

② 다양한 활동의 장을 준비

• 워크숍에 의한 공원 만들기 및 공원의 재생은 공원과 지역의 과제를 인식하고, 그 해결방법을 의논하는 장이 된다. 워크숍에서는 공원 완성 후의 관리를 어떻게 할 것인가에 대해서도 의논하는데, 공원 미화활동에 그치지 말아야 한다. 지역의 교류활동 방법과 공원과 지역자원의 매력향상에 대한 과제는 개원 후에도 지속적으로 노력해야 하는 것이다. 이와 같은 과제의 해결을 위해서는 공원정비 전의 워크숍 경험을 살려 공원을 자원봉사활동의 장으로 만들어 가야겠지만, 그러자면 공원정비 담당과 관리담당과의 원활한 연계는 필수적이다.

- 다양한 활동의 장을 설치하는 것에 맞추어 활동내용의 종류를 늘리고, 활동의 난이도와 보다 쉬운 참여에 대해 검토해야 한다.
- 우선 각 공원이 가진 자원과 관리방침 등을 명확히 하고, 어떤 활동이 전개될 것인가를 목록화한 다음에, 같은 활동 분야라도 난이도와 전문성의 유무 등을 고려한다. 예를 들면, 공원자원봉사의 활동사례가 많은 화단과 꽃 가꾸기에서는 간단한 식재작업부터 물주기·김매기·꽃따기 등의 일상적인 가꾸기, 화단의 계획까지 원예 초심자가 강습 등으로 경험을 쌓아 활동의 폭을 넓혀가는 것도 가능하다.
- 우선은 '모두 함께 심어 보자', '그린 업 데이(Green Up Day)', '수확체험', '외래종 구제행사' 등 단발성의 자원봉사 행사를 체험하는 기회를 만들어 참여자가 그와 같은 활동이 어떻게 공원의 매력과 가치의 향상으로 연결되는지를 이해하도록 하고, 이를 다음 자원봉사활동의 참여 기회로 이어간다.
- 또한, 시민그룹 등의 기획·실시에 의한 공원이용자용 행사를 모집하고, 공원 측에서는 홍보와 모임장소의 제공 등의 지원을 하여 시민참여를 촉진한 사례 등도 참고한다[공원재단의 '공원·꿈 플랜 대상', 효고현 아리마후지공원의 '아리마후지 꿈 프로그램', 국영기소산센공원의 '파크파트너' 등].
- 동일본대지진 때는 잔해청소 등의 작업, 가설주택에서의 '차 모임(차를 마시면서 교류의 장 만들기)' 등 직접적인 지원 작업뿐만 아니라, 사진을 깨끗이 닦아서 돌려주는 프로젝트, 재해발생 지역의 생물조사와 같이 많은 사람들이 각자의 형태로 참여한 자원봉사활동의 경험이 쌓여 성과를 발휘하기도 했다. 공원에서의 활동도 아직 이러한 가능성을 가지고 있다.

③ 코디네이터와 지원체제
- 시민참여가 그 성과를 발휘하기 위해서는 코디네이터의 역할이 중요하다. 인정특정비영리활동법인 일본자원봉사코디네이터협회에서는 그 역할을 아래와 같이 정리하고 있다.

자원봉사 코디네이터의 여덟 가지 역할

자원봉사 코디네이터에게는 기본적으로 다음 여덟 가지의 역할이 요구된다. 이것은 자원봉사 코디네이터가 소속하는 조직의 유형과 활동분야에 관계되지 않는 공통항목이다.

1. 받아들이다   시민·단체로부터 다양한 상담 접수
2. 구하다   활동의 장과 자원봉사자의 모집·개척
3. 모으다   정보의 수집과 정리
4. 연결하다   조정과 소개
5. 높이다   깨달음과 배움의 기회 제공
6. 창출하다   새로운 네트워크 만들기와 프로그램 개발
7. 정리하다   기록·통계
8. 발신하다   정보발신·제언(提言), 옹호(擁護, advocacy)

실제로는 이 여덟 가지 역할이 모두 관련되어 있다. 특히 '연결하다'는 나머지 일곱 가지 역할의 중심이 되는 항목이다.

출처: 하야세 노바루(早瀬昇)·쓰쓰이 노리코(筒井のり子) 저, 인정특정비영리활동법인 일본자원봉사코디네이터협회 편, 『자원봉사 코디네이션력-시민의 사회참여를 지지하는 힘(ボランティアコーディネーション力 市民の社会参加を支えるチカラ)』, 중앙법규출판, 2015.

「2008년도 공원관리 실태조사」에서 공원관리 담당자에게 코디네이터로서의 역할에서 중요한 점은 무엇인가를 물어본 결과를 살펴보면, '활동가의 의견 청취', '고장 등의 정보에 즉시 대응'과 같이 활동가·활동단체와의 양호한 관계유지를 중요하게 생각한다는 것을 알 수 있다. 위의 자원봉사 코디네이터의 여덟 가지 역할에서도 '연결하다'가 중심이 된다고 한 것처럼, 활동가 일원, 활동가와 공원 및 그 외의 관계자까지도 연결하는 커뮤니케이션은 매우 중요하다.

코디네이터의 역할은 활동가에 대한 대응만이 아니라 활동 장의 환경·시스템 만들기, 자원봉사 참여프로그램의 기획, 홍보, 채용·심사, 연수, 양성, 활동가의 현창, 평가 등 여러 분야에 걸쳐 있다. 많은 경우에는 일상 업무의 일환으로 코디네이터 역을 잘 소화하고 있다고 생각하겠지만, 요코하마시에서는 가구공원의 관리를 담당하는 각 토목사무소 등에 '공원애호회 등 코디네이터'를 두고 있다.

또한, 기업·학교단체 등의 활동희망에 응하는 담당자를 '파크 코디네이터'로 정하고 있는 지정관리자의 사례도 있다.

지금까지는 가구공원 등의 애호활동 등을 중심으로 공원관리자가 코디네이터 역할을 맡아 왔지만, 지정관리자제도가 도입된 공원에서는 지정관리자가 사무국 역할을 하기도 하고 활동단체의 접수대응을 하기도 하므로, 지정관리자 독자적인 시스템을 운용하기도 한다.

활동가 수의 증가, 활동가 층과 활동내용의 다양화에 더하여 활동의 활발화·지속성의 담보를 위해서는 코디네이터의 역할이 더욱 중요해질 것으로 예상된다.

한편 관리비의 삭감경향이 이어지는 가운데 자원봉사활동의 추진을 위한 지원체제는 공원관리자 측만으로는 충분한 역할을 하는 것이 어렵다. 이 때문에 NPO법인, 지역 관계단체 등과의 연계를 통해 프로그램 개발과 모집, 취합·정리 등의 코디네이터 역할을 분담하는 것도 생각할 필요가 있다. 예를 들면, 공원의 관리와 자원봉사활동에 의해 생긴 식생과 생물의 출현변화 등의 장기적·전문적인 조사는 연구기관 등의 노하우가 필요하지만, 전문지식을 가진 인재나 기관과 정기적인 조사작업을 하는 자원봉사자를 연결한 NPO법인 등의 협력을 구하는 것으로 가능할 것이다. 공원에 등록된 자원봉사자의 인원 증강을 지원하고, 능력에 맞추어 그 역할을 하도록 하는 것도 하나의 방법이다.

'공원·꿈 플랜 대상' 2015 우수상, 「기타오에(北大江) 해질녘 콘서트위크(concert week) '기타오에공원 해질녘 야외콘서트' 10주년!」
: 주민참여형 워크숍을 거쳐 재생한 공원에서 시작된 주민에 의한 '기타오에공원 해질녘 야외콘서트'는 10주년을 맞이해 공원청소와 관리활동으로도 발전하고 있다.
[사진 출처: 일반재단법인 공원재단, 「공원·꿈플랜 대상 2015 실시기록(公園·夢プラン大賞2015實施記録)」]

---

69) 일본에서 재단법인은 일반재단법인, 공익재단법인, 특수민법법인의 세 종류로 구분된다.

4. 협동을 향하여

4-1. 협동에 의한 공원관리의 목적

요코하마시의 「협동추진의 기본지침」(2012년도 개정)에서는 '협동'을 다음과 같이 정의하고 있다.

"공익적 서비스를 담당하는 서로 다른 주체가 지역 문제와 사회적인 문제를 해결하기 위해서 상승효과를 높이면서 새로운 시스템과 사업을 창출해 가기 위해 노력하는 것."

공원관리에서 협동도 같은 맥락으로 이야기할 수 있다. 공원관리에 시민참여를 더욱 발전시키고, 행정과 지역의 다양한 주체가 협동하여 공원관리에 참여하는 것은 공원의 환경미화와 생물다양성의 향상, 공원 안전성의 확보, 공원시설의 노쇠화에 대한 대응, 지역의 니즈에 부응한 공원관리의 실현 등, 오롯이 공원의 과제에 맞추어 고령자의 사회참여, 어린이들의 놀이지원, 지역의 역사문화 계승, 방범·방재 등 지역의 과제에서 살펴본 공원의 이상적인 상태를 논의하는 것과 같은 것이라 할 수 있다.

협동에 의한 공원관리의 목적이란

행정과 지역의 다양한 주체가 공원 및 공원을 둘러싼 지역의 과제에 대해 공통인식을 가지고, 그 해결을 위해 노력하는 것

예를 들면, 요코하마시 혼고후지야마공원(本郷ふじやま公園)에서는 이축한 고민가의 관리운영을 지역 주민에 의한 관리운영위원회가 하고 있는데, 개원 전에 이미 고민가활용기획위원을 모집하여 동 위원회에서 '고민가 활용의 목표'를 채택하였다. 이것을 살펴보면, 공원에 역사적 건조물인 오모야(主屋, 母屋)[70]와 나가야몬(長屋門)[71]을 이축하여 그 활용을 통해 어떻게 지역의 역사와 예전의 생활상을 전해 나갈까를 논의해 온 과정을 이해할 수 있다.

고민가 활용의 여섯 가지 목표

1. 휴식의 장, 지역교류의 장으로 만들어 간다.
2. 예전 생활을 체험할 수 있는 장으로 한다.
3. 내 고장의 역사·문화를 배우고 전한다.
4. 내 손으로 만드는 즐거움을 느낄 수 있는 장으로 한다.
5. 내 고장의 행사를 가꾸어 간다.
6. 마을숲을 재생하고, 활용해 간다.
   (혼고후지야마공원 고민가활용기획위원회, 1996)

출처: 「공원문화」 1호, 공원녹지관리재단

4-2. 협동조직 만들기

(1) 요코하마시 공원관리운영위원회

협동조직 만들기 사례의 하나인 요코하마시 공원관리운영위원회 방식의 도입은 요코하마시 마이오카공원(舞岡公園)의 관리운영에서 시작되었다. 요코하마시 마이오카지구는 1980년에 대규모로 '종합공원' 계획이 대두되었는데, 이 계획에 자연을 활용한 공원을 요청하는 소리가 높아지면서 1983년에 시민단체인 '마이오카 물과 녹지의 모임(まいおか水と緑の会)'이 발족하였다. 그 후 요코하마시에 허가를 요청하여 공원예정지의 일부에 논 경작 및 잡목림 육성작업 등

의 활동을 할 수 있게 되었다. 당시 일개 시민단체에 공유지인 공원예정지의 사용허가를 내주는 것은 곤란했기 때문에, 요코하마시는 공익신탁재단 및 '마이오카 물과 녹지의 모음'과 시민참여공원의 이상적인 모델 등을 검토하여, 1992년 공원 개원과 함께 시로부터 위탁을 받아 공원의 '전원(田園) 체험구역'의 관리운영을 하는 '마이오카공원을 가꾸는 모임(舞岡公園を育む会)'을 설립하였다. 그 후 행정과 시민간 협동사업의 역할분담 명확화를 위해 2000년에는 '마이오카공원 전원·소습지(小谷戸) 마을관리운영위원회'를 발족하고, 2006년에 요코하마시의 지정관리자가 되었다. 2012년에는 'NPO 마이오카·습지인간미래(やとひと未来)'로 개칭하여 법인화하였다.

마이오카공원의 경험에서, '워크숍에 의한 공원계획 책정 → 공원 관리운영의 목표 검토 → 관리운영사례 등의 학습 → 지역주민 주체의 조직 필요성 합의 → 관리운영 위탁개시'의 사례가 확대되었다.

표 6-4-1. 요코하마시립 도시공원의 관리운영위원회 사례

공원	조직	관리시설	설립연도
미소노공원 (みその公園) 문화체험시설	미소노공원 '요코미조야시키(横溝屋敷)' 관리위원회	고민가, 논, 대숲, 못 외	2005
어린이자연공원 (こども自然公園) 자연체험시설	특정비영리활동법인 어린이자연공원 진흙탕클럽 (구 어린이자연공원 자연체험시설 관리운영위원회)	논, 습지, 잡목림, 밭, 건물 외	2002 (NPO 인증: 2008)
네기시나쓰카시공원 (根岸なつかし公園) 문화체험시설	특정비영리활동법인 네기시나쓰카시공원 [구 야기시타 저택(旧柳下邸) 관리위원회]	건물(동관, 서관, 양관, 창고) 및 정원 외	2005 (NPO 인증: 2008)
오쓰카· 사이카치도유적공원 (大塚·歳勝土遺跡 公園) 문화체험시설	특정비영리활동법인 쓰즈키민가원(都筑民家園) 관리운영위원회	고민가[오모야, 우마야 (馬屋: 마굿간)], 방풍림 (屋敷林), 다실 등	2005 (NPO 인증: 2010)
쓰즈키중앙공원 (都筑中央公園) 자연체험시설	특정비영리활동법인 쓰즈키 마을숲 구락부 (구 쓰즈키중앙공원 자연체험시설 관리운영위원회)	잡목림, 대숲, 못, 논, 휴게소, 숯가마시설 외	2002 (NPO 인증: 2008)
세세라기공원 (せせらぎ公園) 문화체험시설	특정비영리활동법인 세세라기공원 고민가 관리운영위원회	고민가 (오모야, 나가야몬), 정원, 잡목림, 못, 대숲 외	1997 (NPO 인증: 2008)
지가사키공원 (茅ヶ崎公園) 자연체험시설	특정비영리활동법인 치가사키공원 자연생태원 관리운영위원회	잡목림, 대숲, 논, 못, 습지 외	1999 (NPO 인증: 2008)
마이오카공원 자연체험시설	특정비영리활동법인 마이오카·습지인간미래 (구 마이오카공원 전원·소습지 마을관리운영위원회)	논, 잡목림, 못, 밭, 고민가 외	1993 (NPO 인증: 2011)
혼고후지야마공원 문화체험시설	혼고후지야마공원 운영위원회	고민가 (오모야, 나가야몬), 공작동, 숯가마광장, 농원 외	2002
덴노모리이즈미공원 (天王森泉公園) 문화체험시설	덴노모리이즈미공원 운영위원회	고민가, 생태연못, 대숲, 고추냉이밭, 잡목림 외	동호회: 1997 위원회: 2002
나가야몬공원 (長屋門公園) 문화체험시설	나가야몬공원 역사체험존 운영위원회	고민가, 잡목림, 대숲, 못, 밭 외	1992

※설립연도는 「공원지정관리자 선정위원회 서양관·고민가부회 자료」(요코하마시, 2005. 11. 2.)를 따름.

(2) 효고현립 도시공원관리운영협의회

협동조직 만들기의 또 다른 사례로, 효고현립 도시공원관리운영협의회가 있다.

2016년 6월에 발표된 「효고현립 도시공원의 정비·관리운영 기본계획(효고 파크매니지먼트플랜)」 가운데 '용어해설'에서 관리운영협의회에 대해 다음과 같이 설명하고 있다.

> 현립 도시공원의 현민(県民)의 계획참여와 협동에 의한 관리운영, 현민의 니즈 파악과 검증 및 유지관리의 효율화를 위해 계획책정, 시공 및 관리운영 일체의 단계에서 주민과 전문가 등의 의견을 교환하는 장으로, 공원마다 설치해 적극적인 이용 촉진을 도모하고 있다.

표 6-4-2. 효고현립 도시공원관리운영협의회의 개요

공원명	협의회 설치 연도	설치 목적	공원 개설 연도
아리마후지공원 (有馬富士公園)	2000	• 현민이 계획에 참여하는 형식의 공원계획 및 　관리운영에 대해 협의하고, 관리자에게 조언	2001
히토쿠라공원(一庫公園)	2002	• 주민이 계획에 참여하는 형식의 공원관리운영에 　대해 협의	1998
단바나미키미치중앙공원 (丹波並木道中央公園)	2003	• 현민이 계획에 참여하는 형식의 공원 운영관리를 　목표로, 관리운영계획 책정에 대해 토의	2007
하리마중앙공원 (播磨中央公園)	2003	• 현민의 계획참여와 협동에 의한 공원의 　관리운영을 목표로, 관리운영방안 검토 및 　미정비구역의 정비방침 검토 등	1978
아와지사노운동공원 (淡路佐野運動公園)	2003	• 이용 촉진방안, 관리운영 등에 대해 관계자 상호간 　협의	2003
아와지시마공원 (淡路島公園)	2005	• 장래에 걸친 주민의 계획참여와 협동에 의한 　공원을 목표로, 공원 전체의 관리운영 방법을 협의	1985
아코해변공원 (赤穂海浜公園)	2004	• 주민이 계획에 참여하여 지역에 친근감 있는 　공원을 만드는 것을 목표로, 그 관리운영 방법에 　대해 협의	1987
마이코공원(舞子公園)	2004	• 주민이 참여하여 지역에 친근감 있는 공원을 　만드는것을 목표로, 그 관리운영 방법에 대해 협의	1900
가부토야마산림공원 (甲山森林公園)	2004	• 현민의 계획참여와 협동에 의해 사랑받고 친근감 　있는 공원으로서의 이용과 활용을 도모	1970

출처: 「2008년도 공원관리 실태조사」

대표적인 예라고 할 수 있는 아리마후지공원 운영·계획협의회의 위치와 역할은 다음과 같다. 여기에는 현민의 계획참여를 구체화하기 위한 방책을 논의하는 것이 협의회의 중요한 역할로 되어 있다.

아리마후지공원 운영·계획협의회

【협의회의 위치】
아리마후지공원의 계획과 운영에 대해 협의하는 모임이며, 각 관계기관 및 공원이용자인 주민 등의 다양한 의사를 조정·통일하기 위해 설치되었다. 공원운영에서의 의사결정기관이다.

【협의회의 역할】
'풍요로운 자연환경과 일체가 된 현민의 계획참여형 공원'의 실현을 목표로, 그 구체적인 전개를 위해 다음의 사항에 대해 검토하고 있다.
1. 공원의 구체적인 방책
2. 현민의 계획참여를 위한 구체적인 관리운영계획
3. 2기 구역을 포함한 미정비구역의 정비방안
4. 아리마후지공원과 그 외 시설의 네트워크

【부회(部会)의 역할】
• 새로운 계획과 협동의 방법을 검토
• 협의회 등의 제안을 실현하기 위한 각종 프로젝트의 조정 및 지원
• '꿈(夢) 프로그램'의 지원
• 아리마후지공원의 관계기관[미타시(三田市)의 자연학습센터, 공생센터, 농업진흥과, 공원녹지과, 현립공원]의 네트워크 강화
• 어려운 요청사항에 대한 조정
• 연구회 등을 통하여 공원의 미래상을 탐구하는 장의 제공

※ 부회는 당초 협의회의 하부 워킹그룹으로, '친근감만들기 부회', '기회·인재만들기 부회', '장소만들기 부회', '네트워크만들기 부회'를 설치. 개원한 2001년도부터 '코디네이션 부회'와 '장소만들기 부회'로 정리통합. 2009년도부터 두 부회를 '코디네이션 부회(확대판)'로 통합.

출처: 아리마후지공원 홈페이지에서 일부 변경
http://www.hyogo-park.or.jp/arimafuji/contents/keikaku/index.html (2016. 7. 1. 열람)

(3) 아이치현 아이치엑스포기념공원(愛·地球博記念公園) 공원매니지먼트회의

2005년에 개최된 아이치엑스포 박람회장의 한 곳에 정비된 아이치엑스포기념공원은 아이치엑스포의 성과인 '시민참여·시민협동'을 승계·발전시키기 위해 2009년 3월 현민과 행정의 파트너십에 의한 공원의 관리운영에 착수하여 '공원매니지먼트회의'를 발족했다.

NPO, 자원봉사단체, 기업, 대학(원칙단체, 대학, 연구기관에서는 개인도 가능)과 공원관리자인 행정, 지정관리자가 공원운영에 대하여 협의·실천하는 장으로서, 주요 의제를 <표 6-4-3>과 같이 정하고 있다.

표 6-4-3. 아이치엑스포기념공원 공원매니지먼트회의의 의제

기본적 관리사항	• 지정관리자에 의한 일상업무: 매월 • 연간관리계획, 이용계획 등 기본적인 관리운영사항의 내용·개선점
운영검토	• 공원의 이용과 활용을 촉진하기 위한 활동제안과 그 방책 • 정보발신·홍보·홍보활동 • 이용자 만족도 향상대책: 만족도 향상에 관한 대처 검토 • 공원의 이용과 활용을 촉진하기 위한 방침 검토 • 주변 시설과 기업·대학 등과의 연계

각종 활동검토	• 분과회 활동 • 공원 내 각종 활동(운영 프로그램 등)의 개선 제언, 신규 제안, 조정 • NPO법인과 자원봉사단체 등에 대응
그 외	• 공원매니지먼트회의의 원칙에 충실 • 공원 전체에 대한 개선 제언, 고충, 요청 • 인재육성 등 • 성과지표의 검토 및 실시결과 검증

출처: 「'아이치엑스포기념공원 공원매니지먼트회의' 운영규정 책자(運ルールブック)」(2016. 3.)

아이치엑스포기념공원 공원매니지먼트회의의 운영체제는 전체회와 분과회로 구성되고, 전체회는 총회와 핵심회의로 나뉘어 있다. 발족 당시부터 중립적인 입장으로 의견을 집약하고, 전회일치(全會一致)를 목표로 조정하는 코디네이터(회원 외)를 두고, 또한 활동의 성과를 평가하기 위해 회원 중에서 평가위원을 선정해 평가결과를 총회에서 보고한다.

회의 구성은 <표 6-4-4>와 같다(2015년도의 회원 수는 89개 단체).

표 6-4-4. 아이치엑스포기념공원 공원매니지먼트회의의 구성

총회	• 협의·승인을 하는 장으로서, 전 회원을 대상으로 연 1회 정도 개최
핵심회의	• 선출된 약 30명의 회원을 대상으로 2개월에 1회 정도 개최
분과회	• 핵심회의에서 나온 제언 등에 기초한 활동의 실행조직
평가위원회	• 자신들의 활동을 평가

(4) 가와사키시 이쿠타녹지(生田緑地) 매니지먼트회의

이쿠타녹지는 1941년에 도시계획으로 결정된 도시계획녹지로, 공원 안에 오카모토타로미술관(岡本太郎美術館)·일본민가원(日本民家園) 등의 문화시설, 봄과 가을에 개원하는 장미원(ばら苑) 등의 시설이 있고, 각각 운영주체가 다른 가운데 많은 시민활동을 전개하고 있다. 시에서는 시민참여에 의한 워크숍 방법을 채용하여 2003년도에 「이쿠타녹지 정비구상」, 2004년도에 「이쿠타녹지 정비 기본계획서」, 2005년도에 「이쿠타녹지 관리계획서」를 책정하였다. 2008년도에는 녹지 전체의 매력과 이용편리성을 향상하는 것과 함께 녹지의 매력을 지속가능하도록 하는 운영시스템을 구축하고, 「이쿠타녹지 운영의 기본적인 사고」를 정리하였다.

그리고 지금까지의 경위를 살펴 이쿠타녹지와 관련된 여러 주체가 공통의 생각을 가지고 활동과 대처를 해 나갈 수 있도록, 이쿠타녹지가 목표로 하는 누구든지 공유할 수 있는 미래상을 밝힌 구상으로, 2011년 3월 「이쿠타녹지 비전」을 책정했다. 이에 그 실현을 위해 다양한 주체가 관리운영에 참여하는 '협동플랫폼'의 구체적인 구조로 '이쿠타녹지 매니지먼트회의'가 설치되었다.

이쿠타녹지 매니지먼트회의는 2011년 10월부터 총 8회의 준비회를 개최하였고, 2013년 3월 18일에 설립총회를 개최하였다. 2016년 4월 1일 현재 시민단체 등 18곳, 지역단체·대학 등 20곳, 행정·지정관리자 등 16곳으로서 합계 54곳의 정회원으로 구성되어 있다. 그중 31개 회원이 운영위원으로서 중심적 역할을 하고 있다.

그림 6-4-1. 협동의 플랫폼(개념도)

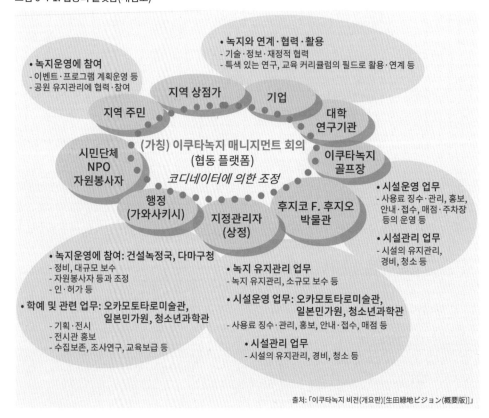

출처: 「이쿠타녹지 비전(개요판)[生田綠地ビジョン(槪要版)]」

매니지먼트회의의 역할은 시와 매니지먼트회의가 체결한 「이쿠타녹지 협동관리에 관한 협정서」와 「이쿠타녹지 매니지먼트회의 운영규정」에 녹지 안에서 활동하는 단체의 활동범위와 함께 명기되어 있다.

【매니지먼트회의의 역할】

① 「이쿠타녹지의 자연보전·이용방침」 및 「이쿠타녹지 식생관리계획」을 충분히 고려하고, 이쿠타녹지의 관리 등을 하고자 하는 매니지먼트회의의 회원인 각 단체 등의 활동내용을 조정 및 승인한다.

② 시에서 제공받은 도구의 보관장소 이용에 대해서, 각 단체 등이 적정하게 이용할 수 있도록 조정한다.

【각 단체 등의 활동범위】

① 이쿠타녹지 내 식생관리, 식재관리, 수류(水流)·못·논밭 등의 수변보전, 그 외 자연의 관리에 관련된 것

② 이쿠타녹지 내 청소

③ 이쿠타녹지 내 조사 및 연구

④ 이쿠타녹지 이용자에게 적정이용을 주지

⑤ 그 외 시가 인정하는 활동

또한, 동 회의의 회칙으로는 매니지먼트회의가 독자적으로 하는 사업 및 회의의 운영에 관한 사항의 '승인'과 시에 대한 '제언'의 기능을 하는 것으로 한다.

표 6-4-5. 이쿠타녹지 매니지먼트회의의 실시내용과 기능

분류항목	예	기능
매니지먼트회의가 독자적으로 하는 사업	• 홍보, 홍보활동, 행사기획·실시, 환경프로그램 작성, 이용자 만족도 설문조사 실시 등	승인
매니지먼트회의 운영에 관한 사항	• 회칙의 제정·변경, 임원·핵심멤버·코디네이터·자문위원 선임, 회원의 입회 및 제명, '활동단체 등'의 활동계획 및 활동조정(공원시설 등 관리자가 승인하지 않은 것은 제외) • 이쿠타녹지 식생관리 실시프로그램의 책정·변경 및 운용, 프로젝트회의 설치 등	
시의 계획과 사업 등으로 운용해야 하는 사항	• 「이쿠타녹지의 자연보전·이용방침」의 책정·변경 및 운용, 「이쿠타녹지 식생관리계획」의 책정·변경 및 운용, 공원 이용규정 제정 등	제언

매니지먼트회의는 전체회, 운영회의 및 자연환경보전관리회의의 3가지 상설회의와 필요할 때에 한해 열리는 프로젝트회의로 구성되며, 건설녹정국 녹정부(建設綠政局綠政部) 이쿠타녹지정비사업소 및 이쿠타녹지·3관지정관리자(이쿠타녹지운영공동사업체)가 사무국을 담당하고 있다.

그림 6-4-2. 이쿠타녹지 매니지먼트회의의 회의구성

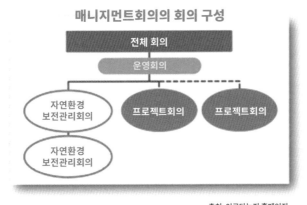

출처: 이쿠다녹지 홈페이지
https://www.ikutaryokuti.jp/hp/management.html (2016. 7. 1. 열람)

4-3. 협동을 추진하기 위하여

(1) 협동의 원칙

협동이란 시민, 지역단체, NPO법인, 기업 등 다양한 주체와 행정이 각각의 특성을 발휘하도록 대등한 관계에서 지역과 사회의 문제해결을 위해 공통의 목적·목표를 가지고 연계·협력하는 것이다.

이러한 협동의 원칙은 일반적으로 ① 목적의 공유, ② 대등성의 확보, ③ 상호이해의 촉진, ④ 자립·자주성, ⑤ 투명성·공개성, ⑥ 적정한 평가를 들 수 있다.

'협동의 원칙'의 사례

전국의 지방자치단체에서는 시민단체 등과의 협동을 추진하기 위한 기본방침·지침·입문서 등을 정하고, 그중에서 '협동의 원칙'을 밝히고 있다. 아래는 이바라키현(茨城県) 및 지요다구(千代田区)의 사례를 나타낸다.

「이바라키현 협동추진 매뉴얼 -협동핸드북-」의 협동원칙

자기확립의 원칙	• 자기조직의 목적, 강점·약점을 자각한다.
상호이해의 원칙	• 상대의 입장과 특성을 이해·존중하고 신뢰관계를 구축한다.
목적 공유의 원칙	• 과제와 목적을 명확히 하고, 해결을 위해 무엇을 해야 하는지 협의하고 공유한다.
대등의 원칙	• 대등한 관계를 기초로 제안하고, 합의를 형성하며, 서로의 능력과 자원에 알맞은 역할과 책임을 다하고, 성과를 공유한다.
정보공개·공유의 원칙	• 각각의 정보를 적극적으로 공개하고 공유화하도록 노력한다.
자주성·자율성 존중의 원칙	• 서로의 활동이 자주적인 동시에 자율적으로 이루어지고 있는 것을 존중한다.
역할분담의 원칙	• 서로의 특성이 발휘되도록 달성해야 하는 역할과 책임을 명확히 한다.
평가의 원칙	• 협동을 발전·개선하기 위해 상호 간 사업평가를 한다.
자기변혁의 원칙	• 협동에 의해 서로의 조직을 자극하고, 자기변혁을 한다.
시한성의 원칙	• 목표의 달성 혹은 미달성에 따라 관계를 종료하는 것을 명확히 한다.

출처: 「이바라키현 협동추진 매뉴얼 -협동핸드북-(茨城県協働推進マニュアル~協働ハンドブック~)」(이바라키현, 2013)

「지요다구 계획참여·협동 가이드라인」의 협동원칙

목적의 공유화	• 협동사업의 목적을 구와 활동주체 쌍방이 이해하고 공유한다.
대등의 관계, 상호이해	• 상호 간의 입장과 특성을 이해하고 존중하며 신뢰관계를 구축한다. 또한, 주체적으로 가지고 있는 힘을 내놓으면서 협동을 추진한다.
자주·자립성	• 상호 간에 자주성을 존중하고, 스스로 분담할 역할에 대해서 책임을 가지고 자율적으로 노력한다.
정보공개	• 적극적으로 정보를 공개하고, 설명책임을 다하는 것과 더불어, 일상적으로 다양한 활동주체의 협동기회의 균등성을 확보한다.
평가	• 협동하는 기간과 달성목표를 명확히 하고, 일정 기간에 객관적인 평가·검증을 한다.

출처: 「지요다구 계획참여·협동 가이드라인(千代田区参画·協働ガイドライン)」(지요다구, 2014. 4.)

(2) 다양한 단계에서의 협동

시민, 기업, NPO법인 등의 협동에 의한 공원의 관리운영을 추진하고, 공원 및 지역의 과제를 해결하기 위해서 공동으로 행사를 개최한다. 의견교환을 하는 정도의 단발적인 활동으로 끝내지 않고, 아래와 같이 사업의 각 단계를 통해서 지역자원과 과제의 발굴, 미래상의 공유, 관계자 간 합의형성, 활동평가 등을 하는 것이 필요하다.

① 깨달음·배움 → ② 합의, 활동계획 수립 → ③ 활동 실시 → ④ 되돌아봄

그림 6-4-3. 지속가능한 지역만들기[72)]에서 '협동·합의 형성도구'가 유효하게 되는 다양한 국면

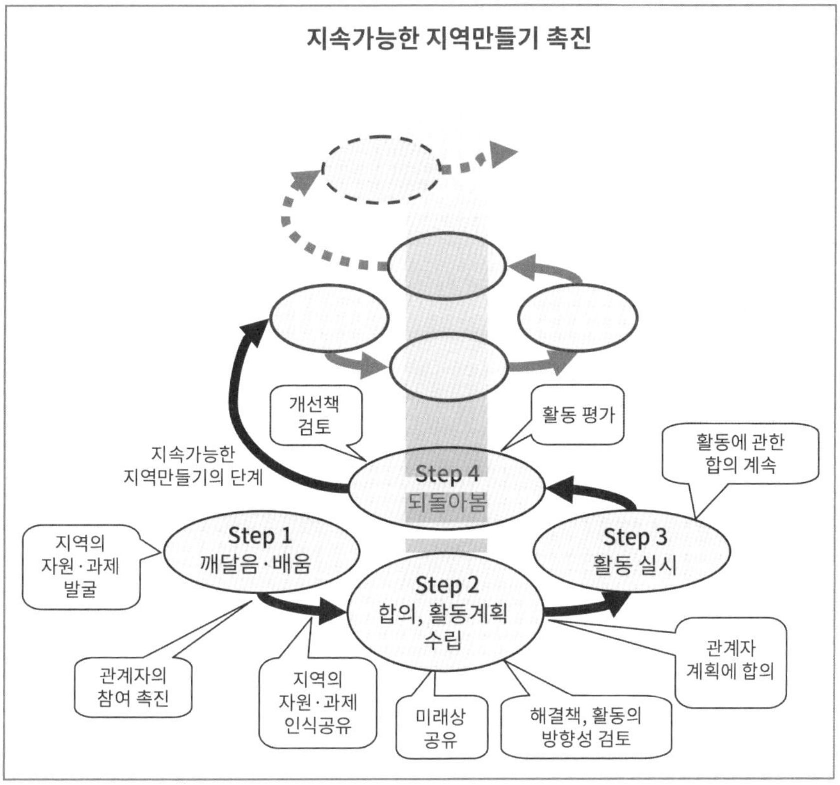

출처: 「협동에 의한 지속가능한 지역만들기를 위한 방법·도구집(協働による持続可能な地域づくりのための手法·ツール集)」
(환경성, 2008. 3.)
http://www.env.go.jp/press/files/jp/12179.pdf (2016. 7. 1. 열람)

위의 방식은 '4-2. 협동조직 만들기'의 사례에서도, 준비단계에서 설문조사, 사례조사, 자원조사(환경, 지역, 인재, 활동단체 등), 워크숍, 월드카페(다음 쪽의 '월드카페' 참조), 학습회 등의 합의형성을 위한 방법으로 채용되고 있다.

이쿠다녹지는 2011년 3월에 책정한 「이쿠다녹지 비전」을 기초로 하여 협동을 통한 관리운영의 단계적인 발전을 목표로 다음과 같은 절차에 의거해 매니지먼트회의 설립을 위한 준비회를 설치하고, 매니지먼트회의의 이상적인 형태에 대해 논의를 진행했다.

① 준비기(2년 정도를 상정) 준비회를 꾸려 시험적으로 운영: 매니지먼트회의 규약 제정 등
② 기반 조성기 준비기의 검증을 거쳐 본격운영
③ 장래기 발전·충실

월드카페

'월드카페'는 미국에서 1995년에 개발된 것으로, 찻집에 있는 것처럼 가벼운 분위기에서 회의 같은 진지한 토의를 가능하게 하기 위한 논의방법이다.

적은 인원이 탁자에 둘러앉아 조합을 바꿔 가면서 즐겁고 진지하게 의논하다 보면, 전체 인원과 이야기하는 듯한 기분이 들도록 하는 것이다.

월드카페의 기본적인 흐름

1. 참가자(최소 16명 정도)는 4~5명의 그룹으로 나누어 퍼실리테이터(facilitator, 진행 촉진자)가 내놓은 '주제'로 이야기를 한다.

2. 각 그룹에 1명(테이블 호스트: table host)을 남기고, 그 외의 참가자는 다른 그룹으로 이동한다. 테이블 호스트는 그룹의 대화내용을 새로운 참여자에게 설명하고, 보다 깊이 있는 논의를 한다.

3. 2번 과정을 몇 차례 반복하고, 참가자는 처음 있었던 그룹으로 돌아가 그 그룹에서 했던 내용과 다른 그룹에서 나왔던 내용을 테이블 호스트와 공유하면서, 주제에 대한 내용을 돌이켜 살펴본다.

월드카페 실시상황

(3) 지정관리자제도와 협동의 노력

　　지정관리자제도 도입 후 지정관리자 자신이 주도하는 협동에 의한 공원관리를 목표로 한 대응사례도 늘어나고 있다. 그렇지만 공원간담회 등의 형태로서 관계자·관계기관과 의견을 교환하고 요구사항을 듣거나, 행사의 운영협력을 의뢰하거나, 관계자·관계기관이 공원 주도의 자원봉사활동에 참여하는 등 협동의 기회 만들기에 그치고 마는 경우가 많다. 지정관리 기간이 처음 3년 정도에서 5년, 10년으로 늘어난 것은 이후 협동의 기회 만들기에서 나아가 무엇을 해야 할지, 무엇을 할 수 있을지, 무엇을 하고 싶은지 등을 자주적으로 계획해 실시하고 되돌아보는 각 단계까지 협동이 발전할 수 있는 계기가 될 것으로 기대된다.

　　제도의 성격에서 지정관리자의 교대는 피할 수 없는 것이므로, 지정관리자의 교대로 인해 협동의 진전이 단절되는 경우가 발생하지 않도록 행정과 의사통일은 물론이고 필요에 따라서 행정의 의사결정, 행정의 방침·계획으로서 정당성(authorize: オーソライズ)을 주는 것도 협동을 추진하는 지정관리자의 역할이 될 것이다.

　　지정관리자제도의 목적은 '다양화하는 주민의 니즈에 효과적·효율적으로 대응하기 위해 공공시설의 관리에 민간의 능력을 활용함으로써, 주민서비스를 향상시킴과 더불어 경비를 절감하고자 하는 것'이다. 종래의 행정주도형 관리와 비교해 사업의 효율성, 폭넓은 네트워크, 대응속도 향상, 기동력 등이 민간의 능력으로서 기대되지만, 협동의 노력에서도 할 수 있는 것부터 실적을 쌓아 활동가, 공원이용자, 지역주민 등의 만족체험을 늘리는 등 그 능력을 활용해야 한다.

　　또한, 지정관리자로서 NPO법인, 지역단체 혹은 이들 단체를 포함한 공동체가 공원관리를 하는 사례도 나오고 있다. 큰 의미에서는 이것도 협동의 한 형태라고 할 수 있지만, 공공단체와 지정관리자가 양자 간뿐만 아니라 시민에 대해서도 사업목적과 객관적인 평가를 공개하고, 또한 그에 대한 의견수집과 더불어 업무 피드백을 받는 등 투명성·공개성에도 유의해야 한다.

---

70) 주인과 그 가족이 사는 중심이 되는 건물.
71) 일본 전통 문 형식의 하나. 무신(武臣)의 가옥에서 가신(家臣)들을 살게 하려고 길게 지은 집의 중앙에 문을 낸 것으로, 에도시대에 많이 건축되었다.
72) 지속가능한 지역만들기는 파트너십을 구축해 나갈 때 유효한 것으로, '협동·합의 형성도구'로서 국내외의 방법을 사례로 들고 있다.

제7장
공원매니지먼트

1. 공원매니지먼트와 지정관리자제도

1-1. 공원매니지먼트란

2003년도에 시행된 지정관리자제도의 도입을 시작으로, '공원의 관리운영은 무엇이어야 하는가?'라는 기본적인 문제를 다시 생각해야 하는 과정에 있다.

시민참여와 환경교육, 농업경관 창출과 마을 자연환경의 보전·창출 등 공원 기능의 다양화·고도화를 기대하는 한편, 예산절감 추세나 공원 내 불법투기, 범죄의 발생 등 공원 내부에서 해결할 수 없는 문제가 발생하고, 도시구조와 생활시간의 변화에 대응할 수 없는 공원이용의 악화와 공원 자체의 노후화 등에 대해 공원은 어떻게 되어야 할 것인가를 진지하게 논의해야 한다.

또한, 재무행정의 경직화에 대한 비판이 있는 가운데 민간 활용, 시민참여에 의한 관리운영의 효율화가 더욱 강하게 요구되고 있는 현재, 지금까지 이어진 공원 관리운영의 사고방식은 변화가 필요하다.

이러한 흐름을 받아 제창된 것이 '공원매니지먼트(Park Management)'의 개념이다. 매니지먼트는 보통 '경영관리'로 번역되며, 그 의미는 "관리. 경영. 사람·임금·시간 등을 가장 효과적으로 사용하여 기업을 유지·발전시키는 것"[출처: 『신사림(新辞林)』, 삼성당]이다.

공원매니지먼트는 본래 공원의 구상·계획 단계에서 결정되어야 하지만, 여기에서 다룰 관리운영에서는 '각 공원의 이념, 기본계획, 기본방침 등에 의거해 고객인 시민의 이익을 증진할 것을 염두에 두고, 관리운영의 목표를 명확히 하며, 관리운영 방식을 전략적으로 기획해 여러 조건을 고려한 관리운영 계획을 세우고, 그것을 효과적·효율적으로 실천함과 동시에 결과를 계획목표와 비교·분석하고, 필요한 궤도수정과 대책을 꾀하는 것'이 중요하다.

1-2. 매니지먼트에 필요한 요소

구체적인 매니지먼트 활동에는 'PDCA 사이클'이라는 개념이 사용된다. 즉 'Plan(계획)', 'Do(실시)', 'Check(평가)', 'Action(개선)'의 네 단계를 끊임없이 순환함으로써, 효율적인 경영활동과 지속적인 개선을 도모하는 방식이다.

'공원관리'에서는 지금까지 조성된 공원시설의 유지관리 업무의 수행에만 중점을 두었다. 최근에는 주민의 이용에 제공하는 공원의 기능을 보다 높이는 데 이용관리의 필요성에 대한 이해가 높아지며, 각각의 업무내용이나 실시방법에 대해 관심의 눈이 향하게 되었다. 어려운 재정환경에서도 질 높은 시민서비스를 제공하는 한편, 시대의 변화와 시민의 요구에 민감하고 유연하게 대응하는 재무행정 운영이 요구되는 가운데, 업무수준의 적절한 수행을 실현하기 위해서는 '매니지먼트'의 관점이 필요하다.

즉 실현해야 할 공원상(公園像)의 구체적인 목표를 정하는 것, 그리고 그 목표를 달성하기 위해 공원의 행정, 법체계 구조와 관련된 조직·인력, 환경·자원 등을 효율적으로 활용하기 위한 계획을 세우고, 이를 수행하면서 결과와 성과를 평가하고, 필요에 따라 계획내용이나 사업내용을 수정·조정하는 일련의 흐름 속에서 공원상을 실현하는 것이다.

특히 도시공원에 지정관리자제도가 도입됨에 따라, 공원매니지먼트의 관점을 통한 계획수립과 그 실천이 더욱 중요해지고 있다.

1-3. 지정관리자제도

(1) 지정관리자제도의 개요

지정관리자제도는 기존의 도시공원이나 운동시설 등 공공시설의 관리에 대해서, 지방자치단체와 공공단체 및 지방자치단체가 일정 비율 이상 출자한 법인(제3섹터)에만 위탁할 수 있었던 것을 민간사업자나 NPO법인도 포함해 관리를 대행할 수 있도록 한 것이다. 이 제도를 도입할 경우, 지정관리자의 지정절차, 지정관리자가 실시하는 관리의 기준 및 업무의 범위, 기타 필요한 사항은 조례로 정하도록 되어 있으며, 지정 시에는 지정관리자에게 관리를 맡기는 공공시설의 명칭, 지정관리자가 되는 단체의 명칭, 지정 기간 등의 사항에 대해 의회의 의결을 거쳐야 한다. 또한, 지방자치단체의 지정을 받은 사업자는 시설의 이용요금을 조례의 범위 안에서 결정하고 자신의 수입으로 할 수도 있다.

또한, 국토교통성 도시·지역정비국 공원녹지과장이 통지한 「지정관리자 제도에 의한 도시공원 관리에 대해」(2003. 9.)에서는 지정관리자가 수행할 수 있는 관리의 범위를 "공원관리자가 하도록 「도시공원법」에 정해져 있는 사무(점용허가, 감독처분 등) 이외의 사무"라고 규정하고 있다. 그리고 이 경우에도 "행위의 허가 등 공권력행사에 관한 사무를 행하게 할 내용은 국민의 권리의무를 제한할 것이라는 점에 비추어, 신중하게 판단할 것"이라고 밝혔다.

「지방자치법」 제244조의2의 개정(지정관리자제도의 창설)

• 제244조의2 제3항

보통 지방자치단체는 공공시설의 설치목적을 효과적으로 달성하기 위하여 필요하다고 인정하는 경우에는 조례가 정하는 바에 따라 법인, 기타 단체로서 해당 보통 지방자치단체가 지정하는 것(이하 본 조항 및 제244조의4에서 '지정관리자'라 한다)에 해당 공공시설의 관리를 실시하게 할 수 있다.

---

(2) 지정관리자제도의 현황

2009년에 국토교통성이 조사한 「도시공원의 관리운영에서 지정관리자제도의 도입현황에 대해」의 결과(표 7-1-1, 7-1-2, 7-1-3)에 따르면, 2009년 말 지정관리자를 도입하고 있는 전국의 도시공원 수는 10,630곳으로 전체의 약 11%이며, 총 면적 중 약 39%를 차지했다. 지정관리자의 종류로는 재단법인 59.3%, 민간 30.7%의 순으로 많았고, 지정관리자의 업무범위는 '구역 내 일괄'이 93.0%를 차지했다.

또한, 2014년 공원재단의 조사결과에서는 도도부현립 도시공원의 지정관리자제도 도입상황은 86.9%였다(표 7-1-4).

표 7-1-1. 전국 도시공원의 지정관리자 도입상황

도시공원	전국	지정관리자 도입 공원	비율
개소 수	98,392	10,630	11%
면적(ha)	115,310	44,900	39%

출처: 「도시공원의 관리운영에서 지정관리자제도의 도입현황에 대해
(都市公園の管理運営における指定管理者制度の導入の現状について)」(국토교통성, 2009)

표 7-1-2. 지정관리자의 종류

지정관리자의 종류	비율
재단법인	59.3%
사단법인	34%
제3섹터	2.1%
민간	30.7%
NPO	1.5%
반상회·애호회	1.0%
기타	2.0%

출처: 「도시공원의 관리운영에서 지정관리자제도의 도입현황에 대해」(국토교통성, 2009)

표 7-1-3. 지정관리자의 업무범위

지정관리자의 업무범위	비율
운동시설과 교양시설 등 주요 시설만	5.4%
주요 시설 이외의 공원 부분만	1.6%
구역 내 일괄	93.0%

출처: 「도시공원의 관리운영에서 지정관리자제도의 도입현황에 대해」(국토교통성, 2009)

표 7-1-4. 전국 도시공원의 지정관리자 도입상황

도시공원	전국	지정관리자 도입 공원	비율
개소 수	510	443	86.9%

출처: 2014년도 일반재단법인 공원재단 조사

(3) 지정관리자 및 지방자치단체의 책무

지정관리자제도의 도입은 이미 언급한 바와 같이 다양한 행정수요에 대한 세밀한 서비스를 효과적·효율적으로 수행하기 위해 민간사업자나 NPO법인 등의 지식과 실무능력을 활용하자는 것이다. 각 지방자치단체에서도 주민서비스의 향상과 경비절감 양면에서 이 제도의 활용을 꾀하고 있다.

따라서 공원관리에 본 제도를 도입할 때는 각각 공원관리의 목표를 향해 이용자에게 얼마나 효율적으로 좋은 서비스를 제공할 수 있는지, 도시 녹지공간으로서의 효용을 어떻게 발전·계승하고 나가는지의 관점에서 지정관리자의 선정과 평가에 임해야 한다. 또한, 선정과 평가의 과정은 시민에게 공개되어 그 정당성을 명확히 할 필요가 있다.

공원관리에서는 이미 설명한 바와 같이 공원매니지먼트의 관점이 중요하다. 공원의 이념, 기본 방침, 사명, 목표에 근거한 실행계획과 그 실천, 그리고 평가와 개선이라는 매니지먼트 시스템이 작동함으로써 효과적·효율적인 관리를 실현할 수 있다.

지정관리자는 PDCA 사이클에 따른 공원관리 실무의 집행능력과 새로운 발상이나 독자적인 노하우를 살려 보다 적은 비용으로 더 큰 성과를 내는 것이 기대되지만, 공공시설로서의 공익성·공공성·형평성 및 설명과 사고 등에 대한 책임도 요구된다.

또한, 식물의 생육과 환경보전이라는 관리행위에 대해서는 짧은 기간만의 평가가 아니라 지속적인 평가와 개선이 요구된다. 한편 지정관리자의 지정기간은 3년 또는 5년 단위인 것, 그리고 공원마다 지정관리자의 선정이 이루어지는 것 등을 감안하면 각 공원의 성과를 객관적이며 정확하게 평가하고, 그 성과와 노하우를 종합적으로 축적해 이를 효율적으로 활용하는 것도 공원관리자인 지방자치단체의 책무다.

(4) 도시공원 지정관리자제도의 과제와 대응책

도시공원에 지정관리자제도를 도입한 데 따른 과제와 그 대응책에 대해서는 아래의 사항을 생각할 수 있다.

① 지방자치단체의 재정기반 약화에 대응

• 과제: 지방자치단체의 재정난으로 지정관리 비용을 절감할 수밖에 없어서 대응할 수 있는 지정관리자가 한정되는 등, 사업의 지속적인 관리운영 품질의 유지가 곤란하게 된다.

대응: 자체 사업수익 외에 시설이용료 등의 징수에 이용요금제를 도입

② 공원의 특징을 고려한 제도설계

• 과제: 기존 관리위탁제도의 연장에 불과한 경우가 있다.

대응: 시설목적의 명확화, 지정관리자의 자유재량 확대

- 과제: 지정관리 기간이 3~5년인 사례가 많다.

  대응: 시설의 특징을 고려한 적절한 기간을 설정
- 과제: 사업조건 미제시, 모집 및 업무인계 기간이 짧은 사례가 있다.

  대응: 충분한 정보제시, 충분한 기간 확보
- 과제: 리스크 분담에 대한 생각이 지방자치단체나 시설의 상황에 따라 다르다.

  대응: 리스크 발생 시 사례를 기록해 축적, 적절한 분담방법 검토
③ 공공 측의 전문성 확보
- 과제: 직영 시설이 감소해서 공공 측의 전문성이 상실될 우려가 있다.

  대응: 일부 시설에서 직영을 계속, 자격제도의 활용
④ 평가 및 인센티브에 관한 시스템 구축
- 과제: 평가시스템을 도입하고 있지만, 인센티브 부여까지는 도달하지 못하고 있다.

  대응: 차기 선정 시 실적평가의 객관화

2. 매니지먼트 계획

2-1. 공원관리의 특성

공원매니지먼트 계획을 수립하는 데 있어 유의해야 하는 공원관리의 특성을 정리한다. 이 특성에는 공공시설의 일반적인 특성도 포함되어 있다.

(1) 공원 이용시간의 다양성

도시공원은 기본적으로 시민이 자유롭게 이용하는 공간이기 때문에, 공원관리에 대응해야 할 시간도 24시간이 원칙이다. 이것은 반드시 직원이 상주할 시간이라는 것은 아니지만, 관리의 책임범위를 명확히 하는 데 유의해야 한다. 한편 유료 공원과 한정공개 정원 등에서는 이용시간을 제한하고 있으며, 또한 공원 자체는 자유롭게 사용하더라도 공원 내 시설에서 이용시간을 한정하기도 한다. 따라서 이러한 이용시간의 변화에 따른 관리체제를 생각할 필요가 있다.

(2) 공원 이용의 다양성

도시공원의 이용은 연령, 성별, 직업, 그룹 등 이용자의 특성과 일상의 생활양식 또는 도시공원에 대한 기대와 관심에 따라서 다양한 형태가 있다. 이 이용의 다양성은 곧 수요의 다양성이며, 관리 면에서도 적절한 대응이 필요하다. 하나의 공원에서 다양한 요구가 충돌하는 경우가 많아 그 조정이 필요하다. 다양한 요구에 대한 대응이나 이용의 조정에서 시민참여를 포함한 관리체제의 구축이 중요하다.

(3) 시설의 다양성

도시공원 내에 설치되는 시설은 하드웨어의 구조와 재질, 소프트웨어의 운영방식 등 여러 가지 면에서 다양성을 가지고 있다. 또한, 스포츠전용 천연 잔디 그라운드 등 유지관리에 고도의 전문기술을 요하는 시설도 도시공원으로 조성된다. 따라서 이들을 관리하는 데 필요한 기술·전문기술에도 다양성이 요구된다.

(4) 녹지를 중심으로 한 기능유지

도시공원의 주요 요소들은 식물을 중심으로 한 환경이며, 관리의 큰 핵심도 식물을 중심으로 한 기능유지에 있다. 따라서 관리계획 및 관리체제를 고려할 때 생물의 환경요구와 계절변화 등에 대응하는 것이 필요하며, 생태학·생리학 등 생물학적 기반에 선 조경 전문직이 필요하다.

또한, 도시주민의 녹화의식이 고양되는 가운데 식물 전문가의 상담을 받는 경우도 많고, 공원관리에 대한 시민참여에서도 기술적인 지도나 조언을 할 수 있는 전문가가 필요하다. 이런 점에서도 전문직의 배치를 검토할 필요가 있다.

(5) 니즈의 유동성

도시공원에 대한 니즈는 다양하며, 그 수요는 시대와 사람들 생활의 변화에 따라 바뀐다. 또한, 계절에 따라서도 봄에는 꽃구경, 여름에는 물놀이, 가을은 행락과 같이 레크리에이션 수요도 변화한다. 이러한 수요의 변화에 대응해 유연한 관리체제가 필요하다.

(6) 공원의 산재성

공원정비가 진행됨과 동시에 관리대상 공원이 증가하는 한편, 도도부현립 공원 등은 광역이용을 전제로 배치되어 있다는 점 등에서 관리대상 공원이 지역에 산재하는 경우가 많다. 여기저기 흩어져 있는 관리대상 공원을 효율적으로 관리할 수 있는 시스템 마련이 필요하다.

2-2. 매니지먼트 계획의 현황

'공원매니지먼트'의 개념에 따라 관리운영을 실시하는 데 있어서 계획의 수립은 중요한 항목이다. 「2009년도 공원관리 실태조사」에 답변한 지방자치단체 175곳 중 공원 전체에 공통하는 계획을 수립한 곳은 5곳(2.9%, 그림 7-2-1), 공원마다 공원매니지먼트 계획을 수립하고 있던 곳은 13곳(7.4%, 그림 7-2-2)이었다.

그림 7-2-1. 지방자치단체에서 공원 전체(공통) 관리운영계획의 수립상황

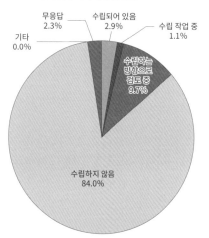

무응답 2.3%
수립되어 있음 2.9%
기타 0.0%
수립 작업 중 1.1%
수립하는 방향으로 검토 중 9.7%
수립하지 않음 84.0%

출처: 「2009년도 공원관리 실태조사(平成21年度公園管理実態調査)」

그림 7-2-2. 지방자치단체에서 공원별 공원매니지먼트 계획의 수립상황

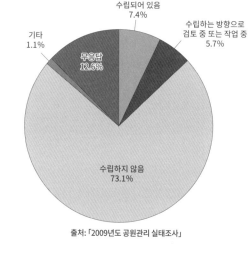

수립되어 있음 7.4%
수립하는 방향으로 검토 중 또는 작업 중 5.7%
기타 1.1%
무응답 12.6%
수립하지 않음 73.1%

출처: 「2009년도 공원관리 실태조사」

신주쿠중앙공원(新宿中央公園)의 번화함 연출 (신주쿠센트럴파크 마르쉐)

도쿄도의 공원매니지먼트 마스터플랜

(개요)
실시자: 도쿄도 건설국

1. 공원매니지먼트 계획책정의 경위
- 2004년 8월: 도쿄도 공원심의회 답신「향후 도립공원의 정비와 관리방법(2003. 6.)」을 근거로, '도쿄가 개척하는 새 시대의 공원경영을 목표로'라는 공원매니지먼트 마스터플랜(이하 '마스터플랜'으로 표기)을 수립. 아울러 도립 77개 공원의 공원별 매니지먼트계획을 수립하고, 공원매니지먼트를 본격적으로 개시
- 2015년 3월: '세계 제일의 도시 도쿄'의 공원을 만드는 공원매니지먼트라는 제목의 개정판을 책정

2. 공원매니지먼트 계획 '도쿄가 여는 새로운 시대의 공원경영을 목표로'(2004. 8.)
(1) 책정의 배경: 공원녹지 행정의 향후 방향을 묻다
- 도립공원의 역사: 1873년의 태정관포달에 따라, 우에노간에이지(上野寛永寺) 등이 도쿄부 공원으로 지정된 데서 시작한다. 그 후 1889년 시구개정 설계, 1924년 지진재해 부흥계획, 1946년 전재 부흥계획 등 도시계획의 변천을 거쳐 76곳, 약 1,700ha의 도립공원이 개원하고 많은 도민들에게 사랑받는 동시에 도쿄 마을만들기의 중요한 기반이 되었다.
- 양호한 자연환경의 감소, 가치관의 다양화, 협동형 사회형성의 움직임, 저출산 고령화의 진행, 경제정세의 변화 등 공원을 둘러싼 상황이 변화하며 도립공원에서도 다양한 과제가 불거지고 있다.
- 일본 최초의 근대공원인 히비야공원(日比谷公園)의 탄생 100주년의 해인 2002년 5월, 도쿄도는 명확한 방침을 가지고 공원녹지 행정을 추진하기 위해 향후 '도립공원 정비와 관리 본연의 자세'에 대해 도쿄도 공원심의회에 자문했다.
- 심의회에서는 다른 지자체나 관련 사업자 등과 제휴, 귀중한 자원의 활용, 효과적인 정비·관리방법, 도민과의 협력·연계 등 다양한 논점에 걸쳐 논의하고 그 결과를 답신으로 정리했다.

(2) 공원매니지먼트 마스터플랜에서 도쿄 공원 만들기의 기본 이념
도민의 공유재산인 도립공원을 꾸준히 조성·확충하면서 모두가 안심하고 즐겁게 이용하도록 적절하게 유지·관리하여 다음 세대에 계승하기 위해 3가지 기본 이념과 10가지 목표를 정했다.

(3) 기본 이념 및 공원 만들기의 목표
- 기본 이념 1: 생명을 키우는 환경을 다음 세대에 계승하는 공원
 - (공원 만들기의 목표 1) 광역적인 녹지체계인 구릉지 등을 보전·활용
 - (공원 만들기의 목표 2) 연속되는 녹지 축과 거점을 만들어 녹지의 골격형성
 - (공원 만들기의 목표 3) 도민·NPO 등과의 연계를 통해 동식물의 생식·생육공간을 보호
- 기본 이념 2: 도시의 매력을 높이는 공원
 - (공원 만들기의 목표 4) 도쿄의 얼굴이 되는 역사·문화를 살리는 공원 만들기
 - (공원 만들기의 목표 5) 도쿄에 품격을 주는 녹지 만들기
 - (공원 만들기의 목표 6) 녹지의 방재네트워크 만들기
 - (공원 만들기의 목표 7) 민간의 활력과 노하우를 살린 공원 만들기
- 기본 이념 3: 풍요로운 생활의 핵심이 되는 공원
 - (공원 만들기의 목표 8) 즐거움이 넘치는 공원 만들기
 - (공원 만들기의 목표 9) 안전하고 쾌적한 공원 만들기
 - (공원 만들기의 목표 10) 파트너십에 의한 공원의 관리운영을 추진

(4) 공원매니지먼트 마스터플랜의 성과
- 전국 최초로 공원관리 대처의 새로운 조류(潮流)를 보여줄 수 있었다.
- 공원정비 및 관리에 관련된 다양한 주체와 더불어 공원의 미래상과 대처해야 할 방향성을 공유할 수 있게 되었다.
- 공원관리의 개념을 바탕으로 질 높은 공원서비스의 제공을 위해 다양한 노력을 전개할 수 있었다.
- 문화재 정원의 복원·보수, 우에노은사공원(上野恩賜公園)의 재생 등으로 도쿄의 얼굴이 되는 공원의 역사적·문화적 가치를 높이고 많은 방문객을 유치할 수 있었다.
- 추억벤치 사업이나 도립공원 서포터 기금 등 도민과 파트너십에 의한 벤치 설치, 나무 심기, 콘서트 개최 등을 할 수 있었다.
- 기업과 연계하여 민간의 자금이나 노하우를 활용한 동물 해설판의 정비, 역사적 건축물의 보전 및 재생, 노천카페의 운영을 실시했다.
- 민간 행사를 유치하여 공원의 성황을 창출하고, 도립공원에 대한 이용자의 만족도가 높아졌다.

(5) 계획의 개정
- 사회적 상황의 변화: 당초 마스터플랜 수립 이후 생물다양성의 보전을 비롯한 지구환경에 대한 의식의 고양, 동일본대지진 발생, 도쿄에서 올림픽·패럴림픽의 개최 결정, 저출산 고령화의 진행 등 사회상황의 새로운 변화가 일어나고 있다.
- 10년의 고비: 공원매니지먼트의 개념에 입각한 공원의 정비·관리가 시작된 후 10년이 경과하고, 당초 마스터플랜에 따른 성과와 사회상황의 변화를 바탕으로 새로운 10년을 내다보고 마스터플랜을 개정해 매력 있는 도쿄의 공원 만들기를 진행하게 되었다.

「공원매니지먼트 마스터플랜
(パークマネジメントマスタープラン)」
(도쿄도 건설국, 2015. 3.)

나고야시를 매력적으로 만드는 공원경영

(개요)
실시자: 나고야시 녹정토목국

1. 공원관리의 개요
(1) 배경과 목적
나고야 시내에는 약 1,400곳의 도시공원이 있고, 이것은 시민에게 큰 자산이다. 이 '시민의 중요한 자산'을 경영적 관점에서 적극적으로 활용하고 질 높은 서비스를 제공할 수 있도록 '공원경영'을 축으로 한 행정운영의 전환이 시급하게 요구되고 있어, 2012년 6월에 '공원경영 기본 방침'을 책정했다.

(2) 공원경영의 필요성
인구 감소와 고령화 등 시대의 변화에 따라 여유와 마음의 풍족함을 실감하는 도시의 브랜드파워 향상, 자연과의 공생 등 성숙한 사회의 실현이 요구되고 향후 공원의 역할과 그 가능성에 대해 다시 생각할 필요성이 높아지고 있다.
① 공원에 요구되는 서비스의 다양화
② 도시 브랜드파워의 일단(一端)을 담당하는 공원의 힘
③ 시민생활을 기반으로 공원이 해야 할 역할 증대
④ 감소가 계속되는 공원시설의 유지관리비

(3) 공원경영으로의 전환
그동안의 도시공원 행정은 공원을 '만드는 것', '지키는 것'에 중점을 두었다. 이용자 눈높이에 맞춰 공원을 즐거운 공간으로 만들고 도시의 매력과 활기의 거점으로 하는 등 공원으로 '키우고 살리는 것'에 대해서는 충분한 대처가 이루어지고 있지 않았다.
공원을 시민이 진심으로 즐기고 이용할 수 있도록, 또한 그것이 매력적인 도시 만들기로 이어질 수 있도록 공원을 '만들고 지키는 것'에서 공원을 '키우고 살리는' 공원경영으로의 전환이 필요하다.

2. 실시 내용
(1) 기본 이념
공원경영의 기본 이념은 "공원에서 아름답고 매력적으로 빛나는 나고야를 창조한다."이다. 공원을 '시민의 중요한 자산'으로 파악하고, '관리하는 자산'에서 '경영하는 자산'으로 관리운영 방식을 크게 변혁할 필요가 있다. 이 공원경영은 '이용자만족도 향상'과 '나고야의 매력 향상'을 목표로 한다.
공원경영의 추진목표 세 가지는 다음과 같다.
① 방문객 서비스를 구체화하고 공원이용의 재미와 즐거움을 늘린다.
② 공원이라는 자산의 가능성을 끌어내 '나고야'의 도시 브랜드파워를 향상시킨다.
③ 지역커뮤니티, 아름다운 경관, 자연의 혜택을 키우는 파트너십을 넓힌다.

(2) 목표로 하는 공원상
① 공원상 1: 사람을 잇는 공원
② 공원상 2: 나고야의 자랑이 되는 공원
③ 공원상 3: 사람과 자연이 공생하는 공원

(3) 공원경영의 세 가지 관점

'목표로 하는 공원상'의 실현을 위해, 세 가지 관점을 공원경영의 원칙으로 규정했다.

① 관점 1: 모두가 참여하여 윈윈(win-win)하는 관계로 진행하는 공원경영

② 관점 2: 공원별 특색을 키우고 지역을 살리는 공원경영

③ 관점 3: 활동의 효과를 연결하여 새로운 공원의 기능을 낳는 공원경영

(4) 기본 프로젝트

공원경영을 추진하는 데 있어 핵심이 되는 주제를 '기본 프로젝트'로 설정한다. 여기에는 ① 지역의 정원 프로젝트, ② 활기 있는 광장 프로젝트, ③ 자연의 은혜 프로젝트, ④ 민간 활력도입 프로젝트가 있다.

(5) 제도 정비방안

공원경영에 관한 구체적인 대처를 효과적으로 전개하기 위해서는 시의 체제구축 및 제도설계가 요구되어, 이에 공원경영 추진 환경을 만들기 위해 다섯 가지 방안을 규정한다.

① 방안 1: 자산운용을 추진하는 체제 구축

• 지금까지의 공원행정에서는 토지자산으로서 공원이 가지는 가치를 살릴 대처가 충분하지 않았다. 공원사업을 추진하기 위해 토지자산으로서 공원이 가지는 가치를 살려나가는 방안의 연구를 진행함과 동시에, 직원의 공원 경영의식의 공유와 관리능력의 향상, 조직체제의 정비를 실시한다.

② 방안 2: 설치관리허가제도, 지정관리자제도, PFI제도의 활용

③ 방안 3: 공원의 품질을 높이는 평가제도의 확립

• 특징을 이끌어내는 평가방법의 정비

④ 방안 4: 폭넓은 기부제도의 전개

⑤ 방안 5: 민간 서포터, 협찬 후원사업 개발

(6) 공원경영의 전개

기본 방침에서 '공원경영의 필요성'을 정리하고 '공원경영 본연의 자세', '공원경영의 추진방안'을 밝혔다. 다음 단계로 공원경영 추진방안의 구체화와, 시내 어디에서 어떻게 실시해 나갈 것인가 등 전개방안의 구체화를 꾀하며 사업전략화를 추진한다.

각 공원에서는 각 지역의 특성을 살리면서 공원의 개성을 늘려가는 것이 요구된다. 따라서 주요 공원에 대해서는 '매니지먼트 계획'을, 기타 일반 공원에 대해서는 '공원 카르테[73]'를 작성하여 공원에 따른 관리운영의 목표와 방침, 대응메뉴를 밝힘으로써 효과적인 공원경영의 전개를 도모한다.

공원경영의 평가이미지

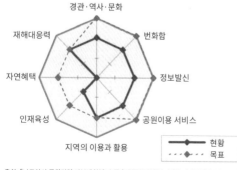

출처: 「나고야시 공원경영 기본방침(名古屋市公園経営基本方針)」 (나고야시, 2012. 6.)

2-3. 계획의 수립

매니지먼트 계획을 수립할 때는 다음과 같은 절차를 밟을 필요가 있다.

① 공원의 이념, 기본계획, 기본방침 등을 정확하게 이해한다.

② 위의 기본계획 등을 반영하고 입지조건과 시설정비 상황, 관리운영 예산 등의 조건을 충족하는 중장기 관리운영 계획(이하 '공원관리운영계획'이라 한다)을 수립한다.

③ 관리의 품질을 확보하는 공통 사양서(仕樣書), 각종 매뉴얼을 정비한다.

④ 공원관리운영계획에 의거하여 당해 연도의 예산, 공원의 상황, 사회적 상황 등을 고려해 전략적인 연간실시계획을 기획하고 작성한다.

⑤ 연간실시계획에 따라 관리공사·업무의 실시, 각종 프로그램의 제공 등 관리운영을 실천한다.

⑥ 실시한 것을 기록·정리하고 필요한 항목은 데이터베이스에 입력한다.

⑦ 기록을 정밀히 조사하고 평가한 후, 개선계획을 세워 다음 연도의 연간실시계획에 반영한다. 또한, 필요에 따라 공원계획·정비에 소요되는 개선점을 담당 부서에 제안한다.

(1) 공원기본계획의 이해

공원의 이념, 기본방침, 계획 등은 공원에 따라 다양한 형태로 표현되어 있으며, 그 양식과 분량도 다양하다. 이들은 이념 등 큰 방향성을 나타내도록 표현되어 있으며, 이를 제대로 이해하고 구체적인 계획으로 연계할 필요가 있다.

예를 들어, 사이타마현에 있는 국영 무사시구릉산림공원의 기본방침으로 "산림공원으로 적합한 환경을 유지하면서 야외 레크리에이션시설을 고려한다."라는 항목이 있는데, 이 경우는 산림공원으로서 어울리는 '환경'을 분석해야 한다. 물론, 공원 전체에 균일한 환경을 추구하는 것이 아니라 구역별로 바람직한 환경을 설정하게 되지만, 공원관리운영계획으로 이어지는 구체적 내용으로 해석할 필요가 있다. 이를테면, 그것은 '무사시노의 잡목림으로 임상(林相)을 유지하는 것이 요구되는 구역', '연못 주위의 높은 자연성을 유지하는 것이 요구되는 지역' 등, '○○하는 것이 요구된다'는 형태로 고쳐서 적용하는 것이 적당하다.

이렇게 기본계획 등을 구체적으로 해석하고 보다 구체적으로 '○○하는 것이 요구된다' 등의 형태로 만들어, 공원의 사명(使命)으로 명문화하여 공원관리운영계획의 기본으로 한다.

최근 시민참여에 의한 공원조성이 각지에서 이루어지고 있는데, 공원의 기본방침과 관리목표는 물론이고 그 이해, 즉 실시계획 차원의 목표상이나 그 공원을 통해 실현하고자 하는 커뮤니티활동의 내용 등에 관해 시민과 행정이 공통의 인식을 가질 필요가 있다.

또한, 이 이해는 공원을 둘러싼 조건에 비추어 수시로 재검토해야 한다.

(2) 공원관리운영계획의 수립

공원관리운영계획이란 각 공원의 관리운영기본계획 또는 중장기계획을 가리킨다. 공원기본계획과 단년도 계획 사이에 있는 것이며, 관리운영의 목표를 명확히 하는 동시에 관리운영의 실시요령이다.

공원의 이념, 기본방침에 따라 전항의 기본계획을 이해한 '○○하는 것이 요구된다' 등의 항목을 적절하게 담아 중장기적인 관점에서 관리운영의 목표를 명확하게 한다. 또한, 실시요령으로서 이에 근거로 단년도 계획을 세울 수 있을 만큼의 구체성이 필요하다.

(3) 각종 매뉴얼의 정비

여기서 매뉴얼이라는 것은 작업의 순서, 실시방법, 요령, 주의점 등을 기재한 일반적인 설명서 및 기초도면을 말한다. 공원관리운영의 품질을 유지하기 위해 계획서류와 쌍이 되어 필요한 것이다.

매뉴얼은 품질을 유지하는 기능을 가지고 있으며, 그 내용에는 상세하고 구체적인 설명이 필요하다. 공사, 업무에서 발주하는 경우에는 사양서로서 통용되는 내용이 필요하다.

또한, 홍보선전, 행사, 각종 프로그램, 시민참여, 접객 등은 아직 매뉴얼화에 이르지 않은 곳이 많지만, 실천하고 있는 내용을 다시 확인하고 점검하기 위해서도 매뉴얼은 필요하다. 예를 들어, 자원봉사 조직의 운영방식과 시민참여의 수용방식 등 노하우의 축적이 적은 항목이야말로 자세한 매뉴얼이 요구된다. 실천하면서 매뉴얼을 개선함으로써 점차 노하우가 축적될 것이다.

(4) 연간실시계획의 수립

위에서 기술한 공원관리운영계획 및 각종 매뉴얼을 바탕으로 작성하는 것이 연간실시계획이다. 당해 연도의 예산, 인력 등의 부여 조건에서 작성하는 것이며, 또한 해당 연도 공원의 중점사항을 전략적으로 담지 않으면 안 된다.

유지관리에서 이용관리, 법령에 의거한 관리까지 포괄적으로 계획하기 위해서는, 예를 들어 유지할 잔디밭과 잔디 깎기 횟수의 관계 등 세부사항까지 기술해야 한다. 또한, 시민참여 방식을 어떻게 실현하고 공원의 자원과 인력을 어떻게 움직이는가에 대한 감각, 그리고 이용자 만족도 및 평가 등에 입각해 전체 계획을 짜나가는 판단력, 균형감각을 가지고 작성해야 한다.

(5) 공원관리운영의 실제

미리 준비·수립된 공원관리운영계획, 연간실시계획 및 각종 매뉴얼을 충실히 실천하면 목표로 하는 공원상의 실현에 거의 가까워질 수 있다.

그러기 위해서는 업무수행 수준에서 실천능력을 가진 조직체제의 확립·활용과 관리운영의 실무 속에서 얻은 각종 정보의 적절한 활용 및 업무에 반영이 가능한 능력이 필요하다.

업무 수준에서는 식물관리, 시설물의 점검·수리, 접객 및 시민활동의 코디네이트 등 전문적인 기술이 필요하다. 또한, 직영 작업이나 외부 발주 등 다양한 형태로 개개 직원의 힘을 활용하고 실천할 수 있도록 조직체제를 확립할 필요가 있다. 동시에 그들을 총괄하고 실시상황과 성과를 평가하고 적절하게 지도하는 사람이 필요하다. 이른바 감독 업무이다.

또한, 그때그때의 현장상황 및 이용상황, 만족도 등의 정보를 파악한 후 임기응변의 판단과 지시가 중요하다.

공원관리자는 항상 정보수집에 노력하는 동시에 현장상황, 이용자의 동향, 반응 등을 관찰하고 파악해야 한다. 물론, 공원을 멍하니 바라보는 것은 의미가 없다. 하나하나의 현상을 고찰하고 이해해야 한다. 또한, 그 일에 대한 자신의 의견을 제대로 가지고 있어야 한다. 현장상황을 파악한 뒤, 예를 들어 식물관리의 공정을 조정하고 새로운 작업을 지시하거나 이용자 불만의 원인을 제거하는 등 적절한 판단을 하고 조기에 대처하는 것이 품질 높은 공원관리의 실현에 필수적이다.

(6) 공원관리운영계획 책정의 유의점

공원관리운영계획을 작성할 때는 각 지방자치단체에서 관리운영의 효율화, 관리 수준·방침의 명확화, 연속성의 확보 등 효과적인 관리기준을 명확하게 제시하는 것이 필수적이다. 계획을 책정할 때 유의할 점은 다음과 같다.

① 유지관리부터 이용·운영까지 포함한 관리운영계획 수립

• 공원정비가 일정 정도에 도달함에 따라 시민의 가치관도 다양해지고 있다. 자산의 재편이라는 관점과 공원의 다기능성을 높이기 위한 이용 및 활용을 포함한 관리운영 방침을 정할 필요가 있다.

• 공원관리운영계획의 수립은 관리업무 효율화의 요청에 따라 유지관리 업무에 중점을 두는 경향이 있지만, 시민의 연계나 지역 요구에 부응하기 위한 이용관리도 계획에 포함할 필요가 있다.

② 관리운영계획에 시민참여를 명확하게 규정
• 관리운영계획에서 공원관리운영에 대한 시민참여를 명확하게 규정함으로써 시민과 기업의 참여를 촉진하고 이를 공원의 이용활성화에 연결하는 것이 필요하다.

③ 관리운영계획 수립에 시민참여
• 공원 워크숍 등을 통한 조성계획에 시민참여가 일반화되고 있지만, 이후로는 관리운영계획 만들기에도 시민참여를 추진하여 이용자의 관점에서 계획을 수립하는 한편, 이용자와 공원관리자의 공통인식을 양성할 필요가 있다.
• 이용자의 관점에서 공원을 사용한 이용프로그램의 제공과 이를 가능하게 하는 전문성을 가진 인재의 활용, 지역주민과의 교류와 이를 위한 자주적인 관리운영 거점의 형성, 행사의 개최나 이에 대한 기업들의 참여협력 방식의 검토 등 이용자인 시민의 의견을 반영한 계획이 요구된다.

④ 관리운영계획의 후속조치(follow-up)
• 관리운영계획은 업무에 대한 평가결과 및 사회정세나 공원의 이용상황, 이용요구 등에 따라 적절하게 재검토할 필요가 있으며, 연간실시계획의 지속적인 개선 등이 요구된다.
• 또한, 지역과의 연계 등 공원관리의 연속성 확보, PDCA 사이클을 돌리기 위해 업무수준에서 관리이력의 축적, 연간실시계획에 대한 보고서 작성은 필수적이다.

---

73) 독일어 'Karte'에서 나온 말로, 의사의 진료기록부를 뜻한다.

3. 매니지먼트 실시

3-1. 경영의 관점

공원관리는 한정된 예산을 최대한 활용하는 관점과, 공원의 이상적인 상태에 따르면 스스로 자금을 창출하고 새로운 사업전개에 투자하는 등 경영적인 관점이 요구된다.

예를 들어, 식물관리 및 청소, 이용자서비스 등에서는 중점구역 또는 중점기간을 설정하고 예산을 중점적으로 배분하는 신축성 있는 관리수준을 설정한다. 구매시스템과 인력배치의 합리화 등을 통해 철저한 감축을 꾀하는 한편, 한 명이라도 많은 관람객이 찾아와 만족할 수 있도록 고객을 대하는 마음가짐으로 공원을 재점검하는 자세도 필요하다.

또한, 공원의 매력향상에 기여하며 자금을 확보할 수 있는 전략적 기획을 세우고, 지역기업과 연계한 사업을 전개하는 등, 공원의 방침과 합치하는 일이라면 도전을 아끼지 않아야 한다.

다음 항에서는 공원경영에 필요한 재원과 인력체제에 대해 살펴본다.

3-2. 공원관리 재원

(1) 관리재원의 현황

일본 경제는 이른바 버블경제 붕괴 이후 저출산 고령화 진행 등의 영향으로 국가 및 지방재정에 상당한 재원부족 상황이 이어지고 있다. 도시공원의 관리운영에 관한 재원도 어려운 경제정세의 영향을 받고 있다. 국토교통성의 자료에 따르면 유지관리비는 늘어나는 추세이며, 공원사업비 비중도 커지고 있는 반면에 단위면적당의 유지관리비는 포화상태에 있다.

「2015년도 공원관리 실태조사」를 살펴보면, 향후 공원재정 전망에 대해 '예산삭감 등으로, 현재보다 관리비용이 더욱 감소할 것'이라는 응답이 31.3%로 가장 많았다. 이어 '시설노후화 대책의 예산이 필요하지만, 확보할 전망이 서지 않음'이 28.4%, '현재 관리비 유지'가 17.7%의 순으로 나타났다(그림 7-3-1).

또한, 향후 공원재정 전망을 고려한 주된 대책으로는, '관리수준에 걸맞은 관리비용 확보가 필요함'이 22.2%로 가장 많이 꼽혔다. 이어 '관리의 효율화가 필요함'과 '시설의 수명을 늘릴 필요가 있음'이 둘 다 18.5%였다(그림 7-3-2).

그림 7-3-1. 앞으로의 공원재정 전망

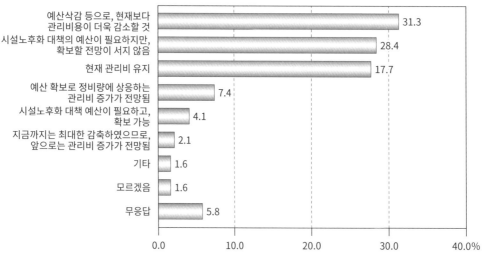

※응답 지방자치단체 243곳을 모수로 한 구성비(%)
출처: 「2015년도 공원관리 실태조사(平成27年度公園管理実態調査)」

그림 7-3-2. 향후 공원재정 전망을 근거로 한 대책

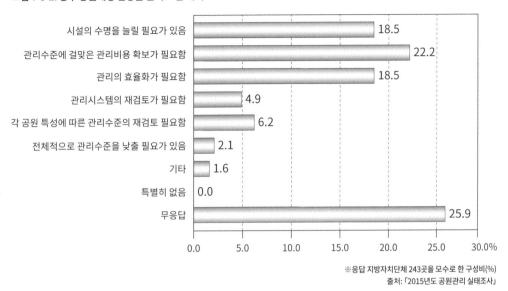

시설의 수명을 늘릴 필요가 있음 — 18.5
관리수준에 걸맞은 관리비용 확보가 필요함 — 22.2
관리의 효율화가 필요함 — 18.5
관리시스템의 재검토가 필요함 — 4.9
각 공원 특성에 따른 관리수준의 재검토 필요함 — 6.2
전체적으로 관리수준을 낮출 필요가 있음 — 2.1
기타 — 1.6
특별히 없음 — 0.0
무응답 — 25.9

※응답 지방자치단체 243곳을 모수로 한 구성비(%)
출처: 「2015년도 공원관리 실태조사」

　이러한 어려운 상황에 대응하여 우선적으로 비용 대비효과의 측면에서 공원의 의의와 효과를 명확히 하는 한편, 관리수준을 재설정하여 이에 필요한 관리비용 등을 제시함으로써, 재정 당국 및 시민에게 설명책임을 완수하고 필요한 재원을 확보해 나가는 것이 필요하다. 또한, 앞으로는 공원이 가진 경영자원(사람, 물건, 자본, 정보 등)을 효과적으로 배합해 이용자의 만족을 창출하는 공원매니지먼트의 개념이 요구된다.
　최근에는 PFI나 리스, 임대 등의 임대차계약 등과 같이 민간의 자금과 기술 노하우를 살린 공공시설의 매니지먼트 기법이 주목받고 있다. 일괄구입 및 지불하는 기존의 정비, PFI, 임대차계약 등 각각의 특성을 이해하여 사업을 실시하는 데 가장 효과적인 방법을 선택해야 한다(표 7-3-1).

표 7-3-1. 계약방식에 따른 특징 비교

구분	기존의 정비	PFI	임대차(리스 등)
자금조달	지방자치단체	민간	민간
보조금 활용	가능함	가능함	어려움
재정부담 평준화	일괄지불이 많고, 평준화하려면 기채(起債)[74] 활용 등이 필요	평준화는 가능하지만, 비교적 금리가 높음	임대료에 따른 분할지불에 의한 평준화가 가능
설계·건축	지방자치단체나 민간	민간	민간
관리운영	지방자치단체	민간	민간
소유	지방자치단체	지방자치단체	지방자치단체나 민간
계약 특징	설계, 공사, 유지관리의 분리발주가 많음	PFI법에 근거한 포괄·일체적인 계약	시설별로 계약 가능
일정	통상의 작업일정으로 진척됨	기존의 정비에 비해 공용개시까지 시간을 요하는 경우가 많음	PFI보다 단기간에 진척됨

(2) 수익성의 확보

① 수익성 확보, 이용요금제

• 공원매니지먼트를 실시하는 가운데, 주차장 등 공원시설 이용료, 행사 등의 참가비, 매점 등에서의 판매 등을 통한 수입을 확보하여 수지균형을 안정시키고 건전한 상태에서 경영하는 것이 필요하다. 특히 지정관리자제도 속에서 '이용요금제도'가 도입되어 공원 전체의 운영에 요금수입이 가능하여 수익성을 확보하기 위한 매니지먼트는 더욱 중요해지고 있다.

• 「2015년도 공원관리 실태조사」에 따르면, 지정관리자가 관리하는 182개 지방자치단체의 이용요금제 도입현황은 운동시설의 경우 전체 시설에 도입이 43.4%이고 일부 시설에 도입은 27.5%이며, 수영장의 경우 전체 시설에 도입이 29.7%이고 일부 시설에 도입은 17.6%였다. 한편 입장요금은 전체 시설에 도입이 7.7%, 일부 시설에 도입은 14.8%였다(그림 7-3-3).

• 또한, 지정관리자제도의 '이용요금제도'의 초과수익 취급에 대해서는 지방자치단체에 따라 다양한데, 주로 '초과수익의 일정 비율을 지방자치단체에 납부', '초과수익을 시설 관리운영서비스 향상에 환원', '지정관리자의 수입으로 함'의 세 가지로 나뉘었다.

그림 7-3-3. 이용요금제 도입상황

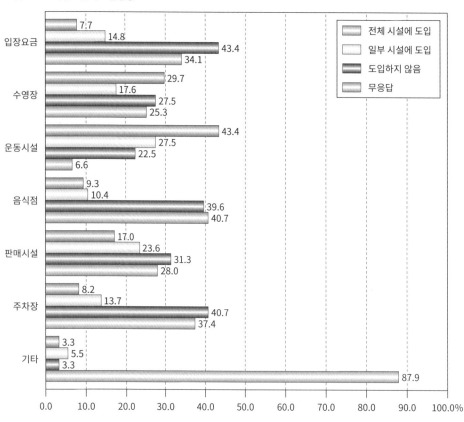

※응답 지방자치단체 182곳을 모수로 한 구성비(%)

출처: 「2015년도 공원관리 실태조사」

「지방자치법」 제244조의2 (이용요금제의 기재항목을 발췌)

• 법 제244조의2 제8항
보통지방자치단체는 적당하다고 인정하는 때에 지정관리자에게 그 관리하는 공공시설의 이용에 따른 요금(다음 항에서 '이용요금'이라고 한다)을 해당 지정관리자의 수입으로 수수할 수 있다.

• 법 제244조의2 제9항
앞항의 경우에서 이용요금은 공익상 필요하다고 인정하는 경우를 제외하고 조례가 정하는 바에 따라 지정관리자가 정한다. 이 경우, 지정관리자는 사전에 이용요금에 대해 해당 보통지방자치단체의 승인을 받아야 한다.

표 7-3-2. 이용요금제의 특징

장점	단점
• 사업자의 자주적인 경영노력을 촉구할 수 있고, 탄력적인 수지계획의 수립이 가능하다. • 시장동향에 민감한 사업자에 의해서 적절한 요금수준을 산정할 수 있다.	• 사업자의 경영상태가 요금산정에 영향을 주는 것(요금이 비싸지는 것 등)을 부정할 수 없다(사업지속이 어려울 가능성도 있다). • 사업자의 판단에 따라, 힘을 싣는 사업과 힘을 빼는 사업이 발생할 수 있다.

출처: 미쓰비시UFJ 리서치앤컨설팅 홈페이지
https://www.murc.jp/report/rc/column/search_now/sn090209/ (2016. 3. 1. 열람)

② 집객시설의 도입이나 상품개발
• 성황(盛況) 창출과 수익성을 확보하기 위한 방안으로, 지방자치단체가 설치관리 권한으로서 카페 등 집객시설을 도입해 지정관리자가 공원에서 이용자의 구매를 촉진하고, 행사를 개최하며, 고유상품을 개발하는 등의 사례도 보인다.

카페 도입에 의한 지역활성화

(공원 개요)
공원명: 도야마현 후간운하환수공원(富岩運河環水公園)

소재지: 도야마시 미나토이리후네초(湊入船町)
개 설: 2001년 3월 전면개장
면 적: 9.7ha (지정관리구역: 8.2ha)
공원 종별: 종합공원
설치·관리자: 도야마현
지정관리자: 공익재단법인 도야마현민복지공원

1. 공원의 개요
1935년에 완성된 후간운하는 도야마의 산업화에 크게 기여했지만, 물류 중심이 트럭으로 옮겨지고 나서는 물도 오염되고 한때는 매립계획도 있었다.
쇼와 60년대(1985~1989년)에는 운하의 정박지를 포함한 JR도야마역의 북쪽지구에서 새로운 도시거점의 형성을 꾀하는 '도야마 도시 미래계획'이 책정되면서, 후간운하도 도시의 귀중한 수변공간으로서 공원으로 정비되었다.
이 공원은 면적 9.7ha의 종합공원으로서, 항만녹지 및 친수광장(도시계획도로)과 일체가 되어 녹지가 있는 오픈스페이스를 형성하고, 공원 안에 적극적으로 카페를 유치함으로써 공원이용 활성화를 꾀하고 있다.

2. 관리와 이용상황

(1) 관리상황
2010년 말에 공원정비가 완료되고 전면 개장하였다.
2011년 7월에 직영관리에서 지정관리자에 의한 관리로 이행되었다. 지정관리자제도의 도입으로 기존의 경비원 순찰을 중심으로 한 관리체제를 변경하여, 창구대응을 하는 상주직원을 새롭게 배치하고, 공원이용자의 편리성 향상을 도모했다.

(2) 이용상황
2015년의 연간이용자는 약 142만 명이다. 시가지 중심부에 있어서 일상적인 산책이나 강아지 산책 등에 이용되고 있다. 봄의 '키즈페스타(Kids Festa)', 여름의 '여름축제', 가을의 '운하축제', 겨울의 '스위트크리스마스' 등 사계절의 대형 행사 외에도 매월 셋째 주 일요일에 '환수공원의 날' 행사를 실시하고 있으며, 그 행사 중에 카누교실과 워킹교실 등도 개최하고 있다.

3. 카페 출점의 노력

(1) 배경 및 경위
2006년에 '환수공원 등 활기만들기 회의'를 설치하여, 도심의 오아시스로서 고요한 수변공원 정비와 도야마역 북쪽지구의 활기를 만드는 데 기여하는 공원의 역할을 하는 공원정비 검토를 진행했다. 이 가운데 '매력 있는 시설의 도입'으로서 휴식할 수 있는 장소인 음식점을 필요로 한 것이 출점 공모의 계기가 되었다.

(2) 공모조건
'도야마현 후간운하환수공원 음식점 출점자 모집요강'을 만들고, 2008년 2월부터 공모형 제안방식으로 모집했다.

(3) 선정결과
모집기간에 모집요강을 수령한 곳이 6개 회사, 현지설명회에 참가한 곳이 4개 회사, 응모한 곳이 2개 회사였다. 심사는 청 내부에 마련한 '공원음식점 출점자 선정위원회'가 맡았다.
그 결과, "점포 디자인이 공원에 어울리게 고급스러우며, 공원이용자도 이용하기 쉬운 점"과 "공원의 활기를 만들고 이용촉진으로 이어지는 각종 서비스의 제안과 의지가 있다."라는 평가를 받은 스타벅스커피주식회사(이하 '스타벅스'로 약칭)가 선정되었다.

4. 도입효과 등
공원이용자는 통계를 시작한 2007년도에 70만 명이었지만, 공원 공용구역의 순차적인 확대와 관민일체가 된 행사개최에 더해 2008년 스타벅스 개점과 2009년 운하 유람선 취항 등에 의한 이용증가로, 2015년도에는 142만 명에 달하고 있다.
또한, 스타벅스의 영업시간이 8:00부터 22:30까지 되면서 연출한 야간조명이 공원의 야간이용에 대한 안심감 창출에 기여하고 있다. 그리고 테라스 자리는 반려견 동반도 가능해 강아지 산책으로 공원을 찾은 이용자들에게도 호평이다.
한편, 도야마 환수공원점은 스타벅스 측에서 전 세계 스타벅스 매장 중에서 가장 디자인이 멋진 매장에 주는 '스토어 디자인상'을 수상했다. 스타벅스의 출점은 일반적으로 공원인지도 향상 및 이용 증가, 이용형태나 이용층 확대에 일정한 효과가 있었다고 평가받는다.
공원에서의 성공을 계기로, 인접한 항만구역에서도 레스토랑 공모를 실시해 유명 셰프가 감수하는 프랑스요리점 '라 샹스(La Chance)'가 들어서면서 지역활성화에 기여하고 있다.

점포의 위치

점포의 외관

지역과 연계한 고유상품 개발

(공원 개요)
공원명: 사이타마현 요시미종합운동공원(吉見総合運動公園)
소재지: 사이타마현 아라카와하천(荒川河川) 부지
개설: 1982년(스포츠·레크리에이션시설)
면적: 83.8ha
공원 종별: 운동공원
설치·관리자: 사이타마현
지정관리자: 일반재단법인 공원재단(2011~2015년),
　　　　　　요시미종합운동공원 파크업공동체[공원재단+북아라카와녹지(주)](2016~2020년)

1. 사업내용
(1) 배경과 목적
지역단체의 과제에 대한 해결책으로 지정관리자가 제안하여 지역특산품인 딸기를 활용한 '톡톡 딸기 야채스무디(つぶつ
ぶいちごのベジタブルスムージー)'를 상품으로 개발했다.

(2) 실시내용
• 판매개시: 2012년 10월
• 판매: 관리사무소 내 공원카페에서 판매(토, 일, 공휴일), 약 5,000잔(2013년 12월 말 현재)
• 가격: 210엔/컵
• 지역의 문제점: 지역 특산품으로서 사이타마현산 딸기를 알리는 한편, 규격 외 딸기의 폐기문제 해결
• 실시방침: 운동 후 영양보충을 하고 싶다는 이용자의 목소리를 반영하여, 먹거리·영양·건강에 대해 전문인 여자영양대
　학 및 현지농가와 연계해 딸기를 사용한 프레시(fresh) 주스를 개발(지역농가에 폐기 딸기의 제공을 제안)

2. 실시 효과
(1) 지역 측(지역농가, 대학)의 이점
• 지역농가는 지역특산품인 딸기의 폐기량 감소와 수익확대로 만족
• 여자영양대학은 홍보효과에 만족

(2) 공원 측의 이점
• 언론 11개사 게재(신문 6곳, 라디오방송 1곳, 기타 4곳), 카페 이용자 및 수익 증가
• 지역자원의 활용 및 딸기의 폐기량 감소로 평가받아 '푸드·액션·닛폰 어워드 2013' 심사위원특별상을 수상했다.

톡톡 딸기 야채스무디

3-3. 공원관리 체제

공원관리 체제는 공원관리의 목적을 달성하기 위해 공원 및 공원관리에 관한 각 요소(사람, 물건, 예산, 계획, 활동, 네트워크 등)를 효과적으로 조합한 것이다.

특히 지정관리자제도의 도입으로 공원관리에 다양한 주체가 참여할 수 있게 되면서, 관리체제를 구축할 때 고려해야 할 사항도 복잡해지고 있다.

(1) 관리체제 내실강화의 방향

① 공원레크리에이션 중시의 방향

• 일상화·다양화하며 늘어나는 레크리에이션 수요를 맞아 공원이 어떤 역할을 해야 할지에 대한 인식을 바탕으로 각각의 공원이 지닌 자원의 특성을 고려하는 한편, 그 특성을 소모하지 않는 한도에서 최대한 활용해 공원이용을 활성화하기 위해서는 이를 위한 전문가가 조직에서 활약할 수 있는 자리가 마련되어야 한다. 공원설치의 가장 큰 목적이 주민들의 공원이용인 이상, 미국의 공원레크리에이션 행정에서 볼 수 있듯이 레크리에이션 관련 서비스의 충실을 꾀해야 한다.

• 따라서 레크리에이션프로그램의 기획운영과 공원 자원을 활용한 환경교육을 지원하는 체제의 충실, 시민의 레크리에이션 니즈 파악, 레크리에이션프로그램 및 시설의 평가·개선 등을 실시하는 담당자도 필요하다. 이에 관한 인재 확보, 전문직능 양성과 더불어 이러한 분야의 민간활동의 활용 등도 검토할 필요가 있다.

② 자원봉사와의 연계

• 공원관리가 복잡해짐에 따라 관리운영 조직은 커질 수밖에 없지만, 가능한 한 커지지 않기 위한 하나의 방안은 자원봉사와의 연계이다.

• 자원봉사활동 자체는 공원관리자 측의 요청과는 별도로 가치관의 다양화, 초고령화사회의 도래, 사회참여의식의 고양에 따라, 시민 측에서도 그 의의가 크게 재검토되고 있다.

• 향후 공원관리의 다양한 분야에서 자원봉사활동이 더욱 활성화할 것으로 예상되는 가운데 자원봉사활동의 창구가 되어 보급계발, 표창, 활동의 장을 제공하는 등의 코디네이션을 할 수 있는 인재와 직위가 필요하다.

• 또한, 자원봉사에 필요한 지식·기술을 강화하는 연수시스템도 준비할 필요가 있다.

③ 경영적 관점에서의 관리체제

• 조직은 최소의 조직으로 최대의 효과를 올리는 것이 바람직하다. 공원의 자연자원은 계절에 따라 변화하고 또한 이용자의 니즈도 항상 변화하고 있다. 관리운영을 제대로 하려면 이러한 기초데이터가 항상 최신상태로 정리되어 이용하기 쉽게 관리되고 있어야 한다. 이를 위해서는 정보의 일원화·공유화 등을 통해 사무를 효율화·고도화하는 것이 필요하다.

• 또한, 앞서 언급한 관리운영계획에 따라 각 작업을 매뉴얼화하여 효율적·계획적으로 실시함과 동시에 그 결과가 궁극적으로 이용자에게 환원될 수 있도록 항상 점검해야 한다. 그럼으로써 최소 조직에서 최대의 효과를 거두는 효율적인 조직이 되어야 한다.

• 그리고 시민참여와 외부위탁(아웃소싱) 등 체제가 복잡해지면 질수록 관리조직에는 경영관리자로서의 능력이 요구된다. 자금, 인력, 기술·정보, 시설 등을 효율적으로 활용하여 관리목표를 달성하기 위한 구체적인 실행계획을 수립하는 동시에, 공원관리운영에 필요한 인력의 적정배치, 능력개발, 실적평가, 노무환경이나 안전위생관리 등 종합적인 조직운영 능력을 높일 필요가 있다.

④ 관리기술의 연구·개발

• 관리기술은 학계 및 전문기관에 의한 본격적인 연구·개발과 함께 공원현장에서 실질적인 연구·개발을 통해 발전한다.

- 공원현장에서는 더 나은 관리기법을 목표로 시행착오를 개선하고 관리기록 데이터를 축적하는 등 꾸준한 노력이 필요하다. 거기에서 새로운 기술의 개발이 있을 것으로 기대된다.
- 무엇보다 중요한 것은 공원관리를 실천하는 사람의 개선의지다. 공원을 보다 좋게 개선하고자 하는 의식을 가지고 공원 안을 관찰하고 일상업무에 종사하면, 연구·개발해야 할 과제를 쉽게 찾을 수 있고 또한 수행할 연구방식도 찾아낼 수 있을 것이다.
- 주제는 식물과 시설의 관리뿐만 아니라, 이용서비스 등 모든 영역에 존재한다.
- 관리조직은 이를 개인의 노하우 축적에 머무르지 않고 공원의 노하우로 축적하기 위해서 연구를 지원하는 한편, 연구성과를 얻을 수 있도록 노력해야 한다. 또한, 그 성과를 정리하고 기록하는 등의 구조를 갖추어야 한다.

(2) 인재육성

① 공원관리운영에 있어서 인재육성의 상황

- 이용서비스를 실시하는 인재육성

- 공원녹지관리재단(현 공원재단)이 실시한 「2002년도 공원관리 실태조사」에서는 공원관리운영 관련 인재육성으로서 이용프로그램 지도원 육성의 실시상황을 조사했다. 응답한 211개 지방자치단체 중 공원부서 또는 공원 외곽단체에서 독자적으로 인재육성을 하고 있는 곳은 총 16개 지방자치단체로 적은 수였다.

- 자연관찰이나 마을숲 관리 등 환경학습지원, 모험놀이를 지도하는 플레이리더, 운동이나 뉴스포츠를 지도하는 강사 등, 여러 측면에서 이용서비스를 담당할 인재의 활용은 필요하다.

- 현재 이러한 이용서비스를 담당하는 인재의 대부분은 자원봉사자로 참여한 외부인이며, 전문성을 갖춘 유자격자도 있고 아마추어도 있다. 또한, 지도대상에 관해서는 전문지식을 갖고 있지만, 공원에 관한 다양한 지식이 부족하기 때문에 공원의 자원과 기능을 살리지 못하는 경우도 있다.

- 이런 점에서 전문기술연수 등으로 공원 직원의 직능향상을 꾀하는 동시에 공원 자체의 자원봉사조직 설치, 지도자가 될 자원봉사자 양성에도 적극적으로 임하는 것이 바람직하다.

- 종합적인 공원관리를 담당하는 인재의 육성

- 공원의 유지관리에서 기획·운영, 시민참여를 포함한 관리체제의 확립에서 재산관리까지 공원에 관한 모든 관리 노하우를 가진 종합적인 공원관리를 담당할 인재의 필요성도 점점 높아지고 있다.

- 공원관리 매니지먼트를 실시할 인재는 공원뿐만 아니라 주변 동향 및 이용자 요구 등의 정보수집과 분석, 조직 만들기, 인재양성 등도 수행할 기술과 시민참여를 추진하는 등의 코디네이션 능력이 요구된다.

② 공원관리운영의 인재육성에 요구되는 방향

- 행정에서는 시민의 입장에서 정책을 수립하고, 설명책임을 다하며, 경영감각을 가지고 업무에 임할 수 있는 인재를 육성하는 것이 필요하지만, 종합적인 공원관리운영을 하기 위해서는 민간에서도 이와 같은 인재육성이 필요하다. 그 육성방법에 대한 자세한 내용은 여기에서는 생략하지만 직원교육, 자기계발 환경의 정비, 목표관리에 의한 직장운영 등으로 행해진다. 교육에 있어서도 단순한 기술·지식의 습득에 그치지 않고 매니지먼트 능력과 정책결정 능력의 향상을 위한 사고훈련적인 교육도 필요하다.

- 앞서 언급했듯이, 이용서비스 부문의 충실(이용자의 니즈를 파악한 레크리에이션프로그램의 개발·지도, 시민참여 활동의 지원·조정 등)은 향후 공원관리의 중요한 과제이지만, 현재는 행정 내부에 새로운 전문직을 배치하는 것은 상당히 어려운 상황에 있어서 지정관리자제도의 도입, 전문기관과 NPO법인에 외부위탁, 자원봉사자와의 연계 등 외부인력에 힘입는 바가 크다. 업무의 질을 보장하기 위해서는 지정관리자 등에 대해서도 공원관리운영의 목표와 이용자가 접하는 입장이라는 특성을 이해시키는 한편, 의욕을 가지고 업무에 임하도록 지도와 교육의 기회를 제공해야 한다. 현재의 문제인식, 과제에 대한 개선목표 설정, 업무의 표준화, 업무성과의 평가지표 작성 등의 과정에서도 파트너가 참여하는 기회를 마련함

으로써 공통의 이해와 자기계발 의식을 키우는 것이 유용하다.

　③ 인재육성의 방법

　• 인재를 육성하는 방법에는 일반적으로 기업(조직) 내 교육으로서 ① 자기계발, ② 업무상의 지도(OJT), ③ 직장 외 연수(Off-JT)의 세 가지가 기본형으로 알려져 있다. 공원매니지먼트를 실시하기 위해 필요한 인재육성 방법으로는 개인의 자기계발로 공원관리에 관한 '자격 취득'과 조직에서의 취득 장려, 공원녹지를 주제로 한 연수·강습회의 수강 등이 있다.

　• 자격 취득

　- 자격을 취득함으로써 개인의 기술력 향상을 꾀할 수 있다. 또한, 자격 소지자에 의한 조직 내 교육·지도로 업무 전체의 질 향상도 기대할 수 있다.

　- <표 7-3-3>은 공원매니지먼트 관리를 실시하기 위해 취득이 필요하거나 취득이 요망되는 자격의 사례를 보여준다.

표 7-3-3. 공원매니지먼트에 관련된 자격증 사례

NO	자격 명칭	NO	자격 명칭	NO	자격 명칭	NO	자격 명칭
1	공원관리운영사	21	운동시설시공기사	41	엑스테리어플래너	61	동물사육기사
2	기술사·기술사보	22	등록운동시설기간기능자	42	인테리어플래너	62	수족사육기사
3	조원시공관리기사	23	우수기능자·탁월기능자 (명인)	43	정원디자이너	63	식품위생관리자
4	조원기능사	24	식생관리사	44	가든코디네이터	64	식품위생책임자
5	원예장식기능사	25	프로젝트 와일드	45	지초관리기술자	65	방화관리자
6	농약관리지도사	26	생물분류기능검정	46	환경녹화수목식별검정	66	조리사
7	환경재생의	27	시빌컨설팅매니저 (RCCM)	47	원예복지사	67	관리영양사
8	그린세이버자격검정	28	임업기사	48	마을숲자연환경정비사	68	영양사
9	옥상녹화코디네이터	29	정원관리사	49	비오톱어드바이저	69	레스토랑서비스기능사
10	산림인스트럭터	30	그린어드바이저	50	바이오매스활용어드바이저	70	푸드코디네이터
11	나무의사·나무의사보	31	복지주환경코디네이터	51	공원시설점검관리사	71	건축사
12	소나무보호사	32	CPP·CIPP	52	공원시설점검기사	72	측량사
13	자연재생사·자연재생사보	33	자연관찰지도원	53	원예요법사	73	승강기검사자격자
14	비오톱관리사	34	레크리에이션코디네이터	54	환경교육인스트럭터	74	통역안내사
15	가로수전정사	35	행사업무관리사	55	환경사회검정(ECO검정)	75	학예원
16	식재기반진단사	36	서비스접대검정	56	목교점검사	76	경관광고검정
17	등록조원기간기능자	37	서비스간병인	57	수의사	77	라이프세이버
18	등록조경가(RLA)	38	환경기술지도자	58	인정수간호사	78	수영장안전관리자·주임자
19	공원시설제품안전관리사	39	사면시공관리기술자	59	동물개재복지사	79	수영장위생관리사
20	공원시설제품정비기사	40	가로수진단사	60	잠수사	80	수영장시설관리사

※ 음영 표시는 국가자격

• 연수 및 강습회 수강

- 공원관리를 맡는 인재를 육성하는 데는 기업 등이 사내 직원 등을 대상으로 하는 내부교육과 공원녹지 관련 단체 등이 주최하는 강습회 등을 수강하는 것도 효과적이다. 연수·강습회 등은 단발이 아니라 계속교육(CPD)[75]을 염두에 두고, 다른 훈련과 결합하면서 반복해서 수강하는 것이 효과적이다.

- 다음은 공원매니지먼트를 실시하는 데 도움이 되는 연수·강습회의 사례이다(표 7-3-4).

표 7-3-4. 공원매니지먼트 관련 강습회 사례(2015년)

강습회명	개요	시기	주최
조원하기대학 (造園夏期大学)	• 조원수경(造園修景)에 관한 다방면의 시책·기술·정보나 최신 사례 등을 학습	8월	(일재)일본조원수경협회
공원·도시녹화연수	• 도시공원 정비와 도시녹화에 관한 폭넓은 지식 습득	9월	(일재)전국건설연수센터
공원매니지먼트강습회	• 공원매니지먼트에 대한 기본적인 개념 등을 배움	9월	(일사)일본공원녹지협회
공원녹지강습회	• 공원녹지행정의 최근 동향, 새로운 공원관리운영 등 공원녹지 전반의 지식에 대해서 배움	11월	(일사)일본공원녹지협회
도시녹화기술연수회	• 도시녹화에 관한 정보교환과 기술의 보급	1월	(공재)도시녹화기구
공원관리운영포럼	• 공원현장에서 바로 보탬이 되는 지식·기술·정보 등 습득	2월	(일재)공원재단

자격제도 사례, '공원관리운영사 자격제도'

(개요)
주 재: 일반재단법인 공원재단
실시자: 일반사단법인 일본공원녹지협회

1. 개요
• 명칭: 공원관리운영사(Qualified Park Administrator: QPA)
• 수험자격: 27세 이상
• 제도의 창설은 공원재단(2006~2011년까지 시험사무를 실시).
• 현재의 시험사무는 일본공원녹지협회가 실시하고 있다(2012년~).
• 1차시험(1일간)과 2차시험(2일간)을 실시하는 2단계 선발방식.
• 시험 합격 후 등록하면 공원관리운영사로 인정.
• 전문가 등으로 구성된 위원회를 정하고, 문제작성이나 합격여부의 판정을 심의.
• 2차시험 합격자는 자격등록 후에 '공원관리운영사'로 부를 수 있다.
• 유효기간: 5년, 등록갱신에 조원CPD포인트 또는 강습회 수강이 필요.

2. 공원관리운영사가 가져야 하는 직능의 이미지
• 공원 및 그 관리운영의 의의·기능·목표 등을 충분히 인식하고 있다.
• 식물관리나 시설관리의 실시에 필요한 지식·기술을 가지고 있다.
• 관리의 작업계획을 세우고 작업감독의 역할도 담당할 수 있다.
• 공원 내 안전관리 및 사고예방, 긴급대응의 실행력을 가지고 있다.
• 공원에 요구되는 이용자서비스 및 홍보, 행사 등을 기획하고 실시할 수 있다.
• 환경교육이나 공원가이드 등에 대해 공원에 맞는 프로그램을 계획하고 실시할 수 있다.
• 자원봉사자 등과 커뮤니케이션을 잘하며, 시민참여를 촉진할 수 있다.
• 자연환경보전, 방재, 문화의 전승, 레크리에이션 장소의 제공, 커뮤니티 형성 등 공원의 역할을 이해하고 역할을 다하기 위한 대처를 계획하고 실시할 수 있다.

- 「도시공원법」 등 관련 법률이나 여러 규정 등의 내용을 이해하고 이를 준수한 관리운영을 실시할 수 있다.
- 업무를 보다 효과적·효율적으로 추진하기 위한 방안을 검토하고 실시할 수 있다.
- 관리운영의 각 업무를 종합하는 한편, 균형 잡힌 적절한 목표를 세우고 계획을 작성할 수 있다.
- 실시결과를 평가하여 과제를 개선하는 공원매니지먼트를 할 수 있다.

3. 시험내용
- 출제분야: 공원과 녹지의 의의·기능, 공원관리의 의의·목표, 식물관리, 시설관리·청소, 안전관리·리스크매니지먼트, 홍보·행사·이용서비스, 시민참여·지역과의 연계, 이용조정·지역대응, 자연·환경의 배려, 관리에 관한 법령, 업무추진·관리체제, 공원경영·매니지먼트에서 출제
- 1차시험: 사지선다형 문제, 공원의 사례를 바탕으로 한 문제, 소논문 문제
- 2차시험: 강의 청강, 워크숍 형식의 연습, 소논문 시험

사내연수(식물관리) 사례, '수목점검원 양성연수'

(개요)
실시자: 공익재단법인 도쿄도공원협회

1. 사내연수에 대하여
도쿄도공원협회에서는 '사내조직의 활성화', '관리운영 노하우의 향상', '커뮤니케이션능력 향상' 등을 목적으로, 공원의 관리운영에 관한 기술교육 및 공원매니지먼트에 관한 사내교육을 정기적으로 개최하고 있으며, 그중 하나로 식물관리에 관한 교육이 있다.

2. 수목점검원 양성연수
(1) 개요
안전하고 안심할 수 있는 공원녹지의 실현에 기여하는 것을 목적으로, 시설 내 수목의 생육현황이나 노후 등을 관찰·기록하고 점검하여 수목과 수림의 건전한 육성을 돕는 수목점검원을 양성하기 위한 교육. 수목점검원의 기록을 토대로 나무의사가 나무와 숲의 보전이나 제거 등의 대책을 판단하는 시스템이다.

(2) 프로그램의 내용

【1일차】
① 수목에 대한 기초강좌
- 수목의 기본적인 구조와 시스템에 대해
② 수목점검 강좌
- 나무의사에 의한 수목진단과 수목의 점검포인트
- 수목 정기점검표의 작성방법
③ 수목점검 연습
- 수목을 보면서 점검포인트 해설, 수목 정기점검표 작성의 실제

【2일차】
① 수목진단
- 나무의사에 의한 수목진단: 외관진단·정밀진단의 체험 및 보조: 수목진단 체험을 통해 수목점검·진단의 흐름과 착안점을 습득하고, 기술향상을 목표로 함

3. 수목점검원 양성강좌 사업의 전개
다른 지방자치단체 및 공익단체 등에 연수프로그램을 제공하는 사업을 전개해 호평을 받았다.

1일차의 기초 및 수목점검 강좌

2일차의 수목진단

사진제공: 공익재단법인 도쿄도공원협회

---

74) 국가나 공공 단체가 공채를 발행하는 것

75) 'Continuing Professional Development'의 약칭으로, 기술자의 계속교육을 의미한다. 학회 및 자격인정단체 등이 실시하고 있으며, 자격취득 후의 계속적인 교육프로그램이나 강습회 등을 제공한다. 다양한 기술계 분야에서 CPD제도가 운용되고 있다.

4. 매니지먼트 평가

4-1. 공원매니지먼트 관점에서 본 공원관리 평가

(1) 공원매니지먼트 관점에서 본 공원관리 평가

확실히 높은 품질의 공원관리를 실현하기 위해서는 평가를 실시하여 개선점을 찾아내고 개선을 추진하는 과정이 필요하다. 이른바 PDCA 사이클을 확립하고, 현장개선 및 조직개혁, 제도개혁 등을 추진함과 동시에 공원의 관리운영 상황(결과, output)과 성과(outcome)를 평가결과로서 정보공개 함이 바람직하다. 이는 공원사업에 대한 이해자나 지원자를 늘리는 것으로도 이어지며, 사회나 이해관계자(공원이용자, 관리단체, 관련단체 등)와의 효과적인 커뮤니케이션 수단이 될 수도 있다. 또한, 이 평가에 대처하는 실천방법과 관련서류, 현장상황 등의 재확인을 정기적으로 실시하는 것 자체가 효과적인 직능향상의 기회도 된다.

평가대상은 계획에서 식물·시설 등의 관리, 이용자서비스, 시민참여 등의 운영, 지역사회와의 연계, 업무추진 과정, 경영개선 노력 등까지 관리운영 전반에 이른다. 이들을 원활하게 평가하기 위해서는 평가항목을 정리하고 평가점검표를 미리 작성해 두는 것이 바람직하다.

평가는 평가항목에 대해 어떤 노력을 했는지를 평가하는 과정평가와 그 결과 어느 정도의 성과를 거두었는지를 확인하는 성과지표에 의한 평가, 이 두 가지를 함께하는 것이 공원의 관리운영 평가에 적합하다.

이 평가항목은 계획의 실천방안이나 목표를 반영해야 하며, 계획작성 시에 평가항목도 연동하여 설정하면 일관성 있는 작업과정을 갖추기 쉽다.

평가에는 기준이 필요하지만, 공원관리의 성격상 수량화할 수 있는 것은 제한적이다. 개별 공원에서 방문자 수와 만족도 등 수량화할 수 있는 목표를 설정하고 이에 대한 성과를 평가하는 것이 중요하지만, 그 평가 자체가 객관성을 최대한 갖도록 노력해도 주관에 의하지 않을 수 없다. 따라서 평가기준은 공원에 대한 지식, 이해, 경험, 철학, 균형감각 등을 제대로 가진 사람이 판단하는 것을 전제로 삼아야 한다.

더 객관적이고 정확하게 평가하기 위해서는 평가하는 능력을 가진 자에 의한 평가가 바람직하고, 또한 평가결과에 대해 공표하는 것도 검토해야 할 것이다.

또한, 지정관리자제도 등에 따라 기존에는 관이 담당한 공공부분의 일부를 민간이 담당하는 경우, 민간도 공적인 책무가 발생하므로 이 관점에서의 평가도 필요하다.

(2) 공원관리운영에서 품질확보의 노력

① 품질확보의 기본개념

• 비단 도시공원의 경우뿐만 아니라 품질향상을 위해서는 업무 전반에 걸쳐 각 과정을 점검한 후 그 방법, 사고방식, 자세에 대한 높은 목표를 설정하여 보다 높은 성과를 추구하는 것이 필요하다. 품질향상을 목적으로 한 시스템으로서 ISO9000 시리즈, 균형성과표, 전략맵, TQM(Total Quality Management, 종합적 품질관리) 등 다양한 방법이 운용되고 있다.

• 공원의 관리운영에서 높은 품질을 확보하기 위해서는 실제 관리운영에 대한 계획과의 정합성(整合性), 이용자의 안전·안심을 확보하는 확실성, 비용의 감축과 수익확보 등에 따른 경제성, 다양한 사회적 요청에 부응하는 제안력 등 다양한 사항의 성취도에 대해 적정하고 객관적으로 평가해야 한다. 또한, 지역공헌, 경관·자연자원의 보전, 방재 등 관리운영 실시의 달성도를 정량적으로 파악하기 곤란한 경우도 많기 때문에 정성적인 평가가 과제가 된다.

• 이를 근거로 2003~2007년까지 공원녹지관리재단(현 공원재단)이 주최하여 공원관리에 대한 평가를 연구할 목적으로 조직한 공원매니지먼트 평가연구회는 고품질의 공원관리운영을 "각 공원의 기본계획, 중기계획 등에 근거한 업무평가 및 마케팅조사 결과 등을 염두에 두고, 관리운영방식을 전략적으로 기획하며, 여러 조건을 감안한 관리운영 계획을 세우고, 확실한 기술과 열정으로 그것을 효과적·효율적으로 경영적인 감각을 가지고 실천하는 것. 또한, 일련

의 활동을 평가하고, 항상 지속적으로 개선하는 것"이라고 정의하고 있다. 즉 공원관리운영의 품질확보를 위해 평가의 실시와 그 후의 개선이 필요하며, 이러한 계획·실시에서 계속되는 일련의 작업과정을 구성하고 있는 것으로 이해할 수 있다.

　② 관리운영에 관한 평가현황

　• 실제 지방자치단체에 의한 평가(행정평가)의 실시는 1990년대부터 미에현(三重県)이 도입한 사무사업평가를 비롯해 도쿄도, 시즈오카현, 가나가와현 등이 도시공원의 관리운영에 관한 평가를 도입하여 운용하고 있다. 또한, 관리운영의 평가에 관한 계발을 목적으로 공원녹지관리재단(현 공원재단)이 「공원관리운영 자체평가시스템 도입 지침서」 및 「공원관리운영 품질평가 지침서」를 발간하고 있다. 모두 지정관리자의 선정이나 공원관리운영의 품질확보에 반영할 것을 목적으로 제안하여 시행하고 있지만, 현재는 아직 모색단계에 있다고 할 수 있다.

4-2. 평가방법

(1) 품질평가의 방식

　공원녹지관리재단(현 공원재단)에서 PDCA 사이클을 이용한 독자적인 '공원관리운영 자기평가시스템'과 이 자기평가시스템의 제3자 평가기법을 제안하는 「공원관리운영 품질평가 지침서」를 발간하여 공표하고 있다. 이를 바탕으로 고품질의 공원관리운영의 실현을 목적으로 한 품질평가시스템의 모델을 제시한다.

(2) 자기평가시스템

　공원관리운영에서 '자기평가시스템'은 관리운영 전반의 품질목표를 스스로 설정(P), 목표를 향한 실행(D), 실시결과를 스스로 평가(C), 평가에 따른 개선(A)의 사이클로 구성되어 있다. 이른바 PDCA(계획-실행-평가-개선) 사이클에 따라 품질향상을 도모하는 시스템이다.

　또한, 자기평가시스템을 운용하는 전제로서, 발주자인 지방자치단체와 지정관리자가 공원의 기본이념과 방향을 공유하는 것이 필요하다. 자기평가시스템의 절차별 내용은 다음과 같다.

　① 계획(P): 관리업무 전체를 종합하고 목표항목을 조직하여 우선순위를 붙인 '전체계획'의 작성과 개별 목표항목마다 '세부목표'의 설정이 필요하다. '공원관리운영 자기평가시스템'에서는 전체계획은 단기뿐만 아니라 중장기를 고려한 공원관리 운영계획으로 작성하고, 세부목표는 '목표시트(sheet)'를 작성할 것을 제안하고 있다.

　② 실행(D): 세부목표를 매일 확인하면서 효과적·효율적인 업무실시, 그리고 임기응변에 근거한 유연한 대응 등이 요구된다. 관리기록, 이용자 의견, 사고기록 등 일상적인 관리운영에서 얻은 데이터의 수집·정리도 중요하다.

　③ 평가(C): 설정한 목표에 대한 결과에 대해 관리주체 스스로 평가(자기평가)한다. 자기평가는 관리운영상의 과제를 발견하는 것을 목적으로 실시한다.

　④ 개선(A): 자기평가로 얻은 결과를 향후사업에 반영하는 '개선계획'을 작성한다.

(3) 설치주체 및 제3자에 의한 평가시스템

　위의 자기평가시스템에 따른 평가결과에 대해, 지방자치단체 등의 설치주체, 전문가 등으로 구성한 위원회와 평가기관 등 제3자가 평가에 관여하는 시스템을 말한다. 이러한 평가를 추가함으로써 공원관리운영을 더욱 높은 품질로, 더 효과적이고 효율적으로 실시하기 위한 시스템이다. <그림 7-4-1>은 그 개념을 정리한 것이다.

　공원관리위탁자(설치주체), 관리운영 실시단체 및 지정관리자(관리주체)는 각각 공원의 관리운영을 추진하고, 또한 공원관리위탁자가 관리운영 실시단체를 일상적으로 모니터링하며 지도하여 품질향상을 꾀하는 것이 요구된다.

　본 시스템에 따라, 지방자치단체가 지정관리자에게 실시해 업무이행을 확인하는 모니터링에서 관리운영의 품질평가 부분을 보완할 수 있을 것으로 생각된다.

평가의 실시방법은 먼저 관리주체가 관리운영을 자기평가하고, 그 평가결과를 설치주체 또는 평가위원회 등의 제3자가 서면 및 현지조사를 통해 평가하게 했다. 모니터링의 일환으로 공원관리위탁자가 지정관리자 등에 시행할 것으로 예상되며, 그 방식으로 몇 가지 유형을 생각할 수 있다(표 7-4-1).

표 7-4-1. 품질평가 유형 비교표

유형	장점	과제
A. 공원관리자 단독평가형	• 공원에 대한 깊은 이해를 바탕으로 한 평가 • 사무가 간결하며 효율적 • 공원관리자(담당부서)의 평가를 통한 학습과 성장	• 담당자의 객관적 판단 확보 • 담당자의 전문적 지식·기술·인식 등 습득
B. 평가위원회 자문형	• 객관적이며 공평한 평가 • 고도의 전문성 확보 • 각종 분야 전문가의 조언	• 위원회 운영을 위한 예산·사무의 발생 • 적합한 위원의 위촉 • 위원이 공원의 각종 조건·특성 등에 관여
C. 제3자 평가기관 위탁형	• 객관적이며 공평한 평가 • 고도의 전문성 확보 • 다른 많은 공원의 상황을 고려한 평가·조언	• 평가기관 위탁을 위한 예산·사무의 발생 • 평가기관의 발견, 품질의 판별 • 공원관리운영자의 평가에 대한 주체성 확보
D. 평가방식검토위원회 자문형 ※A 유형의 객관성·전문성 문제를 해결하기 위해, 평가방식 전체를 위원회에 자문	• 공원에 대한 깊은 이해를 바탕으로 한 평가 • 공원관리자(담당부서)의 평가를 통한 학습과 성장 • 고도의 평가방법 습득	• 담당자의 객관적 판단 확보 • 담당자의 전문적 직능, 매니지먼트 능력의 양성 • 위원회 운영을 위한 예산·사무의 발생 • 공원 이외를 포함한 지정관리자 전체를 통일된 방법으로 평가하는 방침의 경우, 각 공원의 특성에 맞게 변형 필요

그림 7-4-1. 평가시스템을 이용한 공원매니지먼트 추진시스템(개념도)

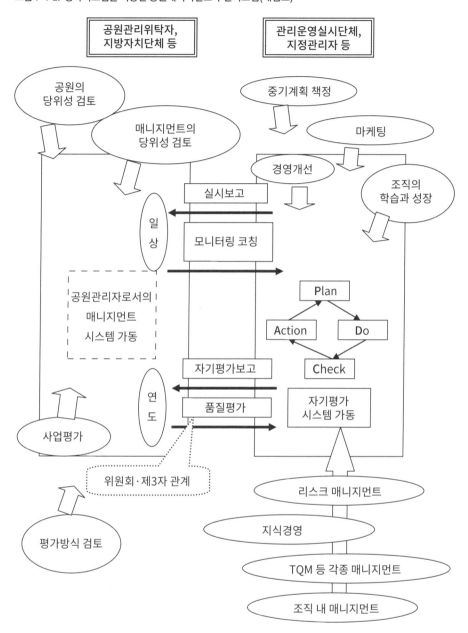

출처: 「공원관리운영 품질평가 지침서(公園の管理運營における品質評價の手引書)」 (공원녹지관리재단)

공원관리운영 평가의 실제 -시즈오카현의 사례-

1. 개요

시즈오카현에서는 2002년 한국/일본 월드컵대회가 개최된 오가사야마종합운동공원(小笠山総合運動公園)과 '하마나호 꽃박람회(浜名湖花博)'가 개최된 하마나호가든파크, 아이들의 꿈과 창의력을 키우는 모험놀이터가 있는 후지산어린이나라(富士山こどもの国) 등, 지정관리자가 관리하고 있는 7곳의 현영(県営) 공원에 '외부평가제도'를 도입하여 적정한 관리운영을 이어가고 있다.

2. 신공공경영(NPM)의 도입

시즈오카현에서는 지방분권사회에 대응한 새로운 시스템구축의 필요성, 자립적 행정운영능력(자치능력) 향상의 필요성 등에 따라 새로운 행정운영시스템을 지향했다. 그 결과, 목적과 성과를 분명히 하면서 PDCA 사이클을 착실하게 반복하는 행정운영시스템으로서 '신공공경영(NPM: New Public Management)'을 도입했다. 이 새로운 공공경영을 도입하는 데 있어 PDCA 사이클 운용을 위해 중요한 골격을 이루는 것이 외부평가제도이다.

3. 외부평가제도의 실시

시즈오카현의 현영 도시공원의 외부평가제도는 지정관리자제도에 따른 사업기획·실시에서 지정관리자에게 높은 자율성을 주고, 지정기간 내내 현민복지의 향상으로 이어지는 공원활용을 담보하기 위하여, 단순한 업무수행의 유무뿐만 아니라 사업계획의 기획입안 등 관리운영 전반에 걸친 공평하고 공정한 평가가 필요하다는 인식에서 도입되었다.

외부평가제도는 업무의 실시내용을 평가하는 관리운영 평가(1차 평가)와 공원의 공익성 및 설치목적과의 적합성 평가(2차 평가)의 두 단계로 실시하고 있다.

1차 평가에서는 공원의 설치목적과 업무체계를 나타낸 공원매니지먼트 카르테를 기초로, 지정관리자의 자기평가와 현에 의한 사업진단, 입장객 설문조사 및 직원모니터링에 의한 평가를 실시하고 있다. 2차 평가에는 도시공원 모니터에 의한 현민평가를 추가하여 2차 평가결과 데이터와 아울러 외부 전문가로 구성된 평가위원회에서 의견을 교환한다. 또한, 설치목적의 내용을 기능에 따라 분류한 항목별로 9단계 평가와 문장형 종합판정, 구체적인 개선점 등을 지적하는 사후평가를 진행하고 있다.

시즈오카현 외부평가제도의 실시내용(2015년)

구분	실시내용	설명	실시시기
I	공원매니지먼트 카르테	•설치목적부터 개별 업무내용까지 구조적으로 제시한 작전체계도를 작성하고, 업무별로 연간 목표치를 정한다.	2015년 5~7월
II	외부평가, 설문조사	•공원의 기초적인 관리항목과 방문목적에 대한 만족도를 5단계로 조사한다. 현영 7개 공원의 이용자를 공원 현지에서 무작위로 추출하여 대면식·회수식으로 조사한다.	10~11월
III	1차 평가	•공원매니지먼트 카르테의 실적, 외부평가 설문조사, 직원 모니터링을 바탕으로 평가기준에 따라 객관적으로 수치화한다.	11월
IV	모니터조사	•현영 도시공원의 과제나 이용자의 잠재적 수요를 파악하고 전략책정에 활용하기 위해서, 중립 입장에 있는 이용자에게 조사한다.	10~11월
V	공원 현지시찰, 지정관리자의 의견청취	•외부평가원에 의한 현지시찰 및 지정관리자에 인터뷰를 실시한다.	9~11월
VI	2차 평가	•I~IV의 데이터에 현영 7개 공원의 공익성과 설치목적과의 정합성에 관한 외부평가위원의 견해를 더하는 것에 더불어, 위원에 의한 공원시찰 결과를 토대로 평가를 총괄한다.	2016년 1~2월

4. 외부평가제도의 특징과 성과

본 제도의 특징으로는 시민평가 및 외부 평가위원이 참여하는 2차 평가를 상위·후속단계에 두어 이용자의 관점을 존중하는 점, 설치목적이 다른 공원별 특성에 따라 평가항목을 설정하는 점, 평가진행 과정에서 데이터를 축적하면서 각 평가단계에 대한 자체검사를 실시하는 점을 들 수 있다.

또한 본 제도 실시의 성과로서 목적과 수단이 일관된 공원매니지먼트 카르테를 이용하여 현에 의한 목표 관리의 효율화를 이룰 수 있었다. 그에 더해 개선 조치를 기재하는 기능별 9단계 평가를 실시함으로써 현·지정관리자 모두에서 개선점과 개선 조치가 명확해졌다.

4-3. 품질확보의 과제와 전망

공원매니지먼트 품질의 좋고 나쁨은 관리운영 업무내용, 공원의 관리상태, 설정한 목표의 달성도에서 판단할 수 있다. 그러나 품질을 현재보다 더욱 향상하기 위해서는 상황을 적정하게 평가하고 관리하여 공원이 지향해야 할 모습(목표)과의 차이를 발견하고, 그것을 극복하려는 노력이 필요하다. 따라서 공원관리운영의 목표설정·실시·평가·개선은 품질확보 및 향상에 빠뜨릴 수 없는 것이다. 또한, 적정한 현상파악과 개선방향을 결정하는 데는 평가가 가장 중요한 절차라고 여겨진다.

향후에는 공원의 품질을 확보하기 위한 평가방식으로 공원의 규모나 종류에 따른 세부 평가항목 및 평가지표의 설정, 부정적 평가에 편중하지 않기 위한 표창제도, 평가전문기관의 설립과 평가원의 육성을 내포하는 제3자 평가시스템의 확립 등을 생각할 수 있는데, 이를 위해서는 평가시스템 자체에 대한 논의를 심화해 개선하는 것이 필요하다.

부록

부록 1. 『공원관리 가이드북』 출판의 배경과 의의

히라타 후지오(平田 富士男)

효고현립대학 대학원 녹색환경경관매니지먼트연구과 교수
(공원관리운영사인정위원회 위원 및 작문부회장)

부록 2. 일본 공원의 종류

부록 1.『공원관리 가이드북』출판의 배경과 의의

1. 시작하며

　일본에서도 공원의 역사, 계획이나 디자인, 시공에 관한 도서는 많이 출간되고 있지만, 관리운영에 관한 것은 아직 그다지 많지 않다. 그러나 최근 환경교육 프로그램이나 건강운동 등 공원 내에서 프로그램 운영에 관한 도서나 건강운동에 관한 도서 등이 출판되기 시작했다. 다만 이러한 도서는 특정 주제에 한정되어 있으며, 그 주제에 관한 프로그램 작성에 참고정보를 제공하려고 하는 것이 대부분이다. 공원 관리운영업무 전체를 대상으로 하거나, 거기에 종사하는 현장 스태프가 갖추어야 할 기술과 사고방식을 망라해서 체계적이고 구체적으로 제시한 도서는『공원관리 가이드북』이외에 없다. 그런 의미에서 본 가이드북은 지금 일본에서도 공원 관리운영업무의 내용을 망라하여 체계적이고 구체적으로 제시한 유일한 도서이며, 공원의 관리운영업무에 종사하는 스태프의 필독서라고 할 수 있다.

　이 도서의 초판이 출간된 것은 지금으로부터 약 16년 전인 2005년이다. 그 시대에 왜 이러한 도서가 편집·출판되었으며, 왜 현대에 이르기까지 개정을 거듭하며 많은 사람에게 읽히고 있는가? 이 글에서는 최근 일본의 도시공원을 둘러싼 상황을 되돌아보는 한편, 현대에 있어『공원관리 가이드북』의 의의는 무엇인지 살펴보고자 한다.

2.『공원관리 가이드북』이 발행되었던 시대

　본 가이드북의 초판이 출간된 2005년 전후의 시대를 공원 분야에서 보면, 다음과 같은 시대의 큰 변화가 있었다. 그 변화는 '제도의 창설'이라는 획기적인 것도 있고 '공원 조성면적의 증가', '신규 정비예산의 감소'라는 완만한 변화도 있어 그 내용은 다양하지만, 이들은 독립된 것이 아니라 서로 관련되어 있다.

　다음에서는 이러한 변화를 차례대로 살펴보고자 한다.

(1) 지정관리자제도의 창설

　급격한 변화가 눈에 보이는 형태(국가 전체의 제도 창설로서)로 나타난 것이 '지정관리자제도'의 창설이다. 이는 2003년의 「지방자치법」 개정에 따라 지방자치단체가 공공시설의 관리·운영을 민간의 기업이나 단체에 포괄적으로 대행하는(행정처분이며, 위탁이 아님) 것이 가능하도록 한 제도이다. 지방자치단체가 공공시설의 관리를 민간에 대행하려는 경우, 그 지방자치단체는 의회 의결을 거쳐 후보자 중 관리자를 결정한다. 이와 같이 의회 의결을 거쳐서 결정한 관리자를 '지정관리자'라고 한다.

　이 제도의 특징은 단순히 민간단체 등에 관리운영을 대행하는 것뿐만 아니라, 공공시설의 이용요금을 해당 지정관리자의 수입으로 수수할 수 있다는 점이다. 즉 지정관리자는 관리운영의 노력으로 이용자가 증가하면 이용요금 수입도 증가하여 그 노력을 보상받게 되므로, 보다 고도의 관리운영을 목표로 하는 인센티브가 주어지는 것이다.

　또한, 이 제도의 창설에 맞추어 그 이전에 운용되고 있던 이른바 '외곽단체' 등을 대상으로 한 관리위탁제도는 폐지되었으므로, 지방자치단체로서는 관리하고 있는 공공시설을 '스스로 직영관리 하는가?', '지정관리자제도를 활용해 지정관리자에게 관리하도록 하는가?'의 양자택일을 하게 되었다.

　이 제도는 거품경제 붕괴의 영향으로 경기침체에서 좀처럼 벗어나지 못하고 있던 일본 사회에 구조개혁 정책의 하나로 도입되었다. 당시 높은 지지율을 자랑하고 있던 고이즈미 준이치로(小泉純一郎) 수상이 국민의 높은 지지율을 바탕으로 모델 정책의 하나로서 도입한 것이다. 고이즈미 수상은 경기부양을 위해서는 민간의 활력과 창의성을 이끌어내고 이를 넓히는 것이 중요하다고 보아서, 민간의 자유로운 활동을 저해하는 공적규제를 가능한 철폐 또는 축소하고, 여러 분야에서 민간의 자유롭고 활달한 활동을 촉진하기로 했다. 수상은 공공시설의 관리를 공공단체 혹은 외곽단체로 한정하는 것을 일종의 '공적규제'로 보았다. 그는 이 공공시설의 관리에 창의적인 연구와 열의, 기술을 가진 사람이라면 누구라도 참여할 수 있게 함으로써, 민간의 활동분야에 새로운 영역을 개척했다. 동시에 민간의 노하우나 기술,

열의, 기동력을 통해서 시설 이용자에게 보다 좋은 서비스를 제공할 수 있으리라 기대했으며, 경쟁원리의 도입에 의한 관리비의 절감도 노렸다.

지정관리자제도는 공원만을 대상으로 한 제도가 아니라 공공시설 전반을 대상으로 삼고 있다. 하지만, 공원은 공공시설 중에서도 그 수가 많고 넓은 공간이다. 또한, 다양한 공원시설은 민간의 기업이나 단체에서 여러 가지 활용 아이디어를 제안할 수 있으므로, 결과적으로 지정관리자제도의 활용은 공원에서 가장 빠르고 많이 진행되었다.

공원에서 지정관리자제도가 빠르고 많이 진행된 결과, 제도 창설 이전에는 조경업계가 공원관리운영의 중심이었지만 제도 창설 이후로는 조경업계 이외의 다양한 업계들도 지정관리자로서 참여하게 되었다. 결과적으로 공원의 정비나 관리운영에서 전문적인 교육이나 훈련을 받지 않은 사원을 공원의 현장 스태프로 배치하는 지정관리자도 발생했다. 그로 인해 관리운영의 질적 저하가 우려되어, 공원의 관리운영에 종사하는 인재의 질적 보증을 어떻게 할 것인가 하는 문제가 제기되었다.

(2) 공원의 정비, 관리면적의 증대로부터 정비예산의 감소와 관리예산의 증대, 그리고 억제로

지정관리자제도가 생긴 2003년의 전해인 2002년, 일본 전국의 도시공원 면적은 100,000ha를 넘어 2012년에는 120,000ha에 이르렀다. 일본 인구가 약 1억2천만 명이니, 1인당 공원면적은 약 10m²를 넘는 셈이다.

1993년에 「도시공원법 시행령」 개정으로 1인당 도시공원 면적의 표준이 6m²에서 10m²로 상향되었지만, 그 이후 약 20년이 지나서야 이 기준이 달성되었다(그림 1).

그림 1. 일본 도시공원 면적의 추이

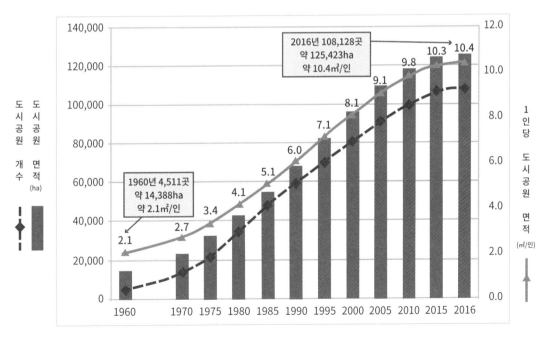

그러나 공원행정을 담당하는 사람에게는 이 기준을 달성한 것이 반갑지만은 않았다. 재정담당자 입장에서는 '공원 정비의 정책목표를 달성했으니, 지금부터는 많은 정비예산이 더는 필요 없는 것 아닌가?'라고 판단할 수 있기 때문에, 신규의 공원정비 예산은 억제되었다. 또한, 공원면적의 증대에 비례해서 증가하는 관리비용은 지방자치단체의 재정을 압박하는 것으로 여겨져, 재정담당자로부터 해마다 늘어나는 관리비에 대해 억제 요구를 받게 되었다(그림 2).

그림 2. 일본 도시공원 사업비의 추이

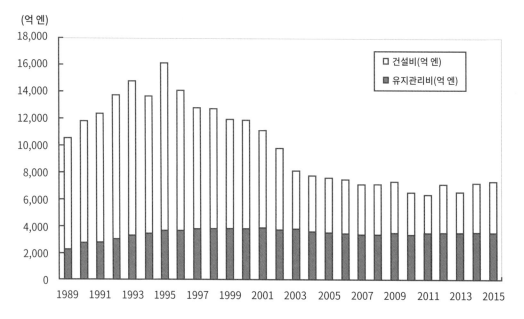

이러한 상황에서 공원행정 담당자는 정책의 방향을 '공원의 신규정비'뿐만 아니라, '한정된 유지관리 비용에서 효과적·효율적인 공원의 관리운영 실현'으로 생각하지 않을 수 없게 되었다.

(3) 이용자 의식의 고도화

한편 공원이용자인 시민의 공원에 대한 의식도 보다 다양화·고도화되었다. 과거의 시민의식은 공원을 '나무가 있는 레크리에이션 장소' 정도로 생각하였으나, 한신·아와지대지진이나 동일본대지진 등 큰 재해를 겪고 사회의 저출산·고령화가 갈수록 진전되면서, 사람들에게 공원은 안전하고 안심하며 살면서 더 나은 삶을 실현하기 위한 여러 가지 활동의 장이자, 그러한 환경을 제공하는 장소라는 인식이 높아졌다. 또한, 다양한 자원봉사활동을 펼치고 보람을 찾는 장소가 되었다. 시민들은 공원으로부터 효용을 받는 입장만이 아니라, 행정과 협동하여 공원을 키워 가는 입장도 되어 있었던 것이다.

공원의 관리운영에 종사하는 사람으로서는 이렇게 달라진 시민의식을 마주하며 공원을 향한 보다 높고 다양한 요구에 적절하게 부응할 필요가 높아진 것이다.

(4) 공원의 본질을 다시 볼 때가 왔다

공원의 조성이 중요했던 시대에 직업으로서 공원에 종사하는 사람의 업무 중심은 보다 넓은 공원을 보다 아름답고 즐겁게 '만드는 것'이었고, '만들기만 하면' 그 후에는 자연스럽게 공원이 그 효용을 발휘한다고 생각했다. 그러나 공원의 기능은 만들기만 하면 자연스럽게 발휘되는 것이 아니며, 만든 것을 아름답게 유지관리를 하지 않으면 낡은 시설이 되어 기능을 발휘하기보다는 짐이 되어버린다. 또한, 유지관리를 넘어 고도화하는 시민의 요구에 부응하기 위해서는 공원의 사용법을 시민과 함께 생각하는 일도 필요해졌다. 그러나 바로 그 시기에 정비예산도 관리예산도 감소하는 시대가 왔다. 이제 공원에 종사하는 것은 공원이 지역에서 어떠한 역할과 기능을 발휘해야 하는가, 그 역할과 기능을 적절히 발휘하기 위해서는 어떤 노력을 해야 하는가, 그것을 한정된 재원으로 운영하기 위해서는 어떠한 지식과 기술이 필요한가에 대하여 '공원의 본질'과 '공원에 관계하는 기술자 본연의 자세'를 다시 생각하는 일이 되었다.

그러나 공원의 '조성'에 관한 교과서는 많이 있지만, 공원의 기능을 재인식하고 그 기능을 최대한으로 이끌어내는 기술을 정리한 교과서는 전혀 없었다.

　　이 문제를 조금이라도 해결해 보려고 태어난 것이 이 책이다.

(5) '공원관리운영사' 인정제도의 창설

　　한편 이와 같이 고도의 공원관리운영에 대한 요구가 높아짐에 따라, 그러한 공원관리운영을 실현할 수 있는 일정한 지식과 기술을 갖춘 인재는 어떠한 사람인가를 객관적으로 파악하는 방법에 대한 요구도 높아졌다.

　　그것이 보다 절실한 형태로 나타나는 것은 지정관리자를 선정할 때다. 지정관리자 모집을 실시하는 지방자치단체에 응모한 기업이나 단체가 정말로 고도의 관리운영을 실현할 수 있는가, 또한 그것을 실현할 스태프를 보유하고 있는가는 몹시 중요한 문제다. 그러나 그 당시 이 의문에 대한 유일한 대답은 공원정비에 관한 기술자자격(예를 들어, 기술사, 조원시공관리기사, 조원기능사 등)을 보고 판단하는 것이었다. 하지만, 이러한 자격은 어디까지나 '정비에 대한 기술을 가지고 있다'는 것을 보증할 뿐이었다. 공원에 관한 자격이라고는 하지만, 관리운영에 대한 기술을 보유하고 있음을 증명하는 것은 아니었다.

　　이 때문에 '공원의 관리운영에 관한 기술을 가지고 있는 것'을 증명하는 자격시험에 대한 요구가 높아졌다. 마침내 2006년 '공원관리운영사' 인정제도가 창설되어 그 자격시험이 시작됐다.

　　때마침 그 전년에 출간된 본 가이드북은 수험을 위한 텍스트가 되는 내용을 갖추고 있어, 출제자에게는 출제의 기초자료로 수험자에게는 수험교재로 활용되었다.

　　이상의 흐름을 연차에 따라 정리하면, 아래와 같다.

1995년	한신·아와지대지진 발생. 공원 방재의 역할·기능이 재인식된다. 지진재해부흥 마을만들기 속에서 공원이 자원봉사활동이나 시민협동의 장소가 되어, 공원의 새로운 역할로서 '마을만들기 활동의 거점'이라는 인식이 높아졌다. 지진재해부흥을 위한 공원정비는 진행되었지만, 거품경제 붕괴로부터 벗어나지 못하면서 공공사업 예산이 감소. 공원정비에서도 지진 이후 신규 정비예산의 축소 경향이 심해졌다.
2002년	일본 전국의 공원면적이 100,000ha를 돌파.
2003년	민간활력을 통한 공공시설의 매력 증진과 경제 활성화를 목표로 지정관리자제도 창설.
2005년	『공원관리 가이드북』 출판.
2006년	공원관리운영사 인정시험 시작.
2011년	동일본대지진 발생. 공원의 방재·부흥·마을만들기 차원에서의 역할·기능이 재인식된다.
2012년	공원관리운영사 등록자 2,000명 돌파. 일본의 1인당 공원면적이 10m²를 돌파.

3. 『공원관리 가이드북』의 역할·의의와 한국에서의 활용 기대

　　위와 같은 시대적 상황 속에서 발간되어 이미 한 차례의 개정을 거쳐 제2판이 된 이 『공원관리 가이드북』에는 다음과 같은 역할과 의의가 있다.

　　일본에서 처음으로 현대사회의 상황을 감안하여, 공원의 관리운영이란 어떠한 업무이며 거기에는 무엇이 필요한지에 대해 명확히 하였다. 그리고 관리운영 업무를 전체적으로 망라해 체계화하였으며, 각각의 업무에서 요구하는 수준과 내용을 명확하게 하였다.

　　이러한 체계적인 정리는 지금까지 공원의 관리운영에 관한 교과서가 없는 가운데 공원관리에 임해 온 기술자에게 재차 관리운영 업무의 내용을 되돌아보고 스스로 기술 확보에 임하는 계기를 만들었다.

　　지정관리자제도를 계기로 공원관리 업무에 처음 진출하는 기업이나 그 직원에게 전문인으로서 공원의 관리운영에 종사하는 사람이 갖춰야 할 기술, 능력, 그리고 자세를 명시하였다. 각 기업이나 단체, 그리고 직원이 공원관리 업무에 참여하는 데 있어 갖추어야 할 자질이 무엇인지를 객관적으로 보여 주었다.

그러한 자질을 일일이 심사하고 인정하는 자격시험에서 출제자나 수험자도 활용하는 텍스트로서 기능을 발휘했다.

한국도 머지않아 공원의 신규정비 시대는 끝나고 관리운영의 시대가 올 것이다. 본 가이드북이 그 시대에 첨단적으로 공원의 관리운영에 임하는 스태프뿐만 아니라, 기업·단체의 경영진에게도 더 나은 공원의 관리운영을 실현하기 위한 텍스트가 되기를 바란다.

4. 공원관리운영사 인정제도(Qualified Park Administrator: QPA)의 개요

마지막으로, 보다 좋은 공원의 관리운영을 실현할 수 있는 인재의 자격을 객관적으로 평가하여 제3자가 알 수 있도록 하는 '공원관리운영사' 인정제도의 개요를 설명하고자 한다.

(1) 공원관리운영사 인정제도란?

도시공원의 관리운영을 원활하고 효과적으로 추진하기 위해서 필요한 일정 수준의 지식·기술·능력을 가진 인재를 공원관리운영사 인정시험으로 판정하고, '공원관리운영사'로서의 자격을 인정하는 제도이다.

(2) 제도의 실시주체

일반재단법인 공원재단이 공익목적사업으로 이 제도를 실시하고 있다.

다만 공원재단의 직원도 시험을 수험하는 입장이므로, 시험 실시를 포함한 인정에 관한 사무는 재단 이외에 '실시·인정 기관'으로 지정된 일반사단법인 일본공원녹지협회에서 실시하고 있다.

실시·인정 기관인 일본공원녹지협회는 시험의 내용, 합격 여부 판정의 공정성을 확보하기 위하여 학자로 구성된 '공원관리운영사 인정위원회'를 설치하고, 문제의 작성과 합격 여부 판정 등을 실시하고 있다.

또한, 이러한 실시 체제이므로 이 자격은 국가자격이 아니고 민간자격이다.

(3) 상정하고 있는 '공원관리운영사의 직능'

① 직능 대상: 현장의 실무 책임자

• 공원의 관리운영 업무는 일반적으로 상설의 관리조직에서 집행하기 때문에, 자격 인정의 대상으로 하는 직능은 현장의 실무 책임자 수준에 필요한 '실무적인 지식·경험 및 관리운영의 실행 능력'을 대상으로 하고 있다.

② 직능 영역: 일체적·총괄적 직능

• 공원의 관리운영은 폭넓은 영역을 종합하여 통괄적으로 계획·실행하는 것이다. 또한, 현장의 실무 책임자로서 기능하기 위해서는 공원관리에 관한 종합적인 지식·이해나 실행력이 꼭 필요한 점에서, 공원관리운영사의 직능은 특정의 전문 영역에 한한 것이 아니고 일체적·총괄적인 직능으로 파악할 수 있다.

(4) 공원관리운영사의 구체적인 직능 이미지

공원관리운영사의 직능 이미지를 일반인도 알기 쉽게 구체적으로 나타내면 다음과 같다.

① 공원 및 그 관리운영의 의의·기능·목표 등에 대해 충분히 인식하고 있다.

② 식물관리나 시설관리에 대해서 실행에 필요한 지식·기술을 가지고 있다.

③ 관리의 작업계획을 세우고 작업감독의 역할도 담당할 수 있다.

④ 공원 안에서의 안전관리나 사고방지의 실천, 그리고 긴급 시 대응하는 실행력을 가지고 있다.

⑤ 공원에 요구되고 있는 이용자서비스나 홍보, 행사 등을 기획하고 실시할 수 있다.

⑥ 환경교육과 공원 가이드 등에 대해서도 공원에 맞는 프로그램을 계획하고 실시할 수 있다.

⑦ 자원봉사자 등과 활발한 소통을 통해 시민참여를 촉진할 수 있다.

⑧ 자연환경보전, 방재, 문화의 전승, 레크리에이션 장소의 제공, 커뮤니티 형성 등 공원의 역할을 이해하며, 그 역할을 완수하기 위한 대처를 계획하고 실시할 수 있다.

⑨ 「도시공원법」 등 관련 법률이나 여러 규정 등의 내용을 이해하고, 이를 준수한 관리운영을 실시할 수 있다.

⑩ 업무를 보다 효과적·효율적으로 추진하기 위한 방책을 검토하고 실시할 수 있다.

⑪ 관리운영의 각 업무를 종합하는 한편, 균형 잡힌 적절한 목표를 세우고 계획을 작성할 수 있다. 또한, 실시 결과를 평가하여 과제를 개선하는 공원 매니지먼트를 할 수 있다.

(5) 시험 및 등록의 구조

아래와 같이 인정시험에 통과한 합격자가 실시·인정 기관에 '공원관리운영사'로 등록을 요청한 후, 등록이 완료된 자만이 공원관리운영사를 자칭할 수 있다.

또한, 5년마다 '갱신등록'을 실시하여야 하며, 5년간 계속적으로 일정한 연구 실적을 쌓거나 갱신등록 강습을 받지 않으면 갱신 할 수 없다.

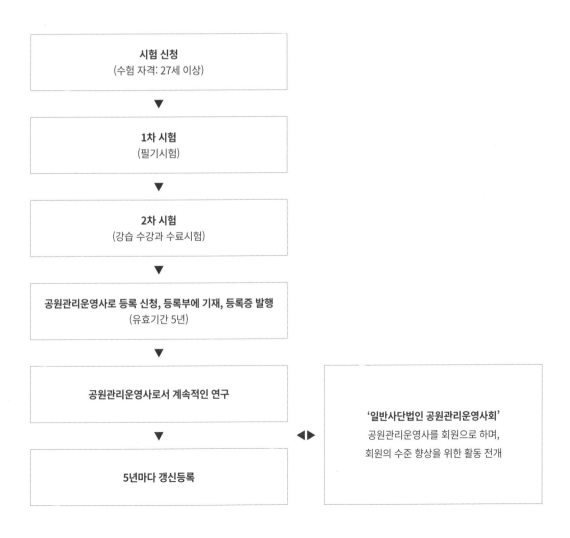

(6) 1차 시험의 내용

시험문제는 앞서 기술한 것과 같은 직능을 가지고 있는지를 판정하기 위해, 다음과 같은 분야에서 출제된다.

① 공원이나 녹지의 의의·기능 ② 공원관리의 의의·목표 ③ 식물관리 ④ 시설관리·청소 ⑤ 안전관리·위기관리 ⑥ 홍보·행사·이용서비스 ⑦ 시민참여, 지역과의 제휴 ⑧ 이용조정, 현지 대응 ⑨ 자연·환경에 대한 배려 ⑩ 관리에 관한 법령 ⑪ 업무 추진, 관리체제 ⑫ 공원경영, 매니지먼트

출제형식은 '객관식 문제(사지선다): 28문항', '단문 기술문제: 8문항', '사례 문제: 5문항', '논술 문제: 2문항'이다.

(7) 2차 시험의 내용

2차 시험에서는 최종적으로 소논문을 제출하게 된다. 그에 앞서 공원관리운영사의 인재상에 관한 강습을 받는 것과 더불어 네 가지의 주제에 대해 응시자끼리 그룹워크(group work)를 하고서 발표한다. 이는 단순히 지식을 묻는 것뿐만 아니라, 공원관리운영사로서 향후 어떻게 활동해 나갈 것인지 '자세'를 확인하는 내용이다.

(8) '일반사단법인 공원관리운영사회'의 활동

시험에 합격하고 공원관리운영사로서 등록한 사람이 가입할 수 있는 '일반사단법인 공원관리운영사회'가 결성되어 있으며, 시험 합격 후에도 5년 후 자격갱신을 목표로 거기에 필요한 계속적인 연구 활동을 실시하고 있다. 그 활동은 다음과 같다.

① 각지에서 교류회·강습회·연수회의 개최
② 공원관리운영사회(QPA) 통신의 발행
③ 홈페이지 등에 의한 정보 발신 및 관계기관 홍보, 계발 활동

(9) 공원관리운영사제도의 현황

2017년 말까지의 시험 합격자 누계는 약 2,650명이다. 시험 개시 2년간은 일반 시험 외에 일정한 관리경험을 한 사람이 수험할 수 있는 특별인정시험을 실시하여 1,350명이 합격했으나, 그 후에는 매년 약 150명이 합격하고 있다(그림 3).

갱신등록은 2011년부터 실시되어 매년 대상이 되는 사람의 8할 정도가 갱신하고 있다. 이렇게 갱신을 실시해 자격을 유지하고 있는 유자격자 수는 2016년도 말에 2,250명이다.

그림 3. 시험 합격자·유자격자 수의 추이

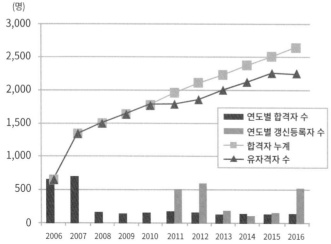

(2017. 3. 31.)

또한, 시험 합격의 직종별 비율(그림 4)은 누계로 민간기업이 54%, 재단·사단법인은 39%이다. 그 외 공무원은 4%, NPO법인 등은 2%이며, 개인은 1%다.

그림 4. 시험 합격자의 직종별 비율

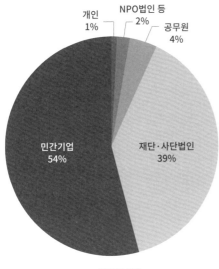

(2017. 3. 31.)

(10) 지정관리자 선정에서 공원관리운영사의 평가

최근 이러한 공원관리운영사의 능력 인증에 대한 인식이 높아져, 공원의 지정관리자 모집 시 "공원관리운영사가 있는 기업과 단체는 그 인원 수 등을 기재할 것"을 모집요강에 넣는 곳이 많아지고 있다.

이와 같이 공원의 관리운영에 관한 지식이나 기술을 명백하고 객관적으로 인정받은 공원관리운영사가 지정관리자로서 활약하는 것이 공원관리운영의 질을 한층 더 높이는 결과로 이어진다고 볼 수 있다.

그림 5. 지정관리자 공모에서, QPA 자격을 기재하는 단체의 추이

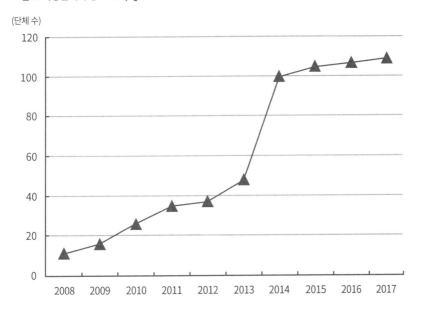

(2017. 6. 현재)

부록 2. 일본 공원의 종류

종류	종별	내용
주구기간공원 (住区基幹公園)	가구공원(街区公園)	가구(街区)에 거주하는 자의 이용을 위해 제공하는 것을 목적으로 조성하는 공원으로서, 유치거리는 250m의 범위 안에서 1곳당 면적 0.25ha를 기준으로 배치한다.
	근린공원(近隣公園)	주로 인근에 거주하는 자의 이용을 위해 제공하는 것을 목적으로 조성하는 공원으로서, 근린주구(近隣住区)[76]당 1곳을 설치하며, 유치거리는 500m의 범위 안에서 1곳당 면적 2ha를 기준으로 배치한다.
	지구공원(地区公園)	주로 도보권에 거주하는 자의 이용을 위해 제공하는 것을 목적으로 조성하는 공원으로서, 유치거리는 1km의 범위 안에서 1곳당 면적 4ha를 기준으로 배치한다. 도시계획구역 이외의 시정촌(市町村) 특정지구공원(컨트리파크, カントリーパーク)은 면적 4ha 이상을 표준으로 한다.
도시기간공원 (都市基幹公園)	종합공원(総合公園)	도시주민 모두의 휴식, 감상, 산책, 유희, 운동 등 종합적인 이용을 위해 제공하는 것을 목적으로 조성하는 공원으로서, 도시 규모에 따라 1곳당 면적 10~50ha를 기준으로 배치한다.
	운동공원(運動公園)	도시주민 모두에게 주로 운동용으로 제공하는 것을 목적으로 조성하는 공원으로서, 도시 규모에 따라 1곳당 면적 15~75ha를 기준으로 배치한다.
대규모공원 (大規模公園)	광역공원(広域公園)	주로 시정촌 구역의 범위를 넘는 광역의 레크리에이션 수요 충족을 목적으로 조성하는 공원으로서, 지역생활권 등 광역적인 블록 단위마다 1곳당 면적 50ha 이상을 표준으로 배치한다.
	레크리에이션도시 (レクリエーション都市)	대도시 이외의 도시권역에서 발생하는 다양하고 풍부한 광역 레크리에이션 수요의 충족이 목표이다. 종합적인 도시계획을 바탕에 두고, 자연환경이 좋은 지역을 중심으로 대규모공원을 핵으로 삼아 각종 레크리에이션 시설이 배치되는 지역이다. 대도시권 이외의 도시권역에서 쉽게 접근이 가능한 장소로서, 전체 규모 1,000ha를 표준으로 배치한다.
국영공원(国営公園)		주로 도부현(都府県) 구역을 넘는 광역적인 이용을 위해 제공하는 것을 목적으로 국가가 설치하는 대규모 공원이다. 1곳당 면적 약 300ha 이상을 표준으로 배치한다. 국가적인 기념사업으로 설치하는 경우에는 설치목적에 적합한 내용을 갖도록 배치한다.
완충녹지 (緩衝緑地) 등	특수공원(特殊公園)	풍치공원(風致公園), 동식물공원, 역사공원, 묘원(墓園) 등 특수한 공원에서 그 목적에 맞게 배치한다.
	완충녹지(緩衝緑地)	대기오염·소음·진동·악취 등의 공해를 방지·완화 또는 공업지대 등의 재해방지를 목적으로 하는 녹지로서, 공해·재해 발생원 지역과 주거지역·상업지역 등을 분리·차단할 필요가 있는 위치에 오염·재해 상황에 대응해서 배치한다.
	도시녹지(都市緑地)	주로 도시의 자연환경보전 및 개선, 도시경관의 향상을 꾀하기 위해 설치하는 녹지로서, 1곳당 면적 0.1ha 이상을 표준으로 배치한다. 그러나 기성시가지 등지에 양호한 나무숲 등이 있는 경우, 또는 식재에 의해 도시에 녹지를 증가 또는 회복하여 도시환경을 개선하려는 경우에는 그 규모를 0.05ha 이상으로 한다(도시계획 결정을 하지 않고 임차하여 정비하고 도시공원으로 배치하는 것을 포함한다).
	녹도(緑道)	재해 시 피난로의 확보, 도시생활의 안전성과 쾌적성 확보 등을 목적으로 근린주구 또는 근린주구를 서로 연결하도록 설치하는 식재대 및 보행로와 자전거로를 주체로 하는 녹지이다. 폭은 10~20m를 표준으로 하며 공원, 학교, 쇼핑센터, 역전광장 등이 상호 연결될 수 있도록 배치한다.

출처: 국토교통성 홈페이지
https://www.mlit.go.jp/crd/park/shisaku/p_toshi/syurui/index.html (2016. 3. 1. 열람)

76) 간선가로 등으로 둘러싸인 대략 사방 1km(100ha 면적)의 거주 단위